KB134993

백두산의 버섯도감

Mushrooms of Mt. Baekdu (vol.2)

지은이 _ 조덕현

- 경희대학교(학사)
- 고려대학교 대학원(석 · 박사)
- 영국 Reading대학교 식물학과
- 일본 鹿兒島대학 농학부
- 일본 大分버섯연구소에서 연구

- 광주보건대학교 교수
- 우석대학교 교수
- 한국자원식물학회 회장
- 현) 경희대학교 자연사박물관 객원교수
  한국자연환경보전협회 명예회장
  한국과학기술 앰배서더

- **저서**
  『한국의 식용 독버섯도감』, 『한국의 버섯』, 『암에 도전하는 동충하초』, 『버섯』, 『원색한국버섯도감』, 『푸른아이 버섯』, 『제주도버섯』, 『자연을 보는 눈 "버섯"』, 『한국의 버섯도감 I』, 『버섯과 함께한 40년』 외 다수, 논문 「백두산의 균류상」 외 200여 편

백두산의 버섯도감 ②

초판인쇄 2014년 11월 21일
초판발행 2014년 11월 21일

지은이 조덕현
펴낸이 채종준
기 획 조현수
편 집 박선경
디자인 박능원 · 이효은

펴낸곳 한국학술정보(주)
주 소 경기도 파주시 회동길 230 (문발동)
전 화 031) 908-3181(대표)
팩 스 031) 908-3189
홈페이지 http://ebook.kstudy.com
E-mail 출판사업부 publish@kstudy.com
등 록 제일산-115호(2000.6.19)

ISBN 978-89-268-5305-4 93520
978-89-268-5301-6 (전2권)

Mushrooms of Mt. Baekdu Vol. 2

Editered by Duck-Hyun Cho

Published by KSI Co., Ltd., Seoul, Korea.

백두산의 버섯도감

Mushrooms of Mt. Baekdu (vol.2)

조덕현 지음

②

협력연구자 왕바이(王栢)_중국길림장백산국가급자연보호구관리연구소
(中國吉林長白山國家及自然保護區管理局硏究所)
김수철(金洙哲)_중국연변대학농학원(中國延邊大學農學院)
정재연_버섯 전문큐레이터
박성식_(전) 마산 성지여자고등학교

한국학술정보

머리말

균류인 버섯은 생태계에서 분해자로서 모든 유기물을 자연에 환원시키는 일을 하는 생물이다. 옛날부터 사람들은 버섯을 식량자원, 약용자원, 산림자원으로 이용하여 왔다.

근래에는 버섯에서 사람에게 유용한 신물질을 발견해 미래의 질병을 퇴치하는 신약을 개발하려는 연구가 활발하게 진행되고 있다. 버섯은 사람에게 이로운 면도 있지만 산림에서 나무를 썩힌다든지, 목조로 된 가공품이나 나무로 지은 집에 기생하여 수명을 단축시켜 경제적 피해도 가져 온다.

백두산의 버섯 연구는 마산 성지여자고등학교 고 박성식 교사가 중국과 국교도 이루어지지 않은 상태에서 연변의 조선족 친척의 도움으로 시작되었다. 경제적 여건이나 비자 발급 등이 얼마나 어려웠을까를 생각하면 그의 용기에 절로 고개가 숙여진다. 박성식 교사가 뜻하지 않은 사고로 유명을 달리해 필자가 그 뒤를 이어 한국학자로서는 최초로 필자가 백두산의 버섯 연구를 10년간 본격적으로 하였다. 백두산의 버섯을 연구하며 버섯 위에 버섯이 나는 신종인 '가는대덧부치버섯(Asterophora gracilis D. H. Cho)'를 발견하는 쾌거를 올렸다.

백두산의 버섯 연구를 도감으로 출판하려는 출판사가 없어서 그 어려움이 만만치 않았다. 게다가 근래에 분류학적 체계가 분자생물학적 방법으로 바뀌면서 지금까지 해온 분류를 다시 새로운 체제로 정리해야 해서 이중으로 고된 작업이었다. 1,000종이 넘는 종류를 재배치하기 때문에 오류가 따르게 마련이다. 거기다가 한국 보통명(버섯 이름)도 자연히 바뀌어 보통명을 정하는 데도 어려움이 많았다. 본 도감에서는 라틴어 학명을 기준으로 하였고 보통명도 종전의 이름을 근간으로 하려고 노력하였다. 또 하나는 변형균문의 한국 보통명을 먼지로 사용하였다. 이것은 국제명명규약에 따라 분류학적 술어는 그 나라의 보통명으로 사용할 수 없다는 규약에 따른 것이다.

한국의 버섯은 현재 2,100종이 넘고 있다. 백두산의 버섯도간에는 한국에는 알려지지 않은 종류가 다수 있다. 따라서 백두산을 포함한 남북한 버섯은 3,000종에 육박하리라 본다. 백두산의 버섯도감이 한국의 버섯 연구에 조금이나마 보탬이 된다면 큰 기쁨으로 생각한다. 이 도감은 한국학자와 중국학자의 공동 연구로 펴내는 한국 최초의 국제적 버섯도감이다. 이 도감은 연구에 참여한 왕바이(王柏) 학자, 김수철 교수, 전문큐레이터 정재연, 박성식 선생의 도움이 있었기에 세상에 나올 수 있었다. 이분들께 감사드린다.

2014. 8.

조덕현

일러두기

· 사진은 조덕현, 왕백이 주로 찍었고 일부는 박성식이 찍었다. 버섯의 기재는 『長白山傘菌圖志』와 참고문헌을 이용하였다.

· 학명은 Indexfungorum.org(2013)의 것을 따랐고 과거의 학명도 병기하였다.

· 한국의 보통명은 『한국 기록종 버섯의 총정리』를 준용하였으며 적절치 못한 보통명은 개칭하였다.

· 한국보통명은 국제명명규약에 따라 출판권의 우선을 택하였으며 미기록 속, 종, 개칭 등은 편집상 생략하였다.

· 학명은 편의상 이태릭체로 하지 않고 고딕체로 표기하였다.

· 기본종의 변종, 형태종(품종)이 기본종으로 통일된 것은 모양, 색깔 등이 다르지만 동일종이 되었다.

· 변형균류인 "먼지류"도 일부 포함하였다.

차 례

담자균문
BASIDIOMYCOTA

주름균아문
AGARICOMYCOTINA

주름균강
AGARICOMYCETES

그물버섯목

Boletales

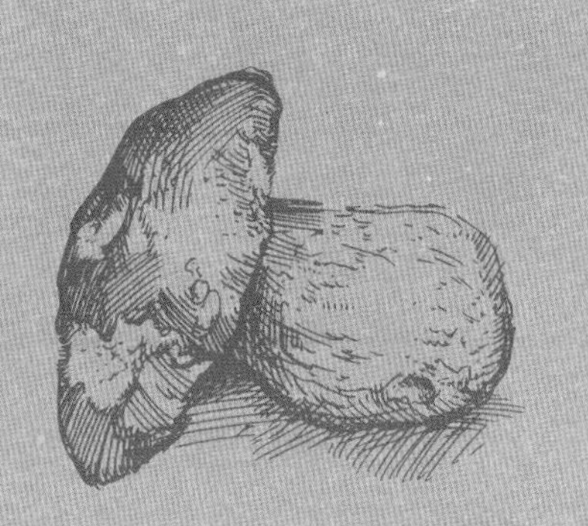

가는대남방그물버섯

Austroboletus gracilis (Peck) Wolfe

형태 균모의 지름은 3~8cm로 둥근산모양에서 중앙이 편평한 산모양으로 된다. 표면은 미세한 털이 밀생하여 비로드상 또는 솜털상으로 습기가 있을 때 점성이 있다. 표면은 밤갈색-적갈색 또는 오렌지색을 띤 갈색이며 미세하게 균열하며 때로는 쭈굴쭈굴한 맥상이 나타난다. 살은 연하고 백색 또는 연한 핑크색이며 공기와 접촉해도 변색하지 않는다. 관공은 자루 주위에 함몰되어 떨어진 관공이며 처음 유백색에서 갈색의 분홍색으로 되었다가 포도주색으로 된다. 상처를 받아도 변색하지 않는다. 구멍은 0.5~1.5mm로 비교적 크고 길며 원형 또는 다소 다각형이다. 자루의 길이는 5~12cm, 굵기는 7~10mm로 가늘고 길며 균모와 같은 색이거나 연한 색이며 위쪽으로 가늘어 지고 속은 차 있다. 표면은 비로드상으로 거의 밋밋하고 약간 융기된 세로줄의 쭈굴쭈굴한 선이 있거나 불명료한 그물눈(국부적으로 연락)이 나타난다. 밑동은 흰색이거나 때때로 황색의 얼룩이 생긴다. 포자의 크기는 11.5~15×5~5.5㎛로 타원형-방추형이며 표면에 미세한 반점상의 돌기가 있다. 포자문은 붉은색의 갈색이다.

생태 여름~가을 / 참나무류 등 활엽수림 또는 소나무, 전나무 등의 침엽수와 혼효림의 땅에 단생

분포 한국(백두산), 중국, 일본, 유럽, 북아메리카

수원그물버섯

Boletus auripes Peck

형태 균모의 지름은 6~15cm로 반구형에서 둥근산모양을 거쳐 편평하게 된다. 표면은 점성이 없고 어릴 때 가는 털이 있으나 곧 밋밋해지며 황갈색-오렌지갈색이다. 살은 황색에서 연한 황색으로 되며 공기에 접촉하면 색이 짙어지고 쓴맛이다. 관공은 자루에 대하여 바른-떨어진관공으로 구멍은 소형이나 각진형이며 처음은 균사에 의하여 막혀 있다. 상처 시 변색하지 않는다. 자루의 길이는 7~12cm, 굵기는 1.5~2.5cm로 상하가 같은 굵기이나 간혹 위쪽으로 가늘다. 표면은 (황색-탁한 황색으로) 위쪽은 가는 그물눈이 있고 균모와 동색으로 만지면 갈색으로 변색하기도 한다. 기부에는 백색 또는 황백색의 균사가 있다. 포자의 크기는 10~13×3.5~5㎛로 타원형 또는 류방추형으로 표면은 매끈하며 노란색이고 포자벽이 두껍다. 담자기는 35~45×9~13㎛로 막대형이며 4-포자성이다. 기부에 꺽쇠가 없다. 낭상체는 원통형으로 35~62×8.5~11㎛이다. 포자문은 올리브색을 띤 황갈색이다.

생태 여름~가을 / 활엽수와 서어나무 숲의 땅에 단생 · 군생

분포 한국(백두산), 중국, 일본, 유럽, 북아메리카

참고 식용

갈색그물버섯

Boletus badius (Fr.) Fr.
Xerocomus badius (Fr.) E.-J. Gilbert

형태 균모의 지름은 8~12cm로 반구형에서 둥근산모양을 거쳐 편평형으로 된다. 표면은 밋밋하며 습기가 있을 때 미끈거리고 건조 시는 털-미세털이 있으며 밤갈색이다. 가장자리는 구멍이 약간 돌출한다. 살은 백색에서 연한 노란색으로 두껍고 상처 시 청색으로 변색하며 버섯 냄새가 나고 맛은 온화하며 견과류 맛이 있다. 관공은 자루에 대하여 홈파진관공이나 간혹 약간 내린관공이며 관은 구멍과 동색이고 길이는 1~2cm이다. 관의 구멍(입구)는 연한 황색에서 푸른-노란색이며 상처 시 청색으로 변색한다. 자루의 길이는 5~10cm, 굵기는 1~4cm로 원주형이며 기부로 가늘고 표면은 밋밋하고 미세한 세로줄의 섬유실이 있으며 밝은 적갈색이다. 기부로 약간 연한 색이고 백색이고 자루의 속은 차고 단단하다. 포자의 크기는 11.5~16×4~6.5㎛로 방추형이며 표면은 매끈하고 노란색 또는 올리브색이고 포자벽은 두껍다. 담자기는 막대형이며 30~45×8.5~11㎛로 4-포자성이다. 기부에 꺽쇠가 없다. 낭상체는 방추형이며 38~70×8.5~14㎛이다.

생태 여름~가을 / 침엽수림의 땅에 단생 · 군생

분포 한국(백두산), 중국, 일본, 유럽, 북아메리카, 시베리아, 아프리카

참고 식용

그물버섯

Boletus edulis Bull.

형태 균모의 지름은 8~15.7cm로 둥근산모양에서 차차 편평하게 되고 중앙부가 돌출한다. 표면은 마르거나 젖어 있을 때 점성이 있으며 암갈색, 황갈색, 홍갈색 또는 황토색이다. 가장자리는 둔하고 연한 색깔이다. 살은 육질로 두껍고 단단하나 나중에 유연하게 되며 백색에서 황백색으로 되며 관공과의 연접부는 약간 붉은색을 띠며 상처 시에도 변색하지 않는다. 관공은 자루에 대하여 바른관공 또는 홈파진관공이며 백색에서 연한 황색으로 된다. 구멍은 작고 둥글다. 자루의 길이는 7~11.5cm, 굵기는 3~4cm로 굵으며 원주형으로 기부는 다소 불룩하고 연한 갈색 또는 황갈색이며 전면 또는 2/3 이상에 그물무늬가 있고 속이 차 있다. 포자는 11~18×4~6㎛로 타원형이며 표면은 매끄럽고 연한 황색이다. 포자문은 올리브갈색이다. 낭상체는 백색이고 곤봉상이며 정단이 가늘고 뾰족하며 32~40×12~14㎛이다.

생태 여름~가을 / 분비나무~가문비나무 숲, 활엽수림 또는 침엽수림, 혼효림의 땅에 단생 · 산생하며 소나무, 가문비나무, 분비나무, 이깔나무, 신갈나무와 외생균근을 형성

분포 한국(백두산), 중국, 일본, 유럽, 북아메리카, 북반구 온대

참고 맛 좋은 식용균, 항암작용

붉은끈적그물버섯

Boletus aurantio-ruber (Dick & Snell) Both, Bessette & W. J. Neil

형태 균모의 지름은 8~15.5cm로 둥근산모양에서 차차 편평하게 되고 중앙부가 돌출한다. 표면은 마르거나 젖어 있을 때 점성이 있으며 녹슨 적색이다. 가장자리는 둔하고 색깔이 연하다. 살은 육질로 두껍고 단단하나 나중에 유연하게 되며 백색에서 황백색으로 되며 관공과의 연접부는 약간 붉은색을 띠며 상처 시에는 올리브황색으로 변색한다. 관공은 자루에 대하여 바른관공 또는 홈파진관공이며 백색에서 연한 올리브황색으로 된다. 구멍은 작고 둥글며 상처 시에 올리브황색으로 물든다. 자루의 길이는 7~11.5cm, 굵기는 3~4cm로 원주형이며 기부는 다소 불룩하고 연한 갈색 또는 황갈색이며 전면 또는 2/3 이상에 그물무늬가 있다. 자루의 속이 차 있다. 포자의 크기는 11~18×4~6㎛로 타원형이고 표면은 매끄럽고 연한 황색이다. 포자문은 올리브갈색이다.

생태 여름~가을 / 분비나무-가문비나무 숲, 활엽수림 또는 침엽수림, 혼효림의 땅에 단생 · 산생하며 외생균근 형성

분포 한국(백두산), 중국, 일본, 북반구 온대

참고 그물버섯(Boletus edulus)과 다른 점은 녹슨 적색의 균모를 가진 점과 상처 시 구멍이 올리브황색으로 물드는 것이 차이점

붉은그물버섯

Boletus fraternus Peck

형태 균모의 지름은 4~7cm로 어릴 때는 반구형에서 둥근산모양을 거쳐 평평하게 된다. 표면은 건조하고 비로드상이고 혈홍색 또는 적갈색이며 가늘게 균열되어 황색의 살이 노출된다. 살은 황색으로 공기에 접촉하면 서서히 청색으로 변색한다. 관공은 자루에 대하여 올린관공이고 황색이고 구멍은 1mm 내외로 약간 크며 각진형이고 황색이다. 상처를 받으면 청색으로 변색한다. 자루의 길이는 3~6cm, 굵기는 5~10mm로 상하가 같은 굵기 또는 위쪽이나 아래쪽으로 약간 가늘어진다. 표면은 황색의 바탕에 붉은 줄무늬선이 덮여 있다. 때로는 전체적으로 진한 적색이 된다. 밑동에 연한 황색의 균사가 덮인다. 포자의 크기는 10~12.5×4.5~5.5㎛로 류방추형이며 표면은 밋밋하다. 포자문은 올리브갈색이다.

생태 여름~가을 / 숲속의 땅, 숲의 가장자리, 정원 등에 군생

분포 한국(백두산), 중국, 일본, 유럽, 북아메리카, 북반구 온대

참고 식용하며 맛이 좋은 편

과립그물버섯

그물버섯과 ≫ 그물버섯속

Boletus granulopunctatus Hongo

형태 균모의 지름은 2~7㎝로 반구형에서 둥근산모양으로 된다. 습기가 있을 때 점성이 있고 밋밋하며 섬유상의 압착된 가는 인편을 만든다. 중앙이 낮고 잔금으로 갈라지는 것도 있다. 색은 그을음 핑크색이나 후에 중앙은 회황색-올리브색으로 된다. 살은 황색이며 표피 아래쪽은 회홍색, 자루의 기부는 약간 회황색이며 공기에 접촉하여도 변색하지 않으나 드물게 청색으로 변색하는 것도 있다. 맛과 냄새는 없다. 관공은 끝붙은관공으로 황색에서 녹황색으로 되나 서서히 청변하는 것도 있다. 구멍은 짙은 적색이며 지름은 0.5~1mm로 변색하지 않는다. 자루의 길이는 2~5㎝, 굵기는 0.6~1.5㎝로 거의 같은 굵기이나 아래로 가늘어지는 것도 있다. 황색 바탕에 적-회홍색의 가는 인편이 약간 분포하며 특히 위쪽이 심하다. 기부는 인편이 없고 회황색으로 특히 백색의 균사가 덮여 있다. 포자문은 올리브색이다. 포자의 크기는 8.5~10.5×5~6㎛로 타원형이다.

생태 여름~가을 / 활엽수림, 혼효림의 땅에 단생 · 군생

분포 한국(백두산), 일본

황소노란그물버섯

그물버섯과 ≫ 그물버섯속

Boletus moravicus Vacek
Xerocomus moravicus (Vacek) Herink

형태 균모의 지름은 3~8mm로 반구형에서 둥근산모양으로 된다. 표면은 가루가 있으며 미세한 눌린 털이 있고 황토색에서 오렌지 갈색으로 되지만 가끔 희미한 핑크색이 있다. 가장자리는 예리하다. 살은 밝은 노란색이고 상처 시 청색(어릴 때)으로 변색하며 두껍고 냄새는 좋고 맛은 온화하다. 관공은 바른관공에서 약간 내린관공이고 구멍은 어릴 때 밝은 노랑색에서 황토노란색을 거쳐 올리브노란색으로 되며 상처 시 청색 또는 갈색으로 변색한다. 관의 길이는 4~8mm로 노란색에서 올리브노란색이다. 자루의 길이는 5~8㎝, 굵기는 1.2~2㎝로 원통형에서 배불뚝이형으로 되며 기부로 가늘어지고 방추형이다. 표면은 크림색의 바탕에 갈색이고 세로줄의 섬유실과 홈선이 있고 때때로 갈라지고 단단하다. 자루의 속은 차 있다. 포자의 크기는 8~11.7×3.9~4.8㎛이고 방추형-타원형으로 표면은 매끈하고 밝은 노랑-녹색이며 기름방울이 있다. 담자기는 막대모양으로 30~43×7.5~10㎛이다.

생태 여름~가을 / 활엽수림의 땅에 단생 · 군생

분포 한국(백두산), 중국, 유럽

방망이빨강그물버섯

Boletus paluster Peck
Boletinus paluster (Peck) Peck

형태 균모의 지름은 2~7cm로 처음 원추상에서 편평하게 되지만 때때로 중앙이 볼록한 것도 있다. 표면은 적자색-장미색이며 솜털상-섬유상의 모피가 있고 보통 가는 털이 있다. 살은 황색이며 균모의 표피 아래쪽은 적색이고 상처 시 변색하지 않으며 다소 신맛이 있다. 관공은 짧고 길이는 2~3mm로 황색에서 오염된 황토색으로 되며 방사상의 (벽이) 발달하여 주름살 모양으로 된다. 구멍은 방사상으로 배열하며 다각형으로 대형이고 때때로 소구획으로 갈라진다. 관공과 구멍은 상처 시 변색하지 않는다. 자루의 길이는 3~6cm, 굵기는 1cm 이하로 가늘고 상하가 같은 굵기다. 자루의 속은 차 있고 꼭대기는 황색으로 그물꼴모양으로 거의 전체가 홍색-황색으로 된다. 자루의 아래쪽은 균모와 동색이며 약간 그을음이 있든가 또는 거의 밋밋하며 솜털상 피막의 잔존물이 산재하지만 분명한 턱받이는 없다. 포자문은 어두운 와인색-자갈색이다. 포자의 크기는 7~8×3~3.5㎛로 타원형-류타원형이다. 연낭상체는 40~70×7.5~12.5㎛로 류원주형-류방추형이다. 측낭상체는 연낭상체와 비슷하나 약간 길다. 균사에 꺽쇠가 있다.
생태 여름~가을 / 소나무 숲 등의 땅, 고목에 군생
분포 한국(백두산), 중국, 일본
참고 식용

털그물버섯

Boletus subtomentosus L.
Xerocomus subtomentosus (L.) Quél.

형태 균모의 지름은 4~11cm로 둥근산모양에서 차차 편평하게 된다. 표면은 젖거나 마르며 미세한 융모가 있어 비로드 같고 성숙되면 표피가 가끔 거북등처럼 갈라지며 황갈색, 다갈색, 또는 회갈색 등이다. 살은 단단하고 두꺼우며 백색 또는 연한 황색이나 표피 아래 부분은 갈색을 띠고 맛은 좋으며 상처 시 연한 남색으로 천천히 변색한다. 관공은 자루에 대하여 바른주관공 또는 홈파진관공으로 어릴 때 올리브황색에서 황색으로 되며 상처 시 남색으로 변색한다. 구멍은 다각형이고 지름은 1~1.5㎜이다. 자루의 길이는 6~8cm, 굵기는 0.8~2.5cm로 원주형이며 위쪽에 미세한 그물눈 무늬가 있고 아래로 줄무늬홈선이 있다. 연한 황색이고 미세한 홍갈색 반점이 있으며 자루의 속은 차 있다. 포자의 크기는 9~12×4~5㎛로 방추형이며 표면은 매끄럽고 연한 황색이다. 포자문은 남황색이다. 낭상체는 방추형 또는 곤봉상이며 백색 또는 황색이고 50~60×7~10㎛이다.
생태 여름~가을 / 활엽수림과 침엽수림의 혼효림의 땅에 산생하며 소나무, 버드나무, 신갈나무와 외생균근을 형성
분포 한국(백두산), 중국, 일본
참고 식용

붉은두메그물버섯

Xerocomellus rubellus (Krombh.) Sutara
Boletus rubellus Krombh., B. versicolor Rosk.

형태 균모의 지름은 3~5cm로 어릴 때 반구형의 종형에서 둥근 산모양을 거쳐 편평하게 되며 오래되면 물결형이다. 표면은 미세한 털이 있고 건조성이고 어릴 때 뚜렷한 혈적색에서 퇴색하여 적갈색으로 된다. 가장자리는 고르다. 살은 노란색으로 두껍고 부드러우며 상처 시 청색으로 변색하며 냄새는 불분명하고 맛은 온화하나 신맛이다. 관공은 자루에 대하여 홈파진관공이고 가끔 융기로 된 내린관공이다. 구멍의 입구는 레몬-노란색에서 황금노란색으로 되었다가 희미한 올리브색으로 되며 손으로 만지면 청색으로 변색한다. 관의 길이는 5~10mm로 녹황색이다. 자루의 길이는 4~10cm, 굵기는 7~15mm로 원통형에서 방추-막대형으로 표면은 밝은 노란색이며 꼭대기에 반점이 있고 아래로 적색에서 적갈색이고 세로줄의 섬유실이 있다. 크롬-노랑의 균사체가 있고 약간 청색으로 변색하며 자루의 속은 차 있다. 포자의 크기는 9.5~12.5×4.2~6㎛로 타원형이고 표면은 매끈하고 노란색으로 포자벽은 두껍다. 담자기는 막대형으로 35~45×9~13㎛이다. 연-측낭상체는 원통형이며 35~62×8.5~11㎛이다.

생태 여름~가을 / 활엽수림의 혼효림에 단생 · 군생

분포 한국(백두산), 유럽, 북아메리카, 아시아

참고 희귀종

매운그물버섯

Chalciporus piperatus (Bull.) Bataille
Suillus piperatus (Bull.) O. Kuntze

형태 균모의 지름은 2~6cm로 반구형에서 둥근산모양을 거쳐 편평형으로 된다. 표면은 매끄럽고 습기가 있을 때 점성이 조금 있고 연한 황갈색-계피색이다. 살은 황색으로 자루 기부의 살은 짙은 오렌지색이고 상처 시 변색하지 않고 강한 매운맛이 있다. 관공은 자루에 대하여 바른-내린관공으로 오렌지갈색-녹슨색이다. 관공과 구멍은 동색이다. 구멍은 넓고 각진형-부정형이며 구리색에서 녹슨색으로 된다. 자루의 길이는 4~10cm, 굵기는 0.5~1cm로 기부로 가늘고 표면은 균모와 동색이며 기부는 황색의 균사덩어리가 있다. 포자문은 계피갈색-갈색이다. 포자는 8~11×3~4㎛로 방추상의 타원형이며 황갈색이다. 연낭상체는 25~60×8~13㎛로 가는 곤봉형 또는 방추형이며 황색-갈색의 부착물이 덮여 있다.

생태 여름~가을 / 침엽수림 및 풀밭의 땅에 발생

분포 한국(백두산), 중국, 일본, 시베리아, 유럽, 북아메리카

참고 식용

일본연지그물버섯

Heimioporus japonicus (Hongo) E. Horak
Heimiella japonica Hongo

형태 균모의 지름은 5~8㎝이고 반구형에서 둥근산모양을 거쳐 편평한 모양으로 된다. 표면은 매끄럽고 습기가 있을 때는 끈적거리다가 나중에 없어지며 자홍색 또는 적갈색이다. 살은 연한 황적색이나 약간 청색으로 변색한다. 관공은 자루에 대하여 올린관공 또는 끝붙은관공으로 노란색에서 올리브색으로 된다. 구멍은 원형 또는 다각형이다. 자루의 길이는 6~13㎝, 굵기는 7~12mm이고 속은 차 있다. 표면은 균모와 같은 색이며 미세한 반점과 뚜렷한 그물눈모양이 있다. 포자의 크기는 9.5~15×7~8㎛로 올리브색의 타원형이며 그물눈모양이 있다.
생태 여름~가을 / 활엽수림 또는 침엽수림의 땅에 단생 · 군생
분포 한국(백두산), 중국, 일본

흑변모래그물버섯

Leccinellum crocipodium (Letell.) Della Maggiora & Trassinelli
Leccinum nigrescens Sing.

형태 균모의 지름은 5~10cm로 반구형에서 둥근산모양을 거쳐서 편평하게 된다. 표면은 밋밋하고 가루와 털이 있으며 짙은 레몬-노란색에서 황노랑을 거쳐 갈색으로 되지만 오래되면 갈라지고 그물꼴처럼 된다. 가장자리는 예리하다. 살은 밝은 레몬-노랑에서 백색이며 표피 아래쪽은 노란색으로 두껍고 상처 시 적색에서 갈색을 거쳐 흑색으로 변색한다. 자루의 살은 상처 시 변색하지 않으며 희미한 라일락색을 가진다. 냄새는 약간 불분명한 냄새가 나고 맛은 온화하며 신맛이 있다. 관공은 자루에 대하여 홈파진 관공으로 구멍의 길이는 1.5~2cm, 입구는 레몬-노란색에서 연한 노란색이며 상처 시 라일락갈색으로 변색한다. 자루의 길이는 6~10cm, 굵기는 1~2.5cm로 원통형, 배불뚝이형, 약간 막대형으로 땅색 또는 백황색이다. 꼭대기는 연한 노란색이며 어릴 때 노란색의 인편으로 덮이며 인편은 성숙하면 검은색으로 되었다가 적갈색으로 변색한다. 거친 그물꼴이 기부로 형성되며 세로줄의 섬유실이 있고 자루의 속은 차 있다. 포자의 크기는 12.5~18.5×6~7.7㎛로 방추형이며 표면은 밋밋하고 노란색으로 벽은 두껍고 기름방울이 있다. 담자기는 막대형으로 40~50×13~14㎛이다. 연-측낭상체는 방추형 또는 로제트형으로 60~70×8~10㎛이다.
생태 여름~가을 / 숲속의 땅에 단생 · 군생
분포 한국(백두산), 중국, 북아메리카

회색모래그물버섯

Leccinellum griseum (Quél.) Bresinsky & Manfr. Binder
Leccinum griseum (Quél.) Sing.

형태 균모의 지름은 4.5~9㎝로 어릴 때는 다소 원추형-반구형에서 둥근산모양으로 된다. 표면은 습기가 있을 때 다소 점성이 있고 털은 없으며 요철이 있거나 쭈글쭈글하다. 색깔은 회갈색-황갈색 또는 암갈색이고 상처를 받으면 흑색으로 변색한다. 오래되면 표면이 갈라져서 흰색의 살이 노출되는 경우도 있다. 살은 흰색 또는 황색이며 절단하면 회홍색에서 회색(때로는 붉은색 가미)에서 거의 흰색으로 변색한다. 관공은 자루에 대하여 올린관공 또는 거의 떨어진관공이며 구멍은 소형으로 각진형에 가까우며 유백색에서 갈색을 거쳐 흑색으로 변색한다. 어린 자실체에 상처를 입히면 약간 올리브색으로 변색한다. 자루의 길이는 6~11.5㎝, 굵기는 5~20㎜로 위쪽으로 가늘며 드물게 중앙이 약간 굵다. 표면은 유백색이나 간혹 밑동 쪽으로 연한 황색의 바탕에 회색-거의 검은색 알갱이모양의 인편이 밀포된다. 포자는 14~19×5~6㎛로 류방추형이다. 연낭상체는 40~57.5×12.5~17.5㎛이다.

생태 초여름~가을 / 활엽수림의 숲속의 땅이나 침엽수림과 활엽수림의 혼효림에 단생 · 군생

분포 한국(백두산), 일본, 유럽, 북아메리카

등색껄껄이그물버섯

Leccinum aurantiacum (Bull.) Gray
L. quercinum (Pilat) Green & Watl., L. rufum (Schaeff.) Kreisel

형태 균모의 지름은 5~12㎝이고 반구형에서 편평하게 되고 중앙이 돌출한다. 표면은 마르며 매끄럽거나 짧은 융모가 있으며 오렌지홍색, 오렌지갈색, 홍갈색 등이지만 비를 맞으면 퇴색된다. 가장자리는 얇고 내피막의 잔편이 붙어 있다. 살은 두껍고 단단하며 연한 백색에서 연한 회색, 연한 황색 또는 연한 갈색으로 된다. 자루의 연접부는 가끔 남색을 띠며 맛은 유하다. 관공은 자루에 대하여 바른관공, 홈파진관공 또는 떨어진관공으로 가늘고 길다. 색깔은 오백색 또는 회백색에서 나중에 오갈색으로 되고 상처 시 살색으로 된다. 구멍은 균모와 동색이고 작으며 둥글다. 자루의 길이는 8~13㎝, 굵기는 1.5~2.2㎝로 원주형이며 회백색이고 기부는 상처 시 남색으로 변색된다. 표면에 갈색, 회갈색 또는 흑색의 작은 인편이 밀포한다. 자루의 속은 차 있다. 포자의 크기는 13~16×5~6㎛로 타원형 또는 방추형이며 표면은 매끄럽고 연한 갈색이다. 포자문은 연한 황갈색이다. 낭상체는 방추형이며 30~50×9~12㎛이다.

생태 여름~가을 / 사스래나무 숲, 분비나무-가문비나무 숲, 잣나무, 활엽 혼효림의 땅에 산생 · 군생 · 단생하며 소나무, 가문비나무, 분비나무 또는 신갈나무와 외생균근을 형성

분포 한국(백두산), 중국, 일본

참고 식용

회하늘껄껄이그물버섯

Leccinum cyanoeobasileucum Lannoy & Estades

형태 균모의 지름은 5~10cm로 반구형에서 둥근산모양으로 되며 백색에서 눈처럼 하얀 백색이지만 나중에 희끄무레하게 퇴색하며 어떤 것은 손으로 만지면 녹올리브색 또는 퇴색한 다갈색으로 된다. 표면은 무디고 대부분이 살이 노출된다. 가장자리는 약간 고르지 않고 부속물도 없다. 살은 백색이며 손으로 만지면 녹색이나 청색으로 변색하며 기부의 살은 황녹색으로 변색한다. 관공은 자루에 대하여 내린관공이고 희끄무레한 백색에서 노란색으로 되고 베이지색에서 살색의 베이지색으로 되었다가 갈색으로 된다. 구멍은 관공과 동색이고 오랫동안 베이지색을 나타낸다. 자루의 길이는 9~13cm, 굵기는 1~3cm로 가늘고 짧으며 약간 굽었고 류원통형 또는 약간 배불뚝이형이다. 백색에 가깝거나 약간 청녹색 혹은 청색으로 기부로 펴지며 나중에 다갈색 혹은 청록색을 나타내며 위쪽은 청록색이다. 백색의 미세한 인편이 있고 약간 갈색 또는 연한 다갈색이다. 포자의 크기는 16~21×5~6㎛로 원주형이며 돌기가 있고 기름방울을 함유한다. 담자기는 22~40×9~14.5㎛로 막대형이다. 낭상체는 방추형으로 30~65×6.5~12㎛이다.

생태 여름 / 혼효림의 활엽수림의 땅에 군생

분포 한국(백두산), 중국, 유럽

접시껄껄이그물버섯

Leccinum extremiorientale (Lar. N. Vass.) Sing.

형태 균모의 지름은 10~26cm로 반구형에서 거의 편평하게 된다. 표면은 오렌지갈색-오렌지황갈색으로 비로도 같은 촉감이 있다. 뇌 같은 주름살(특히 어린 자실체)이고 균모가 펴지면 연한 황색의 살을 노출시킨다. 성숙한 자실체의 균모의 표면은 습기가 있을 때 점성이 있으나 보통은 끈기는 없다. 가장자리는 관공보다 약간 밖으로 돌출되나 나중에 탈락되며 처음은 전연에서 불규칙하게 갈라진다. 살은 두껍고 처음에 딱딱한 육질에서 연한 육질로 되며 거의 백색 또는 약간 황색을 나타낸다. 청색으로 변색하지 않지만 절단하면 약간 연한 홍색-연한 자색으로 변색한다. 관공은 자루에 대하여 올린관공 또는 거의 끝붙은관공이며 황색에서 올리브황색이다. 구멍은 관공과 동색이고 작으며 상처를 주어도 변색하지 않는다. 자루의 길이는 5~15cm, 굵기는 2.5~5.5cm로 위아래가 같은 폭이고 하부로 굵지만 특히 중앙이 굵다. 표면은 연한 황색-황색, 짙은 황색, 오렌지색-황갈색 등이며 가는 반점 또는 가는 인편이 덮여 있다. 포자문은 올리브갈색이다. 포자의 크기는 11~14×3.5~4.5㎛로 원주상의 방추형이다.

생태 여름~가을 / 활엽수림의 땅에 단생 · 군생

분포 한국(백두산), 중국, 일본, 러시아 극동지방

참고 식용

으뜸껄껄이그물버섯

Leccinum holopus (Rostk) Watl.

형태 균모의 지름은 3~6cm로 반구형에서 둥근산모양을 거쳐 편평하게 된다. 표면은 습기가 있을 때 점성이 있고 밋밋하고 미세한 털이 있고 간혹 쭈글쭈글하다. 백색에서 유백색이며 오래되면 녹회색으로 되며 손으로 만지면 황색으로 된다. 가장자리는 고르고 가끔 물결형이다. 살은 백색에서 칙칙한 백색이고 상처 시 변색하지 않으며 연하고 두꺼우며 버섯 냄새가 약간 나고 맛은 온화하다. 관공은 자루에 심한 홈파진관공으로 길이가 5~10mm이고 구멍은 둥글고 백색에서 녹회색이다. 자루의 길이는 5~12cm, 굵기는 8~20mm로 원통형에서 원추형이며 기부 쪽으로 두껍고 하얀 바탕에 가는 백색의 인편이 덮여 있다. 자루의 위쪽은 백색이고 아래쪽은 갈색을 띠며 성숙하면 자루의 기부는 청록색이다. 상처 난 곳은 녹색으로 변색하며 살색의 세로줄 섬유실이 있다. 자루의 속은 차 있다. 포자의 크기는 14.5~20.5×4.5~6.5㎛로 원통형에서 타원형이고 연한 노란색으로 표면은 밋밋하고 기름방울을 함유하며 포자벽이 두껍다. 담자기는 막대형으로 30~38×10~12㎛로 기부에 꺽쇠가 없다. 연-측낭상체는 방추형, 배불뚝이형으로 30~40×8~10㎛이다. 포자문은 암적갈색이다.

생태 여름~가을 / 습지 숲속의 땅에 단생 · 군생, 자작나무 숲의 습기 찬 땅에 단생하며 균근 형성

분포 한국(백두산), 유럽, 북반구 온대 이북

참고 식용

예쁜껄껄이그물버섯

Leccinum pulchrum Lannoy & Estades

형태 균모의 지름은 4~11cm로 반구형에서 둥근산모양을 거쳐 편평하게 된다. 맑은 갈색에서 어두운 갈색, 회갈색, 황토갈색 등으로 되지만 드물게 초콜릿갈색이다. 표면에 띠를 형성하고 퇴색하며 오렌지노란색, 황토노란색, 연한 황토색이나 나중에 가끔 희미해진다. 오래되면 대부분은 거무스레한 갈색으로 된다. 표면은 마르고 미세한 부드러운 털이 있으며 나중에 매끈해지며 흡수성이다. 가장자리는 돌출한다. 관공은 백색에서 크림색이나 크림색은 노랑의 갈색이 있으며 또는 연한 장미색이다. 구멍은 관공과 동색이며 만지면 다갈색으로 변색한다. 자루의 길이는 5~13cm, 굵기는 0.8~2.8cm로 원통형-류원통형 또는 굽거나 약간 막대형이다. 표면은 백색에서 엷은 회색으로 되며 드물게 장미색, 청색, 가끔 녹색으로도 된다. 만지면 어린 것들은 붉은색으로 되었다가 쉽게 사라진다. 미세한 인편이 위쪽에 점선으로 분포하며 기부로 밀생한다. (회갈색에서 흑갈색을 거쳐 흑색으로 된다.) 살은 백색에서 퇴색하며 자루의 기부색은 노란색이다. 포자의 크기는 15~20×5.5~7㎛이다. 담자기는 28~40×10~15㎛로 낭상체는 막대형이고 끝에 젖꼭지 같은 돌기가 있다.

생태 여름 / 혼효림의 땅에 군생

분포 한국(백두산), 유럽

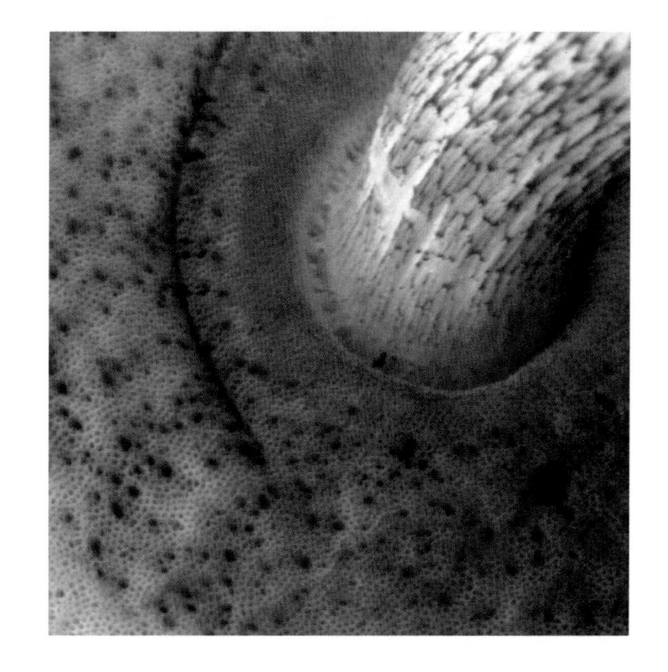

거친껄껄이그물버섯

Leccinum scabrum (Bull.) S. F. Gray

형태 균모의 지름은 5~6cm로 둥근산모양에서 차차 편평하게 된다. 표면은 습기가 있을 때 점성이 있고 마르며 매끄럽거나 융모가 있으며 주름이 있다. 가끔 거북등처럼 갈라지며 회갈색, 회백색, 연한 황갈색, 암갈색 또는 흑갈색이다. 살은 두껍고 단단하며 백색, 연한 갈색 또는 붉은색을 띠며 상처 시 분홍색-황색으로 변색하지 않으며 맛은 유화하며 자루의 살은 섬유질로 백색이나 잿빛으로 변하며 기부는 가끔 남색이다. 관공은 자루에 대하여 홈파진관공 또는 끝붙은관공이고 백색이나 연한 갈색으로 된다. 상처 시 살색 또는 흑색으로 변색하고 관은 길며 구멍은 관과 동색이고 둥글다. 자루의 길이는 6~8cm, 굵기는 1~2.5cm로 원주형이며 기부는 가끔 둥글게 불룩하고 백색 또는 회백색이고 세로줄의 미세한 인편이 있다. 포자의 크기는 13.5~18×4.5~7.5㎛로 방추형이며 표면은 매끄럽고 황색이다. 포자문은 연한 올리브 갈색이다. 낭상체는 곤봉형으로 22.5~49.5×6~8㎛이다.

생태 여름~가을 / 사스래나무 숲, 분비나무-가문비나무 숲, 잣나무, 활엽수림, 혼효림의 땅에 군생 · 단생하며 소나무, 가문비나무, 분비나무 또는 신갈나무와 외생균근을 형성

분포 한국(백두산), 중국, 일본, 전 세계

참고 식용

말목껄껄이그물버섯

Leccinum subradicatum Hongo

형태 균모의 지름은 5~6.5cm로 반구형에서 둥근산모양으로 된다. 표면은 거의 백색에서 연한 회갈색으로 되며 거의 털이 없고 밋밋하며 습할 시 점성이 있다. 살은 백색이고 공기에 닿으면 자회색으로 변색한다. 관공은 자루에 대하여 끝붙은관공으로 처음에 거의 백색에서 황색-오황갈색으로 된다. 구멍은 연한 색으로 소형이며 상처 시 황갈색으로 변색한다. 자루의 길이는 7~9cm, 굵기는 0.8~1.3cm로 상하가 같은 굵기로 간혹 아래로 가늘고 기부는 구근상이다. 표면은 백색-유백색이며 세로줄의 선 또는 불분명한 그물꼴을 형성하거나 또는 미세한 인편이 밀포한다. 인편은 처음에 백색에서 회갈색 또는 암회색으로 변색한다. 자루의 기부는 때때로 녹청색의 얼룩이 있다. 포자의 크기는 11.5~19×4~5㎛로 류방추형이고 연한 황갈색이다. 연낭상체는 25~36×7.5~10㎛로 곤봉형 또는 방추형이다.
생태 가을 / 숲속의 땅에 군생
분포 한국(백두산), 일본

다색껄껄이그물버섯

Leccinum variicolor WATL.

형태 균모의 지름은 4.5~10cm로 구형에서 차차 편평해지며 쥐회색-암갈색이다. 표면은 섬유상의 미세한 털이 있고 건조성이고 나중에 빛나고 밋밋하며 약간 미세한 점성이 있다. 살은 백색이며 비교적 두껍고 부분적으로 분홍색으로 변색하며 자루 위쪽의 살도 분홍색이지만 기부는 남회색 또는 청록색이다. 관공은 자루에 바른-떨어진관공으로 오백색 또는 황색에서 분홍 또는 포도빛 홍색으로 변색한다. 구멍은 크림백색이고 노랑갈색의 얼룩이 있으며 상처 시 갈색으로 변색한다. 자루의 길이는 10~18cm, 굵기는 1.5~2.5cm로 원주형이고 오백색이다. 표피는 쥐회색 혹은 녹황색의 사마귀점 같은 인편이 있다. 포자문은 갈색이다. 포자의 크기는 13~18×4~6.5㎛로 방추형이며 광택이 나고 표면은 매끈하다. 측낭상체는 방추형이며 20~63×4~9㎛이다.
생태 여름~가을 / 자작나무의 숲의 땅, 혼효림에 군생 · 산생하며 외생균근 형성
분포 한국(백두산), 중국
참고 식용

오렌지껄껄이그물버섯

Leccinum versipelle (Fr. & Hök) Snell.

형태 균모의 지름은 6~15㎝로 어릴 때는 반구형에서 둥근산모양을 거쳐 낮은 둥근산모양으로 된다. 표면은 오렌지황색-오렌지적색 또는 오렌지황갈색이다. 가장자리는 막편 찌꺼기 모양으로 관공보다 약간 밖으로 돌출되나 나중에 소실된다. 살은 흰색이나 절단하면 연한 홍색-회색으로 변색한다. 관공은 자루에 대하여 홈파진관공이며 길이 1~3cm 정도이다. 구멍은 작고 원형이며 어릴 때는 칙칙한 유백색에서 회색을 거쳐 황회색으로 되고 상처받은 부분은 회황색으로 된다. 자루의 길이는 10~20cm, 굵기는 15~40mm로 위쪽은 가늘고 아래쪽으로 굵어진다. 유백색의 바탕에 흑갈색의 알갱이 인편이 다수 덮여 있다. 포자의 크기는 10~13×4~5㎛로 긴 방추형이며 표면은 매끈하고 연한 황색으로 기름방울이 있다. 포자문은 황토갈색이다.

생태 여름~가을 / 활엽수 및 침엽수림의 땅에 단생 · 산생

분포 한국(백두산), 중국, 일본, 유럽, 미국

분말그물버섯

Pulveroboletus ravenelii (Berk. & Curt.) Murr.

형태 균모의 지름은 4~10cm로 둥근산모양에서 차차 편평하게 펴진다. 처음에 표면과 자루의 상부를 레몬황색의 솜 같은 분질물이 피복하고 있다가 분리된다. 분리된 피막은 가장자리에 오래 남아 있다. 처음에는 레몬황색이지만 중앙부가 적갈색-갈색을 띠게 된다. 표면이 다소 균열된다. 살은 흰색-약간 황색을 띠며 절단하면 서서히 청색으로 변색한다. 관공은 자루에 대하여 떨어진관공(관공이 성숙 시)이며 구멍과 같은 색이고 상처를 받으면 청색으로 변색한다. 구멍은 처음에 연한 황색에서 암갈색으로 된다. 자루의 길이는 4~15cm, 굵기는 7~15mm로 표면은 레몬황색으로 분질이며 상부에는 거미줄막 모양의 피막 잔존물이 붙어 있으나 쉽게 소실된다. 포자는 크기는 8~13.5×4.5~6㎛로 방추상 또는 타원형이고 표면은 밋밋하다. 포자문은 올리브갈색이다.

생태 여름~가을 / 침엽수림의 땅에 단생 · 산생

분포 한국(백두산), 중국, 일본, 동남아, 북아메리카

참고 식용, 희귀종

귀신그물버섯

Strobilomyces strobilaceus (Scop.) Berk.
S. floccopus (Vahl) Karst.

형태 균모의 지름은 4~7㎝이고 반구형을 거쳐 차차 편평하게 된다. 표면은 처음 회백색에서 연한 갈색을 거쳐 흑색으로 되며 껄껄한 인편과 사마귀로 덮인다. 살은 두껍고 백색 또는 연한 백색이며 상처 시 연한 홍색을 거쳐 흑색으로 된다. 관공은 자루에 대하여 바른관공 또는 내린관공이며 처음에 내피막으로 덮이고 나중에 내피막은 찢어져 일부는 가장자리에 붙어 있고 일부는 자루에 턱받이로 남는다. 색깔은 백색에서 회백색을 거쳐 갈색 또는 연한 흑색으로 변한다. 구멍은 다각형으로 관공과 동색이다. 자루의 길이는 4~6㎝, 굵기는 0.5~1.2㎝이고 원주형이며 가끔 기부는 다소 불룩하고 상부에 그물무늬가 있으며 하부에 인편 또는 융털이 있으며 균모와 동색이다. 포자는 8~12×7.7~10㎛로 구형 또는 타원형이고 표면에 그물모양의 융기가 있고 연한 갈색 또는 암갈색이다. 포자문은 갈색이다. 낭상체는 곤봉상이며 25~30×10~16㎛이다.

생태 여름~가을 / 잣나무, 침엽수, 활엽수의 혼효림의 땅에 산생

분포 한국(백두산), 중국, 일본, 전 세계

참고 식용

쓴맛그물버섯

Tylopilus felleus (Bull.) Karst.

형태 균모의 지름은 5~10cm로 편반구형에서 차차 편평해지며 표면은 마르고 연한 토갈색이며 나중에 엽색 또는 회자갈색이다. 어릴 때는 융모가 있으나 나중에 매끄러워진다. 살은 백색으로 두껍고 유연하며 상처 시 붉어지며 맛은 아주 쓰다. 관공은 자루에 대하여 파진관공이며 백색에서 살색으로 되며 구멍은 중등 크기이고 원형 또는 다각형이다. 자루의 길이는 3~4cm, 굵기는 1.0~1.5cm로 원주형이고 기부가 약간 불룩하며 그물눈 무늬가 있고 균모의 표면과 동색이거나 약간 연하며 속은 차 있다. 포자의 크기는 14~15×4.8~5㎛로 장타원형 또는 방추형으로 분홍갈색이다. 포자문은 분홍갈색이다. 낭상체는 방추형 또는 피침형이고 14~15×4.8~5㎛이다.

생태 여름~가을 / 잣나무, 활엽수림, 혼효림 또는 잡목림의 땅에 산생 · 군생하며 소나무 또는 신갈나무와 외생균근을 형성

분포 한국(백두산), 중국, 일본, 북반구 온대

참고 맛이 매우 쓰며 문헌에 따르면 독이 있다고 한다.

보라포자쓴맛그물버섯

Tylopilus porphyrosporus (Fr. & Hök) Smith & Thiers

형태 균모의 지름은 4~8cm로 넓은 둥근산모양에서 편평하게 된다. 표면은 검은 갈색 또는 올리브갈색에서 칙칙한 황갈색으로 되며 건조 시 분명한 황토갈색이다. 건조성이며 밋밋하게 되기도 한다. 살은 단단하고 질기며 상처 시 백색에서 서서히 회갈색 또는 적갈색으로 되며 냄새가 조금 나고 밀가루 맛이다. 가장자리는 매끈하다. 관공은 자루에 대하여 거의 끝붙은관공이고 길이는 10mm로 자루 주위가 함몰한다. 색깔은 검은 코코아갈색이고 잘랐을 때 나무갈색으로 된다. 구멍은 어릴 때 나무갈색이고 상처 시 검은 초콜릿갈색으로 물든다. 자루의 길이는 6~15cm, 굵기는 8~20mm로 위쪽으로 가늘고 기부는 약간 부풀고 아래쪽은 백색이며 그 외는 균모와 같은 갈색이고 꼭대기는 벨벳 또는 미세한 가루상으며 손으로 만지면 검은 갈색으로 물든다. 포자의 크기는 13~17×6~8㎛로 타원형 비슷하고 표면은 매끈하다. 포자문은 초콜릿회색 또는 짙은 핑크갈색이다.

생태 여름 / 혼효림, 낙엽수림의 숲속의 땅에 단생

분포 한국(백두산), 중국, 북아메리카

참고 식용

헛비듬쓴맛그물버섯

Tylopilus pseudoscaber Secr. ex Smith & Thiers

형태 균모의 지름은 5~15cm로 둥근산모양에서 편평하게 된다. 표면은 매우 검은 흙갈색에서 올리브갈색 또는 포도주갈색으로 되며 건조성이고 미세한 털에서 미세한 섬유상으로 된다. 살은 백색이며 상처 시 밝은 청색에서 적색을 거쳐 갈색으로 변색하며 냄새는 좋고 맛은 쓰다. 관공은 자루에 대하여 약간 내린관공이고 길이는 1.5~2cm로 주위가 함몰하며 연한 회갈색으로 상처 시 녹청색으로 변색한다. 구멍은 작고 둥글며 검은 황갈색이다. 자루의 길이는 4~12cm, 굵기는 1~3cm로 속은 차 있다가 푸석푸석 비게 된다. 균모와 동색이며 오래되면 기부는 검은색으로 된다. 표면은 건조성이고 미세한 펠트상으로 가끔 세로줄무늬와 불규칙한 선이 있다. 포자의 크기는 12~18×6~7㎛이고 타원형이며 표면은 밋밋하다. 포자문은 적갈색이다.

생태 가을 / 활엽수림과 혼효림의 땅에 산생 · 군생

분포 한국(백두산), 중국

녹색쓴맛그물버섯

Tylopilus virens (Chiu) Hongo

형태 균모의 지름은 4.5~6cm로 둥근산모양에서 거의 평평해진다. 표면은 녹색의 황색 또는 올리브황색이며 중앙이 다소 진하며 미세한 털이 있고 습기가 있을 때 점성이 있다. 살은 연한 황색-짙은 황색이고 절단하여도 변색하지 않고 쓴맛은 없다. 관공은 자루에 대하여 올린관공-거의 떨어진관공이고 연한 홍색이며 구멍은 소형이고 관공과 동색이다. 자루의 길이는 8~9cm, 굵기는 10mm 내외로 위쪽을 향해 약간 가늘다. 표면은 연한 황색이고 때로는 세로로 홍색-오렌지색이 섞여 있다. 포자의 크기는 9.5~14×4~6㎛로 약간 방추형이며 표면은 매끈하다. 포자문은 갈색의 분홍색이다.

생태 여름~가을 / 참나무류 등의 활엽수림이나 소나무의 숲의 땅에 단생 · 군생

분포 한국(백두산), 중국, 일본, 보르네오 섬

노란대가루쓴맛그물버섯

Harrya chromapes (Frost) Halling, Nuhn, Osumundson& Manfr. Binder
Tylopilus chromapes (Frost) A. H. Smith & Thiers, Leccinum chromapes (Frost.) Sing.

형태 균모의 지름은 5~12cm로 둥근산모양에서 차차 편평형으로 된다. 표면은 오렌지갈색-황갈색으로 밋밋하지만 나중에 얕게 균열이 생긴다. 습기가 있을 때는 약간 점성이 있다. 살은 거의 흰색으로 표피 밑은 황색을 띠고 매우 두터운 편이며 단단하다. 절단하면 천천히 약간 분홍색에서 약간 자갈색으로 변색한다. 관공은 자루에 대하여 바른관공 또는 약간 내린관공이다. 관공은 비교적 짧고 갓의 살이 두꺼워 겉으로는 길어 보인다. 구멍은 중형-대형(0.5~1.5mm), 각진형에 가깝다. 처음에는 거의 흰색에서 연한 황갈색으로 된다. 구멍과 같은 색이고 상처를 받으면 탁한 갈색으로 변색한다. 자루의 길이는 2.5~12cm, 굵기는 5~25mm로 대체로 짧고 굵으며 유백색-황색을 띠고 오래되거나 상처를 받으면 갈색을 띤다. 상하가 같은 굵기 또는 아래쪽으로 가늘며 속이 차 있고 단단하다. 포자의 크기는 11~17×4~4.5㎛로 타원형이며 표면은 매끈하고 투명하다. 포자문은 분홍갈색이다.

생태 여름~가을 / 분비나무-가문비나무 숲, 잣나무, 활엽혼성림 또는 신갈나무 숲 땅에 산생 · 군생하며 소나무 또는 신갈나무와 외생균근을 형성

분포 한국(백두산), 중국, 말레이시아, 싱가포르, 북아메리카

진갈색멋그물버섯

Xanthoconium affine (Peck) Sing.
Boletus affinis Pk.

형태 균모의 지름은 4~8cm로 넓은 둥근산모양에서 편평하게 된다. 표면은 검은 갈색 또는 올리브갈색에서 칙칙한 황갈색으로 되며 건조 시 분명한 황토갈색이다. 건조성이며 밋밋하게 되기도 한다. 살은 단단하고 질기며 상처 시 백색에서 서서히 회갈색 또는 적갈색으로 되며 냄새가 조금 나고 밀가루 맛이다. 가장자리는 매끈하다. 관공은 자루에 대하여 거의 끝붙은관공이고 길이는 10mm로 자루 주위가 함몰한다. 색깔은 검은 코코아갈색이고 잘랐을 때 나무갈색으로 된다. 구멍은 어릴 때 나무갈색이고 상처 시 검은 초콜릿갈색으로 물든다. 자루의 길이는 6~15cm, 굵기는 8~20mm로 위쪽으로 가늘고 기부는 약간 부풀고 아래쪽은 백색이며 그 외는 균모와 같은 갈색이고 꼭대기는 벨벳 또는 미세한 가루상으며 손으로 만지면 검은 갈색으로 물든다. 포자의 크기는 13~17×6~8㎛로 타원형 비슷하고 표면은 매끈하다. 포자문은 초콜릿회색 또는 짙은 핑크갈색이다.

생태 여름 / 혼효림, 낙엽수림의 숲속의 땅에 단생

분포 한국(백두산), 중국, 북아메리카

참고 식용

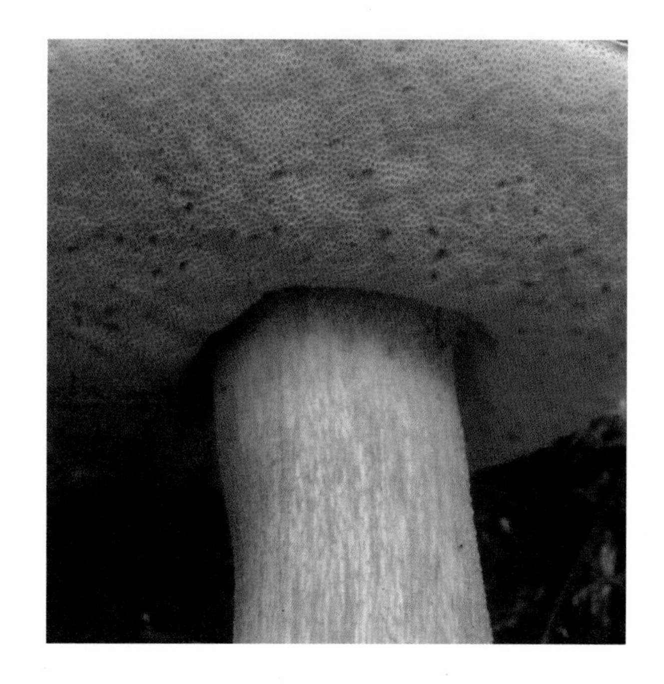

못버섯

Chroogomphus rutilus (Schaeff.) O. K. Miller
Gomphidius rutilus (Schaeff.) Lundel

형태 균모의 지름은 2~10cm이고 육질로 처음은 종모양 또는 원추형에서 점차 편평하게 되며 중앙부가 돌출한다. 표면은 젖으면 강한 끈기가 있고 마르면 광택이 나고 홍갈색이며 중앙은 암홍갈색이다. 가장자리 쪽으로 색깔이 점차 연해지며 때로는 홍자색이다. 살은 두껍고 처음은 황갈색이나 나중에 홍색을 띠며 맛은 유하다. 주름살은 자루에 대하여 내린주름살로 두꺼우며 단면은 쐐기모양이고 길이는 같지 않으며 처음 갈색에서 흑갈색으로 된다. 자루의 길이는 4~9cm, 굵기는 1.2~2cm이고 원주형으로 아래로 가늘어지고 황갈색이며 황갈색 융털이 밀생하고 기부에 난황색의 솜털뭉치가 있으며 속이 차 있다. 황갈색 솜털모양의 턱받이는 점차 없어진다. 포자의 크기는 17.5~20×6.5~7㎛로 표면은 매끄러우며 방추형이다. 포자문은 청갈색이다. 낭상체는 원주형이고 막이 얇으며 100~125×12~15㎛이다.

생태 여름~가을 / 소나무 숲의 땅에 군생하며 소나무와 외생균근을 형성

분포 한국(백두산), 중국, 일본, 유럽, 북아메리카

참고 살이 두꺼우며 비교적 맛 좋은 버섯으로 중국 동북 사람들이 좋아하는 버섯의 하나이다.

솜털갈매못버섯

Chroomgomphus tomentosus (Murr.) O. K. Miller

형태 균모의 지름은 3~5cm이고 육질로 처음은 원추형에서 점차 편평하게 되며 중앙부가 돌출하나 나중에 오목해지면서 깔때기형으로 된다. 표면은 젖으면 약간 점성이 있으며 마르고 분홍색 또는 오렌지갈색으로 중앙부는 어둡고 마르면 홍갈색으로 되며 압착된 미세한 인편 또는 융모상의 부드러운 털이 있다. 가장자리는 처음에 아래로 말리며 섬유상의 피막의 잔편이 있다. 살은 유연하고 연한 갈색이며 마르면 분홍색으로 되고 맛은 유하다. 주름살은 자루에 대하여 내린주름살로 두꺼우며 성기고 자루에서 갈라지며 처음은 회백색에서 회색으로 된다. 자루의 길이는 5~9cm, 굵기는 0.5~0.7cm이고 위아래로 가늘어지며 균모의 표면과 동색이며 속은 차 있다. 섬유상의 피막은 평행균사로 조성되며 쉽사리 소실된다. 포자의 크기는 16~20×6.5~7.5㎛로 장타원-장방추형이고 표면은 매끄럽다. 포자문은 황색이다. 낭상체는 막이 두껍다.

생태 여름~가을 / 가문비나무, 분비나무, 잣나무 숲 땅에 군생 · 단생

분포 한국(백두산), 중국, 일본, 유럽, 북아메리카

참고 식용

포도주못버섯

못버섯과 ≫ 못버섯속

Chroogomphus jamaicensis (Murr.) O.K. Miller

형태 균모의 지름은 2.5~9.5cm로 둥근산모양이나 중앙이 약간 들어간 있다. 노후하면 거의 편평해지고 밋밋하며 습할 시 점성이 있어서 미끈거린다. 연한 자갈색에서 검은 자갈색으로 되고 위로 뒤틀려서 겹쳐진 인편이 있는 것도 있다. 살은 단단하고 연한 연어색에서 핑크색의 연한 황색으로 된다. 자루의 살은 연어색에서 연한 황색으로 된다. 주름살은 자루에 대하여 내린주름살로 약간 성기고 폭이 넓고 활모양이다. 색깔은 살색-노란색 또는 핑크노란색에서 회색으로 된다. 자루의 길이는 4~10cm, 굵기는 3~15mm로 기부로 가늘고, 속은 차 있다. 꼭대기는 표피 조각으로 된 섬유상이고 적황색 또는 핑크색에서 검은 포도색-적색으로 되고 기부는 적황색에서 밝은 황토색으로 되거나 밝은 색에서 검은 노란색으로 된다. 포자문은 회색이다. 포자는 17~20×4.5~6㎛로 아방추형이며 매끈하고 벽은 얇다. 담자기는 36~50×9~11㎛로 막대모양으로 4-포자성이다.
생태 여름 / 숲속의 땅에 군생
분포 한국(백두산), 중국

비단못버섯

못버섯과 ≫ 못버섯속

Chroomgomphus vinicolor (Pk.) Miller

형태 균모의 지름은 2~8cm로 둥근산모양이나 중앙은 뾰족한 작은 돌기나 둔한 볼록이 있다. 연한 오렌지황토색에서 적갈색 또는 와인색이고 습기가 있을 때 점성이 있으나 곧 마르고 밋밋하게 된다. 살은 황토-오렌지색이고 냄새와 맛이 좋다. 주름살은 자루에 대하여 내린주름살로 두껍고 연한 황토색에서 성숙하면 흑색으로 된다. 자루의 길이는 50~100mm, 굵기는 5~15mm로 기부로 비틀리고 연한 황토색에서 포도색이며 꼭대기에 희미한 턱받이 흔적이 있다. 포자의 크기는 17~23×4.5~7.5㎛로 류방추형이다. 포자문은 흑색이다.
생태 여름~가을 / 소나무 숲에 군생
분포 한국(백두산), 중국, 북아메리카
참고 식용

마개버섯

Gomphidius glutinous (Schaeff.) Fr.

형태 균모의 지름은 4~10cm로 어릴 때는 못모양 또는 도원추형으로 위가 편평하지만 나중에 낮은 둥근산모양을 거쳐 편평형으로 되며 간혹 중앙이 오목하게 들어가 낮은 깔때기형이 되기도 한다. 표면은 점액층으로 덮여 있어서 미끈거리며 회갈색, 회자색 또는 적색을 띤 갈색 등으로 흑색의 반점으로 얼룩이 생긴다. 살은 두껍고 유백색이며 표피 아래쪽은 갈색을 띠고 밑동은 레몬황색을 띤다. 주름살은 자루에 대하여 내린주름살로 회백색에서 퇴색하여 포도주회색으로 되며 폭이 약간 넓고 약간 성기다. 자루의 길이는 5~10cm, 굵기는 6~20mm로 원주상이나 때때로 꼭대기 또는 밑동 부분이 굵어진다. 꼭대기 부근에 턱받이 흔적이 남고 점성이 있다. 턱받이 위쪽은 유백색이고 아래쪽은 회갈색이며 밑동은 레몬황색을 띤다. 포자의 크기는 18.5~21.1×5.3~6.5㎛로 방추상의 타원형으로 표면은 매끈하고 황갈색으로 기름방울이 들어 있다. 포자문은 암적갈색이다.
생태 가을 / 침엽수의 땅에 군생
분포 한국(백두산), 중국, 일본, 유럽, 북아메리카

흑보라둘레그물버섯

Gyroporus atroviolaceus (Höhn.) Gilb.

형태 균모의 지름은 2.6cm 정도로 편반구형에서 거의 편평하게 펴진다. 표면은 남자색이고 미세한 융모털이 있으며 가장자리는 연한 흙색의 홍갈색이다. 살은 오백색이고 중앙은 두껍다. 관공은 자루에 대하여 떨어진관공이고 백색이며 관의 길이는 약 3mm이다. 구멍의 지름은 0.2mm로 각진형으로 백색이나 나중에 홍갈색으로 변색한다. 자루의 길이는 3.5cm, 굵기는 0.4~0.9cm로 상부는 균모의 색과 동색이나 하부는 흙색의 홍갈색으로 부풀고 속은 비었다. 표면은 과립상의 융모상이 있다. 포자의 크기는 8~11×6~8㎛로 난원형 혹은 타원형이고 광택이 나며 표면은 매끈하다.

생태 여름 / 숲속의 땅에 군생하며 외생균근을 형성

분포 한국(백두산), 중국

참고 식용

흰둘레그물버섯

Gyroporus castaneus (Bull.) Quél.

형태 균모의 지름은 2~6㎝로 육질은 둥근산모양에서 차차 편평하게 되고 중앙부가 편평하거나 약간 오목하게 된다. 표면은 비로드모양이며 계피색-밤갈색으로 가장자리는 색깔이 연하다. 살은 단단하나 나중에 연하게 되며 백색 또는 연한 색깔이고 상처시 변색하지 않는다. 관공은 자루에 대하여 바른관공 또는 내린관공이고 연한 황색으로 마르면 색갈이 짙어진다. 관과 구멍은 같은 색이고 선점(腺点)이 있으며 각진형이고 복식이다. 자루의 길이는 5~10㎝, 굵기는 1~1.5㎝이고 위아래의 굵기가 같거나 기부가 약간 불룩하며 전체에 검은 선점이 있고 속이 차 있다. 포자의 크기는 8~10×3.5~4㎛로 타원형 또는 방추형으로 표면은 반반하고 백색 또는 연한 황색이다. 낭상체는 곤봉형으로 정단이 둥글며 30~50×5~6㎛이다.

생태 여름~가을 / 잣나무, 활엽수, 혼효림의 땅에 산생하며 소나무와 외생균근을 형성

분포 한국(백두산), 중국, 일본, 전 세계

참고 식용

둘레그물버섯

Gyroporus cyanescens (Bull.) Quél.

형태 균모의 지름은 5~10cm로 둥근산모양 또는 원추형에서 차차 편평하여 지거나 방석모양으로 된다. 표면은 건조성이고 가는 털 또는 거친 털로 덮인 비로도상 또는 섬유상이고 칙칙한 백색, 연한 황색, 밀짚색, 회황색 등 다양하며 손으로 만지거나 상처 시 암청색으로 변색된다. 살은 백색이고 공기에 노출되면 진한 청색으로 변색하며 냄새와 맛은 좋다. 관공은 자루에 대하여 홈파진 관공 또는 떨어진관공이다. 구멍은 백색에서 청황색으로 되고 상처를 입으면 청색으로 변색한다. 자루의 길이는 8~11cm, 굵기는 6~25mm로 원통-막대형이며 균모와 동색이고 속은 비거나 또는 방처럼 되며 부서지기 쉽다. 표면에 섬유상의 실이 있다. 포자의 크기는 8~16×4~8㎛로 타원형이다. 포자문은 레몬황색이다.
생태 여름~가을 / 침엽수 낙엽수림의 맨땅에 단생 · 군생
분포 한국(백두산), 중국, 일본, 시베리아, 유럽, 북아메리카, 아프리카(모로코)

꾀꼬리큰버섯

Hygrophoropsis aurantiaca (Wulf.) Maire

형태 균모의 지름은 3~7cm로 둥근산모양에서 편평해지지만 다시 중앙이 오목하게 들어가 깔때기형으로 되는 것도 있다. 표면은 난황색-오렌지색에서 오렌지갈색으로 되며 미세한 털이 덮여 있다. 가장자리는 처음에 안쪽으로 강하게 감겨 있으며 펴지면서 물결모양으로 굴곡된다. 살은 크림색-연한 황색이며 얇고 부드럽다. 주름살은 자루에 대하여 내린주름살이면서 홈파진주름살로 오렌지황색이고 폭이 좁으나 두껍고 약간 촘촘하며 주름살이 3~5회 분지한다. 자루의 길이는 2~5cm, 굵기는 5~15mm로 균모보다 다소 짧으며 상하가 같은 굵기이거나 아래쪽이 가늘고 오렌지갈색이다. 포자의 크기는 5.5~7.5×3~4.5㎛로 타원형이며 표면은 매끈하고 투명하며 연한 황색, 기름방울을 함유한다. 포자문은 연한 황색이다.

생태 여름~가을 / 침엽수림의 땅, 드물게 활엽수의 땅에 단생 · 군생

분포 한국(백두산), 중국, 일본, 유럽, 동남아, 북아메리카, 호주

참고 식용으로 알려져 있으나 때때로 환각이나 불안증을 유발

재목꾀꼬리큰버섯

Hygrophoropsis bicolor Hongo

형태 균모의 지름은 2.5~6cm로 둥근산모양에서 차차 편평하게 펴지며 얕은 깔때기형으로 된다. 가장자리는 불규칙한 물결형이고 찢어지기도 한다. 표면은 오렌지색 및 암갈색으로 건조 시 가는 비로드상이다. 살은 얇고 거의 백색으로 부드럽고 특유의 냄새가 난다. 주름살은 자루에 대하여 긴-내린주름살이고 폭은 좁고 싱싱한 오렌지색이며 밀생하고 포크형이다. 가장자리는 때때로 물결형이다. 자루의 길이는 1.5~2.5cm, 굵기는 4~6mm로 약간 편심생이며 속은 비었다. 표면은 약간 비로드상이나 밋밋한 것도 있으며 오렌지색 또는 약간 암갈색이다. 포자문은 백색이다. 포자의 크기는 4.5~7×2.5~3㎛로 류원주형으로 표면은 매끈하다. 거짓아미로이드 반응이다. 담자기는 4-포자형이다. 포자문은 백색이다.
생태 가을 / 소나무 숲의 고목에 군생 · 속생 또는 혼효림의 바위 밑 땅에 군생
분포 한국(백두산), 중국, 일본

줄그물버섯

Gyrodon lividus (Bull.) Sacc.

형태 균모의 지름은 60~100mm로 처음 둥근산모양에서 차차 편평하게 된다. 표면은 불규칙하게 울퉁불퉁한 상태에서 물결형으로 되며 미세한 섬유실의 솜털상이다. 습기가 있을 때 미끈거리고 연한 짚색의 노란색으로 갈색 섬유실을 가지며 오래되면 검은 노란색에서 갈색으로 된다. 가장자리는 예리하고 아래로 말린다. 육질은 스펀지상으로 두껍고 백색에서 연한 노란색이며 상처 시 청색으로 변색하는데 특히 관의 위쪽이 심하며 다음에 갈색으로 변색한다. 살은 시큼한 냄새가 나고 맛은 온화한 열매 맛이다. 관공은 자루에 대하여 내린관공이고 관의 길이는 짧고 황색에서 황갈-올리브갈색으로 된다. 구멍의 입구는 뒤얽힌 술장식으로 방사상으로 신장한다. 구멍은 비교적 작고 관공과 동색이며 상처 시 청색으로 변색하였다가 포도주색으로 변하고 결국에 갈색으로 된다. 자루의 길이는 3~7cm, 굵기는 8~15mm로 원통형으로 굽었고 꼭대기는 약간 폭이 넓다. 표면은 연한 노란색 바탕에 적갈색의 섬유실이 있으며 나중에 적갈색으로 된다. 자루의 속은 차고 부서지기 쉽다. 포자의 크기는 4.9~6.5×3.5~4.7㎛로 짧은 타원형-난형으로 연한 황색이며 표면은 매끈하고 기름방울이 있다. 담자기는 가는 막대형으로 21~35×7~8㎛로 기부에 꺽쇠가 있다.

생태 여름~가을 / 숲속의 땅에 군생, 드물게 단생

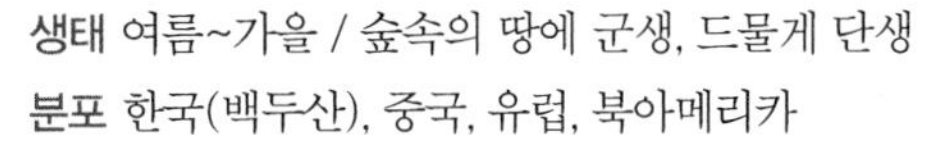

분포 한국(백두산), 중국, 유럽, 북아메리카

우단버섯

Paxillus involutus (Batsch) Fr.

형태 균모의 지름은 3~6cm이고 둥근산모양을 거쳐 차차 편평하게 되며 중앙은 깔때기모양으로 오목하게 된다. 표면은 젖으면 점성이 있고 마르면 광택이 있으며 연한 황토색 내지 청갈색이다. 가장자리는 처음에 아래로 말린다. 살은 두껍고 연한 황토색이고 상처 시 연한 갈색으로 된다. 주름살은 자루에 대하여 내린주름살로 밀생하며 폭이 넓고 황청색으로 상처 시 갈색으로 된다. 자루의 길이는 3~4cm, 굵기는 0.4~1cm로 원주형으로 위아래의 굵기가 같으며 기부가 약간 불룩하다. 자루는 중심생이나 가끔 편심생도 있으며 속이 차 있다. 처음은 연한 색깔에서 탁한 황색 또는 계피색으로 된다. 표면은 매끄럽거나 융털이 있다. 포자의 크기는 8~9.5×4~4.5㎛로 타원형으로 표면은 매끄러우며 녹슨 갈색이다. 포자문은 홍갈색이다. 낭상체는 많고 피침형으로 50~70×8~12㎛이다.

생태 여름~가을 / 잣나무~활엽혼효림, 이깔나무 숲 또는 사시나무-황철나무 숲의 땅에 군생 · 산생

분포 한국(백두산), 중국, 일본, 유럽, 북아메리카

참고 독버섯이나 중국 동북 민간에서는 말려서 식용하고 있으나 맛은 없다.

붉은우단버섯

우단버섯과 ≫ 우단버섯속

Paxillus rubicundulus P. D. Orton

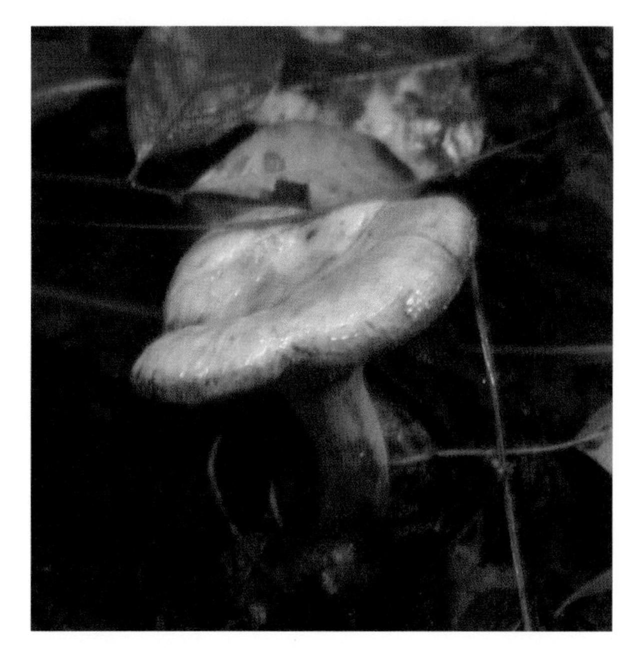

형태 균모의 지름은 3~15cm로 둥근산모양에서 차차 편평해지며 중앙에 돌기가 있지만 나중에 깔때기모양으로 되며 돌기는 없어지며 불규칙하게 찌그러졌고 물결형이다. 표면은 밋밋하고 매끈하며 흑색이고 방사상의 섬유실이 있으며 오래되면 갈라지고 인편으로 된다. 색은 올리브갈색, 황갈색이며 불규칙한 반점들이 있다. 가장자리는 아래로 말리기도 하고 말리지 않는 것도 있으며 무딘 톱니상에서 갈라지며 검은 줄무늬선을 나타내기도 한다. 살은 밝은 황색이고(검은색이나 상처 시 황갈색으로 변색하며) 두껍고 향료 냄새가나고 맛은 온화하나 약간 시큼하다. 주름살은 자루에 대하여 내린주름살로 폭은 좁고 연한 색에서 짙은 노란색으로 되며 상처 시 적갈색으로 물든 반점이 생기며 포크형이다. 가장자리는 밋밋하다. 자루의 길이는 15~50mm, 굵기는 10~18mm로 원통형으로 기부로 가늘어진다. 표면은 세로줄의 섬유실이 있고 가끔 줄무늬홈선이 있으며 연한 황색에서 갈색으로 되며 상처 시 적갈색의 반점들이 생긴다. 자루의 속은 차있다. 포자의 크기는 5.6~7.5×3.5~4.3㎛로 광타원형, 매끈하고 황갈색이다. 담자기는 막대형이고 30~40×8~10㎛로 1~4-포자성이다.

생태 여름~가을 / 숲속의 땅에 단생 · 군생

분포 한국(백두산), 중국, 일본, 유럽

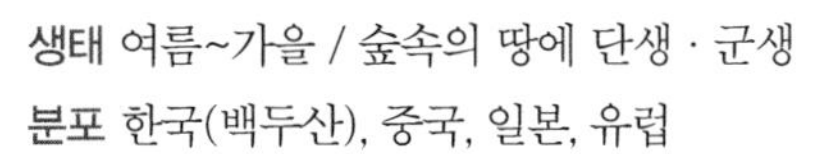

뿌리어리알버섯

Scleroderma polyrhizum (J.F. Gmel.) Pers.

형태 자실체의 지름은 4~8cm로 거의 구형이며 꼭대기의 끝이 열려서 갈라지기 전에는 부정형이다. 표피는 두껍고 단단하며 처음 열은 황색에서 열은 황토색으로 된다. 표면은 거북등처럼 되고 혹은 반점의 인편이 있고 성숙 시 별꼴모양으로 갈라진다. 열편은 반대로 말린다. 자실체는 성숙하면 암갈색이다. 포자의 지름은 6.5~12㎛로 구형이고 갈색이며 표면에 작은 사마귀점이 있으며 불완전한 무늬가 있다.

생태 여름~가을 / 숲속의 땅에 단생 · 군생하며 외생균근을 형성

분포 한국(백두산), 중국

참고 어릴 때는 식용

미국비단그물버섯

Suillus americanus (Peck) Snell

형태 자실체의 지름은 4~8cm로 거의 구형이며 꼭대기의 끝이 열려서 갈라지기 전에는 부정형이다. 표피는 두껍고 단단하며 처음 엷은 황색에서 엷은 황토색으로 된다. 표면은 거북등처럼 되고 혹은 반점의 인편이 있고 성숙 시 별꼴모양으로 갈라진다. 열편은 반대로 말린다. 자실체는 성숙하면 암갈색이다. 포자의 지름은 6.5~12㎛로 구형이고 갈색이며 표면에 작은 사마귀점이 있으며 불완전한 무늬가 있다.
생태 여름~가을 / 숲속의 땅에 단생 · 군생하며 외생균근을 형성
분포 한국(백두산), 중국
참고 어릴 때는 식용

황소비단그물버섯

Suillus bovinus (Pers.) Rouss.

형태 균모의 지름은 3~10cm이고 육질은 두꺼우며 둥근산모양에서 차차 편평하게 되고 중앙부는 편평하거나 약간 오목하다. 표면은 젖으면 강한 끈기가 있고 건조 시 광택이 나며 황토색, 황갈색, 홍갈색이고 마르면 계피색이다. 가장자리는 처음 아래로 감기고 나중에 물결모양으로 된다. 살은 유연하고 탄력성이 있으며 백색 또는 연한 황색이고 오래되면 홍갈색으로 되며 맛은 온화하다. 관공은 자루에 내린관공으로 살과 분리하기 어려우며 짧고 연한 황갈색이다. 구멍은 크며 각진형이고 복식이고 방사상으로 배열된다. 구멍의 가장자리는 톱니상이고 황녹색이다. 자루의 길이는 3~7cm, 굵기는 0.4~1.4cm로 원주형이고 표면은 매끄러우며 때로는 기부가 약간 가늘다. 상부는 균모보다 색깔이 연하고 하부는 황갈색으로 기부에 백색의 융모가 있고 자루의 속은 차 있다. 포자의 크기는 8~11×3~3.5㎛로 장타원형 또는 타원형이며 표면은 매끄럽고 연한 황색이다. 포자문은 황갈색이다. 낭상체는 총생하고 곤봉상 또는 방추형이며 26~35×5~7㎛이다.

생태 여름~가을 / 소나무 또는 침엽수와 활엽수의 혼효림의 땅에 군생 · 속생하며 소나무, 가문비나무 또는 신갈나무와 외생균근을 형성

분포 한국(백두산), 중국, 일본, 전 세계

참고 식용

청변비단그물버섯

Suillus caerulescens A. H. Sm. & Thiers

형태 균모의 지름은 6~14cm로 둔한 둥근산모양에서 낮고 넓은 산모양을 거쳐 편평하게 된다. 표면은 밋밋하고 신선할 때 끈기에서 습기 상태로 되며 압착된 섬유실이 있고 줄무늬선이 있다. 색깔은 황토갈색, 적갈색에서 연한 황갈색이며 가장자리 쪽으로 노란색이며 가끔 검은 녹색으로 물든다. 살은 연한 노란색으로 상처 시 간혹 핑크색으로 물들며 냄새와 맛은 불분명하다. 자루의 살은 노란색이고 외부로 노출 시 기부에서 녹청색으로 물든다. 관공은 자루에 대하여 바른관공에서 약간 내린관공으로 구멍은 각진형에서 불규칙형으로 방사상으로 배열한다. 구멍의 지름은 1mm 정도, 관의 길이는 6~10mm로 표면은 노란색에서 연한 황토색으로 되며 오래되면 검게 되며 상처 시 서서히 칙칙하게 자갈색으로 변색한다. 자루의 길이는 2.8~cm, 굵기는 2~3cm로 위아래가 같은 굵기로 건조성이며 속은 차고 기부에서 턱받이까지 압착된 섬유실이 분포하며 꼭대기에 그물꼴이 흔히 있고 과립은 없다. 표피는 부분적으로 건조성이 있고 섬유실 있으며 백색이고 위쪽에 고르지 않은 턱받이가 있다. 포자문은 적갈색이다. 포자의 크기는 8~11×3~5㎛로 타원형이고 처음은 투명하다가 황토색으로 되며 표면은 매끈하다.

생태 여름~가을 / 이끼류 속에 군생 · 산생

분포 한국(백두산), 중국, 북아메리카

참고 식용

황금비단그물버섯

Suillus cavipes (Opat.) A.H. Sm. & Thiers
Boletinus cavipes (Opat.) Kalchbr.

형태 균모의 지름은 2~8cm로 처음에 약간 원추상에서 둥근산 모양을 거쳐 편평하게 된다. 표면은 황갈색-갈색 또는 적갈색으로 부드러운 섬유상의 가는 인편으로 덮여 있다. 끈기는 없다. 살은 연한 황색이고 상처 시 변색하지 않는다. 관공은 자루에 대하여 내린관공으로 황색에서 올리브황색-오황토색으로 된다. 구멍은 방사상으로 배열하고 크고 작은 것이 있고 큰 것은 지름이 4~3mm이다. 자루의 길이는 1.5~8cm, 굵기는 0.5~1cm로 속은 비고 꼭대기에 백색의 막질의 턱받이가 있다. 턱받이는 위쪽은 황색이며 아래로 거친 그물꼴을 만들어 매달린다. 아래쪽은 거의 균모와 동색으로 가는 인편상이다. 포자문은 황올리브색이다. 포자의 크기는 6~10×3~4㎛로 타원형-방추형이다. 연-측낭상체는 50~80×7~10㎛로 원주상의 방추형 또는 곤봉형이다.

생태 가을 / 소나무 숲의 땅에 군생

분포 한국(백두산), 중국, 북반구 온대 일대

참고 식용

진흙비단그물버섯

Suillus collinitus (Fr.) Kuntze

형태 균모의 지름은 8~11㎝, 어릴 때 반구형에서 둥근산모양을 거쳐 약간 편평형으로 된다. 표면은 밋밋하며 습기가 있을 때 점성이 있고 미끈거리며 건조 시는 비단실 같으며 방사상의 섬유실이 있고 적갈색 또는 밤색의 갈색이다. 가장자리는 아래로 말리고 오래되면 물결형으로 된다. 살은 밝은 노란색이나 자루의 위쪽은 진한 노란색이고 아래쪽은 적갈색이며 두껍고 신 냄새 와 버섯 냄새가 나고 맛은 온화하다. 관공은 자루에 대하여 홈파진관공이며 구멍은 어릴 때 노랑에서 올리브노란색으로 된다. 자루의 길이는 40~70mm, 굵기는 10~20mm로 원통형이고 기부로 굵으며 굽었고 꼭대기는 레몬-노란색으로 미세한 적갈색의 반점이 있고 아래쪽은 갈색이다. 기부는 핑크색의 균사체가 있으며 자루의 속은 차 있다. 포자의 크기는 7.6~9×3.4~4.6㎛로 타원형이며 표면은 매끈하고 밝은 노란색이고 기름방울을 함유한다. 담자기는 가는 막대형이며 21~27×5~6㎛이다. 연낭상체도 막대형으로 33~52×5.5~10㎛이다.

생태 여름~가을 / 소나무 숲의 아래에 단생 · 군생

분포 한국(백두산), 중국, 유럽

옥수수비단그물버섯

비단그물버섯과 ≫ 비단그물버섯속

Suillus decipiens (Peck) O. Kuntze

형태 균모의 지름은 3.5~7cm로 둥근산모양에서 차차 편평하게 되며 옥수수 같은 노란색 또는 연한 노란색, 핑크색의 붉은색 또는 연한 그을린 색 등 다양하며 압착된 인편이 있다. 습기가 있을 때 검은색을 가끔 나타낸다. 살은 밀짚색 또는 노란색으로 대부분 변색하지 않으나 가끔 군데군데 핑크색의 황갈색으로 변색한다. 살의 냄새는 보통이고 맛은 온화하다. 관공은 자루에 떨어진관공이고 관의 길이는 5mm로 꿀색의 노란색이다. 구멍은 불규칙하며 관과 동색이다. 자루의 길이는 4~7cm, 굵기는 7~15mm로 속은 차고 아래로 가늘며 기부로 갈고리 형태이며 노란색에서 붉은 황갈색으로 되며 아래쪽은 붉은 핑크색이며 솜털상의 인편이 있다. 표피는 초(鞘)모양, 약간 회색에서 백색의 턱받이를 형성한다. 포자의 크기는 9~12×3.5~5㎛로 원통형에서 류타원형이고 표면은 매끈하다. 포자문은 황토-갈색이다.

생태 여름~가을 / 습지 또는 혼효림의 땅에 군생

분포 한국(백두산), 중국, 북아메리카

참고 식용

끈적비단그물버섯

비단그물버섯과 ≫ 비단그물버섯속

Suillus punctipes (Pk.) Sing.

형태 균모의 지름은 3~10cm, 둥근산모양에서 차차 편평해지며 희미한 황토색 또는 연한 노란색이며 오래되면 갈색으로 된다. 어릴 때 약간 털이 있고 점성이 있어서 미끈거리고 나중에 매끈해진다. 살은 연하고 연한 노란색에서 황토색으로 상처 시 갈색으로 되며 과실 냄새가 나며 쓴 아몬드 맛이 나거나 온화하다. 관공은 자루에 대하여 바른관공 또는 약간 내린관공이며 회갈색에서 꿀색의 노란색으로 된다. 구멍은 성숙하면 둥근형에서 각진형으로 되며 갈색에서 꿀색 또는 황토노란색으로 되고 상처 시 변색하지 않는다. 자루의 길이는 4~10cm, 굵기는 1~1.5cm로 원통형이지만 아래쪽은 막대형으로 희미한 황토색에서 오렌지황토색, 갈색으로 변색하며 점액이 두껍게 피복한다. 표면은 알갱이와 갈색 반점들이 분포하며 갈색으로 물들고 손으로 만지면 황토색으로 물든다. 포자의 크기는 8~9.5×2.5~3㎛이고 류방추형이고 표면은 매끈하다. 포자문은 올리브갈색이다.

생태 여름~가을 / 가문비나무 숲의 땅, 이끼류 사이에 군생

분포 한국(백두산), 중국, 북아메리카

노랑비단그물버섯

비단그물버섯과 ≫ 비단그물버섯속

Suillus flavidus (Fr.) J. Presl

형태 균모의 지름은 2.5~8cm로 원추형에서 둥근산모양을 거쳐 차차 편평하게 되며 중앙은 볼록하다. 표면은 방사상으로 주름지며 습기가 있을 때 점성이 있어서 미끈거리며 건조 시 끈기는 없어지며 황토노란색에서 레몬노랑으로 되며 오래되면 황갈색으로 된다. 표피는 벗겨지기 쉽다. 가장자리는 예리하고 어릴 때 끈기의 껍질 조각이 붙어 있다. 육질은 노란색으로 중앙이 두껍다. 가장자리는 얇다. 살은 약간 좋은 냄새가 나며 맛은 온화하다. 관공은 자루에 대하여 떨어진관공이며 구멍은 황금노란색에서 칙칙한 노랑의 황갈색으로 되며 비교적 크다. 구멍의 길이는 4~10mm로 칙칙한 노란색이나 상처 시 변색하지 않는다. 자루의 길이는 3~8cm, 굵기는 3~8mm로 원통형으로 굽었고 때때로 턱받이의 위쪽은 노랑 바탕색에 점성이 있다. 아래쪽은 노랑 바탕에 갈색의 세로줄의 섬유실이 있으며 습기가 있을 때 미끈거린다. 자루의 속은 차 있다. 포자의 크기는 7.3~8.8×3.1~3.9㎛로 타원형이며 표면은 매끈하고 투명하며 기름방울이 있다. 담자기는 막대형이며 23~30×6~7.5㎛로 기부에 꺽쇠가 있다. 연-측낭상체는 원통형에서 막대형으로 40~70×4~9㎛이다.

생태 여름~가을 / 숲속의 이끼류에 단생 · 군생

분포 한국(백두산), 중국, 유럽

젖비단그물버섯

Suillus granulatus (L.) Rouss.

형태 균모의 지름은 5~14cm로 육질로 두꺼우며 둥근산모양에서 차차 편평하게 된다. 표면은 젖으면 강한 점성이 있고 마르면 광택이 나며 황토색, 황갈색, 홍갈색 등이고 표피는 쉽사리 벗겨진다. 어릴 때는 가장자리에 섬유상의 내피막의 잔편이 있다. 살은 두껍고 단단하며 백색이고 자루의 관에 인접된 부분은 연한 황색이며 오래되면 갈색으로 되고 맛은 유하다. 관공은 자루에 대하여 바른관공 또는 내린관공으로 처음 연한 황색에서 황갈색으로 된다. 자루는 길이는 3~7cm, 굵기는 0.7~2cm로 원주형으로 위아래의 굵기가 같으며 가운데와 위쪽은 황색이고 황갈색의 작은 가루 줄무늬가 있으나 아래로 적어지고 오래되면 갈색무늬로 되며 속은 차 있다. 포자의 크기는 8~10×2.5~3㎛로 장타원형 또는 타원형이며 표면은 매끄럽고 연한 황색이다. 포자문은 황갈색이다. 낭상체는 총생하고 곤봉상이며 31~55×5~8㎛이다.

생태 여름~가을 / 소나무 또는 침엽수와 활엽수의 혼효림의 땅에 군생 · 산생하며 소나무, 가문비나무, 분비나무와 외생균근을 형성

분포 한국(백두산), 중국, 북반구 온대 이북, 호주, 뉴질랜드, 아프리카

참고 맛 있는 식용균

큰비단그물버섯

Suillus grevillei (Klotz.) Sing.

형태 균모는 육질로 두껍고 지름이 4~10cm이고 둥근산모양이며 중앙부는 약간 돌출하거나 오목하다. 표면은 매끄러우며 광택이 나고 강한 점성이 있으며 황색 또는 홍갈색의 아교질이지만 마르면 방사상의 가루상의 줄무늬선으로 된다. 가장자리는 내피막의 잔편이 붙어 있다. 살은 유연하고 두꺼우며 황색 또는 레몬황색이고 맛은 유하다. 관공은 자루에 대하여 바른관공, 내린관공 또는 홈파진관공이며 연한 색에서 황금색으로 되며 노후 시 갈색으로 된다. 상처 시 연한 자홍색 또는 갈색으로 되며 구멍은 작고 각진형이며 부분적으로 복식이다. 자루의 길이는 4~7cm, 굵기는 1~1.5cm로 원주형이고 황색에서 갈색으로 되며 가루상의 줄무늬선이 없지만 꼭대기에 그물눈무늬가 있다. 턱받이는 위쪽에 있고 두꺼우며 짙은 밤 갈색이고 막질로 얇으며 백색에서 갈색으로 된다. 포자의 크기는 7~11×3~4㎛로 장타원형 또는 방추형이며 표면은 매끄럽고 올리브황색이다. 포자문은 밤갈색이다. 낭상체는 곤봉상이며 연한 갈색으로 25~43×5~7㎛이다.

생태 여름~가을 / 이깔나무 숲의 땅에 군생 · 속생 · 산생하며 이깔나무와 외생균근을 형성

분포 한국(백두산), 중국

참고 맛 있는 식용균

호수비단그물버섯

Suillus lakei (Murr.) Smith & Thiers

형태 균모의 지름은 6~14㎝로 넓은 둥근산모양에서 편평해지고 노란색이며 마르면 적갈색의 박편을 가진다. 표면에 인편이 있고 점성이 있다. 살은 노란색으로 노출된 부위는 핑크색으로 되며 냄새와 맛이 없다. 가장자리는 아래로 말리고 표피가 끝에 매달린다. 관공은 자루에 대하여 바른관공 또는 내린관공이며 주위가 움폭 패이고 오황색이다. 구멍은 크고 상처 시 갈색으로 된다. 자루의 길이는 3~9㎝, 굵기는 1~2㎝로 위쪽은 노란색이고 아래에 갈색 인편을 가지며 속은 차고 기부로 부푼다. 어린버섯은 상처 시 약간 녹색에서 청색으로 변색한다. 표면은 백색에서 연한 노란색으로 되며 털이 있고 자루의 꼭대기에 턱받이 흔적이 있다. 포자의 크기는 8~11×3~4㎛로 타원형이다. 포자문은 희미한 적갈색이다.

생태 가을 / 혼효림의 땅에 산생 · 군생

분포 한국(백두산), 중국, 북아메리카

참고 맛 좋은 식용균

비단그물버섯

비단그물버섯과 ≫ 비단그물버섯속

Suillus luteus (L.) Rouss.

형태 균모는 육질로 두꺼우며 지름은 5~15cm로 반구형에서 차차 편평해지며 중앙부는 약간 돌출한다. 표면은 매끄러우며 광택이 나고 강한 점성이 있으며 점액이 마르면 줄무늬선이 나타난다. 색깔은 회갈색, 황갈색, 홍갈색, 계피색 등이며 노후 시 색깔이 진해진다. 살은 유연하고 자주색의 윤기가 있는 상태로 된다. 백색에서 레몬황색으로 되고 상처를 받아도 변색되지 않으며 맛은 유하다. 관공은 자루에 대하여 바른관공, 내린관공 또는 홈파진관공으로 살과 잘 분리되고 황색이다. 오래되면 색갈이 짙어지고 구멍은 각진형으로 작고 물방울이 분비된다. 자루의 길이는 4~7cm, 굵기는 0.7~2cm로 원주형이고 기부는 약간 불룩하며 턱받이 상부는 황색에서 갈색으로 되며 미세한 갈색의 알맹이가 있다. 턱받이 아래쪽은 연한 갈색이고 기부는 유백색으로 속이 차 있다. 턱받이는 막질로 얇고 백색이나 나중에 갈색으로 된다. 포자의 크기는 7.5~9×3~3.5㎛로 장타원형 또는 방추형이며 표면은 매끄럽고 황색이다. 포자문은 갈색이다. 낭상체는 총생하며 곤봉상이고 백색 또는 연한 갈색으로 22~41×5~8㎛이다.
생태 여름~가을 / 소나무 숲 또는 혼효림의 땅에 군생하며 이깔나무, 소나무, 가문비나무, 분비나무와 외생균근을 형성
분포 한국(백두산), 중국, 일본, 북반구 온대, 호주, 뉴질랜드
참고 맛 좋은 식용균

붉은비단그물버섯

비단그물버섯과 ≫ 비단그물버섯속

Suillus pictus (Peck) A. H. Sm. & Thiers

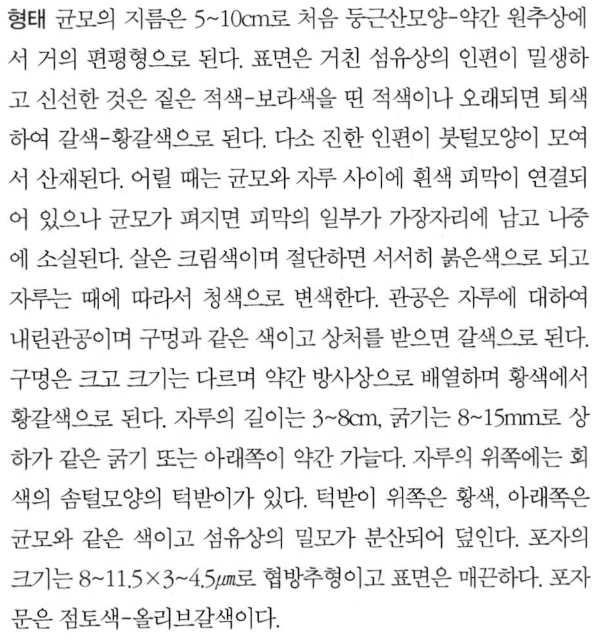

형태 균모의 지름은 5~10cm로 처음 둥근산모양-약간 원추상에서 거의 편평형으로 된다. 표면은 거친 섬유상의 인편이 밀생하고 신선한 것은 짙은 적색-보라색을 띤 적색이나 오래되면 퇴색하여 갈색-황갈색으로 된다. 다소 진한 인편이 붓털모양이 모여서 산재된다. 어릴 때는 균모와 자루 사이에 흰색 피막이 연결되어 있으나 균모가 펴지면 피막의 일부가 가장자리에 남고 나중에 소실된다. 살은 크림색이며 절단하면 서서히 붉은색으로 되고 자루는 때에 따라서 청색으로 변색한다. 관공은 자루에 대하여 내린관공이며 구멍과 같은 색이고 상처를 받으면 갈색으로 된다. 구멍은 크고 크기는 다르며 약간 방사상으로 배열하며 황색에서 황갈색으로 된다. 자루의 길이는 3~8cm, 굵기는 8~15mm로 상하가 같은 굵기 또는 아래쪽이 약간 가늘다. 자루의 위쪽에는 회색의 솜털모양의 턱받이가 있다. 턱받이 위쪽은 황색, 아래쪽은 균모와 같은 색이고 섬유상의 밀모가 분산되어 덮인다. 포자의 크기는 8~11.5×3~4.5㎛로 협방추형이고 표면은 매끈하다. 포자문은 점토색-올리브갈색이다.

생태 여름~가을 / 소나무, 잣나무 등의 침엽수의 숲에 군생하며 때로는 균륜을 형성

분포 한국(백두산), 일본, 중국, 북아메리카

평원비단그물버섯

Suillus placidus (Bonord) Sing.

형태 균모의 지름은 4~10cm로 둥근산모양에서 차차 편평형으로 되며 가운데가 약간 볼록 돌출되기도 한다. 표면은 밋밋하고 점성이 있으며 처음에는 흰색에서 황색-황갈색으로 된다. 살은 흰색이다. 관공은 자루에 대하여 바른관공 또는 약간 내린관공이며 구멍과 같은 색이다. 구멍은 소형이고 흰색에서 황색으로 되며 흔히 연한 홍색의 액체를 분비한다. 자루의 길이는 4~10(12)cm, 굵기는 5~15mm로 상하가 같은 굵기이거나 밑동이 가늘며 흔히 굽어 있다. 표면은 흰색에서 연한 황색이며 자갈색-회갈색의 알갱이가 산포되어 있다. 포자의 크기는 7.2~9.7×3.1~3.6㎛로 타원형이며 표면은 매끈하고 연한 황색이며 기름방울이 들어 있다. 포자문은 탁한 황토색이다.

생태 여름~가을 / 잣나무, 스트로브 잣나무 등 오엽송의 땅에 군생 · 산생

분포 한국(백두산), 중국, 일본, 러시아의 극동, 유럽, 북아메리카

섬유비단그물버섯

Suillus plorans (Roll.) Kuntze

형태 균모의 지름은 40~100mm로 반구형에서 둥근산모양을 거쳐 차차 편평하게 되지만 때때로 원추형인 것도 있다. 표면은 방사상의 섬유실이 약간 그물꼴로 된다. 습기가 있을 때 점성이 있고 건조 시 무디고 노란색에서 오렌지갈색으로 된다. 가장자리는 예리하다. 육질은 노란색에서 황노란색으로 상처 시 청색으로 변색 되지 않으며 부드럽고 두꺼우며 냄새가 나고 버섯 맛이고 온화하다. 관공은 자루에 대하여 홈파진관공으로 구멍은 불규칙한 둥근형이다. 자루의 길이는 6~10cm, 굵기는 1.2~2cm로 원통형이며 기부로 굵고 건조 시 노란색에서 황갈색으로 된다. 표면에 적갈색 과립이 있고 이것들은 가끔 늘어지고 줄무늬를 만든다. 습기가 있을 때 회색 분비물을 배출한다. 자루의 속은 차고 살색의 노란색으로 부드럽고 기부로 갈색이다. 포자의 크기는 7.4~10×3.9~4.6㎛로 타원형이며 표면은 밋밋하고 밝은 갈색, 기름방울이 있다. 담자기는 막대형으로 23~30×6~8㎛이다. 연낭상체는 막대형으로 색소가 있고 거칠게 엉키고 40~80×7~11㎛이다. 측낭상체는 원통형-막대형으로 35~50×6~8㎛이다.
생태 여름~가을 / 혼효림의 풀밭에 단생 · 군생
분포 한국(백두산), 중국, 유럽

털비단그물버섯

Suillus tomentosus (Kauff.) Sing.

형태 균모의 지름은 4~10cm로 다소 원추상-둥근산모양에서 차차 편평해진다. 표면은 연한 황색-오렌지황색으로 솜털상의 인편이 있고 비교적 영존성이고 습기가 있을 때 점성이 있다. 처음에 회백색 또는 균모의 바탕색과 거의 동색이고 오래되면 갈색-암적갈색으로 된다. 살 구멍은 소형 또는 중형으로 다각형이며 처음 진한 갈색-암황갈색 또는 자갈색에서 연한 색으로 된다. 상처 시 청색으로 변색하지만 거의 청색으로 변하지 않는 것도 있다. 자루의 길이는 3~10cm, 굵기는 1~2cm로 상하가 같은 굵기이며 기부 쪽으로 다소 굵은 것도 있다. 표면은 균모와 동색으로 녹황색에서 황갈색-암갈색으로 되며 미세한 알갱이가 밀포하고 끈기는 없다. 자루 기부의 균사는 백색 또는 오렌지 백색이다. 턱받이는 없다. 포자문은 암올리브갈색이다. 포자의 크기는 8~9×3~3.5㎛로 타원상의 방추형-류방추형이다. 연낭상체는 27.5~62.5×5~10㎛로 긴 곤봉형-류원주형이며 갈색이다. 측낭상체는 연낭상체와 같은 모양이다.

생태 가을 / 숲속의 땅에 발생

분포 한국(백두산), 중국, 일본, 대만, 북아메리카

참고 식용

궁뎅이비단그물버섯

Suillus umbonatus E.A. Dick & Snell

형태 균모의 지름은 3.5~6cm로 넓은 둥근산모양에서 편평해지나 중앙에 낮은 혹이 있다. 표면은 밋밋하고 점성이 있으며 갈색에서 올리브-연한 황색으로 된다. 살은 연한 황색에서 핑크색으로 된다. 관공의 깊이는 2mm, 지름도 2mm이고 밝은 노란색이고 상처 시 갈색으로 변색한다. 구멍은 각진형이고 방사상으로 배열한다. 자루의 길이는 4cm, 굵기는 7mm 정도이고 표면에 산재된 적색의 반점으로 덮여 있으나 탈락하여 잘 보이지 않는 것도 있다. 턱받이는 갈색에서 핑크색-갈색으로 영존성이다. 포자문은 백색에서 연한 적황색이다. 포자의 크기는 7~10×4~4.5㎛로 협타원형 또는 장방형이며 표면은 매끈하고 노란색이다.
생태 여름~가을 / 소나무 아래에 군생
분포 한국(백두산), 중국

다색비단그물버섯

Suillus variegatus (Sw.) O. Kuntze

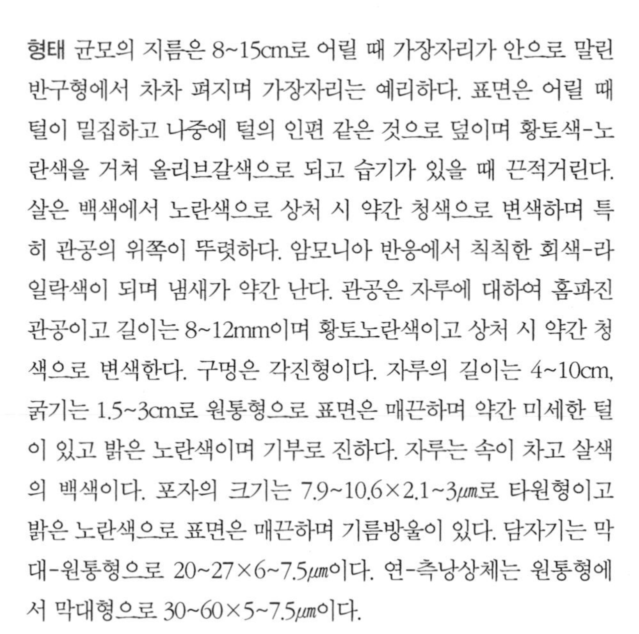

형태 균모의 지름은 8~15cm로 어릴 때 가장자리가 안으로 말린 반구형에서 차차 펴지며 가장자리는 예리하다. 표면은 어릴 때 털이 밀집하고 나중에 털의 인편 같은 것으로 덮이며 황토색-노란색을 거쳐 올리브갈색으로 되고 습기가 있을 때 끈적거린다. 살은 백색에서 노란색으로 상처 시 약간 청색으로 변색하며 특히 관공의 위쪽이 뚜렷하다. 암모니아 반응에서 칙칙한 회색-라일락색이 되며 냄새가 약간 난다. 관공은 자루에 대하여 홈파진 관공이고 길이는 8~12mm이며 황토노란색이고 상처 시 약간 청색으로 변색한다. 구멍은 각진형이다. 자루의 길이는 4~10cm, 굵기는 1.5~3cm로 원통형으로 표면은 매끈하며 약간 미세한 털이 있고 밝은 노란색이며 기부로 진하다. 자루는 속이 차고 살색의 백색이다. 포자의 크기는 7.9~10.6×2.1~3㎛로 타원형이고 밝은 노란색으로 표면은 매끈하며 기름방울이 있다. 담자기는 막대-원통형으로 20~27×6~7.5㎛이다. 연-측낭상체는 원통형에서 막대형으로 30~60×5~7.5㎛이다.
생태 여름~가을 / 숲속의 땅에 단생 · 군생
분포 한국(백두산), 중국, 유럽, 아시아

녹슨비단그물버섯

Suillus viscidus (L.) Rouss.
S. larcinus (Berk.) O. Kuntze, S. aeruginascens Secr. ex Snell

형태 균모의 지름은 3~10cm로 반구형으로 중앙부가 돌출하고 나중에 차차 편평하게 된다. 표면은 젖으면 점성이 있고 가는 주름이 있으며 백색, 황갈색, 연한 갈색이다. 살은 두껍고 백색에서 연한 황색으로 되고 상처 시 변색이 명확치 않거나 연한 남색으로 된다. 관공은 자루에 대하여 바른관공 또는 내린관공으로 백색이다. 구멍은 크고 각진형이며 약간 방사상으로 배열되고 상처 시 희미하게 남색으로 변한다. 자루의 길이는 3~10cm, 굵기는 1~2cm로 원주형이고 기부는 약간 부풀며 때로는 조금 구부정하다. 균모와 같은 색깔 또는 백색으로 껄껄하고 꼭대기에 그물눈무늬가 있다. 자루는 속이 차 있다. 내피막은 얇고 잿빛 턱받이를 남긴다. 포자의 크기는 9~11×4~5㎛로 장타원형 또는 타원형이며 표면은 매끄럽고 연한 황색이다. 포자문은 회갈색 또는 녹슨 갈색이다. 낭상체는 곤봉상이며 백색 또는 연한 갈색으로 30~45×7~9㎛이다.

생태 여름~가을 / 이깔나무 숲의 땅에 산생 · 군생하며 이깔나무와 외생균근을 형성

분포 한국(백두산), 중국, 일본, 러시아 연해주, 유럽, 북아메리카

참고 식용

담자균문
BASIDIOMYCOTA

주름균아문
AGARICOMYCOTINA

주름균강
AGARICOMYCETES

꾀꼬리버섯목

Cantharellales

꾀꼬리버섯

Cantharellus cibarius Fr.

형태 균모의 지름은 3~10cm로 어릴 때는 중앙이 납작한 평평한 형에서 가운데가 오목하게 들어간다. 표면은 난황색 또는 다소 연한 황색-노른자색이며 밋밋하다. 불규칙한 원형으로 가장자리는 물결모양으로 굴곡한다. 살은 황백색-연한 황색이며 약간 두꺼운 육질이다. 거짓주름살은 자루에 대하여 내린주름살로 두껍고 서로 엽맥상으로 연결되어 있으며 난황색이다. 자루의 길이는 3~8cm, 굵기는 5~15mm로 균모와 같은 색이거나 다소 연한 색이다. 자루는 중심생 또는 편심생이고 아래쪽이 가늘며 비교적 굵고 짧으며 속이 차 있다. 포자의 크기는 8~9×5~5.5㎛로 타원형-난형이며 표면은 매끈하고 투명하며 많은 기름방울이 들어 있다. 포자문은 크림황색이다.

생태 여름~가을 / 임내 지상 또는 숲 가장자리에 단생 · 군생

분포 한국(백두산), 중국, 일본, 전 세계

참고 흔한 종으로 식용하며 꾀꼬리버섯속의 주름살은 융기된 주름살로 거짓주름살이라 한다.

붉은꾀꼬리버섯

Cantharellus cinnabarinus (Schw.) Schw.

형태 자실체는 육질이다. 균모의 지름은 2~4cm로 둥근산모양이며 중앙이 오목한 형을 거쳐 깔때기모양으로 되며 때로는 부정형이 되기도 한다. 표면은 주홍색이고 매끄럽거나 거칠며 오래되면 퇴색한다. 가장자리는 아래로 굽고 물결모양이거나 얕게 갈라지며 균모와 같은 색이다. 살은 백색이고 표피 밑은 적색이다. 주름살은 자루에 대하여 내린주름살로 연한 색이다. 자루의 길이는 2~5cm, 굵기는 3~10mm로 원통형이나 기부가 가늘다. 표면은 매끄럽거나 줄무늬선이 있으며 균모와 같은 색이다. 자루의 속은 차 있다. 포자의 크기는 8~9×5~6μm로 타원형이며 표면은 매끄럽다. 포자문은 백색-연한 분홍색이다.

생태 여름 / 숲속의 땅에 군생 · 단생

분포 한국(백두산), 중국, 일본, 북아메리카

회갈색꾀꼬리버섯

Cantharellus ferruginascens Orton

형태 균모의 지름은 2~6cm로 둥근산모양에서 차차 편평해지며 나중에 가운데가 약간 오목해진다. 표면은 황토 백색인데 손으로 만지거나 멍들게 되면 적갈색-녹슨 황토색으로 변한다. 표면에 변색된 부분이 흔히 반점모양으로 산재한다. 가장자리는 오랫동안 아래로 감겨 있고 불규칙하게 얕게 째지거나 물결모양이 된다. 살은 유백색에서 연한 크림황색으로 된다. 주름살은 자루에 대하여 내린주름살로 황색-칙칙한 오렌지황색으로 폭이 좁고 분지되며 엽맥상으로 서로 연결한다. 자루의 길이는 2~4cm, 굵기는 0.5~2cm로 단단하고 밑동 쪽은 가늘다. 색깔은 크림황색이고 만지거나 멍들면 균모와 같이 변색한다. 포자의 크기는 7.5~10×5~6㎛로 광타원형이다. 포자문은 연한 크림색이다.
생태 늦여름~이른 가을 / 석회암 지대 혼효림의 땅에 군생
분포 한국(백두산), 중국, 유럽
참고 식용

애기꾀꼬리버섯

Cantharellus minor Peck

형태 균모의 지름은 1.5~2cm로 둥근산모양을 거쳐 차차 편평하게 되며 때로는 부정형 또는 중심이 함몰한다. 표면은 매끄럽고 오렌지황색-적황색이다. 가장자리는 아래로 감기고 톱니상이 아니고 뒤집히기도 한다. 살은 연한 색이며 육질이고 맛은 온화하다. 자실층면에 주름살이 분지하고 균모와 같은 색이며 자루에 대하여 내린주름살이다. 자루의 길이는 2~3cm, 굵기는 3~10mm로 원통형이며 표면은 매끄럽고 오렌지황색이며 상하의 크기가 같거나 하부가 가늘다. 포자의 크기는 7~7.5×4.5㎛로 타원형-도란형이고 표면은 매끄럽다. 포자문은 황색이다.

생태 여름~가을 / 숲속의 땅에 군생

분포 한국(백두산), 중국, 일본, 전 세계

참고 식용

혹포자꾀꼬리버섯

꾀꼬리버섯과 ≫ 꾀꼬리버섯속

Cantharellus tuberculosporus Zang

형태 균모의 지름은 3~8.5㎝이며 중앙은 오목하고 가장자리는 점차 아래로 신장하고 깔때기모양으로 연한 황색 또는 황색이다. 표면은 밋밋하고 가장자리는 얇고 아래로 말린다. 살은 황색이고 비교적 두껍다. 주름살은 자루에 대하여 내린주름살이며 폭은 좁고 연한 황색 또는 황금색이며 융기된 주름살로 두껍고 분지하며 교차한다. 기부는 연한 색이고 균모와의 경계가 분명치 않으며 상부는 거칠고 아래로 가늘다. 포자의 크기는 7~9×6~6.5㎛로 타원형이며 표면은 작은 사마귀반점이 있으며 무색투명하다.

생태 여름~가을 / 고산의 혼효림의 땅에 산생 · 군생하며 외생균근 형성

분포 한국(백두산), 중국

참고 향기가 좋고 신선할 때 맛이 좋은 식용균

운남꾀꼬리버섯

꾀꼬리버섯과 ≫ 꾀꼬리버섯속

Cantharellus yunnanensis Chiu

형태 자실체는 소형이고 육질이다. 균모의 지름은 1.5~2.5㎝로 중앙은 약간 들어가고 미세한 털이 있으며 연한 오렌지황색이다. 가장자리는 물결형이며 아래로 말린다. 살은 백색에서 연한 색으로 되며 육질이다. 주름살은 자루에 대하여 내린주름살로 두껍고 폭은 좁으며 성기고 포크형이다. 자루의 길이는 3~5㎝, 굵기는 0.5~1㎝로 백색이며 불규칙한 작은 갈구리모양이며 아래로 가늘고 섬유상의 줄무늬선이 있다. 포자의 크기는 4~5×2~3.5㎛로 타원형으로 무색이다.

생태 혼효림의 땅에 군생하며 외생균근 형성

분포 한국(백두산), 중국

참고 식용

뿔나팔버섯

Craterellus cornucopioides (L.) Pers.

형태 자실체는 나팔모양이며 높이는 5~10㎝로 균모 부분은 지름 1~5㎝로 깊은 깔때기모양이고 중심부는 자루의 기부까지 비어 있다. 균모의 가장자리는 얕게 갈라지며 물결모양이고 표면은 회색-회갈색이나 가는 인편조각으로 덮인다. 살은 얇고 연한 가죽질을 가진 육질이다. 주름살은 거짓주름살로 어릴 때는 밋밋하나 성숙하면 회백색-연한 회자색이며 희미하게 세로로 늘어선 주름진 모양의 고랑이 있다. 자루의 길이는 1~6㎝ 정도이며 흑회색으로 주름살보다 진하다. 포자의 크기는 11~13×6~8㎛로 난형 또는 타원형이며 표면은 매끈하고 투명하며 때때로 기름방울이나 알갱이가 들어 있다.

생태 여름~가을 / 숲속의 땅에 2~3개씩 군생 · 총생

분포 한국(백두산), 중국, 일본, 전 세계

참고 식용

꼬마뿔나팔버섯

Pseudocraterellus undulatus (Pers.) Rausch.
P. sinuosus (Fr.) Corner, Craterellus sinuosus (Fr.) Fr., C. crispus (Bull.) Pers.

형태 균모의 지름은 1.5~2㎝로 둥근산모양을 거쳐 차차 편평하게 되며 때로는 부정형 또는 중심이 함몰하여 깔대기 모양으로 된다. 표면은 매끄럽고 오렌지황색-적황색이나 중앙은 진하다. 가장자리는 아래로 감기고 톱니상이 아니고 뒤집히기도 하며 불규칙하다. 살은 연한 색이며 육질이고 맛은 온화하다. 자실층면에 주름살이 분지하고 균모와 같은 색이며 자루에 대하여 내린주름살이다. 자루의 길이는 2~3㎝, 굵기는 3~10mm로 원통형이며 표면은 매끄럽고 오렌지황색이며 상하의 크기가 같거나 하부가 가늘다. 포자의 크기는 7~7.5×4.5㎛로 타원형-도란형이고 표면은 매끄럽다. 포자문은 황색이다.
생태 여름~가을 / 숲속의 땅에 군생
분포 한국(백두산), 중국, 일본, 전 세계
참고 식용

회색볏싸리버섯

Clavulina cinerea (Bull.) Schrot.
Ramaria cinerea (Bull.) Gray

형태 자실체는 높이 11cm로 기부로부터 산호처럼 분지되며 줄기는 짧고 기부가 뭉친 것처럼 발생하며 유백색에서 황토색으로 분지된 것들은 둥글지만 나중에 편평하게 된다. 수직으로 올라오고 가끔 구부러지고 여러 번 또는 2분지하여 포크 끝처럼 된다. 분지된 포크는 V자형이며 기부에서 분지된 것들은 두께 8mm, 끝의 두께는 1~2mm이다. 표면은 세로줄의 홈선이 있으며 고르지 않다. 어릴 때 라일락색이 있는 황토색으로 나중에 회라일락색에서 회자색으로 되며 끝은 밝은 색에서 칙칙한 백황색이다. 살은 부드럽고 질기며 냄새가 나고 맛은 온화하다. 포자의 크기는 8~10×7~8㎛로 광타원형-류구형이며 표면은 매끈하고 투명하고 기름방울이 있다. 담자기는 40~50×5.5~7㎛로 원통형-막대형으로 2-포자성이나 간혹 1, 4개의 포자성인 것도 있으며 기부에 꺽쇠가 있다. 낭상체는 없다.

생태 늦가을 / 혼효림의 땅에 또는 썩는 고목, 묻힌 나무에 속생하며 줄을 지어 발생

분포 한국(백두산), 중국, 유럽

볏싸리버섯

Clavulina coralloides (L.) Schröt.
C. cristata (Holmsk.) Schröt.

형태 자실체의 높이는 3~8cm이며 나뭇가지 모양으로 가지를 치나 가지는 짧고 분지는 불규칙하며 위 끝은 가는 가지가 집합하여 닭의 볏모양을 한다. 표면은 세로의 홈파진줄이 있고 밋밋하며 끝은 보통 약간 여러 번 갈라져 이빨모양으로 된다. 전체는 백색-회색-연한 회갈색 등 다양하다. 살은 백색이고 처음은 부드러우나 나중에 단단한 육질로 부서지기 쉬우며 냄새는 불확실하고 맛은 온화하다. 포자의 크기는 7~11×6.5~10㎛로 아구형으로 표면은 매끄럽고 투명하며 커다란 기름방울을 함유한다. 담자기는 25~50×5~6㎛로 원통형의 막대형이고 1~2-포자성이다. 기부에 꺽쇠가 있다.
생태 여름~가을 / 숲속의 땅에 군생
분포 한국(백두산), 중국, 일본, 북반구 온대 일대

자주색볏싸리버섯

벗싸리버섯과 ≫ 볏싸리버섯속

Clavulina amethystinoides (Peck) Corner

형태 자실체의 높이는 3~8cm로 가늘고 긴대가 1개의 단일개체로 나기도 하고 자루가 불규칙하게 위에서 분지되어 사슴뿔모양이 되기도 한다. 표면은 연한 회자색-황갈색으로 오래되면 끝부분이 검은색을 띤다. 자루는 다소 납작하게 눌려 있다. 살은 흰색으로 유연하고 자루의 아래쪽은 다소 질기다. 포자의 크기는 7~8×6~8㎛로 구형, 표면은 매끈하고 투명하다.
생태 숲속의 땅 또는 이끼 사이에 발생
분포 한국(백두산), 중국, 일본, 북아메리카

흰볏싸리버섯

볏싸리버섯과 ≫ 볏싸리버섯속

Clavulina ornatipes (Peck) Corner

형태 자실체의 높이는 6.5cm~7cm 정도로 드물게 분지하며 다소 원통형에서 편평형으로 된다. 가끔 불규칙한 모양으로 분지 끝이 혹모양이고 위가 임성이다. 표면은 밋밋하고 주름진다. 회색에서 핑크회색이고 오래되면 갈색으로 된다. 기부는 털이 빽빽하고 흑갈색이며 질기다. 살은 갈색으로 휘어지기 쉽고 냄새와 맛은 불분명하다. 포자의 크기는 8.5~11×6.5~8.5㎛로 타원형에서 아구형이고 표면은 매끈하며 투명하다. 난아미로이드 반응이다. 포자문은 백색이다.
생태 여름~가을 / 숲속의 습기가 있는 땅에 단생 · 군생
분포 한국(백두산), 중국, 북아메리카
참고 희귀종, 식용 불분명

주름볏싸리버섯

Clavulina rugosa (Bull.) Schröet.

형태 자실체의 높이는 5~6cm, 굵기는 0.5~1cm로 1개의 가지가 단일체로 나거나 여러 개의 가지가 분지되어 사슴뿔모양을 이루거나 또는 덩어리모양으로 되기도 한다. 가지는 납작하게 눌린 모양 또는 방망이꼴이며 칙칙한 백색-황토갈색이다. 표면은 세로줄의 홈선이나 결절 또는 주름이 잡혀 있으며 끝부분은 때때로 눌린 모양이다. 살은 연하고 탄력성이 있으나 부서지기 쉽다. 포자의 크기는 9~13.5×7.5~10㎛로 광타원형-아구형으로 표면은 매끈하고 투명하며 큰 기름방울이 있다. 담자기는 60~75×5~8㎛이며 원통-막대형로 2-포자성이고 기부에 꺽쇠가 있다. 낭상체는 없다.

생태 여름~가을 / 침엽수의 숲속 땅, 혼효림의 이끼 사이나 초지 또는 길옆, 맨땅 등에 단생 · 군생, 드물게 속생

분포 한국(백두산), 중국, 온대

턱수염버섯

Hydnum repandum L.

형태 자실체의 지름은 5~12cm로 둥근산모양이나 중앙이 오목하고 일부가 뒤집혀 부정형이로 평탄하지 않다. 표면은 연한 황색으로 건조하면 황갈색으로 되고 매끄럽거나 또는 가는 털이 있으며 물결모양으로 된다. 살은 백색이며 연하고 두껍다. 침은 길이 1~6mm로 송곳형 또는 짧은 사마귀형으로 부서지기 쉬우며 밀생하며 균모와 같은 색이다. 자루의 길이는 3~5cm로 굵기는 0.5~1.5cm로 백색이거나 균모와 같은 색이며 부정형으로 매끄럽고 육질이며 부서지기 쉽다. 자루는 속이 차 있다. 포자의 크기는 7~9×6.5~7.5㎛로 아구형 또는 난형으로 표면은 매끈하고 투명하며 기름방울을 가지고 있거나 과립을 가지고 있다. 담자기는 35~50×6~8㎛로 가는 막대형이며 4-포자성이다. 기부에 꺽쇠가 있다. 낭상체는 없다.

생태 여름~가을 / 숲속 땅에 발생

분포 한국(백두산), 중국, 일본, 아시아, 유럽, 북아메리카, 호주

참고 식용

담자균문
BASIDIOMYCOTA

주름균아문
AGARICOMYCOTINA

주름균강
AGARICOMYCETES

방귀버섯목

Geastrales

왕관방귀버섯

Geastrum coronatum Pers.

형태 자실체는 두부가 왕관모양이고 왕관은 살과 섬유실의 층이 갈라져서 다른 균사층을 이루거나 줄무늬 조각으로 되며 거꾸로 된 조각들이 기질에 부착한다. 외피는 갈라져서 가운데가 4~8개의 똑같지 않은 줄로 되어 펴진다. 살의 층은 갈색이며 갈라지고 흔히 갈라져서 조각 머리를 만들고 내피는 자루가 된다. 머리의 지름은 6~12mm로 회백색 또는 불에 탄 색깔이나 건조한 갈색이며 중앙이 가끔 돌출하며 광택이 나는 조각으로 덮인다. 꼭대기의 터진 입구는 전형적으로 원추형이고 섬유상이며 밋밋하다. 기본체는 녹슨색(철색)이고 세모체는 실처럼 투명하고 갈색이며 두께 6㎛이다. 포자의 지름은 4~5㎛로 구형으로 갈색이고 표면은 사마귀점으로 거칠다.

생태 가을 / 침엽수림의 땅에 발생

분포 한국(백두산), 중국, 일본, 인도, 뉴질랜드, 유럽, 남아프리카, 호주, 남 · 북아메리카

테두리방귀버섯

Geastrum fimbriatum Fr.
G. sessile (Sow.) Pouz.

형태 자실체의 지름은 1.5~4cm로 처음은 구형이며(부식물 속에 파묻혀 있고) 외피는 성숙한 후에 상부의 반이 5~10조각으로 갈라진다. 각 조각은 크기가 같지 않고 뒤집히며 아래쪽으로 구부러져 편평한 둥근 방석모양이고 그 위에 내피가 있다. 내피층은 살갗색-황적갈색이며 매끄럽고 갈라진 선이 있다. 내피는 아구형으로 위쪽이 조금 뾰족하며 지름은 1.5~2cm로 백색-황갈색이다. 기본체는 세피아색(흑갈색)이고 주축은 거꾸로 된 난형이다. 포자의 지름은 3~4㎛로 구형이며 표면은 미세한 사마귀가 있고 연한 황갈색이며 기름방울을 함유하며 탄사는 갈색이다. 담자기는 30×4㎛이다. 낭상체는 안 보인다.
생태 가을 / 숲속의 낙엽 사이의 땅에 군생
분포 한국(백두산), 중국, 일본, 북아메리카, 호주

빗살방귀버섯

Geastrum pectinatum Pers.

형태 자실체의 지름은 5cm, 높이는 4cm 정도로 내피와 외피로 구성된다. 외피는 7~8개로 엽편으로 갈라지고 성숙하면 아래로 굽으며 작은 자실체는 땅에서 떨어져서 위로 올라간다. 내피는 갈색이며 개개의 엽편의 가장자리는 밝은 황토색인데 이것은 외부층의 갈색의 조각으로부터 온다. 구형으로 풍선 같은 내피는 기본체이고 포자를 가지며 회갈색 가루로 어두운 색의 대리석 같다. 자루의 길이는 5~10mm로 아래로 강한 고리에 의해서 만들어진다. 내피의 기부는 자루의 가까이 붙는다. 표면에 세로줄의 줄무늬선이 있다. 자실체의 꼭대기에는 원추형의 털이 있으며 희미한 세로줄의 줄무늬가 있다. 포자의 지름은 4~6㎛로 구형이며 표면은 사마귀점으로 거칠며 사마귀의 길이는 1㎛이다. 담자기와 낭상체는 없다.

생태 여름~가을 / 침엽수의 흙, 쓰레기더미에 군생

분포 한국(백두산), 중국, 유럽, 북아메리카, 아시아, 아프리카, 호주

꼴뚜기방귀버섯

Geastrum schmidelii Vittad.
G. nanum Pers.

형태 자실체의 지름은 5~8mm로 소형균이며 어릴 때는 구형으로 꼭대기는 둔각의 원추상으로 돌출한다. 성숙하면 외피가 4~6의 열편으로 갈라지고 별모양으로 된다. 내피는 종이 같은 것으로 연필색-회갈색이며 구멍의 가장자리는 동그란 입술모양으로 골로 된 선이 분명히 있다. 내피는 기부에 길이 1~2mm의 짧은 자루가 있다. 포자의 지름은 3~5㎛로 구형 또는 아구형이고 갈색이며 표면에 미세한 사마귀점의 돌기가 있다. 멜저시약에 의한 반응은 짙은 다색으로 된다. 탄사는 황백색으로 두꺼운 막이고 폭은 3~6㎛이다.
생태 여름~가을 / 썩는 식물에 발생
분포 한국(백두산), 중국, 일본, 유럽, 북아메리카, 호주
참고 희귀종

목도리방귀버섯

Geastrum triplex Jungh.

형태 자실체의 지름은 3~4cm로 새부리모양으로 뾰족한 구슬모양이고 바깥쪽의 껍질은 5~7조각으로 갈라져 별모양으로 펴진다. 기본체가 들어 있는 공모양의 내피를 노출한다. 갈라진 외피는 2층으로 되는데 바깥층은 얇은 피질이고 안층은 두꺼운 육질로 껍질이 뒤집힐 때 고리모양으로 갈라져서 접시를 만들고 공모양의 내피를 올려 높은 모양이 된다. 내피는 둥근 입을 꼭대기에 가졌으며 입은 섬유상 막과 얕고 둥근 홈선으로 둘러싸여 있다. 포자의 지름은 4~6㎛로 구형이며 연한 갈색으로 표면에 거친 사마귀점이 있다. 포자문은 흑갈색이다. 담자기의 길이는 20㎛ 정도이며 긴 경자(sterimata)가 있다. 낭상체는 안 보인다.
생태 가을 / 숲속 낙엽 속의 땅에 군생
분포 한국(백두산), 중국, 전 세계

공버섯

Sphaerobolus stellatus Tode

형태 자실체의 지름은 2~5mm로 처음에 구형이며 백색에서 황토갈색으로 되며 나중에 외피가 4장으로 갈라지고 다시 6~10개의 조각으로 갈라져서 주발모양으로 되며 속에 들어 있는 구형의 기본체가 나타난다. 주발모양의 내부는 오렌지황색이고 기본체는 백색에서 갈색으로 된다. 별모양으로 펴진 후 시간이 지나면 두꺼운 껍질은 바깥쪽 2층과 안쪽 2층 사이에 떨어져 안쪽 껍질이 갑자기 부풀어 올라 둥근 천정처럼 되고 기본체는 1~5m나 튕긴다. 기본체의 표면에는 점성이 있으며 포자와 아포가 들어 있다. 포자의 크기는 7~10×3.5~5㎛로 장방형이며 표면은 매끈하고 벽이 두껍다.

생태 봄~가을 / 썩는 고목, 동물의 분에 군생

분포 한국(백두산), 중국, 북아메리카

담자균문
BASIDIOMYCOTA

주름균아문
AGARICOMYCOTINA

주름균강
AGARICOMYCETES

조개버섯목

Gloeophyllales

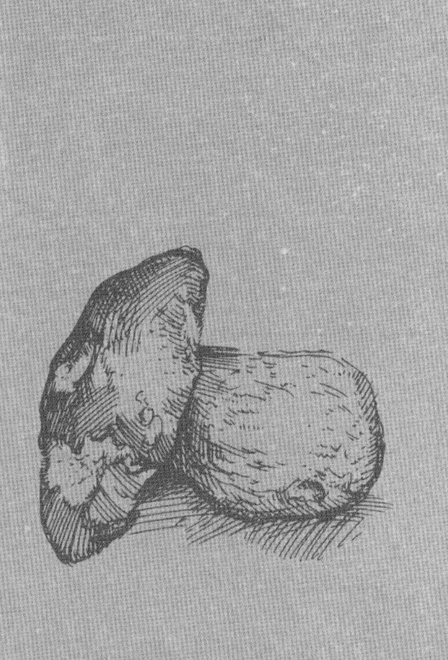

조개버섯

Gloeophyllum sepiarium (Wulf.) P. Karst.
G. ungulatum (Lloyd) Imaz.

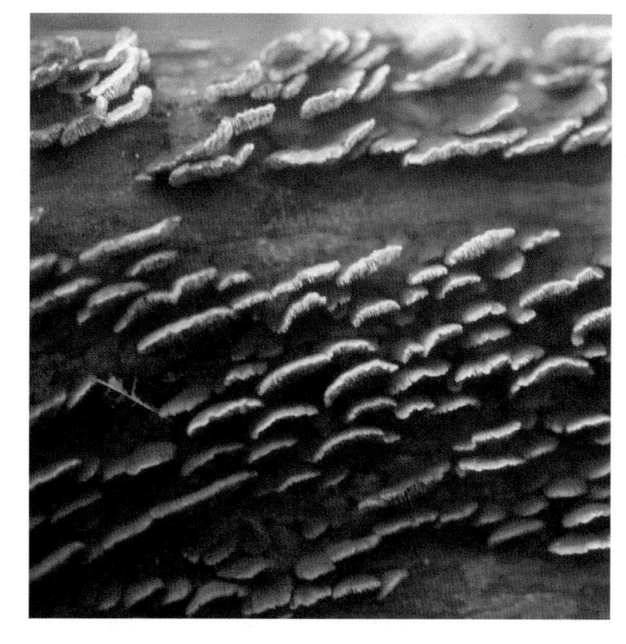

형태 자실체는 보통 1년생이며 갓은 반원형-선반모양이다. 폭은 2~5(8)cm, 두께는 0.3~1cm이고 표면은 황갈색-적갈색이다. 오래된 부분은 회갈색-흑갈색으로 되며 어릴 때는 가장자리가 황백색이다. 전면에 짧은 거친 털이 덮여 있으며 진하고 연한 색으로 테무늬가 나타난다. 균모의 살은 1~2mm로 가죽질이고 담배색이다. 균모의 하면은 주름살모양이며 주름살은 분지되기도 하고 서로 유착되기도 하며 미로상의 홈을 만들기도 한다. 때로는 방사상으로 긴 홈선을 만들기도 한다. 황토갈색-회갈색이다. 또는 적갈색을 띠며 다소 분상이다. 주름살의 폭은 2~5(8)mm으로 다소 좁은 경우가 많다. 포자의 크기는 8.5~11.5×3.5~4.5㎛로 원주형-약간 소시지형이며 표면은 매끈하고 투명하다. 이 버섯의 낭상체(cystidia)는 투명하다.
생태 소나무 등 침엽수류의 그루터기 절단면, 야외에 설치한 건축자재나 통나무, 의자 등에 발생하며 건조할 때 갈라진 부분에 침입하고 햇볕을 받는 쪽에 버섯이 발생하며 갈색부후균을 형성
분포 한국(백두산), 중국, 북반구 온대 이북
참고 흔한 종

헛털버섯

Veluticeps ambigua (Peck) Hjortstam & Telleria
Columnocystis ambigua (Peck) Pouz.

형태 자실체는 배착생이며 약간 직립된 위에 표면이 얕은 버섯처럼 된다. 자실체는 기질에 강하게 압착되며 가장자리는 위로 약간 들려진다. 크기는 60~80×80~100mm로 단단하고 부서지기 쉬우며 질기지 않으며 두께는 0.2~3mm이다. 표면은 미세한 털이 있고 검은 황토색에서 황갈색 또는 적갈색으로 된다. 포자의 크기는 12~14.5×3.8~4.2㎛이고 원주형-타원형이고 표면은 매끈하고 투명하며 노란색이다. 담자기는 원주형-막대형으로 50~60×4~5㎛이며 4-포자성이다. 낭상체는 100~260×7~12㎛로 끝은 둥글고 갈색이다.

생태 연중 발생하는 다년생으로 썩는 고목 위에 또는 배착생

분포 한국(백두산), 중국, 유럽, 북아메리카, 아시아

참고 희귀종

담자균문
BASIDIOMYCOTA

주름균아문
AGARICOMYCOTINA

주름균강
AGARICOMYCETES

나팔버섯목

Gomphales

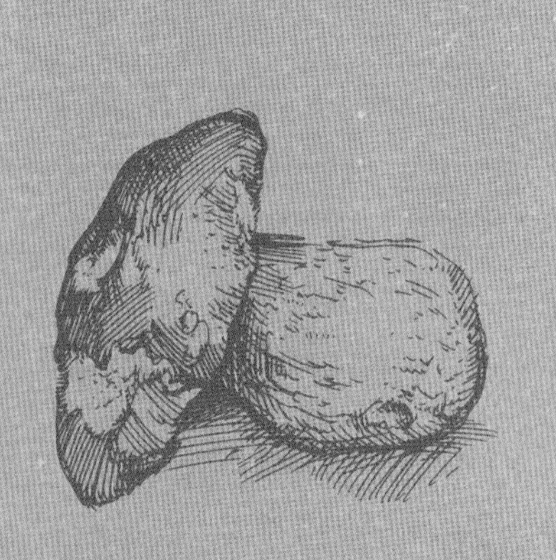

붉은방망이싸리버섯

Clavariadelphus ligula (Schaeff.) Donk

형태 자실체의 높이는 3~10cm 정도로 막대모양-방망이모양이며 끝은 굵고 둔하며 때로는 조금 뾰족하다. 표면은 연한 황갈색-분홍색을 띤 연한 회갈색으로 밋밋하다. 살은 백색이고 갯솜 같은 육질이다. 포자의 크기는 8~15×3~6㎛이고 타원형-막대형으로 표면은 매끄럽고 투명하다. 담자기는 50~60×6~8㎛로 가는 막대형이며 4-포자성이다. 기부에 꺽쇠가 있다. 낭상체는 없다.
생태 여름~가을 / 숲의 땅에 군생
분포 한국(백두산), 중국, 일본, 유럽, 북아메리카

방망이싸리버섯

Clavariadelphus pistillaris (L.) Donk

형태 자실체의 높이는 10~30cm, 굵기는 1~3cm가 보통이나 5cm가 넘는 것도 있으며 방망이모양이다. 표면은 거친 세로의 주름이 있고 미끈거리고 연한 황색-연한 황갈색인데 마찰하면 자갈색의 얼룩이 생긴다. 살은 스펀지 같고 백색으로 연하고 섬유질이나 상처를 입으면 자갈색으로 변색하며 좋은 냄새가 나고 맛은 쓰다. 포자의 크기는 11~16×6~10㎛이며 장타원형으로 표면은 매끄럽고 투명하고 기름방울이 있다. 담자기는 70~90×9~11㎛로 가는 막대형이고 4-포자성이다. 기부에 꺽쇠가 있다. 낭상체는 없다.

생태 가을 / 활엽수림의 땅에 단생 · 군생

분포 한국(백두산), 중국, 일본, 북반구 온대 이북

참고 식용

잘린방망이싸리버섯

Clavariadelphus truncatus Donk

형태 자실체는 5~10×2~5cm로 원통형에서 막대형을 거쳐 원추형 또는 도원추형으로 되며 보통 칼로 잘라낸 모양이다. 두부는 다소 편평하고 접힌 주름이 가장자리로 펴지며 부서지기 쉬우며 노랑에서 오렌지노란색으로 된다. 원추형인 자루는 기부로 가늘어진다. 표면은 세로줄의 주름이 있고 무디고 황갈색 또는 황토노랑이지만 가끔 라일락색을 가진 것도 있다. 자실체의 속은 차 있다. 살은 백색으로 스펀지상이고 연하며 상처 시는 라일락색-갈색으로 변색한다. 냄새는 약간 좋으며 맛은 온화하고 달콤하다. 포자의 크기는 10~13×6~7.5㎛로 타원형이고 표면은 매끈하고 투명하며 기름방울이 있고 거친 과립을 함유한다. 담자기는 가는 막대형으로 60~80×9~11㎛로 4-포자성이며 기부에 꺽쇠가 있다.

생태 여름~가을 / 침엽수림과 활엽수림의 혼효림 땅에 단생 · 군생

분포 한국(백두산), 중국, 유럽, 북아메리카, 아시아, 아프리카

붉은나팔버섯

Gomphus floccosus (Schwein.) Sing.
Cantharellus floccosus Schwein.

형태 자실체의 높이는 10~20cm이고 균모의 지름은 4~12cm로 어릴 때는 뿔피리모양에서 깊은 깔때기모양-나팔모양으로 된다. 중심부는 근부까지 오목하다. 표면은 황토색 바탕에 적홍색 반점이 있고 뒤집힌 큰 인편이 있다. 살은 백색이다. 주름살은 거짓주름살로 세로로 된 내린주름살이며 자실층면은 황백색-크림색이다. 자루의 길이는 5~10cm, 굵기는 1.5~5cm로 적색의 원통형이고 속이 비어 있다. 포자는 12~16×6~7.5㎛로 무색의 타원형이며 표면은 매끄럽다. 포자문은 크림색이다.
생태 여름~가을 / 침엽수림의 땅에 군생
분포 한국(백두산), 중국, 일본, 동북아시아, 북아메리카
참고 식용

후지나팔버섯

Gomphus fujisanensis (Imai) Parmasto

형태 균모의 높이는 5~10cm, 지름은 3~8cm로 어릴 때는 긴 원통형이나 곧 긴 나팔형-깔때기형으로 된다. 표면은 연한 황토색, 오렌지황토색-연한 갈색으로 처음에는 계피색의 작은 인편이 있고 나중에 인편은 오렌지색을 띤 계피색이다. 인편은 거친 것도 있고 인편이 없는 것도 있다. 살은 백색이고 약간 연약한 육질이다. 주름살은 융기된 주름살(거짓주름살)로 얕고 쭈글쭈글하게 굴곡진 거짓주름살로 기부에서는 약간 평행으로 올라가 여러 번 분지되며 그물모양이 된다. 처음 백색에서 황색을 띤 계피색 또는 연한 계피갈색이 된다. 거짓주름살과 자루의 경계가 분명치 않다. 자루의 속은 비어 있고 아래로 가늘다. 처음 백색에서 거짓주름살과 같은 색으로 된다. 붉은 나팔버섯과 달리 자루에 붉은색은 거의 없다. 포자의 크기는 12.5~15×6~7.5㎛로 타원형이고 연한 황색이며 표면에 많은 점상의 돌기가 있다. 포자문은 황색의 계피색이다.

생태 여름~가을 / 침엽수, 활엽수림, 혼효림의 땅에 군생 · 속생

분포 한국(백두산), 중국, 일본

참고 독성이 있으며 먹으면 설사, 구토를 일으키나 끓이면 식용 가능

전나무싸리버섯

Ramaria abietina (Pers.) Quél.
R. ochraceovirens Jungh.

형태 자실체는 밑에서부터 산호처럼 올라온다. 하나에서 여러 개의 가지를 치며 포크형 또는 여러 번 끝쪽으로 분지하여 가늘어진다. 자실체의 높이는 30~60mm, 기부의 둘레는 3~14mm로 백색의 균사체 가지를 가진다. 분지된 가지는 편평형에서 둥글게 되며 두께는 2~5mm로 어릴 때 올리브황색으로 고르고 손으로 만지거나 오래되면 녹색으로 변색하며 끝에 2~4개의 반점이 있으며 노란색이다. 살은 백색으로 세로줄의 섬유가 있고 질기며 냄새는 없고 맛은 약간 쓰다. 포자의 크기는 9~10.5×3.5~5㎛로 씨앗모양, 배불뚝이형으로 표면에 가시 가 있고 황색이다. 담자기는 원통-막대형으로 55~60×5.5~6.5㎛이다. 담자기는 4-포자성이다. 기부에 꺽쇠가 있다. 낭상체는 없다.
생대 여름~가을 / 가문비나무 숲의 침엽수의 쓰레기에 줄을 지어 발생
분포 한국(백두산), 유럽, 북아메리카
참고 희귀종

바늘싸리버섯

Ramaria apiculata (Fr.) Donk.

형태 자실체의 높이는 7cm 정도이고 자루의 길이는 3~4mm로 짧으며 여러 번 가지를 쳐서 빗자루모양이 된다. 처음에는 연한 황갈색에서 진한 황갈색-계피색으로 된다. 때로는 가지의 끝이 녹색을 띤다. 가지는 비교적 직립한다. 살은 치밀하고 강인하다. 포자의 크기는 7~11×3.5~5.5㎛로 긴 방추형이며 표면에 작은 사마귀점이 있다.

생태 가을 / 침엽수의 썩는 고목에 발생

분포 한국(백두산), 중국, 일본, 시베리아, 유럽, 북아메리카

참고 식용

황토싸리버섯

Ramaria campestris (Yokoy. & Sag.) Petersen

형태 자실체의 높이는 3~7cm, 굵기는 3~4cm이고 4~5회 분지되어 높이 15cm 정도로 덩어리모양이다. 가지는 처음에는 연한 황색-연한 황토색에서 황갈색-녹슨색으로 되며 땅속에 묻힌 밑동은 흰색이다. 하부의 가지에는 얕은 주름살이 있으며 상부의 가지는 2~4mm로 가늘다. 상처를 받으면 보라색으로 된다. 살은 흰색-회백색이며 견고하고 공기에 접촉하면 포도주색으로 변색한다. 포자의 크기는 11~14×5~7㎛로 타원형이고 표면에 예리한 침이 있다.

생태 여름~가을 / 조릿대 군락지나 삼나무 숲속의 땅에 나고 균륜을 형성

분포 한국(백두산), 중국, 일본

참고 식용

막대싸리버섯

Ramaria cokeri R. H. Petersen

형태 자실체의 높이는 8~13cm, 넓이는 5~10cm로 여러 번 분지하며 줄기는 오황갈색이다. 상부는 작은 분지로 되고 갈색-분홍색이며 꼭대기는 침모양이고 예리하다. 살은 오백색이고 맛은 불분명하다. 자루의 길이는 1~4.5cm, 폭은 0.5~1cm로 막대모양이다. 포자의 크기는 7.8~15×3.5~4.7㎛로 타원형이며 표면은 황갈색이고 작은 사마귀같은 가시가 있다.
생태 여름~가을 / 활엽수림의 고목, 떨어진 나뭇가지 등에 발생
분포 한국(백두산), 유럽

하늘싸리버섯

Ramaria cyanocephala (Berk. & Curt.) Corner

형태 자실체의 높이는 7~12cm, 폭은 4~5cm로 옅은 커피색이나 꼭대기는 남색이다. 자루의 길이는 1~4cm, 폭은 1~1.5cm로 표면은 거칠고 줄기는 4~5차례의 여러 번 분지하여 교차한다. 작은 가지의 분지 꼭대기는 남색이며 기부는 뿌리처럼 길다. 살은 오백색이다. 포자의 크기는 10~15×5~8㎛로 류타원형이고 표면은 사마귀점이 있으며 옅은 황갈색이다.
생태 가을 / 활엽수림의 땅에 군생
분포 한국(백두산), 유럽
참고 식용

고목싸리버섯

나팔버섯과 ≫ 싸리버섯속

Ramaria fennica (Karst.) Ricken

형태 자실체의 길이는 60~100mm, 폭은 40~70mm로 두꺼운 산호처럼 나와서 기부는 둥글다. 2~4개로 분지하지만 끝 쪽은 포크형을 만들지는 않는다. 기부의 두께는 10~40mm이고 분지는 둥근 상태에서 편평형 또는 약간 물결형이며 약간 세로줄의 무늬선이 있다. 기부는 노란색을 가진 백색으로 분지된 것은 올리브갈색에서 올리브황토색으로 되며 줄기의 위쪽은 라일락색으로 끝 쪽은 노란색이다. 어릴 때 끝은 황금색의 노랑이지만 성숙하면 꿀색-갈색의 포자로 먼지가 있으며 끝은 2~3회 분지하며 약간 청색이다. 살은 백색으로 상처 시 변색하지 않고 단단하며 흙냄새가 나며 맛은 약간 쓰다. 포자의 크기는 10~15×4~5.5㎛로 타원형이고 표면은 둔한 사마귀점이 있고 기름방울을 함유한다. 담자기는 가는 막대형으로 60~80×8~10㎛로 기부에 꺽쇠가 있다. 낭상체는 없다.

생태 여름~가을 / 숲속의 침엽수의 흙에 단생 · 군생

분포 한국(백두산), 유럽, 북아메리카

참고 희귀종

노랑끈적싸리버섯

나팔버섯과 ≫ 싸리버섯속

Ramaria flavigelatinosa Marr & Stuntz

형태 자실체의 높이는 5~14cm, 폭은 3~24cm로 기부에서부터 자라 올라오면서 여러 개로 분지하거나 아니면 수십 개로 분지하여 개개로 되어 나누어진다. 개개는 점점 자라서 포크형으로 되거나 분리되어 손가락모양이 되며 끝은 좁은 둥근모양이다. 분지된 것들은 밝은 노란색에서 옥수수 같은 노란색으로 되지만 끝도 이와 비슷한 색이며 약간 밝은 색으로 때때로 상처받은 곳은 엷은 자주색으로 된다. 기부의 크기는 15~55×10~60mm이고 합쳐지고 원추형의 덩어리로 백색이며 자랄수록 밝은 색이다. 살은 단단하고 점성이 있다. 기부는 투명한 백색이고 분지된 가지들은 노란색이다. 콩 냄새가 나고 맛은 불분명하다. 포자의 크기는 8~11×3.5~4.5㎛로 막대형 비슷하고 표면은 불규칙한 모양의 사마귀반점이 있다. 균사에 꺽쇠는 없다. 난아미로이드 반응이다. 포자문은 옥수수의 노란색 또는 살구의 노란색이다.

생태 가을 / 숲속의 땅에 속생

분포 한국(백두산), 북아메리카

참고 식용 불분명

다박싸리버섯

Ramaria flaccida (Fr.) Bourd.

형태 자실체의 높이는 3~10cm, 굵기는 3~4cm로 회황색-적황색에서 갈색-계피색으로 된다. 자루는 길이는 1.5~3cm이고 자루가 없는 것도 있다. 가지는 많고 직립하며 1~3회 분지하여 안쪽으로 구부러지고 끝은 뾰족하며 연한 색이다. 살은 백색인데 상부는 황색이나 변색하지 않고 질기며 탄력성이 있으며 과일 냄새가 나며 맛은 온화다가 쓰다. 포자의 크기는 5~8×3.5~4㎛로 타원형이며 표면은 사마귀가 있고 연한 적황색이고 투명하다. 담자기는 50~60×6~8㎛로 가는 막대형이고 4-포자성이다. 기부에 꺽쇠가 있다. 낭상체는 없다.

생태 여름~가을 / 침엽수, 드물게 활엽수림의 부식토, 낙엽에 발생

분포 한국(백두산), 중국, 일본, 유럽, 북아메리카, 호주, 아프리카

노랑싸리버섯

Ramaria flava (Schaeff.) Quél.

형태 자실체의 높이는 6~15cm, 폭은 10~15cm 정도이다. 굵은 밑동에서 1.5~3cm 정도의 굵기의 여러 개의 가지가 분지되고 반복적으로 분지되어 산호모양을 이룬다. 가지의 끝은 흔히 2분지한다. 밑동은 약간 뚱뚱하고 백색이고 그 외는 전체가 레몬색 또는 유황색에서 탁한 황색으로 된다. 노쇠하거나 마찰하면 암적색으로 변색하는 특성이 있다. 살은 백색이고 연하며 밑동은 부서지기 쉬우며 변색하지 않는다. 포자의 크기는 11~18×4~6.5㎛로 장타원형이고 표면은 사마귀로 덮이며 투명하고 기름방울이 있다. 포자문은 황토색이다. 담자기는 40~60×8~10㎛로 가는 막대형이며 4-포자성이다. 기부에 꺽쇠가 있다. 낭상체는 없다.
생태 가을 / 숲속의 땅에 발생
분포 한국(백두산), 중국, 일본, 유럽
참고 먹으면 심한 설사를 하기 때문에 독균으로 취급

붉은싸리버섯

Ramaria formosa (Pers.) Quél.
R. formosa var. concolor McAfee & Grund

형태 자실체의 높이는 7~20cm, 폭 6~15cm 정도의 대형 싸리버섯이다. 굵은 밑동에서 1.5~2cm 정도의 여러 개가 가지를 치며 반복적으로 분지하여 산호모양을 이룬다. 가지의 끝은 보통 2~3개로 갈라진다. 밑동은 흰색이고 위쪽은 오렌지홍색-탁한 분홍색이며 자실체의 끝부분은 황색이다. 살은 흰색이고 상처를 받으면 탁한 적갈색으로 변색하며 나중에는 검은색으로 된다. 연하고 마르면 부서지기 쉬우며 쓴맛이 있다. 먹으면 설사, 구토, 복통 등을 일으킨다. 포자의 크기는 9~13×4~6.5㎛로 원주상의 타원형이며 표면은 사마귀점으로 덮여 있다. 담자기는 40~50×7~9㎛로 가느다란 막대형이고 4-포자성이다. 기부에 꺽쇠가 있다. 낭상체는 없다. 포자문은 탁한 황색이다.

생태 가을 / 활엽수림의 땅에 열을 지어 발생

분포 한국(백두산), 일본, 북반구 온대 이북, 호주

참고 먹으면 설사 유발

보라싸리버섯

Ramaria fumigata (Peck) Corner

형태 자실체는 다소 굵은 밑동에서 산호가지 모양으로 분지한다. 보통 밑동에서 2~4개의 가지가 나와 이것이 반복적으로 분지해서 높이는 7~13㎝, 폭은 5~15㎝의 크기가 되고 밑동은 1~4㎝ 정도 크기이다. 가지는 세로로 약간 곧으며 끝부분은 U자형을 이룬다. 밑동은 라일락색-보라색을 띤 백색이다. 어린가지는 거의 보라색에서 점차 회자색-베이지색으로 되고 포자가 성숙하면 벌꿀의 갈색을 띠며 끝부분은 보라색이 남아 있다. 자루의 살은 백색이고 다소 단단한 편이어서 잘 부서지지 않는다. 포자의 크기는 9.5~11.5×4.5~5.5㎛로 타원형이고 표면에 둔한 사마귀가 붙어 있고 연한 황색이며 가끔 기름방울이 있다. 담자기는 60~75×9~11㎛로 가느다란 막대형이고 4-포자성이다. 기부에 꺽쇠가 있다. 낭상체는 없다.

생태 여름~가을 / 참나무류 등 활엽수의 낙엽이 쌓인 땅에 군생

분포 한국(백두산), 중국, 일본, 유럽, 북아메리카, 호주

회보라싸리버섯

나팔버섯과 ≫ 싸리버섯속

Ramaria bataillei (Maire) Corner

형태 자실체는 백색 기부로부터 산호처럼 올라오고 높이는 3~7cm, 두께는 5~15mm로 위로 계속해서 분지하여 포크형-U 모양으로 되며 끝은 2~4회의 분지하여 둔한 가시처럼 되고 다소 직립한다. 표면은 평편하다. 어릴 때 황토 적갈색에서 포도주갈색을 거쳐 자회갈색 또는 갈색으로 된다. 끝은 골든 황토색에서 연한 황색으로 되었다가 마침내 보라회색으로 된다. 가끔 줄기는 오렌지적색으로 분지되며 포크형과 줄기는 낙하 포자 때문에 꿀색의 노란색으로 된다. 살은 백색이지만 상처 시 포도주적갈색으로 변색하며 섬유상이며 연하고 냄새는 조금 있고 맛은 쓰다. 한 개 한 개의 개별적인 자실체는 높이와 폭이 5~15cm이다. 포자의 크기는 11~14×4~5.8㎛로 타원형이고 표면은 미세한 사마귀점이 있으며 노란색이고 기름방울이 있다. 담자기는 가는 막대형으로 50~60×6~8㎛ 크기로 기부에 꺽쇠가 있다. 낭상체는 없다. 균사에 꺽쇠가 있다.

생태 가을 / 단생으로 열을 지어 발생하여 균륜을 형성

분포 한국(백두산), 유럽

가는싸리버섯

나팔버섯과 ≫ 싸리버섯속

Ramaria gracilis (Pers.) Quél.

형태 자실체의 크기는 30~60×20~50mm로 처음 뿌리처럼 생긴 기부에서 올라오며 산호처럼 분지한다. 기부의 줄기는 10~15×3~5mm로 백색의 균사체이며 2분지된 것이 꼭대기로 수십 번 분지하여 가늘어진다. 분지된 끝에서 다시 여러 번 분지하여 왕관처럼 된다. 분지된 것의 두께는 1~3mm이고 밝은 황토-노란색 또는 살색으로 되며 끝 쪽으로 백색이다. 상처 시 변색하지 않는다. 살은 탄력적이며 질기고 냄새는 약간 나고 맛은 약간 쓰다. 포자의 크기는 5~7×3~4㎛로 타원형이며 표면은 미세한 사마귀반점이 있고 투명하다. 담자기는 가는 막대형으로 30~40×5~7㎛로 4-포자성이다. 기부에 꺽쇠가 있다. 낭상체는 없다.

생태 여름~가을 / 죽은 나무가 있는 숲속의 땅에 단생 · 군생

분포 한국(백두산), 유럽, 북아메리카, 아시아

흰끝싸리버섯

Ramaria grandis (Peck) Corner

형태 자실체의 높이는 4~12cm, 폭은 6~18cm로 굵은 밑동에서 여러 개의 가지가 나와 2~4회 분지하며 끝은 뾰족하며 둥글다. 버섯 전체가 황갈색-벽돌색인데 가지 끝이 흰색인 것이 특징이다. 밑동은 흰색인데 솜털이 덮여 있으며 땅속 깊게 박힌다. 살은 흰색이고 자르거나 문지르면 곧 청갈색으로 변색한다. 포자의 크기는 12~18×7~10㎛로 타원형이며 표면에 가시가 있다.

생태 여름~가을 / 숲속의 땅에 군생

분포 한국(백두산), 일본, 동아시아, 북아메리카

참고 식용

참싸리버섯

Ramaria eumorpha (P. Karst.) Corner
R. invalii (Cott. & Wakef.) Donk

형태 자실체의 높이는 4~9cm로 꿀황색-다회색이며 자루는 거칠고 기부는 미세한 황색이며 줄기는 짧고 폭은 좁으며 작은 줄기가 많고 가늘다. 포자의 크기는 8~10.5×4.5~5㎛로 장방형의 타원형이며 표면은 연한 황색이고 그물꼴이며 기름방울이 있다. 담자기는 곤봉상이다.
생태 가을 / 혼효림의 지상에 발생
분포 한국(백두산)

감귤싸리버섯

Ramaria leptoformosa Marr. & Stuntz

형태 자실체는 산호형으로 위로 직립하고 교차로 분지한다. 높이는 12~25cm, 둘레는 15~30cm로 줄기는 가늘고 길다. 개개의 폭은 2~4cm로 감귤황색으로 아름답다. 아래쪽은 연한 황색-백색이고 위로는 분지하여 V자형이다. 살은 백색이다. 포자의 크기는 10~12×4~5㎛로 타원형이고 긴 은행모양이며 예리하게 만곡하며 표면은 짧은 섬유상이 있으며 드물게 사마귀점이 있다. 담자기는 긴 곤봉상으로 50~60×10~12㎛로 기부는 가늘고 4-포자성이다.

생태 가을 / 숲속의 땅에 발생

분포 한국(백두산), 중국

참고 식용

새붉은싸리버섯

나팔버섯과 ≫ 싸리버섯속

Ramaria neoformosa Petersen

형태 자실체의 높이는 100mm 정도로 산호모양이고 한 줄기이며 길이는 40mm, 두께는 15~20mm로 분지하며 기부의 위는 올라간다. 여러 번 분지한 끝은 2~3mm로 짧으며 가끔 털 자란 것이 있고 밖으로 가시처럼 자란 것도 있다. 분지된 것들은 포크형 또는 V-모양이고 줄기는 짧고 원통형이며 기부는 백색이지만 분지한 곳은 밝은 연어색으로 상처 시 변색 하지 않는다. 끝은 엷은 노란색이다. 육질은 백색, 부드럽고 부서지기 쉽고 건조 시 백색이며 냄새가 약간 나고 맛은 온화하고 쓰다. 포자의 크기는 10.5~11.5×5~5.7㎛로 원통형-타원형이고 표면은 사마귀점이 있으며 사마귀점들은 일렬로 연결하며 투명하고 기름방울이 있다. 담자기는 가는 막대형 50~65×10~12㎛로 4-포자성이다. 낭상체는 관찰이 되지 않는다.

생태 여름~가을 / 너도밤나무-가문비나무의 혼효림에 단생 · 군생

분포 한국(백두산), 유럽

참고 희귀종

백색끼싸리버섯

나팔버섯과 ≫ 싸리버섯속

Ramaria pallida (Schaeff.) Ricken

형태 자실체의 높이는 4~15cm, 폭은 5~15cm 정도의 중형-대형이다. 어릴 때는 통모양의 줄기에 양배추모양이나 충분히 자라면 밑동의 굵기는 4cm 정도, 가지의 굵기는 1~1.5cm 정도로 가지가 반복해서 분지되어 산호모양이 된다. 가지의 끝 부분은 V자 모양으로 갈라진다. 가지는 어릴 때 유백색에서 연한 백갈색으로 되며 갈색의 얼룩이 있다. 낙하된 포자에 의해서 황색를 띠기도 하며 밑동은 유백색이고 끝 부분은 가지와 같으나 때때로 연보라색을 띤다. 살은 흰색이고 연하고 부서지기 쉬우며 상처를 받아도 변색하지 않는다. 포자의 크기는 9~12×4.5~5.5㎛로 타원형이고 한쪽 면은 약간 평평하고 표면에 사마귀가 덮여 있다. 담자기는 50~60×8~10㎛로 가는 막대형으로 4-포자성이다. 기부에 꺽쇠가 없다. 낭상체는 없다.

생태 여름~가을 / 숲속의 땅에 단생 · 군생

분포 한국(백두산), 유럽, 아프리카

황색싸리버섯

나팔버섯과 ≫ 싸리버섯속

Ramaria primulina Petersen

형태 자실체의 높이는 15cm, 폭은 8cm이고 5개가 위로 분지하여 갈라져서 3~6개의 삭은 가지로 분지한다. 선단은 딱딱하고 얇으며 뭉쳐진 끝은 갈라져서 손가락모양으로 되고 분지는 노란색 또는 가끔 녹색을 가진다. 끝은 밝고 맑은 노란색이다. 기부는 25×5mm로 하나로 되며 불규칙한 모양이다. 표면은 유백색으로 밋밋하다가 미끌미끌하게 된다. 자실체의 속은 살로 차 있고 반점이 있으며 끈기는 점점 없어지고 투명해지며 유백색에서 노란색으로 된다. 살은 밀가루와 강낭콩 냄새가 나거나 또는 향긋한 냄새지만 맛은 약간 쓰다. 포자의 크기는 9~12×4~4.5㎛로 타원형이며 표면의 사마귀점은 산재하며 독립적이어서 연결되지 않는다. 균사에 꺽쇠가 있다.

생태 여름~가을 / 침엽수 혼효림의 땅에 군생

분포 한국, 북아메리카

옆싸리버섯

나팔버섯과 ≫ 싸리버섯속

Ramaria secunda (Berk.) Corner

형태 자실체의 높이는 6~12cm, 넓이는 3~6cm로 여러 번 분지하며 황색이다. 자루는 짧고 거칠며 위쪽으로 많은 가지를 치지만 소수가 분지하며 꼭대기는 침형 혹은 약간 예리하다. 살은 거의 백색이고 치밀하며 부드럽다. 포자의 크기는 8~15×4~6㎛로 타원형이며 표면은 매끈하고 광택이 난다. 담자기는 곤봉상으로 40~65×6.5~10㎛이다.

생태 여름~가을 숲속의 땅에 군생

분포 한국(백두산)

참고 식용

직립싸리버섯

Ramaria stricta (Pers.) Quél.

형태 자실체의 높이는 4~10cm, 폭은 3~8cm 정도의 중형이다. 밑동은 뿌리모양으로 길이는 1~4cm, 굵기는 0.5~1.5cm로 흰색의 균사다발이 있다. 밑동의 위쪽에 다수의 직립된 가지가 다소 길게 반복 분지되어 빗자루모양을 이룬다. 첨단 부분은 2갈래로 갈라져 가시모양으로 날카롭다. 밑동과 가지 부분은 황토색이며 첨단 부분은 어릴 때 황색이며 오래되면 자실체 전체가 살갗색-포도주색으로 변색한다. 상처를 받으면 암갈색-포도주색으로 된다. 살은 흰색-연한 황색으로 질기고 탄력성이 있다. 포자의 크기는 7.5~10×4~5㎛로 광타원형이며 표면은 미세한 사마귀가 덮여 있고 투명하다. 담자기는 25~35×8~9㎛로 가는막대형이고 4-포자성이다. 기부에 꺾쇠가 있다. 낭상체는 없다.
생태 늦여름~가을 / 활엽수 또는 침엽수의 그루터기, 썩은 나무, 버려진 나무 등에 속생
분포 한국(백두산), 중국, 유럽

담자균문
BASIDIOMYCOTA

주름균아문
AGARICOMYCOTINA

주름균강
AGARICOMYCETES

소나무비늘버섯목

Hymenochaetales

톱니겨우살이버섯

Coltricia cinnamomea (Jacq.) Murr.

형태 균모의 지름은 1~4cm, 두께는 1.5~3mm로 원형에서 편평형으로 되지만 중앙이 오목하다. 표면은 녹슨 갈색이며 방사상의 섬유무늬를 나타낸다. 비단 광택이 나며 동심원상으로 고리모양이 있다. 살은 얇고 부서지기 쉬운 가죽질이며 갈색이다. 균모의 하면(자실층)의 관은 황갈색-암갈색이고 깊이는 1~2mm이다. 구멍은 크고 각진형이며 1~3/mm개가 있다. 자루의 높이는 2~4cm, 굵기는 2~5mm로 원주상이고 하부가 부풀며 표면은 비로드모양이고 암갈색이다. 포자의 크기는 6~7×5~5.5㎛로 광타원형이며 표면은 매끄럽고 난아미로이드 반응이다.

생태 1년 내내 / 길가를 따라 군생

분포 한국(백두산), 중국, 전 세계

겨우살이버섯

Coltricia perennis (L.) Murr.

형태 균모는 원형이나 산모양인데 중앙이 오목하고 지름은 1~6cm, 두께는 1~6mm로 표면에 털이 없고 고리무늬와 가는 유모가 있으며 밤색의 갈색-회갈색이다. 가장자리는 얇고 파상인데 다발로 된 털이 있다. 살은 균모와 같은 색이다. 관공은 자루에 대하여 바른-내린관공이고 길이는 1~4mm이며 회색으로 구멍은 크고 다각형이며 1~2/mm개가 있고 갈색-계피색이며 벽은 톱니모양이다. 자루의 길이는 2~4cm, 굵기는 2~6mm로 원주형이며 상부와 하부가 굵고 중심성이고 비로드상으로 균모와 같은 색이다. 자루의 속은 차 있다. 포자의 크기는 8~10×4~5㎛로 황갈색의 장타원형이며 갈색으로 표면은 매끄럽고 기름방울을 가진 것도 있다. 담자기는 13~25×6~7.5㎛로 막대형이며 2~4-포자성이다. 기부에 꺽쇠는 없다. 낭상체는 관찰 안 된다.

생태 1년 내내 / 숲속의 땅이나 불탄 땅에 군생

분포 한국(백두산), 중국, 일본, 시베리아, 유럽, 북아메리카, 호주

고리버섯

Cyclomyces fuscus Kunze ex Fr.

형태 균모의 지름은 1~5㎝로 자루가 없이 기물에 부착한다. 반원형-조개껍질형이고 두께는 1mm 내외, 다수가 촘촘하게 층생하거나 옆으로 연결되어 부착한다. 개개의 표면은 녹슨 갈색으로 비로드상의 털이 덮여 있어서 비단같은 광택이 나며 테무늬가 있다. 살은 얇고 유연한 가죽질로 갈색이다. 자실층은 황토갈색이고 동심원상으로 나란히 얇은 주름모양을 형성하는 특이한 형태다. 포자의 크기는 2~3×2㎛로 아구형이며 표면은 매끈하고 투명하다.
생태 1년생 / 때로는 덩어리 모양을 이루어 군생하며 메밀잣나무, 서어나무 등 활엽수의 재목에 백색부후균을 형성
분포 한국(백두산), 중국, 일본, 아시아, 아프리카

기와소나무비늘버섯

Hymenochaete intricata (Lloyd) S. Ito

형태 균모의 폭은 0.5~2cm, 두께는 1mm로 거의 반배착생이고 때로는 전체가 배착생이다. 가장자리의 끝이 위로 올라와 균모를 만들고 첩첩이 여러 개의 균모가 선반모양으로 서로 융합되기도 한다. 균모는 반원형이고 강하게 아래로 만곡하며 방사상으로 물결모양으로 주름이 생긴다. 표면은 처음에 암황갈색-커피갈색의 짧은 털이 덮여 있다. 점차적으로 털이 탈락하여 회색이 되고 담배색의 피층면이 드러나 테무늬가 생긴다. 살은 거의 무색의 균사로 된다. 갈색을 나타내는 균모의 표면과 자실층 사이에 얇은 층으로 된다. 유연한 가죽질이다. 하면의 자실층은 담배색-황갈색이다. 가장자리는 연한색이거나 거의 황백색이다. 포자는 관찰이 안 된다.

생태 활엽수의 죽은 나무에 반배착생

분포 한국(백두산), 중국, 일본

소나무비늘버섯

Hymenochaete rubiginosa (Dicks.) Lév.

형태 자실체는 반배착생이며 상반부가 크게 뒤집혀 균모로 되고 기물에서 벗겨지기 쉽다. 균모는 반원형, 조개껍질모양, 종모양이며 1~2.5×1~3㎝로 단단한 가죽질이다. 가장자리에는 톱니가 없다. 상면(표면)은 담배색, 흑다색, 흑색이고 좁은 고리무늬가 있고 융털이 있으나 나중에 매끈해진다. 하면의 자실층은 다갈색-담배색으로 미세한 가루와 작은 사마귀가 산재한다. 살은 두껍다. 포자의 크기는 4~6×2~3㎛로 부정형의 타원형으로 표면은 매끄럽고 투명하다. 담자기는 20~25×3~4㎛로 원통의 막대형이며 4-포자성이다. 기부에 꺽쇠가 없다. 낭상체는 없다. 강모체는 40~60×5~7㎛로 송곳모양이고 흑갈색이며 벽이 두껍다.

생태 일년 내내 / 활엽수의 고목줄기나 껍질 벗긴 재목에 중생하고 백색부후균을 발생

분포 한국(백두산), 중국, 일본, 유럽, 아프리카, 북중아메리카, 호주

무늬소나무비늘버섯

Hymenochaete yasudae Imaz.

형태 자실체는 거의 배착생으로 드물게 오래되면 위쪽 가장자리의 수피가 기질에서 떨어져 좁은 폭의 선반모양으로 균모를 만들거나 때로는 반원형의 조개껍질모양의 균모가 나오기도 한다. 균모의 좌우 폭은 0.3~1cm, 전후 폭은 1~3mm, 두께는 0.5mm로 표면은 거의 털이 없고 회색-회갈색이며 테무늬가 있다. 살은 얇고 약간 가죽질이다. 하면의 자실층은 황색의 담백색-적갈색이며 생장 시 가장자리는 황색-갈색인데 테모양으로 싸여 있다. 약간 분상이고 균열이 많이 생긴다. 포자의 크기는 4.5~5.5×2.5~3㎛로 타원형이며 표면은 매끈하고 투명하다.

생태 침엽수의 죽은 가지에 발생

분포 한국(백두산), 중국, 일본

시루뻔버섯

Inonotus hispidus (Bull.) Karst.

형태 균모의 측면이 넓게 기물에 부착한다. 모양은 반원상, 선반형이며 전후 폭은 6~20cm, 좌우 폭은 10~30cm, 두께는 3~10cm 정도로 어릴 때는 포도주적색이다. 표면은 다소 울퉁불퉁하고 결절이 있다. 나중에는 1cm 정도의 적갈색이며 거친 털이 밀생하고 흑갈색으로 되며 오래되면 털이 없어진다. 가장자리는 어릴 때 유황색이나 곧 갈색을 띤다. 살은 방사상으로 섬유상이며 어릴 때는 유연하고 스펀지모양이며 즙이 많다. 관공의 길이는 1~3cm, 어릴 때는 유황색이나 연한 황토색을 거쳐 흑갈색으로 되며 흔히 관공에 물방울이 맺힌다. 구멍은 2~3/mm개로 원형-다각형이다. 포자의 크기는 7~10×6~7.5㎛이고 난형으로 표면은 매끈하고 갈색이며 벽은 두껍고 기름방울이 있다. 담자기는 27~33×7~10㎛로 막대형이고 4-포자성이다. 기부에 꺽쇠가 없다. 낭상체는 없다. 강모체는 20~30×9~10㎛로 송곳형이고 갈색이며 벽이 두껍다.

생태 여름~가을 / 사과나무, 호두나무, 단풍나무 등의 기생균으로 살아 있는 나무의 줄기와 가지에 생기기도 하며 참나무류의 그루터기 등에 군생

분포 한국(백두산), 중국, 일본, 북반구 일대

참고 희귀종

황갈색시루뻔버섯

Inonotus mikadoi (Lloyd) Gilb. & Ryv.

형태 자실체의 폭은 2~5cm, 두께는 1~2cm 정도로 균모는 반원형이며 자실체의 한 측면이 기물에 부착하고 다수가 중첩해서 층상으로 군생한다. 처음에는 거의 수평으로 퍼지지만 건조해지면 수축해서 가장자리가 아래로 강하게 말린다. 표면은 황갈색-녹슨 갈색이고 거친 털이 밀생하고 테무늬가 나타난다. 오래된 것은 털이 떨어져서 밋밋해진다. 살은 황갈색-녹슨 갈색이다. 생육중에는 유연하지만 건조할 때는 탄력성을 상실하고 부서지기 쉽다. 하면의 자실층은 어릴 때는 회황백색에서 암갈색이 된다. 관공은 길이 1cm 정도이고 구멍은 다소 둥글고 2~3/mm개이다. 포자의 크기는 4~6×3~4㎛로 타원형 또는 아구형이며 표면은 매끈하고 황갈색이다.

생태 여름~가을 / 1년생으로 벚나무 등 활엽수의 죽은 줄기나 가지에 다수 층 모양으로 군생

분포 한국(백두산), 중국, 일본

갈색시루뻔버섯

Inonotus radiatus (Sow.) Karst.

형태 자실체는 반원형이고 좌우 폭은 3~18cm, 전후 폭은 1.5~5cm, 두께 1~2cm 정도의 반원형으로 기질에 넓게 부착한다. 흔히 몇 개의 균모가 서로 유착하기도 하고 중첩되어 층생으로 되기도 한다. 표면은 어릴 때 미세한 털이 덮여 있으나 나중에는 털이 없어진다. 결절상이고 파상으로 굴곡지며 방사상으로 주름 잡혀 있다. 때로는 동심원상의 테무늬가 있고 가장자리는 연하다. 어릴 때는 녹슨 갈색에서 암갈색-흑갈색으로 된다. 살은 즙이 많고 유연하지만 건조할 때는 부서지기 쉽다. 하부의 자실층면은 미세한 관공이 있다. 관공의 길이는 1cm 정도이며 관공의 윗부분은 0.5cm 정도로 얇고 녹슨 갈색이고 어릴 때는 유백색, 밝은 갈색-회갈색 등 보는 각도에 따라 은백색의 광택이 난다. 구멍은 둥근형-각진형 또는 길쭉한 형으로 2~4/mm개이다. 포자의 크기는 4.5~5.5×3.5~4.5㎛로 광타원형이고 표면은 매끈하며 약간 연한 황색이다. 담자기는 18~25×5.5~6.5㎛로 원통-막대형이며 4-포자성이다. 기부에 꺽쇠가 없다. 낭상체와 강모체는 관찰 안 된다.

생태 여름~가을 / 주로 오리나무, 기타 활엽수나 침엽수에 나고 죽은 줄기나 가지 또는 떨어진 낙지 등에 발생하며 백색부후균을 형성

분포 한국(백두산), 중국, 일본, 유럽

노랑시루뻔버섯

Inonotus rheades (Pers.) Bondartsev & Sing.

형태 자실체는 선반형으로 넓게 기질에 부착 약간 내린 형태다. 균모의 지름은 40~100mm로 기질로부터 20~60mm로 돌출하며 윗표면은 털상이고 부드러우며 테는 있거나 또는 없다. 약간 물결형에서 약간 둥근산모양, 오렌지노란색에서 오렌지적색으로 되며 노쇠하면 적갈색으로 된다. 가장자리는 예리하고 물결형이다. 아래 표면의 관공은 둥근 미세한 구멍이 있고 어릴 때는 크림색에서 밝은 노란색이 되었다가 오래되면 황토색을 거쳐 갈색으로 된다. 구멍은 각진형이고 약간 미로상이며 2~3/mm개가 있다. 관의 길이는 5~10mm이다. 육질의 두께는 5~20mm로 적갈색으로 연하고 섬유상이며 즙액을 분비한다. 포자의 크기는 6~7.5×3.5~4.5㎛로 타원형이며 표면은 매끈하고 벽은 두껍다. 담자기는 막대형으로 18~25×5.5~6.5㎛로 4-포자성이다. 기부에 꺽쇠가 없다. 낭상체와 강모체는 관찰이 안 된다.

생태 여름~가을 / 죽은 나무에 기와장처럼 겹쳐서 군생하며 백색부후균을 형성

분포 한국(백두산), 중국, 유럽, 북아메리카, 아시아, 아프리카

참고 희귀종

털시루뻔버섯

Inonotus tomentosus (Fr.) Teng

형태 자실체는 선반형으로 11cm이고 원형에서 부채모양으로 되며 가끔 열편 잎 같고 중앙은 들어가며 황갈색에서 나무색갈색으로 되며 흔히 미세한 밴드가 있고 털이 분포한다. 관공은 자루에 대하여 내린관공이다. 관의 깊이는 3mm로 백색으로 살색보다 연한 색이다. 구멍은 2~4/mm개로 각진형이며 표면은 연한 황색이 흑갈색으로 된다. 두꺼운 격막이 얇게 되며 오래되면 찢어진다. 살의 두께는 4mm로 연질이고 스펀지층이고 단단한 섬유상의 노랑갈색이다. 자루의 길이는 35mm, 굵기는 15mm로 중심생 또는 편심생이며 흑갈색이다. 포자의 크기는 5~6×3~4㎛로 타원형이고 표면은 매끈하고 투명하다.

생태 일년생으로 여러 개로 분지하여 겹쳐지며 단생

분포 한국(백두산), 중국, 북아메리카

참고 식용불가

황갈색털대구멍버섯

Onnia tomentosa (Fr.) Karst.

형태 자실체는 대가 있다. 개별적인 것은 폭이 3~10cm, 두께 3~5(10)mm로 모양은 원형-불규칙한 원형 또는 난형이다. 때로는 균모 표면에 소형의 균모가 중첩해서 나기도 한다. 표면은 결절상이 울퉁불퉁하며 불분명한 동심원상의 테무늬 또는 요철상의 줄무늬홈선이 있다. 두꺼운 털이 덮여 있고 황갈색-계피갈색이다. 가장자리는 날카롭고 물결모양으로 굴곡져 있으며 연한 색이다. 살은 황색이고 유연하고 코르크질로 건조하면 단단하다. 관공은 자루에 대하여 내린관공이며 길이는 2~5mm이고 회색-회갈색이다. 구멍은 거칠고 불규칙한 원형-각진형이며 가장자리 쪽이 더 크며 2~4/mm개이다. 자루의 길이는 3~4cm, 굵기는 15~20mm로 털이 덮여 있으며 녹슨 갈색이며 등 쪽으로 가늘어지고 울퉁불퉁하며 중심생이나 때로는 편심생이다. 포자의 크기는 4~6×3~3.5㎛로 광타원형-난형이고 표면은 매끈하며 연한 황색이며 알갱이가 들어 있다.

생태 연중 내내 / 살아 있는 소나무, 전나무, 종비나무 등 침엽수의 뿌리에 기생하여 지상에 나며 심재에 백색부후균을 일으키면서 죽이기도 하며 부근의 잔가지나 낙엽, 풀 등을 감싸면서 자라기도 한다.

분포 한국(백두산), 북반구 온대 이북

말굽진흙버섯

Phellinus setulosus (Lloyd) Imaz.

형태 균모의 폭은 10~15cm, 두께는 6cm 정도에 달한다. 어릴 때는 부정형-혹모양으로 나중에 균모는 낮은 말발굽형-반원상~둥근산모양이 되어 기물에 직접 부착된다. 표면은 회갈색-다갈색이고 뚜렷한 테모양의 골이 있다. 흔히 표면에 다수의 작은 혹모양의 돌출이 생기기도 한다. 살은 두께는 1cm 정도로 다갈색이고 거의 목질이며 보통 불명료한 층이 만들어진다. 자실층의 하면은 진한 갈색으로 관공은 여러 층으로 되고 각 층의 두께는 2~3mm로 다갈색이다. 구멍은 원형이며 4~5/mm개 정도로 미세하다. 포자의 크기는 4.5~6×4~4.5㎛로 아구형-광타원형이다.
생태 연중 내내 / 가시나무류, 조록나무 등 상록활엽수의 죽은 나무 위에 발생하며 백색부후균을 형성
분포 한국(백두산), 중국, 일본, 대만, 동남아시아, 호주, 뉴질랜드

노랑진흙버섯

Phellinus chrysoloma (Fr.) Donk

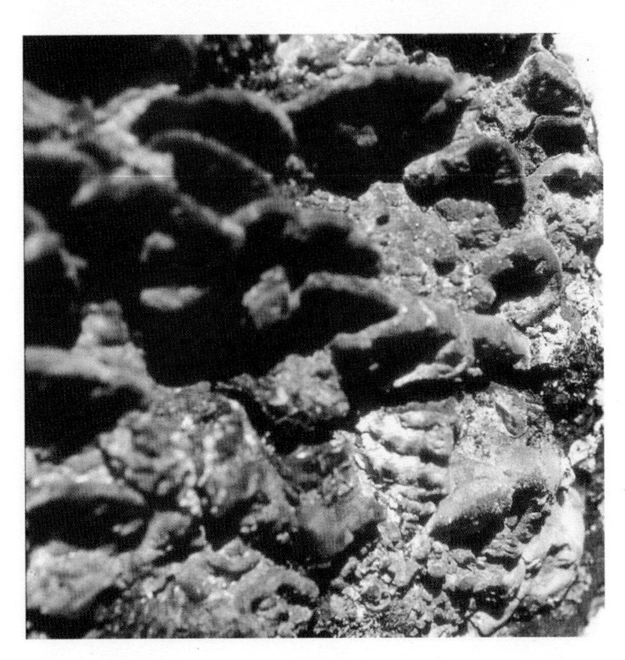

형태 자실체는 선반형으로 1~8cm로 얇고 편평하며 딱딱한 껍질이다. 표면은 오렌지갈색에서 황갈색이지만 가장자리는 연한색이고 고리와 털상의 골이 있다. 가장자리는 예리. 관공의 깊이는 5mm로 밀집된 층이다. 구멍의 지름은 2~5mm, 각진형에서 길게 늘어지며 베이지 황갈색이다. 자루는 없다. 살의 두께는 1~3mm로 황갈색 또는 칙칙한 노란색이다. 포자의 크기는 4.5~5.5×4~5㎛로 아구형이며 표면은 매끈하다. 포자문은 밝은 갈색이다. 강모체가 있다

생태 썩는 나무, 산나무의 줄기에 겹쳐서 부분적으로 융합하여 발생

분포 한국(백두산), 중국, 북아메리카

참고 식용불가

진흙버섯(중국상황)

Phellinus igniarius (L.) Quél.
P. nigricans (Fr.) Karst.

형태 균모의 지름은 10~25cm 간혹 50cm가 넘는 것도 있으며 말굽형, 반원형, 선반형 또는 둥근산모양으로 기물에 직접 부착된다. 표면은 회갈색, 회흑색, 흑색 등이며 고리홈과 종횡으로 균열이 있다. 살의 두께는 2~5mm 정도이며 녹슨 갈색, 코르크질로 질기며 암갈색, 나무질이며 검게 탄화하여 각피가 있는 것처럼 보인다. 하면은 암갈색이고 관공은 다층인데 각층의 두께는 1~5㎜이며 오래된 관은 백색의 2차적 균사로 메워져 있다. 구멍은 가늘고 4~5개/㎜가 있다. 포자의 크기는 5~6×4~5㎛로 아구형이며 표면은 매끄럽고 투명하며 벽이 약간 두껍다. 담자기는 15~20×7~9㎛로 짧은 막대형으로 4-포자성이다. 기부에 꺽쇠가 없다. 낭상체는 없다. 강모체는 10~20×5~9㎛로 불규칙한 송곳형 또는 배불뚝이형으로 자실층에서는 갈색이며 벽이 두껍다.
생태 1년 내내 / 활엽수(자작나무, 오리나무류에 많다)의 고목 줄기에 나는 다년생으로 백색부후균을 형성
분포 한국(백두산), 중국, 전 세계

목질진흙버섯(상황버섯)

Phellinus linteus (Berk. & Curt.) Teng

형태 자실체는 다년생이며 목질이다. 균모는 반원형-약간 말발굽형으로 둥근산모양을 이루며 기물에 직접 부착된다. 전후의 폭은 6~12cm, 좌우 폭은 10~20cm 정도이고 부착된 부분의 두께는 5~10cm 정도의 대형이다. 표면은 처음에는 암갈색의 짧은 털이 밀생하지만 얼마 안 되어 벗겨진다. 흑갈색이고 현저한 테모양의 홈이 있으며 종횡으로 많은 균열이 생겨 거친 모양을 이룬다. 가장자리의 최근 신생부는 선황색이다. 때로는 균모의 표면에 이끼류가 나기도 한다. 하면의 관공은 처음에 선황색에서 황갈색으로 되며 관공은 여러 층으로 되고 각층의 두께는 2~4mm이다. 구멍은 원형이고 미세하다. 포자의 지름은 3~4㎛로 아구형으로 표면은 매끈하며 연한 황갈색이다.

생태 연중 내내 / 뽕나무, 버드나무, 참나무류 등 활엽수의 입목에 침입 기생하여 심재를 부후시키는 백색부후균을 형성

분포 한국(백두산), 중국, 일본, 동남아시아, 호주, 북아메리카

참고 희귀종, 항암성분이 많아 약용

틈진흙버섯

Phellinus rimosus (Berk.) Pilát.

형태 균모의 지름은 6~15㎝로 반구형, 넓은 말굽형으로 딱딱하고 목질이다. 표면은 흑색이고 처음 미세한 융모가 있으나 나중에 밋밋하고 광택이 나며 거북등처럼 된다. 가장자리는 예리하거나 또는 둔형이다. 살은 녹갈색 혹은 옅은 커피색이다. 관공은 균모와 동색이다. 구멍은 작고 원형이며 6~8/mm개로 강모가 있고 기부는 팽대한다. 포자의 지름은 3~4.5㎛로 구형 또는 아구형으로 표면은 황갈색이며 매끈하고 광택이 난다.

생태 다년생 / 백색부후균

분포 한국(백두산), 중국

참고 약용

혹진흙버섯

Phellinus torulosus (Pers.) Bourd. & Galz.

형태 자실체는 목질형으로 자루는 없고 측생 혹은 반평복형이다. 균모의 크기는 5~8×7~16cm, 두께는 8~25mm로 가운데는 편평형이다. 황갈색 또는 짙은 회갈색에서 회흑색으로 변색하며 동심원상의 고리무늬가 있다. 가장자리는 둔형, 생장하면서 팽대하고 부드러운 털이 있고 황갈색이며 나중에 얇게 되며 색은 진하다. 살은 녹슨 갈색에서 커피색으로 된다. 관공은 살과 동색이고 내부는 회색이며 다층이나 층들은 불분명하다. 각층의 두께는 2~3mm로 구멍의 크기는 5~6mm로 원형이며 암색이나 생장하면서 자색으로 되고 벽은 두껍다. 포자의 크기는 4~5×3~4.5㎛로 아구형으로 표면은 매끈하고 광택이 난다. 강모체는 피침형이고 선단은 뾰족하며 20~30×5~6㎛이다.
생태 다년생 / 썩는 고목 또는 썩는 나뭇가지 밑쪽에 단생하며 백색부후균을 형성
분포 한국(백두산)

장수진흙버섯

소나무비늘버섯과 ≫ 진흙버섯속

Phellinus baumii Pilát

형태 자실체의 좌우 폭은 4~10cm, 전후 폭은 3~8cm의 중형으로 다년생으로 자루는 없이 기주에 직접 부착된다. 반원형이며 다소 말발굽형 또는 조개껍질형으로 두께는 기부에 가까운 곳이 4.5cm로 표면은 어릴 때는 미세한 융털모양이고 둔한 계피색에서 회갈색-거의 검은색으로 되고 털이 없어진다. 뚜렷한 테모양으로 골이 생기고 종횡으로 균열이 생긴다. 가장자리는 둔하거나 또는 잘라낸 모양이면서 층모양이 되기도 한다. 살은 연한 황갈색-갈색이고 목질이다. 자실층은 관공상이고 다층으로 황갈색-갈색이다. 구멍은 원형으로 8~10/mm개가 있으며 미세하다. 표면은 연한 갈색-밤갈색-보라색을 띤 암갈색이다. 포자의 크기는 3~3.5×5~6.5㎛로 아구형이며 표면은 매끈하고 연한 갈색이다.
생태 연중 내내 / 활엽수의 줄기 또는 가지에 발생하며 재목의 백색부후균을 일으킴.
분포 한국(백두산), 중국, 일본, 필립핀, 유럽

버들진흙버섯

소나무비늘버섯과 ≫ 진흙버섯속

Phellinus tremulae (Bond.) Bond. & Borisov

형태 자실체는 선반모양에서 말발굽형으로 어릴 때는 결절형이다. 균모의 지름은 5~12cm이고 기질에 대하여 내린형으로 넓게 부착한다. 표면의 위는 밋밋하고 갈라지며 오래되면 세로로 갈라져서 테(띠)를 형성하며 회색에서 흑색으로 된다. 가장자리는 밝고 날카롭다. 관공의 길이는 25mm로 분명한 층상이고 검은 갈색이 부착된 곳은 백색의 대리석 같으며 부서지기 쉽다. 구멍은 둥글고 각진형이며 5~6/mm개로 미세하고 회갈색에서 담백색 또는 흑갈색으로 된다. 육질은 비교적 얇고 두께는 2~5mm로 흑갈색이며 코르크질이다. 포자의 크기는 4.8~5.6×3.5~5㎛로 아구형이며 표면은 매끈하고 벽은 두꺼우며 투명하다. 담자기는 짧은 막대형으로 13~18×8~10×5~6㎛로 4-포자성이다. 꺽쇠는 없다.
생태 연중 내내 / 활엽수에 기생하며 껍질에 선반형으로 단생·군생, 가끔 도드라진-반전모양에서 완전한 배착생인 것도 있으며 백색부후균을 형성
분포 한국(백두산), 유럽, 북아메리카, 아시아

황갈색범부채버섯

Phylloporia spathulata (Hook.) Ryv.
Coltricia cumingii (Berk.) Teng

형태 균모의 폭은 10cm 정도이고 부채꼴-콩팥모양이다. 표면은 황갈색-암갈색이다. 가장자리는 선명한 황색이며 방사상으로 뚜렷한 돌출된 주름이 잡힌다. 짧은 털이 밀포되어 있고 불명료하거나 현저한 테무늬가 있다. 살은 목질이고 매우 단단하며 황갈색이다. 관공은 2~3.5mm 정도로 짧고 처음에 선명한 황색에서 회황갈색으로 된다. 구멍은 미세한 원형이다. 자루의 길이는 8cm 정도, 굵기는 1.3cm이지만 3cm에 달하는 것도 있다. 한쪽 끝에 측생으로 흔히 붙지만 편심생인 것도 있다. 심한 부정형으로 표면은 흔히 편평하고 많은 굴곡이 있다. 황갈색의 짧은 털이 밀포되어 있다. 포자의 크기는 3~3.5㎛로 구형이고 표면은 매끈하다.

생태 연중 내내 / 활엽수 수간이나 근부에 발생

분포 한국(백두산), 중국, 일본, 대만, 필립핀, 호주

검은등층층버섯

Porodaedalea lonicerina (Bond.) Imaz.

형태 균모는 말발굽형-반원형이며 둥근산모양을 이룬다. 폭은 5~8cm, 두께는 2~4cm의 중형이다. 표면은 처음에는 다갈색의 미세한 털이 덮여 있으나 곧 탈락하고 흑갈색-거의 흑색이 된다. 가장자리는 폭이 좁고 황갈색의 테가 있으며 현저한 테모양의 홈선이 나타난다. 하면의 관공층은 암갈색-황갈색이며 균모의 살은 다갈색이고 관공은 여러 층으로 되며 각 층의 두께는 2mm 정도이고 구멍은 5~6/mm개로 미세하다. 포자의 크기는 4~5×3~3.5㎛로 아구형이며 표면은 매끈하고 연한 황갈색이다.

생태 연중 내내 / 활엽수의 고목 또는 병꽃나무속 등에 주로 발생하며 백색부후균을 형성

분포 한국(백두산), 일본, 시베리아

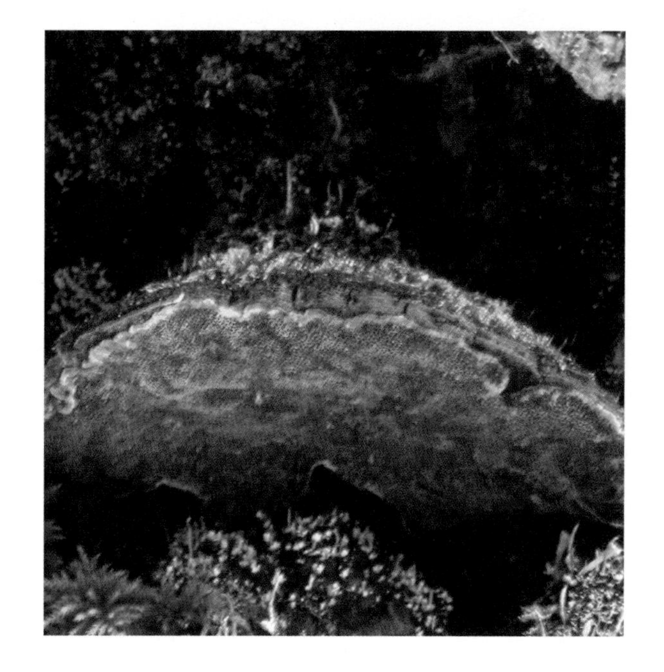

줄잔돌기버섯

Basidioradulum radula (Fr.) Nobles
Hyphoderma radula (Fr.) Donk

형태 자실체는 전체가 배착생으로 처음에는 둥근 반점이 덮개모양으로 기질 표면에서 발생한 것이 서로 합쳐지기도 하면서 수십cm 크기로 퍼진다. 어릴 때 표면은 불규칙하게 결절-사마귀모양의 요철이 생기고 이것들의 길이가 서로 다르고 뭉툭한 거치상을 나타내며 거치는 폭이 5mm 정도 이하이고 높이는 1mm 정도까지 이른다. 이 거치들은 송곳모양, 원통모양 또는 다소 평평한 모양으로 균사가 펴진다. 신선할 때는 유연하고 밀납 같으며 건조하면 단단하고 각질이 된다. 포자의 크기는 8.5~10×3~3.5㎛로 원주형 또는 약간 소시지형이고 표면은 매끈하며 투명하다. 담자기는 20~30×5~6㎛로 원통형에서 막대형으로 4-포자성이다. 기부에 꺽쇠가 있다.
생태 여름~가을 / 서 있는 죽은 나무나 쓰러진 활엽수 또는 드물게 침엽수 줄기나 가지, 오리나무나 전나무, 벚나무 등에 많이 발생
분포 한국(백두산), 유럽, 북아메리카

담자균문
BASIDIOMYCOTA

주름균아문
AGARICOMYCOTINA

주름균강
AGARICOMYCETES

말뚝버섯목

Phallales

용문새주둥이버섯

Lysurus mokusin f. **sinensis** (Lloyd) Kobay.

형태 자실체는 성숙하면 4~5각형의 자루와 그 위에 머리가 돌출하며 머리끝 첨단이 뾰족한 것이 특징이다. 자실체는 새주둥이버섯과 똑같은데 새주둥이버섯과 달리 머리끝이 새주둥이처럼 뾰족하게 돌출되는 특징이 있다. 머리는 홍색-연한 홍색이고 머리의 세로로 줄의 홈이 파인 곳에 점액상의 암갈색 기본체가 부착한다. 자루는 연한 홍색을 띠거나 유백색이다. 포자의 크기는 4~5×2㎛로 타원형이며 표면은 매끈하다.

생태 여름 / 숲속의 땅, 정원, 길가 등에 단생 · 군생

분포 한국(백두산), 중국, 일본, 호주, 북아메리카

끝검은뱀버섯

Mutinus bambusinus (Zoll.) Fisch.

형태 자실체는 알모양에서 한 개의 자루가 길게 뻗어 나오면서 머리 쪽이 가늘어진 뾰족한 모양을 이룬다. 높이는 8~10cm, 굵기는 1cm 정도 전체의 1/3 정도에 해당하는 머리 부분은 진한 홍색이고 그 위에 흑갈색의 점액의 기본체가 덮여 있다. 기본체는 강한 악취가 난다. 포말 같은 1층의 작은 방으로 된다. 자루의 위쪽은 연한 홍색이고 아래쪽으로 색이 옅어지다가 백색으로 되며 속은 비었다. 자루는 스펀지 모양의 많은 작은 구멍이 있고 매우 연약하며 자루의 기부에 유균 때의 알이 찢어져서 주머니모양으로 남아 있다. 포자의 크기는 3.5~4×1.5~1.8㎛로 장타원형이며 표면은 매끈하고 투명하다.

생태 여름~가을 / 비가 온 후에 가을까지 죽림, 밭, 숲속의 풀밭에 단생 · 군생

분포 한국(백두산), 일본, 북반구 일대, 남아메리카, 특히 열대지방

노란말뚝버섯

Phallus costaus (Penz.) Lloyd

형태 어린 버섯은 백색의 난형이며 지름 2.5~3cm로 비가 온 뒤에 난형의 주머니를 뚫고 생장하여 흑록색의 균모와 황색의 자루가 나온다. 균모는 끝에 구멍이 있고 표면은 선황색으로 불규칙하고 작은 그물눈이 있으며 속에 암녹색의 고약한 냄새가 나는 점액물질에 포자액이 붙는다. 자루는 위쪽이 황색이고 기부가 황록색의 원주상이며 속이 균모 꼭대기까지 비어 있다. 포자의 크기는 3.5~4.3×1.5~2㎛로 타원형이며 연한 녹색이다.
생태 여름~가을 / 깊은 산의 활엽수(너도밤나무)의 썩은 나무에 군생하며 활엽수 목재의 2차 분해균
분포 한국(백두산), 중국, 일본, 아시아

붉은말뚝버섯

Phallus rugolosus Lloyd

형태 어린 버섯은 백색-연한 자색의 난형이며 크기는 2.5~3×2cm이다. 균모는 긴 종모양이고 꼭대기는 입이 닫혔다. 표면에는 비단결 같은 주름이 있고 본체는 암적색이고 점액은 암흑 갈색이며 고약한 냄새가 난다. 자루의 높이는 10~15cm, 굵기는 1~1.3cm로 기부는 백색이고 위쪽은 분홍색-암적갈색이다. 포자의 크기는 3.5~4×2~2.5㎛로 타원형이다.
생태 가을 / 숲속, 밭 등의 땅에 단생
분포 한국(백두산), 중국, 일본, 아시아, 대만

담자균문
BASIDIOMYCOTA

주름균아문
AGARICOMYCOTINA

주름균강
AGARICOMYCETES

구멍장이버섯목

Polyporales

그물주름구멍버섯

Antrodia heteromorph (Fr.) Donk

형태 균모는 반원형 또는 선반모양이 된다. 반원형의 경우에 폭은 1~4cm, 두께는 0.5~2cm의 소형이다. 보통 둥근산모양-약간 말발굽형이 되지만 쓰러진 나무의 경우는 가로로 길게 선반모양의 균모를 만든다. 표면은 흰색에서 점차 탁한 황다색을 띠며 거의 털이 없고 방사상으로 주름모양의 미세한 요철과 테모양의 홈선이 있고 평탄하지는 않다. 살은 흰색-황백색 또는 가죽질-코르크질로 두께는 1~2mm이다. 하면의 관공은 흰색이고 길이는 2~10mm이다. 구멍은 부정한 원형, 각진형, 미로상-주걱모양이며 구멍의 입구는 거치상이다. 포자의 크기는 7~11×3~4.5㎛로 장타원형으로 표면은 매끈하고 투명하다.

생태 연중 / 아고산지대에 많으며 침엽수 심재의 갈색부후균을 형성

분포 한국(백두산), 북반구 온대 이북

좀주름구멍버섯

Antrodiella ichnusana Bernicchia, Renvall & Arras

형태 자실체는 일년생으로 분명하게 직립된 완전 배착생으로 매우 얇다. 어릴 때 질기고 건조 시에는 단단하고 부서지기 쉽다. 표면은 털이 나고 백색이며 부드럽다. 관공의 표면은 백색이며 신선하고 어릴 때 크림색에서 노란색을 거쳐 짚색으로 되며 건조 상태에서는 크림색에서 짚색으로 된다. 구멍은 원형으로 어릴 때 깊지 않지만 점차 각진형으로 되며 크기는 다양하고 4~5/mm개로 건조 시 벽들은 종잇장 같이 얇고 구멍의 입구들은 미세한 털이 있다. 관의 길이 0.1mm로 크림색에서 짚색이다. 포자의 크기는 4.5~5.3×2~2.1㎛로 원주형으로 벽은 얇고 표면은 매끈하고 투명하다. 난아미로이드 반응이다. 담자기는 9~12×5~6㎛로 짧은 막대형이고 4-포자성이다. 기부에 꺽쇠가 있다. 강모체는 없다.
생태 여름 / 썩는 고목의 껍질에 배착해 발생
분포 한국(백두산), 유럽

시루버섯

Climacocystis borealis (Fr.) Kotl. & Pouz.
Tyromyces borealis (Fr.) Imaz.

형태 자실체는 좌생 또는 짧은 자루가 있다. 균모는 3~12×3~12cm, 두께는 0.5~3cm로 반원형-부채형이며 중생하고 기부에서 서로 유착한다. 육질은 마르면 섬유질, 가죽질 또는 연골질로 되어 강직하다. 표면은 융모가 밀생하며 백색에서 황갈색-황적색으로 된다. 살은 균모와 동색이다. 자루는 측생 또는 중심생이며 자루가 없는 것도 있다. 구멍은 황색-백색이고 원형인데 나중에 각진형이나 미로상이다. 포자의 크기는 5.5~7×4~7.5㎛로 타원형이이고 표면은 매끈하고 투명하며 과립을 함유한다. 담자기는 18~27×7~8㎛로 가는 막대형이고 4-포자성이다. 기부에 꺽쇠가 있다. 낭상체는 30~50×7~10㎛로 방추형의 배불뚝이형으로 벽이 두껍고 기부에 꺽쇠가 있다.

생태 1년 내내 / 침엽수의 고목, 목재에 나고 심재의 백색부후균을 형성

분포 한국(백두산), 중국, 일본, 시베리아, 유럽, 북아메리카

검은잔나비버섯

잔나비버섯과 ≫ 잔나비버섯속

Fomitopsis nigra (Berk.) Imaz.

형태 균모는 말발굽형-종모둥근산모양으로 기물에 직접 부착되며 때로는 배착생이 되기도 한다. 좌우 폭은 10~15(20)cm, 두께는 5~15cm의 대형이다. 균모는 흑갈색-자흑색이다. 가장자리의 신생부는 약간 밝은 색이다. 표면은 미세한 밀모로 덮여 있기 때문에 만지면 가죽을 만지는 느낌이다. 오래된 부분의 표피는 견고해져서 각피화된다. 표면은 생장과정을 표시하는 테모양의 폭이 넓은 고랑모양의 융기와 현저한 테모양 골이 생기고 완만한 요철이 있다. 가장자리는 두껍고 둔하다. 살은 두께 1~3cm, 섬유질의 코르크질로 암자색이고 동심원상의 테무늬가 나타난다. 하면의 자실층은 흑갈색-거의 흑색이다. 관공은 각 층이고 각 층의 두께는 3~10mm이다. 구멍은 미세하며 5~6/mm개로 구멍의 입구는 평탄하다. 포자의 지름은 4~5㎛로 구형이며 표면은 매끈하고 투명하다.

생태 다년생 / 참나무류나 밤나무 등의 입목, 죽은 나무에 발생하며 갈색부후균을 형성

분포 한국(백두산), 일본, 북아메리카

참고 희귀종

소나무잔나비버섯

Fomitopsis pinicola (Sw.) Karst.

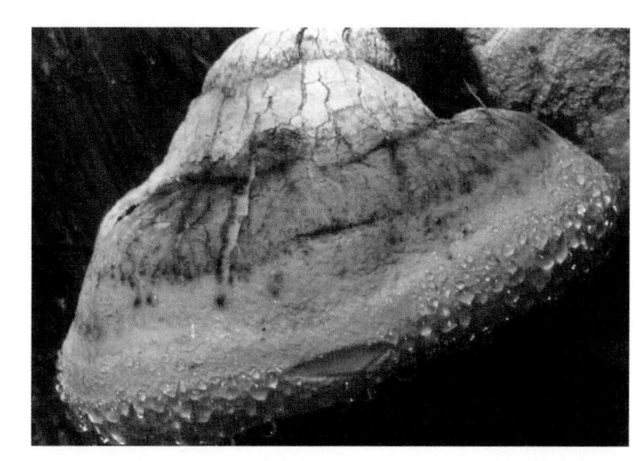

형태 자실체는 다년생으로 백색이며 반구형의 혹모양을 거쳐 반원형이 되고 둥근산모양의 균모가 생겨 지름은 10~50cm, 두께는 20~30cm이다. 균모의 표면은 회흑색-흑색 단단한 각피가 있고 이것을 둘러싼 광택 있는 적갈색 띠가 있다. 가장자리는 황백색이다. 상면(표면)은 생장과정을 나타내는 고리홈이 있으며 살은 단단한 흰 재목색의 나무질이다. 균모의 자실층인 하면은 황백색으로 관공은 다층이고 각층의 두께 2~5mm로 구멍은 미세하며 4~5/mm개가 있다. 포자의 크기는 6~8×4~5㎛로 난형이고 표면은 매끈하고 투명하며 끝에 돌기가 있다. 담자기는 13~24×6~8㎛로 4-포자성이다. 기부에 꺽쇠가 있다. 낭상체는 안 보인다.

생태 1년 내내 / 주로 침엽수의 살아 있는 고목이나 넘어진 나무에 나며 갈색부후균을 형성

분포 한국(백두산), 중국, 일본, 북반구 온대 이북

장미잔나비버섯

Fomitopsis rosea (Albert. & Schwein.) Karst.

형태 자실체는 다년생으로 기물에 직접 붙거나 반배착생하며 균모는 반원형이면서 둥근산모양-약간 말발굽형이고 전후 폭은 1~4cm, 좌우 폭은 2~10cm, 두께는 1~3cm이다. 균모의 표면은 각피상이고 테모양의 홈이 있고 분홍갈색, 회갈색 또는 회흑색으로 거의 털이 없다. 가장자리는 처음에 연한 분홍색을 띤다. 살은 단단한 코르크질로 연한 분홍색이다. 하면의 자실층인 관공은 분홍백색, 분홍자색이고 관공은 다층으로 각층의 두께는 1~3mm이고 구멍은 둥글거나 길죽한 형이며 3~5/mm개이다. 포자의 크기는 6~7×2.5~3㎛로 원주상의 타원형이고 표면은 매끈하고 투명하며 간혹 기름방울이 있다. 담자기는 10~15×4~5.5㎛로 원통형의 배불뚝이형이고 4-포자성이다. 기부에 꺽쇠가 있다. 낭상체는 안 보인다.

생태 연중 내내 / 소나무류 등 주로 침엽수의 죽은 나무 쓰러진 나무, 그루터기, 땅에 묻힌 건축용 자재에서도 발생하며 갈색부후균을 형성

분포 한국(백두산), 중국, 일본, 아시아, 유럽, 북아메리카

참고 흔한 종

미로버섯

잔나비버섯과 ≫ 미로버섯속

Daedalea quricina (L.) Pers.

형태 자실체의 균모는 불규칙한 반원형이다. 갓의 전후 폭은 10~20cm, 좌우 폭은 10~20(30)cm로 부착된 부위의 두께는 3~5cm의 대형이다. 표면은 편평해지나 결절이 있거나 다소 동심원상의 굴곡이 있어서 평평하지는 않으며 연한 갈색-회갈색으로 미세한 눌린 털이 덮여 있다. 가장자리는 날카롭고 어릴 때는 밝은 황토갈색이다. 아래의 자실층면은 미로상의 주름살을 가지고 있으며 베이지색이고 때로는 분홍색를 띤다. 주름살은 1~3cm 정도, 두께는 1.5~2mm, 주름살과 주름살 사이의 간격은 1~2mm이다. 살은 밝은 갈색-커피갈색이며 코르크질이다. 포자의 크기는 5~7×2.5~3.5㎛로 타원형이고 표면은 매끈하고 투명하다.

생태 1년생~다년생 / 참나무류나 밤나무 등 활엽수의 그루터기, 건축물로 사용된 목재, 상처 부위의 썩은 부분 등에 발생하며 목재의 흑색부후를 형성

분포 한국(백두산), 중국, 유럽, 북아메리카, 전 세계

갈색떡버섯

잔나비버섯과 ≫ 떡버섯속

Ischnoderma benzoinum (Wahlenb.) Karst.

형태 자실체의 크기는 40~200×30~15mm로 선반모양 또는 부채형에서 거의 후드모양으로 기질에 부착하며 기질에 좁은 또는 넓은 올린관공이다. 표면은 물결형이고 방사상으로 줄무늬홈선이 있고 주름지며 어릴 때 약간 솜털상이나 나중에 매끈하고 검은 적갈색에서 거의 흑색으로 된다. 가장자리의 띠는 자랄 때 백색으로 예리하고 얇고 물결형이다. 자실층인 하면의 관공은 미세한 구멍이고 백색에서 황토색으로 변하며 신선할 때 손으로 만지면 갈색 얼룩이 생긴다. 구멍은 둥글고 4~6/mm개로 관의 길이는 5~8mm이다. 살(조직)은 밝은 황토색이고 두께는 10~20mm로 즙이 나오며 부드럽고 냄새는 없고 맛은 온화하다. 포자의 크기는 5.5~6×2~2.5㎛로 원통형이며 표면은 매끈하고 투명하다. 담자기는 막대형이며 12~16×4~5㎛이고 기부에 꺽쇠가 있다. 강모체는 없다.

생태 연중 내내 / 고목의 그루터기나 등걸에 중첩하여 단생 · 군생하며 백색부후균을 형성

분포 한국(백두산), 유럽, 북아메리카, 아시아

참고 희귀종

떡버섯

Ischnoderma resinosum (Schrad.) Karst.

형태 균모의 크기는 3~10cm, 굵기는 5~20cm, 두께는 1~2cm로 처음에는 수분이 풍부한 유연한 육질이다가 건조하면 거의 코르크질로 된다. 표면은 얇고 유연한 표피가 덮여 있고 다갈색-흑갈색인데 미세한 밀모가 덮여 있다. 불명료한 테무늬와 방사상으로 얕은 주름살이 나타난다. 살은 재목색-코르크색이다. 자실층인 하면은 처음에는 회백색이고 손으로 누르면 암갈색으로 변하며 또 오래되어도 암갈색이 된다. 관공의 관의 길이는 1~8mm이다. 구멍은 원형이고 미세하여 4~6/mm개이다. 포자의 크기는 5~6×2㎛로 원주형이며 표면은 매끈하고 투명하다.

생태 활엽수나 침엽수의 죽은 나무, 쓰러진 나무 등에 다수 중첩해서 층으로 발생하며 재목의 백색부후균을 형성

분포 한국(백두산), 북반구 온대 이북

참고 어릴 때의 유연한 자실체는 소금물에 담갔다가 식용

덕다리버섯

Laeitoporus sulphureus (Bull.) Murr.
L. versisporus (Llyod) Imazeki

형태 자실체가 붙는 기부는 좁고 자루모양이다. 균모의 크기는 5~20×4~12×0.5~2.5cm로 반원형-부채꼴로 연하다가 단단하다. 균모는 황색-오렌지선황색이나 나중에 퇴색하고 부드러운 털이 있으며 유황색의 띠가 있다. 가장자리는 균모와 같은 색이며 얇고 물결형 또는 얕게 갈라진다. 살은 백색-연한 황색의 육질이며 부서지기 쉽다. 관은 길이는 1~4mm로 유황색이다. 구멍은 각진형-부정형이고 벽은 얇으며 갈라진다. 포자의 크기는 5.5~7×4~5㎛로 난형 또는 아구형이며 표면은 매끄럽고 투명하며 보통 기름방울을 함유한다. 담자기는 10~15×6~7㎛로 짧은 막대형이고 4-포자성이다. 기부에 꺽쇠가 없다. 낭상체는 없다.
생태 연중 내내 / 활엽수 드물게 침엽수의 그루터기나 줄기 위에 중생하며 갈색부후균을 형성
분포 한국(백두산), 중국, 일본, 북반구, 온대 이북
변색형 변색덕다리버섯(L. versisporus) 자실체는 반구상의 혹모양으로 개개의 균모의 폭은 5~15cm, 두께는 1~4cm 정도이며 황색-탁한 흰색에서 차차 탁한 갈색으로 변한다. 내부의 살은 가루모양으로 변하여 후막포자로 살이 조각조각 갈라져서 만들어진다. 포자의 크기는 5~10×8~10㎛이다. 희귀종이다.

변색형 변색덕다리버섯(L. versisporus)

붉은덕다리버섯

Laeitoporus miniatus (Jungh.) Overeem
L. sulphureus var. miniatus (Jungh.) Imaz.

형태 균모는 부채모양-반원형의 큰 균모가 공통의 붙는 곳에서 중생하며 전체가 30~40cm로 균모 1개의 지름은 5~20cm, 두께는 1~2.5cm이다. 표면은 선주색-황주색이고 마르면 백색으로 된다. 살은 부드러운 연어 살색의 육질이나 나중에 단단해지며 부서지기 쉽다. 자실층인 하면의 관공의 관의 길이는 2~10mm이고 구멍은 부정형으로 2~4개/1mm이다. 포자의 크기는 6~8×4~5㎛로 타원형이다.
생태 연중 내내 / 침엽수의 고목이나 생목, 그루터기에 발생하며 갈색부후균을 형성
분포 한국(백두산), 일본, 아시아 열대지방
참고 어릴 때는 식용

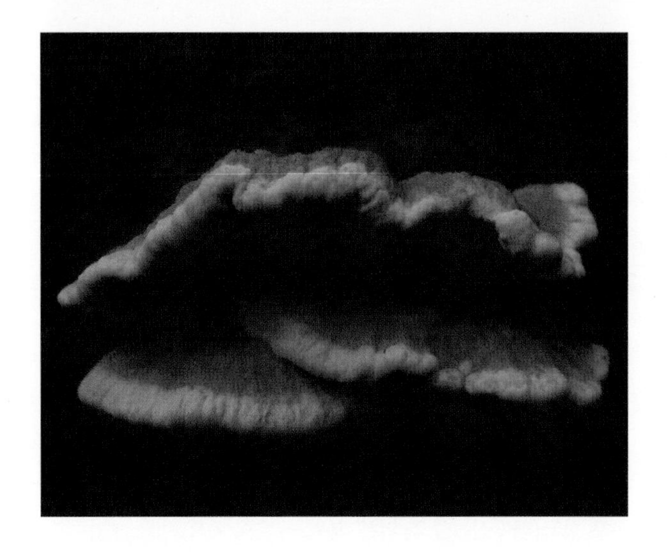

해면버섯

Phaeolus schweinitzii (Fr.) Pat.

형태 균모는 반원형-부채꼴로 자루가 있거나 없으며 두께 0.5~1cm로 큰 집단을 만들어 지름은 20cm~30cm가 된다. 표면은 황갈색에서 적갈색-암갈색으로 되고 비로드 같은 털로 덮이며 희미한 고리무늬를 나타낸다. 살은 질기나 건조하면 부서지기 쉬운 갯솜질로 되고 암갈색이다. 관의 깊이는 2~3mm로 구멍은 불규칙하며 크기는 1~3/mm개가 있다. 포자의 크기는 6~7×4~4.5㎛로 타원형이며 표면은 매끈하고 투명하며 가끔 기름방울을 함유한다. 담자기는 20~28×4.5~6㎛로 원통형의 막대형으로 4-포자성이다. 기부에 꺽쇠가 없다. 낭상체는 50~150×6~15㎛로 불규칙한 막대형이며 자실층에서는 갈색이고 표면은 매끈한 것도 있다.

생태 여름~가을 / 침엽수의 그루터기나 생목의 뿌리에 나며 갈색부후균을 일으키고 목재는 조각조각으로 부서짐.

분포 한국(백두산), 북반구 온대 이북의 침엽수림대

자작나무버섯

Piptoporus betulinus (Bull.) Karst.

형태 자실체는 옆으로 굵고 짧은 자루를 붙이며 수평으로 큰 균모를 편다. 균모의 지름은 10~28cm, 두께는 2~5cm로 콩팥형 또는 편평한 둥근산모양이다. 표면은 얇은 표피가 있고 매끄러우며 담배색으로 표피가 벗겨지고 흰살을 나타낸다. 가장자리는 아래쪽으로 구부러진다. 살은 백색이며 치밀하고 가죽의 감촉이 있다. 자실층인 하면의 관의 길이는 3~10mm로 황백색이며 구멍은 작고 원형으로 3~4개/1mm가 있다. 포자의 크기는 4~5×1.5~2㎛로 원통형이지만 조금 구부러지며 표면은 매끄럽고 어떤 것은 2개의 기름방울을 가진 것도 있다. 담자기는 12~30×4~6㎛로 막대형이고 2~4-포자성이다. 기부에 꺽쇠가 있다. 낭상체는 안 보인다.

생태 연중 내내 / 자작나무의 고목, 살아 있는 나무에 나며 갈색 부후균을 형성

분포 한국(백두산), 중국, 일본, 시베리아, 유럽, 북아메리카

미로자자작나무버섯

잔나비버섯과 ≫ 자작나무버섯속

Piptoporus quercinus (Schrad.) P. Karst.

형태 자실체의 길이는 15cm, 두께는 5cm로 부채모양 또는 둥근 모양으로 기질에서 발생한다. 표면은 처음에 털이 있으나 나중에 탈락하여 매끈해지고 백색에서 갈색으로 되며 혹이 있고 파진 곳도 있다. 살의 두께는 4cm 정도이고 백색이며 단단하다. 관공의 층 두께는 4mm 정도이고 균사조직은 2균사형으로 생식균사는 투명하며 갈색으로 꺽쇠가 있고 분지이다. 벽의 두께는 2.5~5.5㎛로 골격균사의 벽은 두껍고 분지하지 않거나 많이 분지하며 폭은 3~6㎛로 방추형이다. 구멍의 표면은 백색이고 상처 시 검은색으로 되며 노쇠하면 갈색으로 되며 갈라진다. 구멍은 둥글고 2~4/mm개이다. 포자의 크기는 6~8×2.5~3.5㎛로 원주형 또는 방추형이며 표면은 매끈하고 투명하며 벽은 얇다. 담자기는 막대형이고 투명하며 기부에 꺽쇠가 있으며 25~30×7~9㎛이다.

생태 연중 / 고목, 나무 등걸 등에 단생

분포 한국(백두산), 유럽

물렁귀등버섯

잔나비버섯과 ≫ 귀등버섯속

Postia fragilis (Fr.) Jül.
Tyromyces fragilis (Fr.) Donk

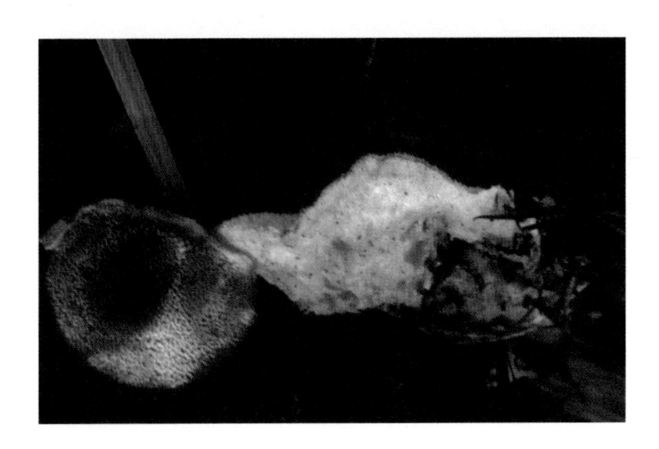

형태 자실체의 지름은 2~6cm, 두께는 5~10mm로 반 도가머리에서 도가머리형, 선반형에서 부채형으로 되며 기주에 2~3cm의 돌기가 있다. 표면은 얕은 물결형-결절형으로 방사상의 섬유실과 미세한 털이 있다. 테(띠)는 있는 것도 있고 없는 것도 있으며 노랑-황토색에서 오렌지갈색으로 된다. 가장자리는 물결형이고 백색에서 황토색으로 되며 다소 예리하다. 살은 백색이고 두께는 2~8mm로 즙이 나오고 섬유상으로 탄력성이 있으며 냄새는 없고 맛은 온화하다. 관공의 길이는 2~5mm로 관공의 층은 기주에 대하여 내린관공이다. 구멍은 백색이고 손으로 만지면 갈색의 얼룩이 생기고 각진형에서 미로형으로 되며 2~4/mm개이다. 포자의 크기는 4.5~6×1.5~2㎛이고 원주형 또는 소시지형이고 표면은 매끈하고 투명하며 기름방울을 함유한다. 담자기는 원주형에서 막대형이며 15~25×4~5.5㎛로 4-포자성이다. 기부에 꺽쇠가 있다.

생태 여름~가을 / 소나무 등의 죽은 고목에 중첩하여 군생

분포 한국(백두산)

푸른귀등버섯

Postia caesius (Schrad.) P. Karst.
Oligoporus caesius (Schrad.) Gilb. & Ryv.

형태 자실체의 폭은 1~6cm, 굵기는 0.5~2cm, 두께는 0.5~2cm로 반원형이면서 둥근산모양-낮은 말굽형이고 기주에 직접 부착한다. 전체적으로 흰색에서 점차 푸른색을 띠지만 나중에는 더러워진 황갈색-회황색을 띠게 된다. 표면에는 짧은 밀모가 덮여 있어서 밋밋하지 않다. 살은 신선할 때는 유연한 육질이고 건조하게 되면 부서지기 쉬운 코르크질이 된다. 자실층인 하면의 관공은 처음에는 흰색에서 점차 청남색으로 된다. 관의 길이는 2~10mm로 구멍은 원형이며 가장자리가 찢어져서 이빨모양이 되기 쉬우며 3~4/mm개가 있다. 포자의 크기는 4.5~5.5×1.5~1.7㎛로 원주상의 타원형 또는 소시지형이며 표면은 매끈하고 투명하며 기름방울이 있다. 담자기는 10~13×5~6㎛로 원통형의 막대형이고 4-포자성으로 기부에 있으며 간혹 2개인 것도 있다. 낭상체는 없다.
생태 보통 침엽수는 드물게 활엽수의 죽은 나무나 용재에 발생하며 재목의 갈색부후균을 형성
분포 한국(백두산), 북반구 일대

고랑귓등버섯

Postia ptychogaster (F. Ludw.) Vesterh.
Oligoporus ptychogaster (F. Ludw.) Pilát

형태 자실체는 불완전 단계로 연중, 기주에 배착생이다. 신선할 때 유연하고 건조 시에 부서지기 쉽다. 자실체의 높이는 4cm, 폭은 2cm로 표면은 백색이고 둥근산모양에서 편평형으로 되며 띠는 없고 미세한 가루가 있다. 구멍의 표면은 처음에 백색에서 연한 크림색으로 되며 각진형으로 보통 3~4/mm개가 있고 깊이 4mm이다. 관공의 층은 백색이고 육질도 백색이며 유연하고 솜털상이다. 불완전 단계는 자실체를 나타내고 방석모양으로 백색이며 후막포자의 갈색덩어리가 있고 지름은 2~4cm이다. 포자의 크기는 4.5~5.5×2~3㎛로 타원형이며 표면은 매끈하고 포자벽은 얇으며 투명하다. 난아미로이드 반응이다. 후막포자의 크기는 5~10×3.5~7㎛로 타원형, 장방형 등 흔히 끝이 잘린 형태다. 난아미로이드 반응이다. 담자기는 막대형이고 4-포자성으로 16~25×4~6㎛로 기부에 꺽쇠가 있다.
생태 연중 / 죽은 침엽수의 발생하며 갈색부후균을 형성
분포 한국(백두산), 유럽

젖색귓등버섯

Postia tephroleuca (Fr.) Jül.
Oligoporus tephroleucus (Fr.) Gilb. & Ryv.

형태 자실체는 대가 없이 기물에 직접 부착된다. 균모의 폭은 2~8cm, 두께는 0.5~2.5cm로 반원형이면서 둥근산모양이고 약간 두껍다. 표면은 흰색에서 약간 황색, 거의 털이 없고 테무늬도 없다. 살은 흰색이고 유연한 육질이며 건조하면 가볍고 부서지기 쉬우며 두께는 1~2mm이다. 자실층인 하면의 관공 벽은 얇고 흰색 또는 약간 황색을 띠고 맛은 온화하다. 구멍은 원형-부정원형으로 4~5/mm개가 있고 구멍의 끝은 평탄하지가 않다. 포자의 크기는 4~5×1~1.5㎛로 소시지형이며 표면은 매끈하고 투명하다. 담자기는 10~20×3~5㎛로 원통형의 막대형이고 4-포자성이다. 기부에 꺽쇠가 있다. 낭상체는 없다.
생태 각종 활엽수 및 침엽수의 죽은 나무에 발생하여 갈색부후균을 형성
분포 한국(백두산), 전 세계
참고 표고 골목의 해균으로 비슷한 손등버섯속은 흔히 쓴맛이 많다.

검은민불로초

불로초과 ≫ 민불로초속

Amauroderma nigrum Rick

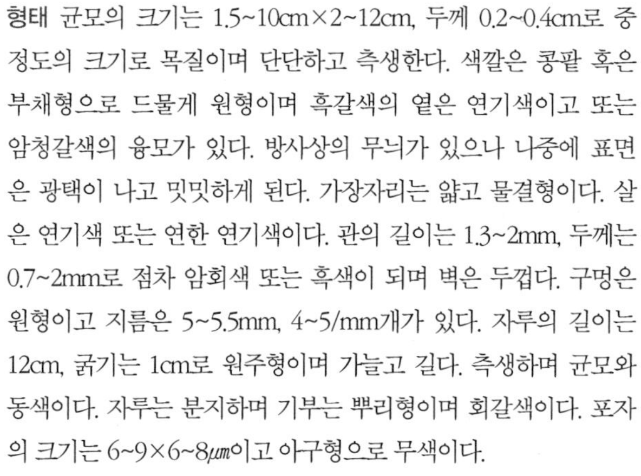

형태 균모의 크기는 1.5~10cm×2~12cm, 두께 0.2~0.4cm로 중정도의 크기로 목질이며 단단하고 측생한다. 색깔은 콩팥 혹은 부채형으로 드물게 원형이며 흑갈색의 옅은 연기색이고 또는 암청갈색의 융모가 있다. 방사상의 무늬가 있으나 나중에 표면은 광택이 나고 밋밋하게 된다. 가장자리는 얇고 물결형이다. 살은 연기색 또는 연한 연기색이다. 관의 길이는 1.3~2mm, 두께는 0.7~2mm로 점차 암회색 또는 흑색이 되며 벽은 두껍다. 구멍은 원형이고 지름은 5~5.5mm, 4~5/mm개가 있다. 자루의 길이는 12cm, 굵기는 1cm로 원주형이며 가늘고 길다. 측생하며 균모와 동색이다. 자루는 분지하며 기부는 뿌리형이며 회갈색이다. 포자의 크기는 6~9×6~8㎛이고 아구형으로 무색이다.

생태 일년생 / 살아 있는 나무 고목에 단생

분포 한국(백두산), 중국

잔나비불로초

Ganoderma applanatum (Pers.) Pat.
Elfvingia applanata (Pers.) Karst.

형태 균모는 반원형 또는 낮은 산모양이며 높이는 30~40cm로 말굽형-종모양으로 된다. 표면은 각피로 덮이고 회백색-회갈색이고 코코아 가루 같은 포자가 싸여 코코아색을 나타낸다. 살은 초콜릿색이고 두께는 1~5cm로 펠트상의 코르크질이다. 자실층인 하면의 관공은 황백색-백색인데 만지면 암갈색으로 된다. 관공은 다층이며 각층의 두께는 0.5~2cm이다. 구멍은 미세하고 노란색에서 거의 검은색으로 된다. 포자의 크기는 8~9×5~6㎛로 광타원형, 잘린모양이고 밝은 갈색으로 잘린 끝에 투명한 발아공이 있다. 불분명한 불규칙한 사마귀점이 잇다. 대체로 불로초형의 포자다. 담자기는 11~15×5~8㎛로 배불뚝이형이며 4-포자성이다. 기부에 꺽쇠가 없다. 낭상체는 없다.
생태 다년생 / 구멍장이버섯으로 큰 것은 나비 50cm가 넘는 것도 있으며 활엽수림의 고목에 발생해 백색부후균을 형성
분포 한국(백두산), 중국, 일본, 전 세계

풍선불로초

Ganoderma gibbosum (Blume & Nees) Pat.

형태 균모의 지름은 4~10cm, 두께는 2cm로 반원형 혹은 거의 부채형이다. 표면은 녹갈색-황토색이고 동심원상이며 표피는 습기가 있을 때 광택이 나고 나중에 거북등처럼 갈라진다. 가장자리는 둔형이다. 살은 갈색 혹은 진한 종려나무 갈색, 두께는 좌우 1cm 정도이다. 관공은 진한 갈색이고 길이는 0.5cm 정도이다. 구멍은 오백색 혹은 갈색이며 거의 원형으로 4~5/mm개이다. 자루의 길이는 4~8cm, 폭은 1~3.5cm로 짧고 거칠며 균모와 동색이며 측생한다. 포자의 크기는 6.9~8.9×5~5.2㎛로 난원형 혹은 타원형이고 연한 갈색으로 벽 아래 내벽은 작은 침이 있고 꼭대기는 편평하다.

생태 다년생 / 산 나무에 발생

분포 한국(백두산), 중국

불로초(영지버섯)

Ganoderma lucidum (Curt.) Karst.

형태 자실체가 옻칠을 한 것처럼 광택이 나는 버섯으로 균모는 콩팥형 또는 원형이고 지름은 5~15cm, 두께는 1~1.5cm로 자루는 중심생 또는 측생이다. 표면은 각피로 덮이고 적자갈색이며 동심원상의 얕은 고리홈이 있다. 살은 코르크질로 상하 2층으로 되고 상층은 백색이고 구멍에 가까운 부분은 계피색이다. 하면의 관공은 황백색이며 관공은 1층이며 길이는 5~10mm로 계피색이고 구멍은 둥글다. 자루의 길이는 3~15cm, 굵기는 5~10cm로 적흑갈색이며 구부러져 있다. 포자의 크기는 9~11×5.5~7㎛로 난형이고 2중막으로 되고 내막은 연한 갈색이다.
생태 1년 내내 / 활엽수림과 뿌리 밑동이나 그루터기에 발생
분포 한국(백두산), 중국, 일본, 북반구 일대
참고 약용 재배

골불로초

Ganoderma valesiacum Boud.

형태 자실체는 일반적으로 중대형으로 목질이다. 균모의 크기는 5~7×4~9cm, 두께는 0.5~1cm로 반원형이나 거의 원형으로 불규칙한 모양이다. 표면은 자갈색에서 흑갈색이고 옻칠한 것과 같은 광택이 나고 동심원상의 고리가 있으며 방사상의 줄무늬선이 있다. 표피는 살과 쉽게 분리된다. 가장자리는 둔원형이다. 살은 분리되어 상부는 백색이며 아래쪽은 관공과 동색이다. 관공은 갈색-진한 갈색으로 길이는 0.7cm이고 관벽은 비교적 두껍다. 구멍은 4~5/mm개로 연한 갈색-밤갈색이다. 포자의 크기는 9.5~12×6~6.9㎛로 난원형으로 끝은 원형 또는 잘린 형태이며 표면은 매끈하고 거칠며 연한 갈색이다.
생태 일년생 / 썩는 고목에 군생하고 백색부후균을 형성
분포 한국(백두산), 일본

거친껍질불로초

Trachyderma tsunodae (Yasuda ex Lloyd) Imaz.

형태 자실체의 지름은 4.5~25cm, 두께는 1.5~3.5cm로 반원형 혹은 기부가 좁은 부채형으로 혀모양이다. 표면은 그물꼴이고 입상의 볼록형으로 방사상의 줄무늬가 있으며 토갈색 혹은 종려나무 황색-커피색이다. 가장자리는 얇고 색은 옅다. 자루가 없다. 살은 오백색, 간혹 육질로 단단하다. 관공은 기주에 대하여 홈파진관공으로 관면은 오백색-오갈색이며 구멍은 소형이다. 포자의 크기는 16.5~24×14~16.5㎛로 난원형 혹은 광타원형이며 옅은 황색이고 꼭대기는 둔 원형, 외벽은 두껍고 내벽은 침이 있다.
생태 활엽수림에 목재에 발생하며 백색부후균을 형성
분포 한국(백두산), 중국

잎새버섯

Grifola frondosa (Dicks.) S. F. Gray
G. albicans Imaz.

형태 자실체는 무수히 분지한 자루와 가지 끝에 다량의 균모 집단으로 되며 전체 지름은 30cm 이상의 버섯인데 무게가 3kg 이상 되는 것도 있다. 균모는 부채모양-주걱모양, 반원형 등이고 폭은 2~5cm, 두께는 2~4mm로 연한 육질이다. 표면은 흑색에서 흑갈색-회색으로 방사상의 섬유무늬가 있다. 살은 희다. 하면의 관은 백색이며 구멍은 원형-부정형이다. 자루는 백색이고 속은 차 있다. 포자의 크기는 5.5~9×3.5~5㎛로 난형-타원형이며 표면은 매끈하고 투명하며 기름방울을 가지고 잇는 것도 있다. 담자기는 20~25×6~8㎛로 막대형이고 4-포자성이다. 기부에 꺽쇠가 없다. 낭상체는 없다.

생태 여름~가을 / 활엽수 노목의 밑동에 발생하며 특히 물참나무의 심재를 썩히는 백색부후균을 형성

분포 한국(백두산), 중국, 일본, 북반구 온대 이북

참고 식용, 재배가능

황색각목버섯

Rigidoporus ulmarius (Sow.) Imaz.

형태 자실체는 선반형으로 지름은 12~50cm, 폭은 6~15cm, 두께는 4~8cm로 단단한 목질이다. 표면은 혹이 있고 동심원상의 융기상이 있으며 백색에서 황토색으로 되지만, 오래되면 오갈색으로 된다. 관공의 각 층의 길이는 1~5mm이고 어릴 때 핑크색에서 오렌지색으로 되며 오래되면 갈색이다. 각층은 백색 살의 얇은 띠에 의하여 분리된다. 구멍은 5~8/mm개이고 적색의 오렌지색이 변색하여 진흙-핑크색 또는 황갈색으로 된다. 포자의 지름은 6×7.5㎛로 구형이며 연한 노란색이다.

생태 일년 내내 / 낙엽활엽수의 등걸의 기부에 발생

분포 한국(백두산), 중국

참고 흔한 종

물결각목버섯

Rigidoporus undatus (Pers.) Donk

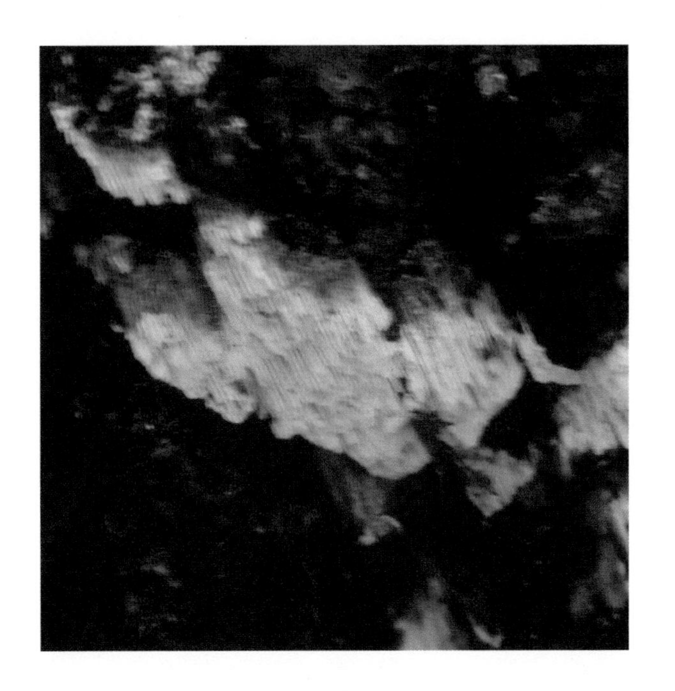

형태 자실체는 배착생으로 폭이 넓고 신선할 때 질기고 건조 시는 단단하고 치밀하다. 가장자리는 얇다. 구멍은 황색의 베이지색이며 건조 시 검은색이고 둥글고 각진형으로 7~9/mm개로 조밀하고 매우 얇다. 관공 층은 베이지색이고 두께 3mm로 균사 조직은 일핵균사와 일반균사로 되며 간단한 격막이 있다. 벽은 두껍고 강하게 뭉치고 폭은 2.5㎛이다. 포자의 지름은 5~6㎛로 구형이며 표면은 매끈하고 투명하며 포자벽은 얇다. 담자기는 14~18×6~8㎛로 막대형이며 간단한 격막으로 된다. 낭상체는 막대형으로 벽은 두껍고 조직에 묻히며 폭은 4~8㎛이다.

생태 연중 / 고목에 배착생

분포 한국(백두산), 중국

적갈색유관버섯

Abortiporus biennis (Bull.) Sing.

형태 균모의 지름은 3~10㎝로 술잔, 부채빗살형, 반원형이며 서로 유착한다. 표면은 백색-암황갈색으로 건조하면 적갈색으로 되고 연한 털과 고리무늬가 있고 줄무늬홈선이 있다. 가장자리는 연한 색이고 뒤집힌다. 살은 2층이며 상층은 섬유상이고 갯솜질이며 하층은 가죽질이고 재목색이다. 자루의 길이는 1~5㎝로 중심생, 측생이든지 없거나 있어도 부정형이며 녹슨색으로 어린 털이 있다. 자실층은 백색에서 살색으로 되며 미로상이다. 포자는 담자포자와 후막포자가 있는데 담자포자의 크기는 5~7.5×3~5㎛로 타원형이며 표면은 매끄럽고 투명하며 벽은 두껍고 기름방울을 가지고 있다. 후막포자는 3~5×3~4.5㎛로 아구형이며 벽은 두껍고 기름방울을 함유한다. 담자기는 17~34×4.5~6㎛로 가는 막대형이고 4-포자성이다. 기부에 꺽쇠가 있다.

생태 1년 내내 / 그루터기나 뿌리, 땅에 묻힌 나무에 발생

분포 한국(백두산), 중국, 일본, 대만, 유럽, 북아메리카, 호주

흰둘레줄버섯

Bjerkandera fumosa (Pers.) Karst.

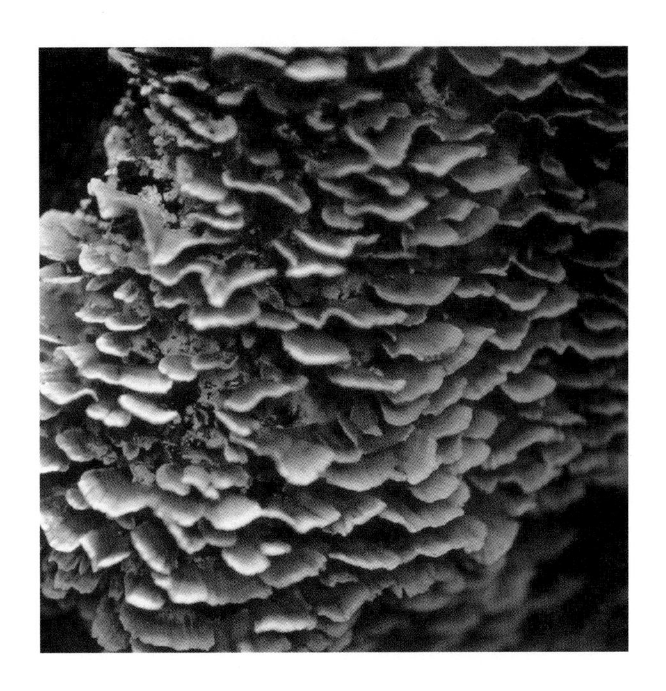

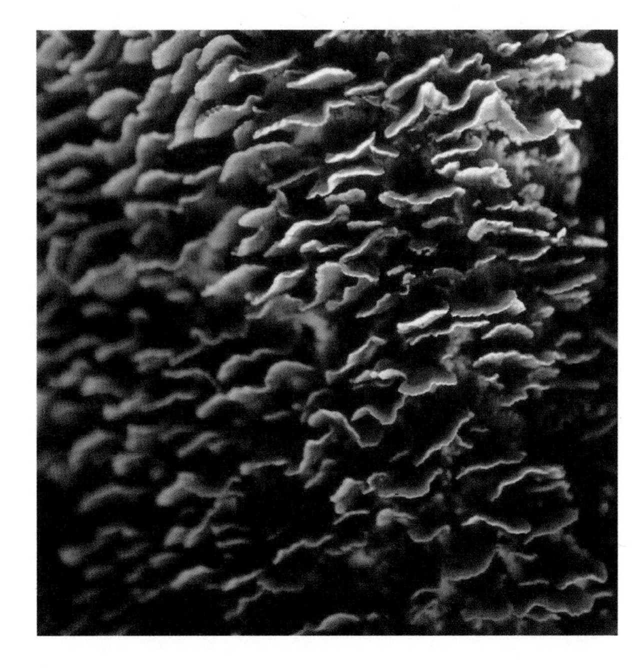

형태 자실체는 불규칙한 반원형으로 기질에 직접 부착된다. 흔히 줄을 지어 나거나 연접된 균모가 기와꼴로 융합되거나 중첩해서 층상으로 난다. 전후 폭은 8cm, 좌우 폭은 10~15cm로 부착된 부분의 두께는 2~3cm 정도이다. 표면은 평탄하고 평활하며 다소 굴곡이 져 있다. 미세한 털이 덮여 있고 흡습성이며 때로는 동심원상의 테무늬가 있다. 색깔은 백갈색, 황갈색, 다갈색 등이며 만지면 갈색으로 변색한다. 가장자리는 어릴 때는 둔하나 나중에 날카롭다. 하면의 관공은 흰색-크림색으로 오래되면 회색을 띠며 손으로 만지면 갈색으로 변색한다. 구멍은 원형-각형이고 2~4/mm개이고 길이는 4mm까지 달한다. 절단해 보면 중간에 얇은 암갈색 선이 나타난다. 포자의 크기는 5~6.5×2.5~3.5㎛로 타원형이며 표면은 매끈하고 투명하다.

생태 봄~가을 / 버드나무, 포플러, 물푸레나무, 참나무류 등의 그루터기, 죽은 나무 및 살아 있는 입목의 상처부 등에 발생하며 재목의 백색부후균을 형성

분포 한국(백두산), 중국, 일본, 유럽, 북아메리카

참고 희귀종

갈무른구멍장이버섯

Gloeoporus taxicola (Pers.) Gilb. & Ryv.
Meruliopsis taxicola (Pers.) Bond. & Sing.

형태 자실체의 전체는 배착생이며 흔히 수㎝의 막질로 퍼진다. 두께는 1~3mm로 기질에 단단하게 붙어 있다. 표면은 쭈글쭈글 주름이 잡히고 불규칙한 관공이 안쪽으로 형성된다. 구멍은 불규칙한 원형으로 2~4/mm개이며 어릴 때는 오렌지황토색이고 후에는 오렌지적갈색-암적갈색이며 색깔은 늘 밝은 색이다. 가끔 동심원상의 띠모양이 형성된다. 가장자리는 유백색으로 비로드상이며 경계가 뚜렷하다. 관공의 길이는 1mm 정도이다. 포자의 크기는 3~4.5×1.5㎛로 원주형-소시지형이고 표면은 매끈하고 투명하며 2개의 방울이 있다. 담자기는 원통-막대형이고 20~35×3~5㎛이다. 낭상체는 약간 송곳형으로 12~20×2.5~3㎛이다.
생태 여름~가을 / 연중 소나무 등 침엽수 목재의 수피가 있거나 없는 것에 발생하며 주로 작은 가지에 나는데, 입목의 고사지나 땅에 떨어진 소나무 같은 껍질에 배착생
분포 한국(백두산), 중국, 유럽, 북아메리카

아교버섯

Merulius tremellosus Schrad.
Phlebia tremellosa (Schrad.) Nakasone & Burds.

형태 자실체는 반배착생이며 선반모양-반원형의 균모를 길게 형성한다. 균모는 2~8×1~3cm, 두께 2~3mm 정도이다. 표면은 흰색-분홍색의 황백색으로 부드러운 털이 덮여 있다. 하면의 자실층은 불규칙한 주름이 종횡으로 심하게 잡혀 있어서 얕은 각진형의 주름구멍을 형성한다. 생육중에는 연한 황-오렌지분홍색이나 오래되면 오렌지갈색을 띤다. 살은 말랑말랑하고 유연하며 건조할 때는 연골질로 된다. 포자의 크기는 3.5~4×1~1.5㎛로 원주형-소시지형이고 표면은 매끈하고 투명하며 어떤 것은 기름방울이 들어 있다. 담자기는 55~80×6~12㎛로 가는 막대형으로 4-포자성이고 기부에 꺽쇠가 있다.
생태 가을~초겨울 / 활엽수나 침엽수의 썩은 나무나 등치 등의 지면 쪽으로 발생하며 재목에 백색부후균을 형성
분포 한국(백두산), 북반구 일대
참고 흔한 종

젖은송곳버섯

Mycoacia uda (Fr.) Donk

형태 자실체 전체가 배착생이며 기질에 유착되어 수cm로 드물게는 수십cm까지 퍼진다. 표면은 얇은 밀납질의 기질층과 침모양이 무수히 돌출된 얇은 자실층으로 된다. 유황색-황토색이고 침의 길이는 1~2mm로 1개씩 형성되며 가끔 침의 밑 부분이 융합되기도 한다. 침의 끝은 밋밋하거나 드물게 꽃술모양이 되기도 한다. 가장자리 부분은 다소 연한 색이고 침은 작으며 꽃술모양이 되거나 분상이 되기도 한다. 포자의 크기는 5~6×2~3㎛로 난형이고 표면은 매끈하고 투명하다. 담자기는 15~20×4~5㎛로 가는 막대형으로 4-포자성이다. 낭상체는 20~25×4㎛로 방추형이다.

생태 연중 내내 / 땅에 쓰러진 활엽수의 땅 쪽 방향으로 발생

분포 한국(백두산), 일본, 유럽, 북아메리카

침버섯

Mycoleptodonoides aitchisonii (Berk.) Mass Geest.

형태 균모는 부채꼴-주걱형인데 밑동 쪽은 좁아진다. 여러 개가 중첩해서 나는데 크기는 3~8×3~10cm 정도이다. 표면은 털이 없이 밋밋하며 백색 또는 약간 황색이다. 가장자리는 얇고 고르거나 또는 이빨모양으로 된다. 살은 흡수성이고 유연한 육질이고 건조하면 단단하고 백색이며 두께는 2~5mm이다. 자실층의 하면은 이빨모양으로 밀생하고 침은 끝이 날카롭고 길이 3~10mm로 백색으로 건조하면 연한 황색-진한 오렌지황색이다. 자루는 없다. 포자의 크기는 2~2.5×5~6.5㎛로 소시지형으로 표면은 매끈하고 투명하다.

생태 주로 고로쇠나무, 너도밤나무, 참나무류 등 활엽수의 고목 수간에 중첩해서 군생하며 백색부후균을 형성

분포 한국(백두산), 일본, 카시미르

째진흰컵버섯

Cotylidia diaphana (Schwein.) Lentz

형태 자실체의 높이는 2~4cm, 지름은 1~4cm 정도이다. 전체가 백색에서 크림색으로 되며 심한 깔때기형으로 특히 밑으로 깊이 들어가서 파열된다. 하면의 자실층은 백색이다. 표면은 얇고 질기고 휘어지기 쉬우며 줄무늬선이 있으며 희미한 테무늬가 있다. 가끔 가장자리는 톱날 형이고 찢어지며 얇고 약간 톱니모양이다. 살은 1mm 이하로 가죽질이다. 주름살은 자루에 대하여 내린 주름살이고 방사상으로 부채살처럼 되며 백색이다. 자루의 길이는 1~3cm, 굵기는 1~3mm로 원주형이고 중심생 또는 약간 편심생으로 얇고 백색이며 밋밋하고 단단하며 기부에 부드러운 털이 있다. 포자의 크기는 5~8×3~5㎛로 타원형 표면은 매끈하고 투명하다.

생태 여름~가을 / 임내 지상에 단생 또는 가끔 군생

분포 한국(백두산), 중국, 일본, 유럽, 북아메리카

장미자색구멍버섯

Abundisporus roseoalbus (Jungh.) Ryv.
Roseofomes subflexibilis (Berk.) Aoshi.

형태 자실체는 대가 없고 반배착생으로 반원형이며 둥근산모양-쐐기형으로 된다. 표면은 연한 회갈색에서 암자갈색-회흑색으로 된다. 다년생일 경우 테모양으로 줄무늬홈선이 현저하다. 살은 암자갈색-진한 초콜릿색으로 가벼운 코르크질이다. 관공은 회백색에서 암자갈색-진한 초콜릿색으로 된다. 포자의 크기는 4~5×2.5~3.5㎛로 타원형이고 표면은 매끈하며 연한 자갈색이다.

생태 1년생 · 다년생(2~3년) / 활엽수의 죽은 가지, 낙지 등에 반배착 발생

분포 한국(백두산), 일본, 남아메리카, 호주

털구름버섯

Cerrena unicolor (Fr.) Murr.
Coriolus unicolor (Bull.) Pat.

형태 자실체의 가장자리에 균사가 재생하며 2년차 생장을 한다. 좌생 또는 반배착생이며 중생한다. 균모는 좌우 폭이 0.5~5×2~8㎝, 두께는 2~5mm로 반원형, 부채형, 조개껍질모양이고 가죽질이다. 표면은 백색, 회색, 연한 갈색으로 말무리가 착생하여 녹색이고 긴 유모와 강모가 있고 고리무늬 또는 고리홈선이 있다. 살은 백색이다. 관은 길이는 1~4mm로 백회색-다갈색으로 미로상이나 침이 생기고 가장자리는 물결모양이다. 포자의 크기는 4~6×3~4㎛로 난형이며 표면은 매끈하고 투명하다. 담자기는 18~25×5~6㎛로 막대형이며 4-포자성이다. 낭상체는 없다.
생태 1년 내내 / 활엽수의 고목과 재목상에 백색부후균을 형성
분포 한국(백두산), 아시아, 유럽, 북아메리카

도장버섯

Daedaleopsis confragosa (Bolt.) Schröt.
Trametes rubescens (Alb. & Schwein.) Fr.

형태 균모는 반원형 또는 편평한데 크기는 2~8×1~5cm, 두께는 0.5~1cm 정도로 표면은 얇은 껍질로 덮이고 털이 없으며 나무색-다갈색이고 방사상의 주름과 고리홈이 있다. 살은 연한 재목색으로 가죽모양의 코르크질이다. 균모의 하면의 관은 깊이가 0.2~0.5cm로 균모와 같은 색에서 암회색으로 된다. 구멍의 모양은 부정형이고 방사상으로 긴 벌집모양 또는 주름살모양이며 구멍의 가장자리는 톱니상이다. 포자의 크기는 6~7.5×1.5~2㎛로 장타원형-곱창형이며 표면은 매끄럽고 투명하며 가끔 기름방울을 가진 것도 있다. 담자기는 18~22×3.5~5㎛로 가는 막대형이며 4-포자성이다. 기부에 꺽쇠가 있다. 낭상체는 없다.
생태 1년 내내 / 활엽수의 고목에 군생하고 백색부후균을 형성
분포 한국(백두산), 일본, 전 세계

일본도장버섯

Daedaleopsis nipponica Imaz.
D. purpurea (Cooke) Imaz. & Aoshi.

형태 균모의 크기는 4~19×3~6mm, 두께는 0.5~3cm로 반원형, 편평형 또는 둥근산모양이다. 표면은 비로드모양의 가는 털이 있고 흑색, 녹슨 다색, 자갈색 등으로 된 고리무늬와 뚜렷한 홈선의 무늬가 있다. 살은 코르크질이며 연한 계피색-재목색이다. 관공의 깊이는 0.5~2cm이고 벽은 살과 같은 색이며 구멍은 원형-다각형이다. 가장자리는 톱니모양이고 그을린 색이다. 포자의 크기는 5.5~8×2~2.5㎛로 원주형으로 표면은 매끄럽다.
생태 1년 내내 / 활엽수의 고목에 군생하고 백색부후균을 형성
분포 한국(백두산), 일본, 중국, 히말라야

말굽버섯

Fomes formentarius (L.) Fr.

형태 다년생의 구멍장이버섯이며 균모는 말굽모양-종형-둥근 산모양이며 대소 2형이 있다. 대형은 지름이 20~50cm, 두께는 10~20cm이며 소형은 종형이고 지름은 3~5cm 정도이다. 표면은 각피로 덮이며 회색-황갈색으로 동심상의 흑갈색 모양과 고리홈이 있다. 살은 황갈색의 펠트질이다. 균모의 하면은 회백색으로 관은 다층이고 각층의 두께는 0.5~2cm로 구멍은 원형이며 크기는 3/mm개 정도이다. 포자의 크기는 16~18×5~6㎛로 타원형이며 표면은 매끈하고 투명하다. 담자기는 20~30×7~10㎛로 막대형이고 4-포자성이다. 기부에 꺽쇠가 없다. 낭상체는 없다.
생태 1년 내내 / 활엽수의 고목이나 생목에 나며 백색부후균을 형성
분포 한국(백두산), 중국, 일본, 북반구 온대 이북

반달버섯

Hapalopilus rutilans (Pers.) Karst.

형태 자실체는 반원형-콩팥형으로 기물에 넓게 부착되며 전후 폭은 1.5~8cm, 좌우 폭은 2~12cm, 두께는 1~3cm 정도이다. 가장자리는 다소 예리하며 윗표면은 약간 둥근산모양이고 대체로 밋밋하지만 때로는 약간 물결모양이나 결절형인 것도 있다. 약간 털이 있거나 밀모가 피복되기도 한다. 계피갈색-황토갈색이다. 살은 섬유상이며 스펀지형의 코르크질이고 질기다. 하면의 관공층 두께는 4~10mm이고 황갈색-계피색이다. 구멍은 원형, 각형 또는 장방형이며 2~4/mm개가 있다. 포자의 크기는 4~5.5×2~3㎛로 타원상의 난형이다. 표면은 매끈하고 투명하며 기름방울이 들어 있다.

생태 여름~가을 / 각종 활엽수의 살아 있는 줄기 상처부나 죽은 줄기나 가지에 나며 때로는 침엽수에도 발생

분포 한국(백두산), 일본, 유럽, 북아메리카, 호주

참고 희귀종

빛육각구멍버섯

Hexagonia nitida Dur. & Mont.

형태 균모는 반원형으로 크기는 15~20cm, 두께는 1~4cm로 임성의 표면은 미끈하고 홈선(갈라짐)이 있으며 광택이 난다. 표면은 검은색이다. 구멍들은 육각형이고 폭은 1~3mm이고 갈색이다. 살은 갈색으로 질기고 두께는 2~10mm이며 관공의 층은 갈색이다. 균사조직은 3균사로 생식균사는 투명하고 분지하며 얇거나 약간 두꺼운 벽으로 꺽쇠가 있으며 폭은 2~4㎛이다. 골격균사는 노랑갈색이며 격막은 없고 분지는 안 하고 벽은 두껍고 폭은 3~5.5㎛이다. 결합균사는 구불거리고 노랑-갈색이며 벽은 두껍고 많은 분지를 하나 짧고 폭은 2.5~4.5㎛이고 얇은 곳의 두께는 1~2.5㎛이며 강모체는 결여되어 있다. 자실체의 자루는 없다. 포자의 크기는 10~14×3.5~5㎛로 원주형이고 표면은 투명하고 매끈하며 벽은 얇다. 담자기는 막대형이고 기부에 꺽쇠가 있으며 25~35×6~9㎛이다.

생태 다년생 / 고목에 단생

분포 한국(백두산), 중국

가는육각구멍버섯

Hexagonia tenuis (Hook.) Fr.
Daedaleopsis tenuis (Hook.) Imaz.

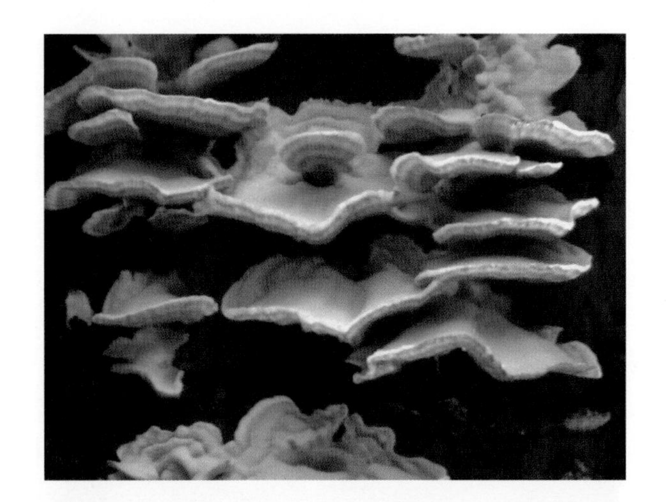

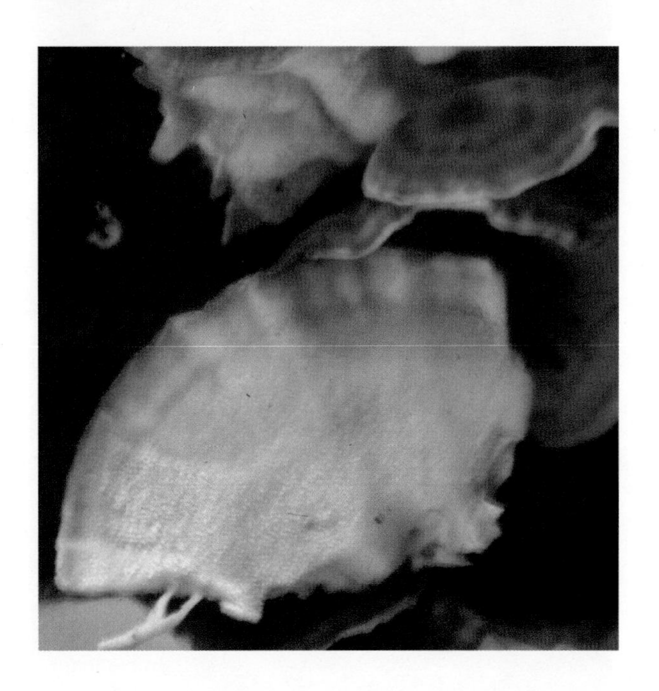

형태 균모의 가로 폭은 3~6.5cm, 세로 폭은 4~11cm, 두께 1.5~2cm로 신장형으로 자루는 없다. 표면은 밋밋하고 광택이 있고 연한 색 혹은 녹갈색으로 동심원상의 무늬가 있다. 가장자리는 얇고 예리하며 가지런하거나 혹은 약간 물결형이다. 살은 혁질이고 연한 색이며 두께는 1mm이다. 관공은 원형이고 얕으며 벽은 두껍고 밋밋하다. 구멍은 10~12/mm개로 미세하다. 포자의 크기는 7~12.5×3.5~5㎛로 타원형이며 표면은 매끈하고 광택이 난다.
생태 산 나무, 활엽수의 고목에 발생하며 목재부후균을 형성
분포 한국(백두산), 중국

배착잣버섯

Lentinus adhaerens (Alb. & Schwein.) Fr.

형태 균모의 지름은 3.5~6cm로 어릴 때 반구형에서 둥근산모양을 거쳐 넓게 펴지지만 가운데가 들어가서 술잔모양이다. 표면은 가루 같은 미세털로 성숙하면 송진 같은 물질을 분비하고 점성이 있으며 백색에서 황토색으로 되었다가 흑황갈색으로 된다. 표피 아래쪽은 흑황갈색에서 전부 황갈색으로 된다. 가장자리는 처음에 아래로 말리고 물결모양이며 갈라진다. 육질은 혁질로 탄력이 있고 오래되면 송진 같은 물질을 분비하여 끈적거린다. 살은 백색이고 냄새는 송진 같으며 맛은 쓰다. 주름살은 자루에 내린주름살로 치아상이고 백색에서 황토색이며 약간 성기고 폭은 넓다. 자루의 길이는 4~6cm, 굵기는 1~2cm로 위아래의 굵기가 같고 표면에 긴 주름의 줄무늬가 있고 중심생이나 가끔 편심생인 것도 있다. 표면은 황토색이고 가루 같은 털모양이며 기부 쪽은 차차 황갈색으로 굴곡이 진다. 자루의 속은 차 있다. 포자의 크기는 6~8×2.5~3㎛로 장타원형 또는 원통형으로 굴곡지며 표면에 침이 있다. 난아미로이드 반응이다. 측낭상체는 35~60×7~10㎛로 방추형이며 표면에 과립이 있다. 포자문은 백색이다.
생태 봄~가을 / 소나무, 삼나무 등 침엽수의 고목에 단생 · 속생
분포 한국(백두산), 중국, 일본

큰잣버섯

구멍장이버섯과 ≫ 잣버섯속

Lentinus giganteus Berk.

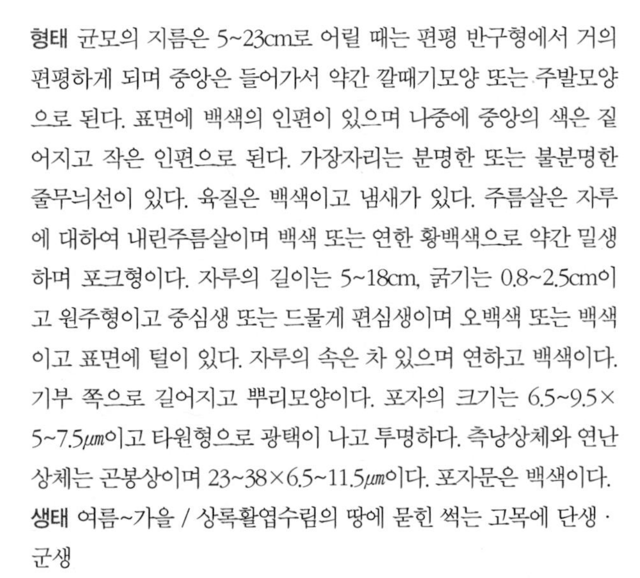

형태 균모의 지름은 5~23cm로 어릴 때는 편평 반구형에서 거의 편평하게 되며 중앙은 들어가서 약간 깔때기모양 또는 주발모양으로 된다. 표면에 백색의 인편이 있으며 나중에 중앙의 색은 짙어지고 작은 인편으로 된다. 가장자리는 분명한 또는 불분명한 줄무늬선이 있다. 육질은 백색이고 냄새가 있다. 주름살은 자루에 대하여 내린주름살이며 백색 또는 연한 황백색으로 약간 밀생하며 포크형이다. 자루의 길이는 5~18cm, 굵기는 0.8~2.5cm이고 원주형이고 중심생 또는 드물게 편심생이며 오백색 또는 백색이고 표면에 털이 있다. 자루의 속은 차 있으며 연하고 백색이다. 기부 쪽으로 길어지고 뿌리모양이다. 포자의 크기는 6.5~9.5×5~7.5㎛이고 타원형으로 광택이 나고 투명하다. 측낭상체와 연낭상체는 곤봉상이며 23~38×6.5~11.5㎛이다. 포자문은 백색이다.

생태 여름~가을 / 상록활엽수림의 땅에 묻힌 썩는 고목에 단생 · 군생

분포 한국(백두산), 중국

참고 식용, 인공재배

애잣버섯

Lentinus strigosus Fr.
Panus rudis Fr.

형태 자실체는 가죽질이다. 균모의 지름은 3~9cm이며 반구형에서 부채형 또는 깔때기형으로 된다. 표면은 건조하고 미세한 털 또는 거친 털이 밀생하며 처음에 자갈색에서 자색의 연한 황갈색 또는 황토갈색으로 된다. 가장자리는 처음에 아래로 말리나 나중에 펴지고 미세한 털이 밀생한다. 육질은 얇고 처음에는 유연하나 나중에 가죽질로 변하고 마르면 코르크질로 되고 맛은 쓰다. 주름살은 자루에 대하여 내린주름살로 백색 또는 연한 홍색에서 황갈색으로 되며 밀생하고 폭은 좁다. 자루의 길이는 1~3cm, 굵기는 0.2~0.8cm로 원주형이며 편심생으로 짧고 균모의 표면과 동색이며 거친 털이 있고 혁질로 질기며 자루의 속은 차 있다. 포자의 크기는 6~8×3~4㎛로 타원형이며 표면은 매끄럽고 무색이다. 포자문은 백색이다. 낭상체는 45~50×10~13㎛로 원주형 또는 곤봉상이다.

생태 여름~가을 / 백양나무, 버드나무 등 활엽수의 말라죽은 나무, 고목 또는 그루터기 등에 중첩하여 군생

분포 한국(백두산), 한국, 일본

참고 어린 것은 식용

향기잣버섯

Lentinus suavissimus Fr.
Panus suavissimus (Fr.) Sing.

형태 균모의 지름은 20~50mm로 둥근산모양에서 곧 깔때기형으로 되며 중앙은 톱니상이다. 표면은 둔하고 밝은 노란색에서 황토빛 노란색으로 되고 약간 밋밋하다. 가장자리는 습할 시 홈파진줄무늬가 있고 건조 시는 밋밋하며 오랫동안 아래로 말린다. 살은 백색으로 얇고 질기며 냄새가 나고 맛은 온화하다. 주름살은 자루에 대하여 긴-내린주름살로 어릴 때 백색에서 노란색으로 되며 폭은 넓고 보통 자루와 융합할 때 구멍이 생긴다. 가장자리는 톱니상이다. 자루의 길이는 10~30mm, 굵기는 3~5mm로 원추형이고 중심생 또는 측생이나 가끔 자루가 없는 것도 있다. 표면은 그물꼴이며 구멍은 거친 털상이며 백색에서 노란색으로 되며 속은 차고 질기다. 포자의 크기는 5.5~8×2.5~3㎛로 원통형-타원형이며 표면은 매끈하고 투명하며 기름방울을 함유한다. 담자기는 가는 막대형으로 20~30×4~5.5㎛로 4-포자성이며 기부에 꺽쇠가 있다.

생태 여름~가을 / 썩는 고목에 단생 · 군생

분포 한국(백두산), 중국, 유럽, 아시아

반나잣버섯

Lentinus subnudus Berk.

형태 균모의 지름은 2.5~10cm로 깔때기모양이다. 표면은 백색이고 처음에 인편이 있으며 나중에 약간 광택이 있는 인편으로 변한다. 살은 백색이고 얇다. 주름살은 자루에 대하여 내린주름살로 백색이며 약간 밀생하고 포크형이 있다. 가장자리는 고르다. 자루의 길이는 1~5cm, 굵기는 0.2~0.8cm로 원주형으로 중심생, 편심생 혹은 측심생 등이고 백색이다. 처음에 인편이 있지만 나중에 광택이 나며 밋밋한 인편으로 변한다. 자루의 속은 차 있다. 포자의 크기는 5.6~8㎛×2.5~3㎛로 장방형의 타원형이고 표면은 매끈하고 광택이 난다.

생태 여름~가을 / 썩는 고목, 쓰러진 나무, 철도의 갱목 등에 속생하며 목재부후균을 형성

분포 한국(백두산), 중국

참고 어릴 때 식용

털잣버섯

Lentinus velutinus Fr.,
L. fulvus Berk., Panus fulvus (Berk.) Pegler & R.W.Rayner

형태 균모의 지름은 6~7cm이고 둥근산모양이 펴지고 중앙이 들어가서 깔때기형으로 된다. 표면에 도토리색-암갈색, 미세한 털이 밀생하여 비로도 같은 모양이다. 가장자리는 방사상의 줄무늬선이 나타나고 털이 가장자리 끝까지 있다. 육질은 백색으로 얇고 질기다. 주름살은 자루에 대하여 긴-내린주름살이고 폭은 좁으며 연한 황색이나 약간 핑크색을 나타내며 밀생하고 많이 분지한다. 주름살의 가장자리는 고르다. 자루의 길이는 5~8cm, 굵기는 5~6mm로 중심생이며 가늘고 길며 곤봉상으로 단단하고 대단히 질기다. 표면은 암갈색이고 미세한 털이 덮여 있다. 포자의 크기는 5~7.5×2.8~3.5㎛로 원주형 비슷하다. 담자기는 4-포자성이다. 낭상체는 28~44×4.5~8㎛로 보통 두부가 조금 침 같은 봉상으로 자실층에 매몰되거나 약간 돌출한다.

생태 여름~가을 / 활엽수의 고목 또는 절주, 땅에 묻힌 낙지에 단생하거나 다수가 군생하며 목재부후균을 형성

분포 한국(백두산), 중국, 일본, 열대-아열대

조개껍질버섯

Lenzites betulina (L.) Fr.

형태 균모의 폭은 2~10cm, 두께는 0.5~1cm로 반원형, 편평형, 조개껍질모양이다. 표면은 짧고 거친 털이 밀생하고 황회색-암회갈색 등 다수의 좁은 동심원의 고리무늬를 나타낸다. 살은 얇고 백색의 가죽질이며 표피의 털밑에 암색의 피층이 있다. 균모의 하면에는 주름살이 방사상으로 늘어선다. 주름살은 가지를 치고 황백색-회색이다. 포자의 크기는 5~6×2.5㎛로 소시지형으로 구부러지며 표면은 매끈하고 투명하다. 담자기는 18~25×3.5~4.5㎛로 가는 막대형이며 4-포자성이다. 기부에 꺽쇠가 있다. 낭상체는 없다.

생태 1년 내내 / 침 · 활엽수의 고목이나 용재에 나고 백색부후균을 형성

분포 한국(백두산), 중국, 일본, 전 세계

부채메꽃버섯

Microporus affinis (Blume & Nees) Kuntze
M. flabelliformis (Fr.) Pat.

형태 균모는 부채꼴-반원형-콩팥형으로 옆에 뚜렷한 자루를 가졌고 지름은 2~5㎝, 두께는 1~3㎜이다. 표면은 황갈색, 적갈색, 자갈색, 흑갈색 등이고 폭이 좁은 고리무늬를 나타낸다. 회색 비로드모양의 털이 있으나 벗겨지고 동심원상의 살을 드러낸다. 살은 단단한 피질이며 백색이다. 자루의 길이는 0.5~5㎝로 원주상이고 기부는 방사상으로 퍼져 나무에 붙으며 표면은 암갈색이다. 자실층인 하면은 회백색이고 관의 길이는 1㎜이고 구멍은 원형이며 작다. 포자의 크기는 4~5×1.5~2㎛로 장타원형이며 매끈하고 투명하다.
생태 1년 내내 / 활엽수의 마른가지에 나고 백색부후균을 형성
분포 한국(백두산), 중국, 일본, 열대지방
참고 남방계의 버섯

메꽃버섯부치

Microporus vernicipes (Berk.) O. Kuntze

형태 균모는 단단한 가죽질로 콩팥형-반원형이고 옆에 자루를 붙이며 크기는 2~6×1~3cm이다. 표면은 연한 황백색-크림갈색이며 매끄럽고 광택이 나며 희미한 고리무늬를 나타낸다. 하면은 연한 재목색이고 관의 길이는 1mm로 구멍은 아주 작아 육안으로 잘 안 보인다. 자루는 측생 또는 중심생이고 길이는 0.2~2cm로 단단하다. 표면은 매끄럽고 황토색이며 원반상의 기부가 나무껍질 면에 붙는다. 포자의 크기는 4~5×2㎛로 장타원형이고 표면은 매끄럽다.

생태 1년 내내 / 활엽수의 마른가지에 군생

분포 한국(백두산), 중국, 일본, 열대지방

솔잣버섯

Neolentinus lepideus (Fr.) Redhead & Ginns
Lentinus lepideus (Fr.) Fr.

형태 균모의 지름은 5~16㎝로 반구형에서 편평하게 되며 중앙부는 약간 오목하거나 돌출한다. 표면은 건조성이고 백색 또는 연한 황색이다. 표피는 파열되어 동심원으로 배열되거나 산재하며 연한 갈색 또는 연한 홍갈색 반점모양의 인편으로 된다. 가장자리는 물결모양이다. 육질은 두꺼우며 백색으로 질기고 마르면 굳어지며 맛은 부드럽고 송진 냄새가 난다. 주름살은 자루에 홈파진주름살이거나 내린주름살로 폭이 넓다. 주름살의 길이가 같지 않고 백색에서 연한 황색으로 된다. 주름살의 가장자리는 톱날모양이고 째진다. 자루의 길이는 2~10㎝, 굵기는 0.7~2.5㎝로 원주형이며 편심생 또는 중심생으로 균모와 동색이고 기부는 흑갈색이며 인편 또는 미세한 털이 있고 가끔 가근상으로 된다. 자루의 속은 차 있다. 포자의 크기는 8~12×4~4.5㎛이며 타원형 또는 장방형의 타원형으로 표면은 매끈하다. 포자문은 백색이다.

생태 여름~가을 / 잣나무, 가문비나무, 분비나무와 낙엽송의 썩는 고목에 군생 · 속생

분포 한국(백두산), 중국, 일본, 전 세계

참고 식용

검은구멍버섯

Nigrofomes melanoporus (Mont.) Murr.

형태 균모는 말발굽형, 종모양 또는 둥근산모양이며 때때로 배착생인 것도 있다. 가로의 폭은 10~15cm, 두께는 5~15cm의 대형버섯이다. 표면은 흑갈색-흑자색이다. 가장자리는 신생부는 약간 밝은 색이고 미세한 털이 덮여 있으며 부드러운 가죽질 같은 촉감이 있다. 오래된 부분의 표피는 단단해져서 각피화한다. 표면은 완만한 요철과 고리모양의 테가 넓은 폭으로 융기된 분명한 테모양의 홈선이 있다. 가장자리는 두껍고 둔하다. 살의 두께는 1~3cm의 섬유질로 된 코르크질이고 암자갈색이며 동심원상의 테무늬가 있다. 자실층인 하면은 흑갈색 또는 거의 흑색이며 관공은 다층이고 각층의 두께는 3~10mm이고 구멍은 미세하며 5~6/mm개이다. 포자의 지름은 4~5㎛로 구형이며 표면은 매끈하고 투명하다.

생태 다년생 / 활엽수 특히 참나무류나 밤나무 등의 껍질, 죽은 나무 등에 군생하며 갈색부후균을 형성

분포 한국(백두산), 중국, 일본, 유럽, 북아메리카

참고 희귀종

조갑지참버섯

Panus conchatus (Bull.) Fr.
P. torulosus (Pers.) Fr.

형태 자실체는 초기 육질이나 나중에 강인한 가죽질로 변한다. 균모의 지름은 5~10cm로 처음에 편평하나 후에 깔때기형으로 되며 간혹 조개형으로 되는 경우도 있다. 균모 표면은 초기에 가는 털이 있으나 후에 없어지고 가끔 거칠거나 명확치 못한 고리무늬가 있고 처음은 포도자색이나 점점 연한 황갈색 또는 다갈색으로 되며 자실체는 초기 육질이나 후에 강인한 가죽질로 변한다. 균모 표면은 초기에 가는 털이 있으나 후에 없어지고 가끔 거칠거나 명확치 못한 고리무늬가 있고 처음은 포도자색이나 점점 연한 황갈색 또는 다갈색으로 변하고 노쇠하면 연한 황토색으로 퇴색된다. 균모 변두리는 얇고 분질이며 후에 성긴 줄무늬 홈선이 생긴다. 살은 희고 질기며 마지막에는 코르크질로 된다. 주름살은 자루에 대하여 내린주름살이고 다소 빽빽하거나 성기며 나비는 좁고 가끔 자루에서 서로 얽히며 연한 자색 또는 자홍색이나 후에 황토색으로 변색한다. 주름살의 변두리는 반반하다. 자루의 길이는 1~2.5cm, 굵기는 1~2.5cm이고 편심생 또는 측생이고 짧으며 자주색이며 회색의 연모가 있고 강인하며 속이 차 있다. 포자의 크기는 6~7×3~3.5㎛로 난상의 타원형이며 매끄럽고 무색이다. 난아미로이드 반응이다.

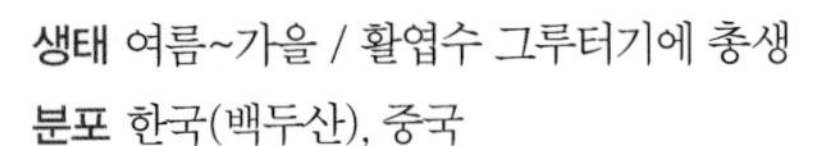

생태 여름~가을 / 활엽수 그루터기에 총생

분포 한국(백두산), 중국

아까시흰구멍버섯

Perenniporia fraxinea (Bull.) Ryv.
Fomitella fraxinea (Bull.) Imaz.

형태 자실체는 노른자색의 혹모양으로 나무줄기의 밑동에 군생하며 수평으로 균모가 자라나 다수가 겹쳐서 큰 집단을 만든다. 균모는 반원형이거나 편평하고 지름은 5~20cm, 두께는 0.5~1.5cm이다. 표면은 회갈색, 적갈색, 흑갈색이며 가장자리는 황색 동심원상의 고리무늬가 보이기도 하고 매끄럽다. 살은 재목색-황백이다. 자실층인 하면은 황색에서 회백색으로 되며 암갈색의 얼룩이 있다. 관공은 1층이며 구멍은 가늘고 원형이다. 포자의 크기는 5~7×4.5~5㎛로 난형 또는 아구형이며 표면은 매끄럽고 투명하며 기름방울을 가진 것도 있다. 아미로이드 반응이다. 담자기는 12~20×8~10㎛로 짧은 막대형이며 2~4-포자성이다. 기부에 꺽쇠가 없다. 낭상체는 없다.

생태 1년 내내 / 활엽수의 생목에 군생하며 백색부후균을 형성

분포 한국(백두산), 일본, 북반구 온대 이북

냄새공말굽버섯

구멍장이버섯과 ≫ 공말굽버섯속

Globifomes graveolens (Schwein.) Murrill

형태 균모의 지름은 1~2cm로 밀접하게 겹쳐서 기와장 모양으로 둥글게 원통형으로 뭉쳐서 옆으로 융합한다. 가장자리는 아래로 말리고 유백색이다. 강철 같은 회색에서 연한 갈색을 거쳐 녹슨색 적갈색에서 검은색으로 된다. 가죽처럼 질기다. 표면은 가루상에서 밋밋하게 된다. 가장자리는 아래로 말리고 유백색이다. 살의 두께는 1~4mm로 갈색이며 냄새는 향기롭다. 관의 깊이는 1~4mm이고 구멍은 원형으로 3~4/mm개 이지만 균모에 의하여 안 보인다. 회색에서 회갈색을 거쳐 갈색으로 된다. 포자의 크기는 9~12.5×3~4.5㎛로 원통형이며 표면은 매끈하고 약간 갈색이다. 포자문은 갈색이다.

생태 여름~가을 / 낙엽송의 통나무 줄기, 특히 단풍나무, 자작나무, 참나무류 등에 발생

분포 한국(백두산), 중국, 북아메리카

황갈색구멍장이버섯

구멍장이버섯과 ≫ 구멍장이버섯속

Polyporus grammocephalus Berk.

형태 균모의 폭은 5~10cm, 두께는 3~10mm 정도의 중형으로 신장형-반원형이고 수평으로 펴지며 곁쪽에 짧은 대가 붙는다. 가장자리 쪽으로 점차 얇아지고 건조할 때는 가장자리가 아래로 굴곡이 진다. 표면은 처음에 거의 흰색이지만 나중에 칙칙한 재목색이 된다. 털이 없어서 밋밋하지만 방사상으로 달리는 섬유상의 줄무늬가 나타난다. 관공은 흰색-칙칙한 흰색이며 길이는 1~3mm로 관공의 벽이 얇다. 구멍은 원형-다각형으로 3/mm개이다. 자루는 측생하거나 매우 짧으며 균모와 같은 색이다. 살은 흰색, 생육 시에는 유연하지만 마르면 가죽질이 된다. 포자는 불분명하다.

생태 여름~가을 / 활엽수의 죽은 나무나 목재에 백색부후균을 형성

분포 한국(백두산), 일본, 동아시아 열대

좀벌집구멍장이버섯

Polyporus arucularius (Batsch) Fr.

형태 균모는 원형이고 지름은 2~5cm, 두께는 1~3mm의 소형이다. 낮은 둥근산모양이거나 약간 중심부가 오목해지기도 한다. 표면은 황백색-연한 황갈색인데 다소 진한 작은 인편이 거스름모양이고 방사상으로 다수 부착된다. 관공은 유백색-크림색이고 깊이는 1~2mm, 크기는 1~2×0.5~1mm 정도의 다소 큰 타원형 구멍이 방사상으로 퍼져 있다. 자루는 중심생이거나 약간 측생하며 길이는 1.5~4cm, 굵기는 3~7mm, 원주상이며 미세한 인편이 덮여 있다. 밑동이 다소 굵어지기도 한다. 살은 흰색-크림색이며 다소 질기고 탄력성이 있다. 포자의 크기는 5.5~8×2~3㎛로 원주상의 타원형이며 표면은 매끈하고 투명하다. 담자기는 15~22×4.5~5.5㎛로 막대형이고 4-포자성이다. 기부에 꺽쇠가 있다. 낭상체는 관찰이 안 된다.

생태 여름~가을 / 활엽수의 죽은 나무줄기나 가지에 단생 · 군생

분포 한국(백두산), 중국, 전 세계

참고 흔한 종

겨울구멍장이버섯

Polyporus brumalis (Pers.) Fr.

형태 자실체는 자루를 가진 직립생이며 높이는 1~4cm로 연한 가죽질이나 건조하면 딱딱하게 된다. 균모의 지름은 1~5cm, 두께 는 2~4mm로 둥근산모양에서 편평하게 되고 중앙이 조금 오목하다. 가장자리는 아래로 감긴다. 표면은 암흑갈색이며 회색의 털이 있다가 없어진다. 살은 희다. 자루의 길이는 1~5cm, 굵기는 2~5mm로 중심생 · 편심생으로 다갈색-황갈색이고 원주상이다. 표면에 미세한 털이 있거나 없다. 자실층인 하면의 관의 길이는 1~3mm로 백색-회백색이다. 구멍은 원형이다. 포자의 크기는 7~9×2~3㎛로 장타원형이며 표면은 매끄럽고 투명하며 기름방울을 가진 것도 있다. 담자기는 20~30×4~6㎛로 가는 막대형이고 4-포자성이다. 기부에 꺽쇠가 있다. 낭상체는 안 보인다.

생태 1년 내내 / 활엽수의 고목이나 마른가지에 군생하고 백색부후균을 형성

분포 한국(백두산), 일본, 전 세계

구멍장이버섯

Polyporus squamosus (Huds.) Fr.

형태 균모는 콩팥-부채-난형 등이며 수평으로 자라는 굵은 자루가 있다. 균모의 지름은 5~15cm로 두께는 0.5~2cm이며 표면은 연한 황갈색-다갈색인데 암갈색의 큰 인피로 덮인다. 살은 백색의 육질이나 건조하면 코르크질로 된다. 자루는 단단하고 기부는 검다. 균모 하면의 관은 방사상으로 자라서 원형이 된다. 구멍의 지름은 1~2mm, 깊이는 2~5mm이다. 포자 크기는 11~14×4~5㎛로 장타원형이고 표면은 투명하며 기름방울을 가진 것도 있다. 담자기는 35~40×7~9㎛로 막대형이고 4-포자성이다. 기부에 꺽쇠가 있다. 낭상체는 없다.
생태 1년 내내 / 활엽수의고목에 나며 백색부후균을 형성
분포 한국(백두산), 일본, 전 세계
참고 어릴 때는 식용

저령

Polyporus umbellatus (Pers.) Fr.
Dendropolyporus umbellatus (Pers.) Jül., Grifola umbellata (Pers.) Pilát

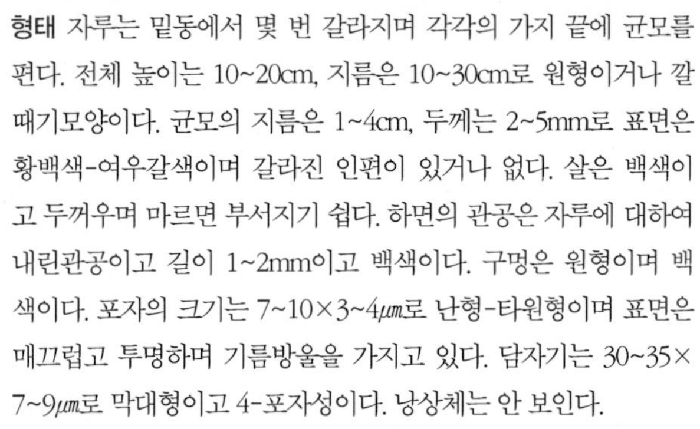

형태 자루는 밑동에서 몇 번 갈라지며 각각의 가지 끝에 균모를 편다. 전체 높이는 10~20cm, 지름은 10~30cm로 원형이거나 깔때기모양이다. 균모의 지름은 1~4cm, 두께는 2~5mm로 표면은 황백색-여우갈색이며 갈라진 인편이 있거나 없다. 살은 백색이고 두꺼우며 마르면 부서지기 쉽다. 하면의 관공은 자루에 대하여 내린관공이고 길이 1~2mm이고 백색이다. 구멍은 원형이며 백색이다. 포자의 크기는 7~10×3~4㎛로 난형-타원형이며 표면은 매끄럽고 투명하며 기름방울을 가지고 있다. 담자기는 30~35×7~9㎛로 막대형이고 4-포자성이다. 낭상체는 안 보인다.

생태 가을 / 오리나무 참나무류의 뿌리에 기생하여 생강모양의 균핵을 형성

분류 한국(백두산), 일본, 중국, 유럽, 북아메리카

참고 식용 · 약용(이뇨작용), 아주 희귀종

노란대구멍장이버섯

Polyporus varius (Pers.) Fr.

형태 균모의 지름은 6cm 정도이며 두께는 2~4mm로 거의 원형이고 둥근산모양에서 편평하게 되나 중앙부가 조금 오목하다. 표면은 밋밋하고 백황갈색 또는 오렌지황색이며 가는 섬유무늬가 방사상으로 있다. 살은 희고 연한 가죽질이다. 자실층인 하면의 관공은 백색이다. 구멍은 4~5/mm개가 있다. 자루의 길이는 2~5cm, 굵기는 2~5mm로 균모에 편심생이고 상부는 황색이며 하부는 거의 흑색이다. 포자의 크기는 7~9×2.5~3.5㎛로 장타원형이며 표면은 매끄럽고 투명하며 기름방울을 가지고 있다. 담자기는 13~24×5~7.5㎛로 막대형이고 4-포자성이다. 기부에 꺽쇠가 없다. 낭상체는 없다.

생태 여름~가을 / 활엽수의 마른가지나 등걸에 단생

분포 한국(백두산), 일본, 유럽, 북아메리카

거품갯솜껍질버섯

Spongipellis spumeus (Sow.) Pat.

형태 자실체는 선반모양이며 기부로 뿌리처럼 길게 내리고 기질에 파묻힌다. 지름은 100~200mm, 두께는 100mm로 기질로부터 돌출한다. 표면은 결절형이고 처음 백색의 크림색에서 황토색을 거쳐 회색-올리브갈색으로 되며 미세한 솜털에서 거친 털로 된다. 가장자리는 날카롭다. 관공의 관의 길이는 50~100mm이고 층을 이루지 않는다. 하면의 구멍은 백색에서 크림색으로 되며 둥글고 각진형이며 2~4/mm개가 있다. 살(조직)은 2층이고 위층은 부드럽고 얇은 층으로 되고 비교적 단단하며 아래층은 보다 두껍고 부드러우며 약간 냄새가 나고 맛은 온화하다. 포자의 크기는 6~8×4.5~5㎛로 난형이며 표면은 밋밋하고 투명하고 벽은 두껍다. 담자기는 미세한 막대형으로 27~35×5.5~7.5㎛로 기부에 꺽쇠가 있다. 강모체는 없다.

생태 여름~가을 / 활엽수 껍질에 단생하며 백색의 목재부후균을 형성

분포 한국(백두산), 유럽, 북아메리카, 아시아

참고 희귀종

진홍색간버섯

Pycnoporus coccineus (Fr.) Bond. & Sing.

형태 자실체는 자루가 없으며 질긴 가죽질이다. 균모는 반원형-부채모양인데 편평하며 옆지름은 3~10cm, 두께는 5mm 정도이다. 표면은 매끄럽고 융털이 있으며 비색에서 퇴색하여 회백색이 되기도 한다. 진하고 연한 색의 고리무늬가 생긴다. 살은 붉은색이다. 관공의 길이는 1~2mm로 구멍은 가는 원형이며 6~8/mm개가 있고 암주색이다. 포자의 크기는 7~8×2.5~3㎛로 장타원형이며 약간 구부러지고 표면은 매끄럽다.
생태 1년 내내 / 침 · 활엽수의 마른줄기나 가지에 백색부후균을 형성
분포 한국(백두산), 중국, 일본, 전 세계

검정대밤가죽버섯

Royoporus badius (Pers.) A.B.De
Polyporus badius (Pers.) Schwein.

형태 균모의 지름은 4~15㎝, 두께는 1~5㎜로 자루가 붙는 위치에 따라 원형-콩팥모양이며 갈라지고 구부러지기 때문에 부정형이 된다. 표면은 황갈색-밤갈색-흑갈색으로 털이 없으며 광택이 난다. 살은 희고 연한 가죽질이나 건조하면 단단하게 된다. 자루의 길이는 1~5㎝, 굵기는 2~10㎜로 편심생 또는 측생이다. 표면은 검고 단단하다. 관공은 백색이고 길이는 1~2㎜이다. 구멍은 원형이며 가늘고 5~7/㎜개가 있다. 포자의 크기는 6.5~8.5×3~4㎛로 막대-타원형이며 표면은 매끈하고 투명하며 기름방울을 가진 것도 있다. 담자기는 20~22×6~7㎛로 가느다란 막대형으로 4-포자성이다. 기부에 꺽쇠가 없다.
생태 여름~가을 / 활엽수의 고목에 군생하며 백색부후균을 형성
분포 한국(백두산), 일본, 북반구 온대 이북

대합송편버섯

Trametes gibbosa (Pers.) Fr.

형태 균모의 지름은 5~15cm로 반원형, 편평형 또는 둥근산모양으로 된다. 표면은 백색에서 연한 회갈색 또는 녹조류가 번식하여 암녹색이며 전면에 비로드모양의 털이 있고 동심원상으로 늘어선 고리무늬가 있다. 살은 흰 코르크질이다. 균모 하면의 관공의 깊이는 2~10mm이며 구멍은 방사상으로 길거나 미로상이고 홈모양으로 무너진다. 포자의 크기는 4~6×2~3㎛로 장타원형이고 표면은 매끈하고 투명하며 가끔 기름방울을 가진 것도 있다. 담자기는 15~22×5~8㎛로 막대형이며 4-포자성이다. 기부에 꺽쇠가 있다. 낭상체는 없다.

생태 1년 내내 / 활엽수의 고목에 군생하며 백색부후균을 형성

분포 한국(백두산), 일본, 북반구 온대 이북

흰구름송편버섯

Trametes hirsuta (Wulf.) Lloyd
Coriolus hirsutus (Wulf.) Pat.

형태 균모의 폭은 2~7cm, 두께는 2~8mm 정도로 반원형이다. 표면은 거친 털이 밀생하고 분명한 고리무늬와 고리홈선을 나타내며 백색, 회백색, 여우색 등이다. 살은 희고 가죽질이다. 관공의 길이는 1~4mm이다. 구멍은 둥글고 3~4/mm개가 있으며 백색, 황백색, 회색 등으로 다양하다. 포자의 크기는 6~7×2.5~3㎛로 막대형이며 약간 굽었고 표면은 매끄러우며 투명하다. 담자기는 13~20×4~5㎛로 막대형이고 4-포자성이며 기부에 꺽쇠가 없다. 낭상체는 없다.
생태 1년생 / 활엽수의 고목에 군생하며 백색부후균을 형성
분포 한국(백두산), 전 세계

기와송편버섯

Trametes meyenii (Kltzsch) Lloyd

형태 자실체는 소형-중형이다. 균모의 지름은 2.5~10cm이며 두께는 0.2~0.6cm로 반원형이고 기와를 겹쳐 놓은 상태다. 자루가 없다. 육질은 단단하고 동심원상의 환문의 섬유털이 있으나 나중에 밋밋해지고 광택이 나며 백색으로 두께는 1~3mm이다. 가장자리는 얇으며 물결형이다. 관공의 길이는 1~3mm이고 백색이다. 구멍은 오백색 또는 연한 황색이며 처음에 거의 원형이고 나중에 관벽은 갈라지고 치아상으로 되며 3~4/mm개가 있다. 자루는 없다. 포자의 크기는 6~7.5×3~4㎛로 타원형으로 표면은 매끄럽고 투명하다.

생태 여름~가을 / 살아 있는 나무, 썩는 고목에 발생하며 목재부후균을 형성

분포 한국(백두산), 중국

흰융털송편버섯

Trametes pubescens (Schumach.) Pilát
Coriolus pubescens (Schumach.) Quél.

형태 균모의 폭은 2~6cm, 두께는 3~8mm로 반원형-콩팥형, 편평형-조개껍질모양으로 다수가 기왓장처럼 중생하고 전체가 백색에서 탁한 황색으로 된다. 표면은 섬유상의 털이 있고 희미한 고리무늬를 나타낸다. 가장자리는 얇다. 살은 연하고 육질의 가죽질이다. 하면의 관의 길이는 2~6mm이다. 구멍은 원형이나 구멍의 벽은 터져서 미로상이 되며 구멍 둘레가 편평하지 않다. 포자의 크기는 6~8×2~3㎛로 원주형에서 약간 소시지모양이며 표면은 매끄럽고 투명하다. 담자기는 12~16×4~5㎛로 막대형이며 4-포자성이다. 기부에 꺽쇠가 있다. 낭상체는 관찰이 안 된다.
생태 1년 내내 / 활엽수의 고목이나 넘어진 나무에 군생하며 백색부후균을 형성
분포 한국(백두산), 중국, 일본, 북반구 온대 이북

구름버섯

Trametes versicolor (L.) Lloyd
Coriolus versicolor (L.) Quél.

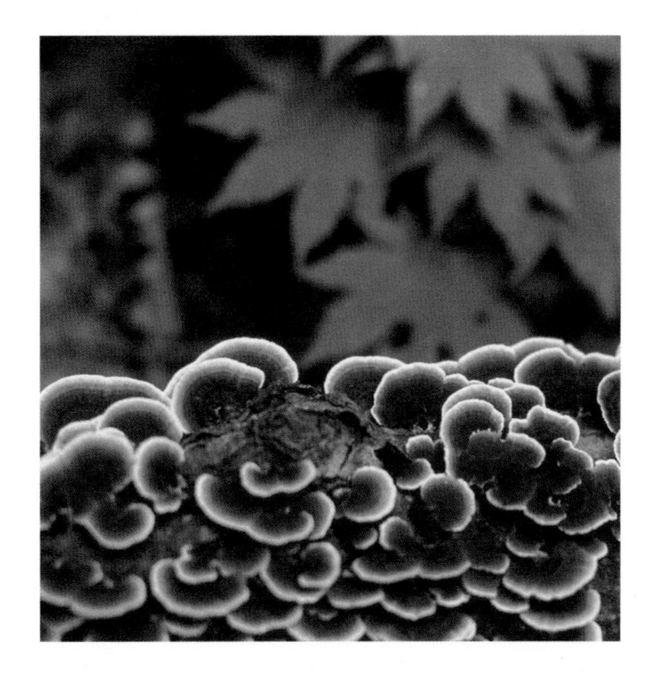

형태 균모의 폭은 1~5cm, 두께는 1~2mm로 얇고 단단한 가죽질이며 반원형이다. 표면은 흑색, 회색, 황갈색, 암갈색 등의 고리무늬가 있고 짧은 털로 덮여 있다. 표피의 털 아래쪽은 암색의 피층이 발달한다. 살은 백색이다. 관공의 길이는 1mm 정도이다. 구멍은 둥글고 3~5/mm개가 있으며 백색, 황색, 회갈색 등이다. 포자의 크기는 5~8×1.5~2.5㎛로 원주형 또는 소시지형이며 표면은 매끄럽고 투명하다. 담자기는 15~20×5~6㎛로 막대형이고 2~4-포자성이다. 기부에 꺽쇠가 불분명하다. 낭상체는 보이지 않는다.

생태 1년 내내 / 침 · 활엽수의 고목에 수십, 수백 개가 겹쳐서 군생하며 백색부후균을 형성

분포 한국(백두산), 중국, 일본, 전 세계

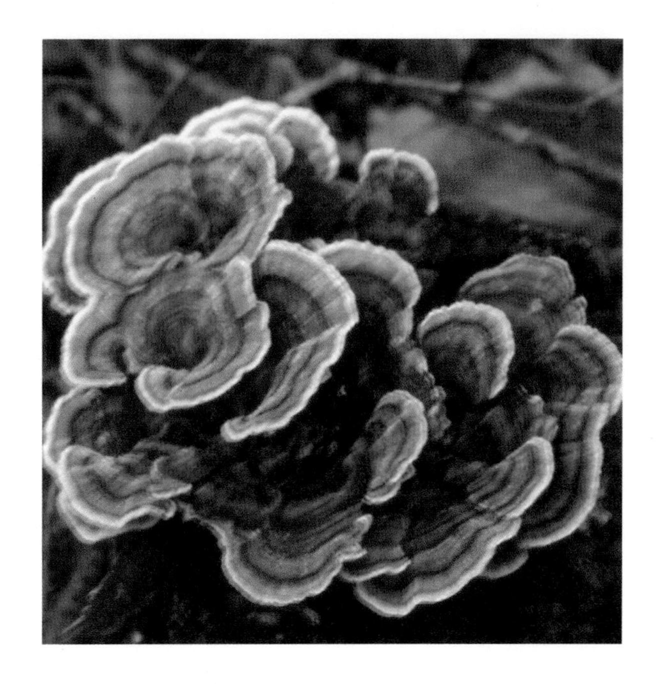

갈색살송편버섯

Trametopsis cervina (Schwein.) Tomsovsky
Trametes cervina (Schwein.) Bres.

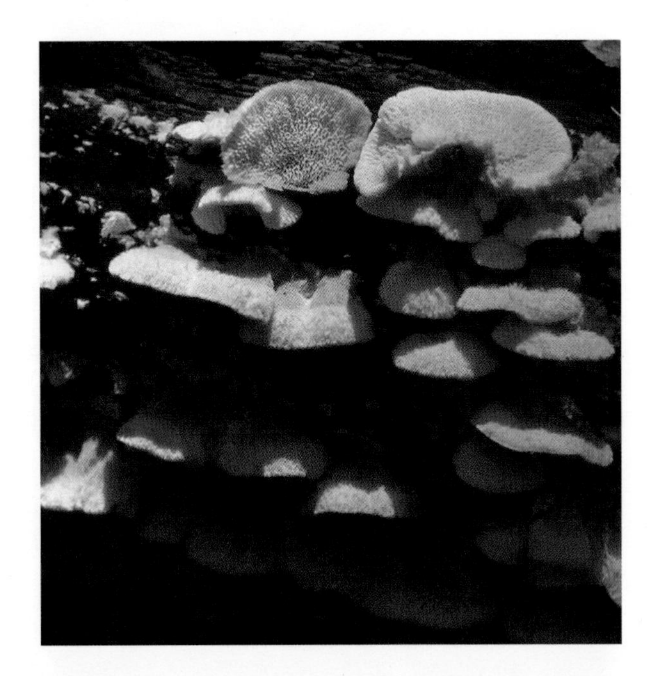

형태 자실체는 어릴 때 완전한 백색이며 길이는 4~5cm, 폭은 1cm, 두께 0.2~0.5cm로 광택이 나고 섬유상이며 황토갈색에서 암갈색으로 되며 위로 뒤틀리고 백색의 털이 있으나 테는 없으며 물결형이다. 가장자리는 백색이고 털이 있다. 구멍은 주름지고 톱니상으로 미로형이다. 관공은 기주에 내린관공이고 지름은 0.5~1.5mm, 관의 깊이는 4mm로 백색이며 광택이 나고 황토색 또는 갈색이다. 살은 백색으로 건조 시 광택이 나는 코르크질로 두께는 0.1~3mm이다. 포자의 크기는 5~7×1.5~2.5㎛이고 원주형이며 표면은 매끈하다.
생태 주로 너도밤나무, 낙엽송의 줄기에 군생
분포 한국(백두산), 중국
참고 식용불가

옷솔버섯

Trichaptum abietinum (Dicks.) Ryv.

형태 자실체는 두께 1~1.5mm이며 반배착생이다. 균모는 반원형이고 폭은 1~2cm로 다수가 중생하며 표면은 짧은 털로 덮이고 백색-회백색이며 희미한 고리무늬가 있다. 살은 아교질을 가진 가죽질이고 살색-암색이다. 하면의 구멍은 가장자리가 톱니모양이며 연한 홍색-오랑캐꽃 색에서 퇴색한다. 포자의 크기는 5~7×2~3㎛로 원통형에서 소시지모양이고 표면은 매끄럽고 투명하다. 담자기는 15~25×4~5㎛로 막대형이며 4-포자성이다. 기부에 꺽쇠가 있다. 낭상체는 보이지 않는다.
생태 1년 내내 / 침엽수(소나무, 가문비나무)의 고목에 나며 백색부후균을 일으켜 구멍을 형성
분포 한국(백두산), 일본, 북반구 온대 이북

테옷솔버섯

Trichaptum biforme (Fr.) Ryv.
Coriolus elongatus (Berk.) Pat.

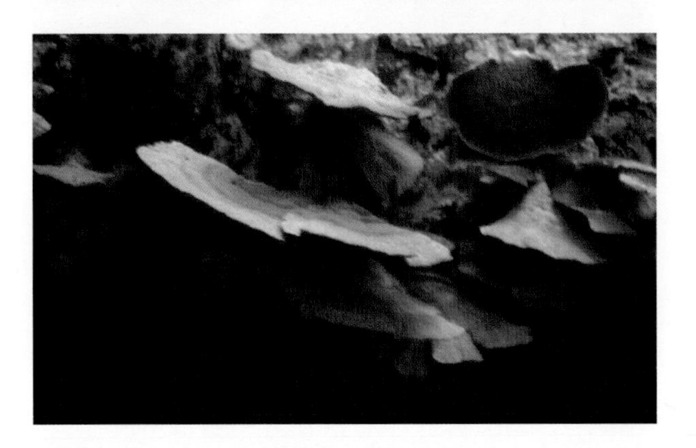

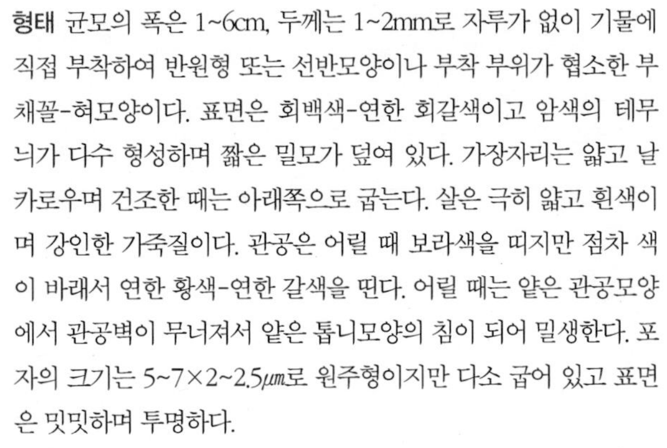

형태 균모의 폭은 1~6cm, 두께는 1~2mm로 자루가 없이 기물에 직접 부착하여 반원형 또는 선반모양이나 부착 부위가 협소한 부채꼴-혀모양이다. 표면은 회백색-연한 회갈색이고 암색의 테무늬가 다수 형성하며 짧은 밀모가 덮여 있다. 가장자리는 얇고 날카로우며 건조한 때는 아래쪽으로 굽는다. 살은 극히 얇고 흰색이며 강인한 가죽질이다. 관공은 어릴 때 보라색을 띠지만 점차 색이 바래서 연한 황색-연한 갈색을 띤다. 어릴 때는 얕은 관공모양에서 관공벽이 무너져서 얕은 톱니모양의 침이 되어 밀생한다. 포자의 크기는 5~7×2~2.5㎛로 원주형이지만 다소 굽어 있고 표면은 밋밋하며 투명하다.

생태 연중 내내 특히 여름~가을 / 보통 활엽수의 죽은 나무나 그루터기에 다수가 중첩해서 군생하며 갱목에도 발생해 백색부후균을 형성

분포 한국(백두산), 중국, 일본, 전 세계

기와옷솔버섯

Trichaptum fusco-violaceum (Ehrenb.) Ryv.

형태 자실체의 폭은 1~4cm, 두께는 1~3mm로 반배착생이다. 균모는 얇고 반원형이며 다수가 기왓장처럼 중생으로 아교질을 가진 가죽질로 습기가 있을 때는 연하고 마르면 단단하다. 표면은 백색-회백색이고 거친 털로 덮이며 고리무늬를 나타낸다. 가장자리는 톱니모양이다. 살의 두께는 1mm 정도이다. 하면은 연한 홍자색-연한 오랑캐꽃 색이나 퇴색한다. 자실층은 얇은 침모양의 돌기가 방사상으로 늘어서고 길이는 1~2mm이다. 포자의 크기는 5~7×2㎛로 장타원형에서 소시지모양이며 표면은 매끈하고 투명하다. 담자기는 15~20×4.5~5.5㎛로 막대형이고 4-포자성이다. 기부에 꺽쇠가 있다. 낭상체는 막대형에서 방추형으로 벽이 두껍다.

생태 1년생 / 침엽수(전나무, 솔송나무)의 고목에 나며 백색부후균을 형성

분포 한국(백두산), 중국, 일본, 북반구 일대

녹슨개떡버섯

구멍장이버섯과 ≫ 개떡버섯속

Tyromyces taxi (Bondartsev) Ryv. & Gilb.

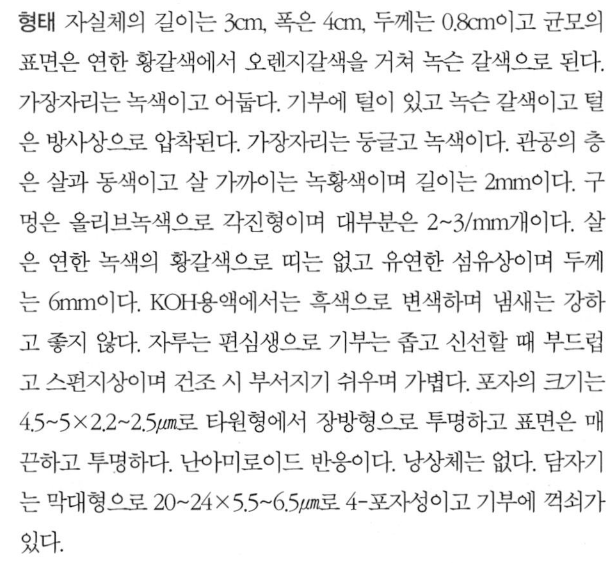

형태 자실체의 길이는 3cm, 폭은 4cm, 두께는 0.8cm이고 균모의 표면은 연한 황갈색에서 오렌지갈색을 거쳐 녹슨 갈색으로 된다. 가장자리는 녹색이고 어둡다. 기부에 털이 있고 녹슨 갈색이고 털은 방사상으로 압착된다. 가장자리는 둥글고 녹색이다. 관공의 층은 살과 동색이고 살 가까이는 녹황색이며 길이는 2mm이다. 구멍은 올리브녹색으로 각진형이며 대부분은 2~3/mm개이다. 살은 연한 녹색의 황갈색으로 띠는 없고 유연한 섬유상이며 두께는 6mm이다. KOH용액에서는 흑색으로 변색하며 냄새는 강하고 좋지 않다. 자루는 편심생으로 기부는 좁고 신선할 때 부드럽고 스펀지상이며 건조 시 부서지기 쉬우며 가볍다. 포자의 크기는 4.5~5×2.2~2.5㎛로 타원형에서 장방형으로 투명하고 표면은 매끈하고 투명하다. 난아미로이드 반응이다. 낭상체는 없다. 담자기는 막대형으로 20~24×5.5~6.5㎛로 4-포자성이고 기부에 꺽쇠가 있다.

생태 연중 / 죽은 나무 또는 살아 있는 나무의 껍질에 배착

분포 한국(백두산), 유럽

꽃송이버섯

Sparasis crispa (Wulf.) Fr.

형태 자실체는 백색-밤색으로 물결치는 꽃잎이 다수 모인 것 같은 버섯이다. 한 덩어리의 지름은 10~30cm, 높이는 10~20cm로 하얀 꽃배추와 닮았고 아름답다. 근부는 덩이 모양인 공통의 자루로 반복해서 가지가 나누어지며 각 가지에서 꾸불꾸불 휘어진 꽃잎모양을 형성한다. 자실층은 꽃잎모양의 얇은 조각 아래쪽에 발달하며 자실체에는 표면과 뒷면의 구별이 있다. 꽃잎모양의 각 편의 두께는 1mm로 육질은 처음은 유연하나 오래되면 단단하다. 포자는 4.5~6~3.5~4.5㎛로 난형이며 표면은 매끄럽고 투명하며 기름방울을 가지고 있다. 담자기는 45~50×6~7㎛로 가는 막대형이며 4-포자성이고 기부에 꺽쇠가 있다. 낭상체는 안 보인다.

생태 여름~가을 / 아고산지대에 많으며 살아 있는 나무의 뿌리, 근처의 줄기나 그루터기와 연결된 땅에 발생하며 나무뿌리나 밑동에 심재부후를 일으키는 균이며 갈색부후균을 형성

분포 한국(백두산), 중국, 일본, 유럽, 미국, 호주

참고 식용

황금털버섯

Xenasmatella vaga (Fr.) Stalp.
Trechispora vaga (Fr.) Liberta

형태 자실체 전체가 배착생이며 기질에 0.2~0.5mm 정도의 얇은 섬유상 막질을 형성하고 견고히 부착된다. 크기는 수십cm로 퍼진다. 표면의 중심은 알갱이모양이고 벌꿀 황색-연한 갈색이다. 가장자리 쪽은 솜털모양으로 섬유상이며 밝은 유황색으로 오래된 것은 황색 균사다발을 형성한다. 포자의 크기는 3.6~5.6×2.4~4㎛로 난형-타원형이고 표면은 가시가 있으며 투명하다. 담자기는 13~22×5~6.5㎛로 막대형이며 4-포자성이다. 기부에 꺽쇠가 있다. 낭상체는 없다.
생태 활엽수 또는 침엽수의 쓰러진 나무 지면 쪽으로 발생
분포 한국(백두산), 중국, 유럽, 북아메리카

담자균문
BASIDIOMYCOTA

주름균아문
AGARICOMYCOTINA

주름균강
AGARICOMYCETES

무당버섯목

Russulales

연한테젖버섯

무당버섯과 ≫ 젖버섯속

Lactarius acerrimus Britz.

형태 균모의 지름은 5~12cm, 둥근산모양에서 편평해지며 가운데는 배꼽형이다. 미세한 털이 있고 나중에 매끈해지며 습기가 있을 때 미끈거리고 황토노란색이지만 가장자리 쪽으로 희미한 띠가 있다. 살은 백색이고 상처 시 변색되지 않으며 과일 냄새가 나고 맛은 온화하다. 주름살은 넓은 올린주름살 또는 약간 내린주름살로 크림색에서 밝은 황토색으로 가끔 포크형이다. 가장자리는 전연이며 물결형이고 아래로 말린다. 자루의 길이는 2~5cm, 굵기는 8~20mm로 원통형이고 기부로 가늘어진다. 속은 차 있다가 좁게 빈다. 백색에서 황토색으로 되며 어릴 때 가루상에서 매끈해지며 갈색의 얼룩이 있다. 젖은 백색이며 변색하지 않으며 맛은 맵다. 포자는 10.3~14×8.5~11.1㎛로 아구형에서 타원형이고 사마귀점들은 연락사로 연결되어 그물꼴을 형성한다. 담자기는 원통형, 막대형 또는 방추형으로 50~60×10~12㎛이고 1~2-포자성이다.

생태 여름~가을 / 활엽수림의 땅에 군생

분포 한국(백두산), 중국, 유럽

바랜흰젖버섯

무당버섯과 ≫ 젖버섯속

Lactarius albocarneus Britz.

형태 균모의 지름은 30~70mm로 중앙이 편평한 둥근산모양에서 차차 편평해지고 중앙은 톱니상이고 물결형으로 가장자리는 절개지 모양이다. 표면은 건조 시 비단결이고 습할시 강한 점성이 있으며 크림색에서 라일락색을 띤 백색이다. 가장자리는 아래로 말리고 고르며 예리하다. 살은 백색, 상처 시 연한 황노랑으로 변색하며 과일 냄새로 맵고 쓰다. 젖은 백색이고 서서히 약한 황노랑으로 변색하며 맵고 쓰다. 주름살은 넓은 올린주름살 또는 약간 내린주름살, 백색에서 크림 노란색으로 된다. 자루의 길이는 30~70mm, 굵기는 10~15mm로 원통형이며 속은 차고 오래되면 빈다. 밋밋하고 세로줄의 맥상이 있고 어릴 때 백색에서 황토색의 얼룩이 생기고 습할 시 점성이 있다. 포자는 8.2~10.1×6.5 ~8.1㎛로 아구형에서 타원형이며 사마귀점들은 융기로 된 연락사로 연결되어 그물꼴을 형성한다. 담자기는 막대형으로 45~60×10~14㎛로 4-포자성이다.

생태 여름~가을 / 혼효림의 땅에 군생

분포 한국(백두산), 유럽

고추젖버섯

Lactarius acris (Bolt.) Gray

형태 균모의 지름은 5~6cm이며 반구형에서 편평하게 되고 중앙부가 오목해지거나 깔때기형으로 되며 가끔 비뚤어진 모양으로 편심이 된다. 표면은 습할 때 끈기 있으나 빨리 마르며 회황갈색 내지 암황갈색으로 가는 융털이 있고 고리무늬가 없다. 살은 백색으로 상처 시 바로 분홍색으로 되며 매우 맵다. 주름살은 자루에 대하여 내린주름살로 밀생하고 길이가 한결같지 않으며 백색에서 연한 황색으로 된다. 자루의 길이는 5~6cm, 굵기는 0.6~0.8cm이고 기부가 가끔 가늘어지며 가루모양이고 백색에 살색을 띠며 속이 차 있다. 포자의 크기는 7~8×6~7.5㎛로 아구형이다. 멜저 시약으로서 보면 늑골상과 가시점이 확인되나 그물눈을 이루지 않는다. 담자기는 45~57×10~12㎛로 막대형에서 배불뚝이형이며 4-포자성이다. 연낭상체는 균사상 또는 중앙부가 불룩하며 50~60×3~5㎛이다. 측낭상체는 없다.

생태 가을 / 혼효림의 땅에 군생

분포 한국(백두산), 중국, 일본, 유럽, 북아메리카

살색젖버섯

Lactarius affinis var. **affinis** Peck

형태 균모의 지름은 7~19cm이며 반구형에서 둥근산모양을 거쳐 편평하게 되지만 중앙부가 오목해지면서 깔때기형으로 된다. 표면은 점성이 강하고 매끄러우며 고리무늬가 없고 연한 황토색 또는 연한 살색이다. 가장자리는 처음에 아래로 굽고 나중에 활모양으로 된다. 살은 희고 상처 시에도 변색치 않으며 맛은 맵다. 젖도 역시 희고 변색치 않으며 맵다. 주름살은 자루에 대하여 바른주름살 또는 내린주름살, 조금 빽빽하고 폭이 넓으며 길이가 같지 않고 갈라진다. 색깔은 백색에서 연한 황색으로 된다. 자루의 높이는 4~9cm, 굵기는 1~2.5cm이고 상하의 굵기가 같으며 매끄럽고 끈기는 없으며 균모와 동색이다. 자루의 속은 차 있다가 나중에 빈다. 포자는 8~10×6~8㎛로 타원형 또는 광타원형이고 멜저액 반응에서는 가시와 짧은 능골상이 보이나 그물은 이루지 못한다. 포자문은 백색이다. 측낭상체는 60~110×7~10㎛로 좁은 방추형으로 꼭대기는 뾰족하거나 작은 둥근 머리이다. 연낭상체는 30~45×5~7㎛이다.

생태 가을 / 사스래나무 숲과 신갈나무 숲의 땅에 산생 · 속생

분포 한국(백두산), 중국

피젖버섯

Lactarius akahatsu Nobuj.

형태 균모의 지름은 5~10cm, 둥근산모양에서 편평형을 거쳐 접시 또는 약간 술잔모양으로 된다. 표면은 점성이 조금 있고 연한 오렌지황색, 연한 황적색이고 희미한 고리무늬가 있고 매끄럽다. 살은 오렌지황색이고 상처 시 연한 청녹색으로 변색한다. 젖은 미량 분비되고 오렌지홍색인데 공기에 닿으면 남녹색으로 변색한다. 주름살은 자루에 대하여 내린주름살로 폭이 좁고 밀생하며 균모와 같은 색이나 상처를 받으면 남녹색으로 되며 2분지된다. 자루의 길이는 3~5cm, 굵기는 1.5~2.5cm, 연한 오렌지적색이고 밋밋하며 얕은 요철의 홈선이 있다. 속은 차 있다가 나중에 비게 된다. 포자의 크기는 7~10×5.5~8㎛로 광타원형이며 표면에 그물눈이 있다. 연낭상체는 34~41×4.5~9㎛로 좁은 방추형-류원주형이다. 측낭상체는 37~47×6.5~11.5㎛로 류방추형-류원주형이다. 아미로이드 반응이다.

생태 여름~가을 / 저지대의 소나무 숲의 땅에 군생

분포 한국(백두산), 일본, 대만, 북아메리카

참고 식용

황토얼룩젖버섯

Lactarius alnicola Smith

형태 균모의 지름은 8~18cm, 둥근산모양이나 중앙은 들어가고 가장자리는 아래로 말렸다가 펴져서 위로 들린다. 표면은 점성이 있고 노랑의 황토색이나 가장자리 쪽으로 연한 색이며 색깔이 있는 띠를 형성하고 가장자리 근처에 미세한 털이 있다. 살은 두껍고 단단하며 백색이다. 젖은 조금 분비하며 상처 시 살색의 노랑으로 변색하며 강한 냄새가 나고 매운맛이다. 주름살은 자루에 대하여 내린주름살로 밀생하고 폭은 좁으며 자루 근처는 포크형이다. 표면은 백색의 크림색에서 황노란색, 황갈색으로 되며 상처 시 황색으로 변색한다. 자루의 길이는 30~60mm, 굵기는 20~30mm로 단단하고 속은 차 있다가 푸석푸석하게 된다. 자루의 위쪽은 백색이고 아래쪽은 연한 황갈색으로 기부에 털이 있으며 흠집이 있다. 포자의 크기는 7.5~8.5×6.5~7.5㎛로 광타원형이고 사마귀점 반점이 있으며 장식물의 융기 높이는 0.6㎛로 많은 연락사가 부분적으로 연결되어 그물꼴을 형성한다. 아미로이드 반응이다. 포자문은 백색이다.

생태 여름~가을 / 숲속, 오리나무와 침엽수림의 땅에 군생

분포 한국(백두산), 중국, 북아메리카

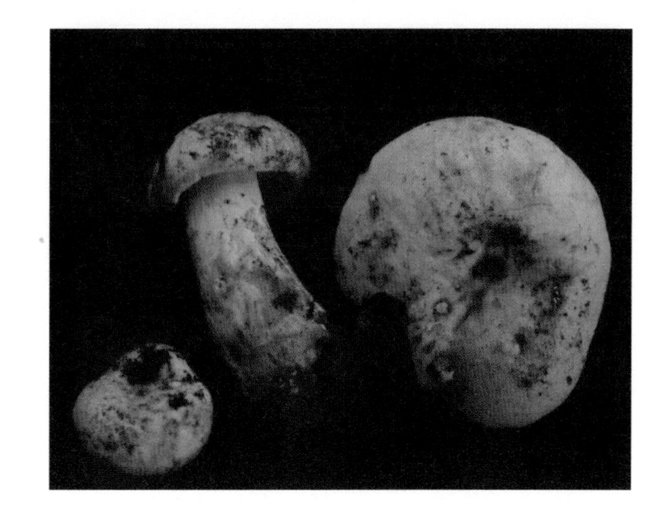

혈색젖버섯

Lactarius badiosangineus Kühn. & Romagn.

형태 균모의 지름은 2.5~9cm, 편평한 둥근산모양에서 펴져서 중앙은 무딘 톱니상 또는 예리한 돌기가 있다. 표면은 고르지 않고 약간 결절형, 중앙은 때때로 주름상의 맥상이며 어릴 때 검은색에서 검은 적갈색으로 되었다가 퇴색한다. 어릴 때는 왁스 같고 습기가 있을 때 매끈하고 광택이 난다. 가장자리는 고르고 어릴 때 예리하며 오래되면 줄무늬홈선이 생긴다. 살은 백색에서 적색의 크림색으로 되지만 오래되면 백색에서 노란색으로 된다. 향료 냄새가 나고 맛은 온화하지만 나중에 쓰고 맵지는 않다. 주름살은 자루에 대하여 넓은 올린주름살로 포크형, 크림색에서 황토적색으로 된다. 가장자리는 전연이다. 자루의 길이는 3~7cm, 굵기는 5~12mm로 속은 차 있다가 비게 된다. 표면은 밋밋하고 어릴 때 황토 적색의 바탕에 미세한 백색가루상이고 나중에 매끈하게 되며 약간 세로줄의 맥상이 부분적으로 있고 짙은 적갈색이다. 젖은 백색으로 처음에 변색하지 않으나 2~3시간 후에 희미하게 백색의 노란색으로 변색한다. 포자의 크기는 6.3~8.4×5.5~7㎛로 아구형에서 타원형이고 장식돌기의 높이는 1㎛로 사마귀점들은 실 같은 연결사로 연결되어 그물꼴을 형성한다. 담자기는 막대형에서 배불뚝이형으로 35~50×10~13㎛이다. 연낭상체는 방추형으로 25~40×4~7㎛이다. 측낭상체는 약간 원통형이고 반점을 함유하며 40~70×7~9㎛이다.

생태 늦여름~가을 / 숲속의 풀밭에 군생

분포 한국(백두산), 유럽

녹색젖버섯

Lactarius blennius (Fr.) Fr.

형태 균모의 지름은 4~6.5cm, 편평한 둥근산모양에서 편평하게 펴지지만 중앙이 껄끄럽고 오래되면 약간 깔때기형으로 된다. 표면은 습할 시 미끈거리고 갈색에서 회올리브색으로 되며 물방울 같은 고리가 있다. 가장자리는 위로 약간 들리다가 아래로 말리고 고르다. 살은 백색에서 회백색으로 되며 향료 냄새가 나고 맵다. 주름살은 넓은 올린주름살에서 약간 내린주름살로 백색에서 회색으로 되며 포크형이다. 가장자리는 전연이며 녹색의 건조한 젖 방울이 맺힌다. 자루의 길이는 3~5cm, 굵기는 8~20mm로 원통형이고 기부로 약간 가늘고 속은 차 있다가 빈다. 표면은 약간 세로줄의 맥상이고 미끌미끌하며 회녹색의 바탕에 백색의 섬유실이 있으며 꼭대기는 백색으로 상처받은 곳은 갈색의 얼룩이 생긴다. 젖은 백색에서 밝은 회색을 거쳐 변한다. 포자는 6.5~8.5×5~6.5㎛로 광타원형에서 아구형이며 사마귀반점들은 융기된 맥상으로 연결되어 그물꼴을 형성한다. 담자기는 원통형에서 막대형으로 되며 32~42×9~10㎛로 4-포자성이다.

생태 여름~가을 / 자작나무 숲 또는 혼효림의 땅에 단생 · 군생

분포 한국(백두산), 유럽, 북아메리카

민맛젖버섯

Lactarius camphoratus (Bull.) Fr.

형태 균모의 지름은 1.5~4(5)cm의 소형이다. 어릴 때는 둥근산 모양에서 약간 깔때기형이 되지만 중심에는 통상 작은 돌기가 있다. 표면은 방사상으로 요철의 홈선이 있으며 암적갈색이고 건조하면 연한 색이 된다. 가장자리는 어릴 때 아래로 감긴다. 살은 균모와 거의 같은 색이다. 카레 향기가 있으며 간혹 없는 것도 있다. 젖은 흰색, 많이 분비되며 변색되지 않는다. 주름살은 자루에 대하여 내린주름살로 살색을 띠고 폭이 좁고 얇으며 촘촘하다. 자루의 길이는 1~5(7)cm, 굵기 4~8mm로 균모와 거의 동색 또는 연한 색으로 속은 비어 있다. 포자의 크기는 6.5×8×6~7㎛로 아구형, 표면에 작은 사마귀점과 불완전한 그물눈이 있다. 포자문은 크림색이다.

생태 봄~가을 / 숲속의 땅에 산생 · 군생

분포 한국(백두산), 중국, 일본, 러시아의 극동, 유럽, 북아메리카

장백젖버섯

Lactarius changbaiensis Y. Wang & Z. X. Xie

형태 균모는 육질이고 지름은 3~10㎝이며 반구형에서 둥근산 모양을 거쳐 편평형으로 된다. 균모의 표면은 습할 때 점성이 있으며 털이 있고 마르면 연한 육계색, 습기가 있을 때는 암갈색이고 넓고 짙은 색깔의 고리무늬가 있거나 또는 희미하다. 균모 주변부는 초기 안으로 감기고 후에 펴진다. 살은 치밀하고 연약하며 연한 육계색이고 상처 시에도 변색치 않으며 송진 냄새가 난다. 젖은 백색이나 다소 맑아지며 변색치 않는다. 주름살은 자루에 대하여 바른주름살 또는 내린주름살로 밀생하며 나비가 좁고 횡맥이 있으며 연한 육계색이다. 자루의 길이는 3~7㎝, 굵기는 1~3㎝이고 위아래의 굵기가 같으며 균모와 동색이거나 연한 색이다. 자루의 속은 차 있다. 포자의 크기는 8~10×6~8.5㎛로 타원형 또는 아구형으로 멜저 시약에서 보면 가닥이 난 척선과 고립된 가시가 확인되나 그물꼴을 이루지 않는다. 낭상체는 방추형 또는 방망이모양으로 정단은 둥글고 50~90×6~11㎛이다.

생태 여름 / 관목류의 풀숲 사이의 땅에 군생

분포 한국(백두산), 중국

노란젖버섯

Lactarius chrysorrheus Fr.

형태 균모의 지름은 5~9cm, 중앙이 오목한 둥근산모양에서 약간 깔때기형으로 된다. 표면은 황색을 띤 연한 살색인데 진한 색으로 된 동심원의 무늬가 있다. 습기가 있을 때는 약간 점성이 있으며 건조되기 쉽다. 살은 백색이나 상처 시 황색으로 변색한다. 젖은 백색인데 공기에 닿으며 황색으로 변색하며 매운맛이 있다. 주름살은 자루에 대하여 내린주름살로 크림색-연한 살색이며 오래되면 적갈색이다. 폭은 보통이고 밀생한다. 자루의 길이는 5~7cm, 굵기는 1~2cm로 균모와 같은 색이고 속은 비어 있다. 포자의 크기는 8~9×6~7.5㎛로 아구형이고 표면에 사마귀와 희미한 그물눈이 있다. 포자문은 크림백색이다.
생태 가을 / 활엽수가 섞인 소나무 숲의 땅에 군생
분포 한국(백두산), 일본, 중국, 시베리아, 유럽
참고 식용

염소털젖버섯

Lactarius cilicioides (Fr.) Fr.

형태 균모의 지름은 10~20cm로 중앙이 깊게 들어간 둥근산모양이다. 표면은 끈기가 있고 연한 황색의 황토색, 황색의 섬유상 인편이 산재되며 가장자리 쪽으로 더 많아지고 강한 색을 띤다. 때때로 아래로 감긴 가장자리 끝에 현저한 연한 색의 털로 띠를 형성하기도 한다. 살은 연한 황색이다. 주름살은 자루에 대하여 내린주름살로 연한 분홍색의 황토색, 폭이 좁거나 약간 촘촘하다. 자루의 길이는 4~8cm, 굵기는 20~45mm로 짧고 굵다. 흔히 밑동 쪽으로 가늘어지고 균모와 같은 색이거나 약간 연하다. 자루의 가운데에 큰 빈곳이 생기기도 하며 단단하다. 포자의 크기는 7.5~8.5×6㎛로 광타원형-아구형이며 그물눈이 덮여 있다. 포자문은 연한 황토색이다.

생태 늦여름~초가을 / 자작나무 등 활엽수 숲속의 땅에 발생

분포 한국(백두산), 유럽

참고 독버섯으로 의심되므로 피하는 것이 좋다.

테젖버섯

Lactarius circellatus Fr.

형태 균모의 지름은 3~7㎝로 편평한 둥근산모양에서 차차 편평해지며 중앙이 약간 무딘 톱니상이다. 표면은 고르거나 약간 고르지 않은 상태이며 습기가 있을 때 약간 매끈하다. 색은 핑크 라일락색의 짙은 회갈색이지만 곳곳에 백색가루상과 짙은 띠가 있다. 가장자리는 고르고 오랫동안 아래로 말린다. 살은 백색이며 향료 냄새가 나고 맛은 온화하고 약간 쓰다. 주름살은 자루에 대하여 좁은 올린주름살로 포크형이며 어릴 때 백색에서 크림색을 거쳐 황토노란색으로 된다. 가장자리는 전연이다. 자루의 길이는 2.5~4.5㎝, 굵기는 1~2㎝로 원통형이며 속은 차 있다가 빈다. 표면은 밋밋하고 미세한 세로줄의 섬유상이며 크림색에서 황토회색 또는 황토적색으로 되지만 가끔 아래쪽은 오렌지갈색의 얼룩이 있다. 젖은 백색에서 서서히 녹색-크림색으로 변색하고 맛은 맵고 쓰다. 포자의 크기는 6.4~7.8×5.3~6.6㎛로 광타원형, 장식돌기의 높이는 0.8㎛로 표면의 사마귀반점들은 따로따로 떨어져 독립적으로 존재한다. 담자기는 막대형으로 40~46×9~10㎛이다. 연낭상체는 방추형에서 막대형이며 25~55×5~9㎛이다. 측낭상체는 방추형으로 45~70×8~9㎛이다.

생태 여름~가을 / 활엽수림의 숲속에 단생 · 군생

분포 한국(백두산), 유럽

참고 희귀종

작은테젖버섯

Lactarius circellatus var. **circellatus** Fr.

형태 균모의 지름은 3~7cm로 편평한 둥근산모양에서 차차 편평해지며 중앙이 약간 무딘 톱니상이다. 표면은 고르거나 약간 고르지 않은 상태이며 습기가 있을 때 약간 매끈하다. 색은 핑크 라일락색의 짙은 회갈색이지만 곳곳에 백색가루상과 짙은 띠가 있다. 가장자리는 고르고 오랫동안 아래로 말린다. 살은 백색이며 향료 냄새가 나고 맛은 온화하고 약간 쓰다. 주름살은 자루에 대하여 좁은 올린주름살로 포크형이며 어릴 때 백색에서 크림색을 거쳐 황토노란색으로 된다. 가장자리는 전연이다. 자루의 길이는 2.5~4.5cm, 굵기는 1~2cm로 원통형, 속은 차 있다가 빈다. 표면은 밋밋하고 미세한 세로줄의 섬유상이며 크림색에서 황토회색 또는 황토적색으로 되지만 가끔 아래쪽은 오렌지갈색의 얼룩이 있다. 젖은 백색에서 서서히 녹색-크림색으로 변색하고 맛은 맵고 쓰다. 포자의 크기는 6.4~7.8×5.3~6.6㎛로 광타원형, 사마귀 반점들은 따로따로 떨어져 독립적으로 존재한다. 담자기는 막대형으로 40~46×9~10㎛이다.

생태 여름~가을 / 활엽수림의 숲속에 단생 · 군생

분포 한국(백두산), 유럽

쌈젖버섯

Lactarius controversus Pers.

형태 균모의 지름은 7~23cm로 중앙이 들어간 둥근산모양에서 약간 깔때기형이 된다. 표면은 끈기가 있고 유백색이며 분홍색의 얼룩이 있지만 성숙하면 엷게 퇴색되기도 하며 눌린 섬유상이 있다. 가장자리는 처음에 아래로 말려 있으나 나중에 펴진다. 살은 흰색이고 단단하다. 젖은 흰색이고 변색하지 않는다. 주름살은 자루에 내린주름살로 촘촘하고 얇으며 폭은 3~6mm로 연한 분홍색-자주색의 황갈색이다. 자루의 길이는 3~8cm, 굵기는 1.5~5cm로 상하가 같은 굵기이거나 아래쪽이 가늘고 균모와 같은 색이다. 자루의 속은 차 있으나 나중에 비기도 하며 자루의 표면에 간혹 반점이 생긴다. 포자의 크기는 6~7.5×4.5~5㎛로 타원형으로 표면에 그물눈이 덮여 있다.

생태 여름 / 침엽수, 활엽수의 혼효림의 땅에 산생

분포 한국(백두산), 중국, 일본, 중국, 유럽, 북아메리카

끝말림젖버섯

Lactarius deceptivus Peck

형태 균모의 지름은 7.5~25.5cm, 둥근산모양에서 넓은 깔때기형으로 되며 가장자리는 분명히 아래로 말린다. 표면은 어릴 때 솜털상이나 건조하면 밋밋해지며 유백색이지만 노란색 또는 갈색으로 물들며 성숙하면 거친 인편이 있고 검은색에서 황토갈색으로 된다. 살은 두껍고 백색으로 톡 쏘는 냄새가 나지만 불분명하고 강한 신맛과 매운맛이 있다. 젖은 노출 시 백색으로 변색하지 않는다. 주름살은 자루에 대하여 올린주름살로 약간 밀생하거나 성긴 상태이고 처음 백색에서 크림색을 거쳐 연한 황토색으로 된다. 자루의 길이는 4~10cm, 굵기는 3cm로 거의 원주형이며 아래로 가늘다. 표면은 건조성, 비듬상태에서 거의 매끈하게 되며 백색에서 갈색으로 물든다. 포자문은 백색에서 유백색이다. 포자의 크기는 9~13×7~9㎛로 광타원형이고 표면은 사마귀반점과 가시가 있으나 그물꼴은 형성하지 않으며 돌기 높이는 1.5㎛로 투명하다. 아미로이드 반응이다.

생태 여름~가을 / 침엽수림과 활엽수림의 땅에 단생 · 군생 · 산생

분포 한국(백두산), 중국, 북아메리카

맛젖버섯

무당버섯과 ≫ 젖버섯속

Lactarius deliciosus (L.) Gray

형태 균모 지름은 3~11cm이며 둥근산모양에서 편평하게 되며 중앙부는 배꼽모양에서 깔때기형으로 된다. 습할 시 점성이 있고 매끈하며 살색 또는 홍색, 귤황색으로 동심원 무늬가 있으나 나중에 희미하게 된다. 가장자리는 아래로 감기며 상처 시 녹색으로 변한다. 살은 굳고 부서지기 쉬우며 백색에서 귤홍색으로 되고 상처 시 남녹색으로 변하며 향기가 난다. 젖은 오렌지-적색으로 희미한 푸른색으로 변하고 맛은 온화하다. 주름살은 바른주름살 또는 내린주름살로 빽빽하며 갈라지고 주름사이에 횡맥이 있다. 균모와 동색이며 상처 시 남녹색이 된다. 자루 높이 2~5cm, 굵기 1~2cm이고 원주형이나 아래로 가늘어지며 암오렌지색의 오목하게 패인 자리가 있다. 귤홍색으로 상처 시 남녹색으로 변하고 속은 스펀지 같고 속이 빈다. 포자는 8~10.5×6.5~7.5㎛로 타원형이고 혹과 그물눈무늬가 있다. 포자문은 연한 황색이다.
생태 여름 / 활엽수, 혼효림, 숲의 땅에 단생 · 군생 · 산생하며 분비나무, 가문비나무 또는 이깔나무와 외생균근을 형성
분포 한국(백두산), 중국

마른젖버섯

무당버섯과 ≫ 젖버섯속

Lactarius dryadophilus Kühn.

형태 균모의 지름은 4~8cm로 둥근산모양에서 편평해지고 중앙은 배꼽형이다. 표면은 고르고 가루상이며 습할 시 빛나고 크림색에서 노란색 또는 황토갈색으로 된다. 가장자리는 아래로 말리고 털이 있으나 나중에 매끈해진다. 살은 유백색으로 상처 시 자색으로 변색하며 냄새가 나고 맛은 온화하다. 주름살은 넓은 올린주름살, 또는 약간 내린주름살로 포크형이고 크림색에서 노랑-황토적색으로 된다. 가장자리는 전연이다. 자루의 길이는 2~4cm, 굵기는 1~2cm로 원통형에서 약간 배불뚝이형으로 이기부로 가늘며 속은 차 있다가 빈다. 밋밋하며 백색의 가루상으로 되고 노란색의 흠집이 있고 기부 쪽으로 반점들이 있다. 젖은 백색이고 손으로 만지면 라일락색으로 변색하며 맛은 온화하다. 포자는 8~11.6×6.5~9.5㎛로 아구형이며 사마귀반점들과 융기된 선들이 연결되어 그물꼴을 형성한다. 담자기는 배불뚝이형으로 60~80×12~15㎛이다.
생태 여름 / 숲속의 풀밭에 단생 · 군생
분포 한국(백두산), 중국, 유럽

솔송나무젖버섯

Lactarius deterrimus Gröger

형태 균모의 지름은 6~10cm로 어릴 때는 가운데가 오목한 낮은 둥근산모양에서 중앙이 오목하게 펴진다. 습기가 있을 때는 점성이 있으며 광택이 있지만 건조할 때는 광택이 없다. 밝은 오렌지색-탁한 오렌지색이지만 초록색의 얼룩이 생기고 희미한 테무늬가 나타난다. 가장자리는 백분상이다. 젖은 오렌지색으로 20분쯤 후에 와인적색에서 검은 와인갈색으로 변하였다가 퇴색하고 녹색으로 된다. 맛은 온화하지만 쓰다. 주름살은 자루에 대하여 내린주름살로 진한 오렌지색-황토색이며 폭이 좁고 촘촘하며 부분적으로 암녹색으로 변색한다. 자루의 길이는 3~5cm, 굵기는 12~25mm로 어릴 때는 오렌지색, 오래되면 초록색의 얼룩이 생긴다. 어릴 때는 속이 차 있으나 나중에 비게 된다. 꼭대기 부근이 가늘며 유백색이다. 포자의 크기는 7.5~9.4×6.1~7.4μm로 타원형이고 표면에 사마귀모양으로 높게 돌출되며 부분적으로 그물눈을 형성한다. 담자기는 50~62×10~12μm로 막대형이고 4-포자성이다.
생태 여름~가을 / 소나무나 분비나무 등 침엽수림의 땅에 군생
분포 한국(백두산), 중국, 유럽, 북아메리카

크림젖버섯

Lactarius evosmus Kühn. & Romagn.

형태 균모의 지름은 3~7cm이고 편평한 둥근산모양에서 차차 편평하여져서 깔때기모양으로 된다. 표면은 고르고 무디고 건조 시 약간 가루상이고 습기가 있을 때 비단결로 매끈하다. 색깔은 크림색, 황토노란색의 얼룩이 있고 중앙은 황토노란색이며 불분명한 띠가 있다. 가장자리는 오랫동안 아래로 말리고 밋밋하며 물결형이다. 육질은 백색이며 상처 시 변색하지 않고 건조 시 사과 냄새가 나고 맛은 맵다. 젖은 백색이며 상처 시 변색하지 않으며 매운맛이다. 주름살은 자루에 대하여 넓은 올린주름살 또는 내린주름살로 많은 포크형이며 어릴 때 백색에서 적색의 황토갈색으로 된다. 가장자리는 전연이다. 자루의 길이는 25~50mm, 굵기는 10~15mm로 원통형이며 기부로 가늘어지고 속은 차 있다. 표면은 밋밋하고 가루가 전체를 덮으며 백색의 황토색의 얼룩이 있다. 포자의 크기는 7.5~9.3×6~7㎛로 타원형, 장식돌기의 높이는 0.8㎛로 사마귀반점들은 융기의 연결사로 연결되어 그물꼴을 형성한다. 담자기는 막대형으로 40~60×10~12㎛이다.

생태 여름~가을 / 활엽수림과 혼효림의 숲의 땅에 단생 · 군생

분포 한국(백두산), 유럽

물결젖버섯

Lactarius flexuosus (Pers.) Gray

형태 균모의 지름은 4~12cm, 어릴 때 둥근산모양이나 중앙은 편평한 모양에서 차차 편평하게 되며 중앙은 약간 톱니형이고 불규칙한 물결형이다. 표면은 고르고 무디며 건조 시 가루상이고 습기가 있을 때 약간 미끄럽고 광택이 난다. 색깔은 보라적색에서 라일락색을 거쳐 회색으로 된다. 가장자리는 오랫동안 아래로 말리고 고르며 예리하다. 살은 백색이며 약간 과일 냄새가 나고 맛은 맵다. 주름살은 자루에 대하여 넓은 올린주름살로 연한 크림색에서 적황토색으로 되며 약간의 포크형이다. 가장자리는 전연이다. 자루의 길이는 25~50cm, 굵기는 10~25mm로 원주형이고 기부로 가늘어지며 속은 차 있다. 표면은 고른 상태서 약간 맥상의 홈선이 있고 어릴 때 라일락색이 있으며 가루상의 백색에서 라일락-회색으로 되며 기부 쪽으로 노랑 황토색이다. 젖은 백색으로 변색하지 않으며 매운맛이다. 포자의 크기는 6.5~8.5×5.5~7㎛로 아구형에서 타원형이고 독립된 사마귀반점들이 융기로 연결된 그물꼴을 형성한다. 담자기는 막대형으로 30~50×9~11㎛로 4-포자성이나 간혹 2-포자성이다. 연낭상체는 37~65×6~8㎛로 방추형 또는 원주형이고 많다. 측낭상체는 방추형이며 30~105×4~10㎛로 많이 있다.

생태 여름~가을 / 혼효림의 땅에 군생

분포 한국(백두산), 유럽

꽃젖버섯

Lactarius floridanus Beardslee & Burlingha

형태 균모의 지름은 12cm 정도로 아취형의 배꼽형으로 중앙은 깊게 패인다. 표면은 점성이 있으며 환문이 약간 있다가 없어지며 긴 엉킨 털이 있다. 색은 갈색의 핑크색에서 오렌지갈색으로 되고 중앙은 옅은 황갈색에서 밝은 노란색으로 되는 등 다양하다. 가장자리는 아래로 말리지만 나중에 펴진다. 살은 단단하고 두꺼우며 백색에서 연한 노랑의 핑크색으로 되며 향료 냄새가 나고 맛은 맵다. 젖은 조금 분비되며 백색이며 공기에 닿아도 변색하지 않고 매운 맛이다. 주름살은 올린주름살에서 약간 내린주름살로 광폭이고 가끔 포크형이다. 표면은 백색에서 성숙하면 꿀색의 노란색으로 된다. 자루의 길이는 2~4cm, 굵기는 1.4~2.3cm로 거의 원통형이고 건조성이며 단단하고 속은 차고 꼭대기는 가루상이다. 표면은 가끔 흠집이 있으며 핑크황갈색에서 연한 붉은 황갈색으로 되며 오래되면 노란색으로 된다. 포자는 7.5~9×5~6㎛로 타원형 또는 거의 난형, 표면은 사마귀반점과 융기로 되며 부분적으로 그물꼴을 형성하며 투명하다. 아미로이드 반응이다.

생태 여름~겨울 / 참나무류와 소나무류의 혼효림에 모래땅에 군생

분포 한국(백두산), 북아메리카

고동색젖버섯

무당버섯과 ≫ 젖버섯속

Lactarius fulvissimus Romgn.

형태 균모의 지름은 2~5.5cm로 둔원추형에서 둥근산모양을 거쳐 편평해진다. 표면은 고르고 후에 중앙은 약간 결절형으로 되며 흑적갈색에서 약간 오렌지갈색으로 되며 가장자리 쪽으로 퇴색한다. 가장자리는 고르고 줄무늬선이 있다. 살은 백색에서 크림색, 냄새가 나고 맛은 온화하나 쓰다. 젖은 백색으로 맛은 온화하다. 주름살은 넓은 올린주름살에서 약간 내린주름살로 되며 백색에서 오렌지노란색으로 되며 포크형이다. 가장자리는 전연이다. 자루의 길이는 3~7cm, 굵기는 5~12mm로 원통형이며 속은 차고 푸석푸석하게 빈다. 표면은 오렌지색의 크림색에서 적갈색으로 된다. 표면 전체가 백색의 가루상이다. 포자의 크기는 7~9.5×5.5~8㎛로 광타원형에서 아구형이며 많은 사마귀반점들과 융기가 연결되어 그물꼴을 형성한다. 담자기는 막대형으로 32~50×10~13㎛로 4-포자성이다.

생태 늦여름~가을 / 활엽수림과 혼효림의 땅에 군생

분포 한국(백두산), 유럽, 북아메리카

푸른유액젖버섯

무당버섯과 ≫ 젖버섯속

Lactarius glaucescens Crossland

형태 균모의 지름은 3.5~15cm로 편평한 둥근산모양에서 깔때기형으로 된다. 고른 상태서 방사상의 주름으로 된다. 비단 광택이 나며 연한 크림색 흔히 황토색 반점을 가지며 중앙은 주름지고 적황토색이며 불규칙하고 표면이 갈라진다. 가장자리는 아래로 말렸다가 고르게 되며 날카롭다. 살은 크림색, 자르면 녹색으로 변색되며 말린 사과 냄새가 나고 맵다. 젖은 백색에서 올리브-녹색으로 되며 맛은 쓰고 공기에 노출되어도 변하지 않는다. 주름살은 내린주름살로 크림색이며 폭이 넓고 밀생한다. 상처 시 갈색으로 된다. 자루의 길이는 3~9cm, 굵기 1~3.5cm로 원통형으로, 기부로 비틀리고 속은 차 있다. 표면은 긴 세로줄의 맥상 또는 홈선이 있으며 백색이나 상처 시 와인색에서 황토노란색으로 변색한다. 포자의 크기는 6.5~8.5×5~6㎛로 타원형으로 사마귀반점들은 그물꼴을 형성한다. 담자기는 40~45×7~10㎛로 가는 막대형이며 4-포자성이다.

생태 여름 / 혼효림의 땅에 단생 · 군생

분포 한국(백두산), 유럽, 북아메리카

애기젖버섯

Lactarius gerardii Peck

형태 균모의 지름은 5~7㎝로 둥근산모양에서 차차 편평하게 되고 중앙이 들어가지만 한가운데는 돌출한다. 표면은 점성이 없고 비로드 같은 가는 털이 밀생하며 주름이 지고 줄무늬홈선이 있으며 회갈색-황갈색이다. 살은 백색-연한 크림색이고 상처를 입으면 흰젖을 많이 분비하며 맵지 않고 변색되지 않는다. 주름살은 자루에 대하여 바른주름살에서 내린주름살로 되며 백색이고 가장자리는 암갈색이며 폭이 넓고 성기다. 자루의 길이는 3~6㎝, 굵기는 8~15mm로 균모와 같은 색으로 속이 비었다. 표면은 비로드상이고 꼭대기에는 주름살과 연결된 융기가 있다. 포자의 크기는 8~10.5×7.5~9.5㎛로 아구형이며 표면에 그물눈이 있다. 포자문은 백색이다.

생태 여름~가을 / 활엽수림의 땅에 단생 · 산생

분포 한국(백두산), 일본, 북반구 온대

참고 식용

이끼젖버섯

Lactarius glyciosmus (Fr.) Fr.

형태 균모의 지름은 2~4cm로 둥근산모양에서 차차 편평해지며 중앙에 볼록을 가지며 중앙은 무딘 톱니형에서 깔때기모양으로 된다. 표면은 미세한 털이 있고 무디며 회색-갈색-라일락색에서 퇴색하여 크림 노란색으로 되거나 또는 밝은 황토색으로 된다. 때때로 띠를 형성하며 약간 무딘 인편이 분포한다. 가장자리는 오랫동안 아래로 말리며 털상에서 매끈해지며 오래되면 물결형이다. 육질은 백색에서 크림색이며 습기가 있을 때 밝은 황토색이고 코코넛 냄새가 나고 맛은 맵다. 젖은 백색이고 변색하지 않으며 맛은 맵다. 주름살은 자루에 대하여 넓은 올린주름살에서 약간 내린주름살로 대부분 포크형이고 크림색에서 밝은 황토색이다. 가장자리는 전연이다. 자루의 길이는 3~6.5cm, 굵기는 5~10mm로 원통형이며 속은 차고 오래되면 빈다. 표면은 고르고 어릴 때 황토색 바탕에 백색의 섬유실이 있으나 나중에 매끈해지며 어릴 때 라일락색에서 크림색-황토색으로 된다. 포자의 크기는 5.8~8.2×5.2~6.9㎛로 광타원형이고 융기된 맥상에 의하여 연결되어 그물꼴을 형성한다. 포자문은 연한 크림색에서 핑크황갈색으로 된다.

생태 여름~가을 / 숲속의 이끼류 등에 군생

분포 한국(백두산), 유럽, 북아메리카, 아시아

애기털젖버섯

Lctarius gracilis Hongo

형태 균모의 지름은 1~2.5cm로 원추형에서 평평하게 펴지고 나중에는 다소 깔때기모양이 되지만 중심에 항상 원추상의 작은 돌기가 있다. 표면은 건조하고 테무늬는 없으며 중앙부는 다갈색-회갈색이다. 가장자리는 연한 갈색으로 미세한 알갱이 또는 융털이 있으며 거친 털이 테두리를 두르고 있다. 살은 얇고 연한 갈색이다. 젖은 흰색이고 변색하지 않는다. 주름살은 자루에 대하여 바른주름살의 내린주름살로 흔히 분지하며 연한 갈색을 띠지만 상처를 받으면 탁한 갈색의 얼룩이 생긴다. 폭은 보통이고 약간 밀생하나 약간 성기다. 자루의 길이는 2~7cm, 굵기는 1~3.5cm로 원주형이나 밑동은 다소 가늘며 흰색에서 연한 황갈색으로 된다. 포자의 크기는 6.3~8.5×5~6.1㎛로 타원형이고 표면의 돌기물이 부분적으로 그물눈을 형성하면서 돌출한다. 포자문은 연한 황색이다.

생태 여름~가을 / 참나무류 등의 활엽수림과 소나무, 전나무 등의 혼효림의 땅에 군생

분포 한국(백두산), 북반구 일대

젖버섯아재비

Lactarius hatsutake Nobuj.

형태 균모의 지름은 5~10cm이며 둥근산모양에서 차차 편평하게 되며 중앙부는 오목하거나 배꼽모양인데 나중에 얕은 깔때기형으로 된다. 표면은 습기가 있을 때 점성이 약간 있으며 털이 없어서 매끈하다. 색은 살색, 홍갈색, 오렌지황색 등이며 진한 색의 동심원상의 무늬가 있고 상처 시 남녹색으로 변색한다. 가장자리는 처음에 아래로 감긴다. 살은 부서지기 쉽고 분홍색이나 상처 시 남녹색으로 변색하며 조금 맵다. 젖은 혈홍색에서 점차 남녹색으로 변색한다. 주름살은 자루에 대하여 내린주름살로 밀생하며 갈라지고 폭은 좁고 오렌지색 또는 오렌지황색이며 상처 시 남녹색으로 된다. 자루의 높이는 3.5~6cm, 굵기는 1~2.5cm이고 원주형이나 아래로 가늘어지며 기부는 구부정하고 균모와 동색이다. 자루의 속은 비어 있다. 포자의 크기는 8.5~9×6.2~7㎛로 광타원형이고 표면에 그물눈 무늬가 있다. 포자문은 연한 황색이다. 낭상체는 명확하지 않다.

생태 초여름~가을 / 잣나무, 활엽수, 혼효림과 이깔나무 숲의 땅에 단생 · 군생하며 소나무와 외생균근을 형성

분포 한국(백두산), 일본

참고 식용

비듬젖버섯

Lactarius hibbardiae Pk.

형태 균모의 지름은 2~8cm로 편평한 둥근산모양에서 차차 편평해지나 중앙이 들어가며 중앙에 젖꼭지가 있다. 표면은 갈라지고 인편이 있으며 회색의 검은 핑크갈색이고 마르고 미세한 털이 있거나 비듬상이다. 가장자리는 고르고 열편상이다. 살은 백색이지만 균모 밑의 표피의 색깔이 가미된 색이다. 코코넛 냄새가 나고 맛은 맵다. 젖은 백색으로 변색하지 않으며 건조하면 크림색으로 되며 백색의 노랑 또는 황토색 등으로 물들인다. 주름살은 자루에 대하여 바른주름살 또는 내린주름살로 조금 밀생에서 밀생하며 폭은 좁고 크림색에서 연한 황토색을 거쳐 희미한 핑크적색으로 된다. 자루의 길이는 2~5cm, 굵기는 4~10mm로 속은 비고 균모와 동색이다. 기부는 백색으로 마르면 홍조색의 희미한 색이다. 포자의 크기는 6.5~9×5~6.5㎛로 광타원형이고 장식물은 띠를 형성하며 부분적으로 그물꼴을 형성한다. 포자문은 백색-크림색이다.

생태 여름~가을 / 침엽수림과 혼효림의 이끼류에 군생

분포 한국(백두산), 중국, 북아메리카

쪽빛젖버섯

Lactarius indigo var. **indigo** (Schwein.) Fr.

형태 균모의 지름은 5~10cm로 처음에 중앙은 배꼽형으로 얕은 둥근산모양에서 펴져서 편평하게 접시 같은 깔때기형으로 된다. 표면은 습기가 있을 때 약간 점성이 있으며 남청색이다. 진한 환문을 나타내며 오래되면 퇴색하여 연한 오황록색으로 된다. 가장자리는 어릴시 아래로 말린다. 육질은 두껍고 단단하고 백색이며 절단하면 약간 빨리 청색으로 변색하며 표피 아래쪽은 짙은 색이지만 마침내 녹색으로 된다. 젖은 남색으로 적게 분비하지만 공기에 접촉하면 녹색으로 변색하며 거의 맛이 없다. 주름살은 자루에 대하여 바른주름살 또는 내린주름살로 약간 밀생하며 남청색에서 연한 청색으로 되며 상처 시 부분적으로 녹색으로 변색한다. 자루의 길이는 2~5cm, 굵기는 1~2cm로 상하가 같은 굵기 또는 아래로 가늘다. 표면은 균모와 동색이며 속은 차 있다가 빈다. 포자의 크기는 6.5~8.5×5.5~6㎛로 광타원형-광난형, 표면에 그물꼴을 형성한다.

생태 여름~가을 / 혼효림의 땅에 군생 · 단생

분포 한국(백두산), 중국, 일본, 북아메리카

깔때기젖버섯

Lactarius intemedius (Krombh.) Berk. & Br.

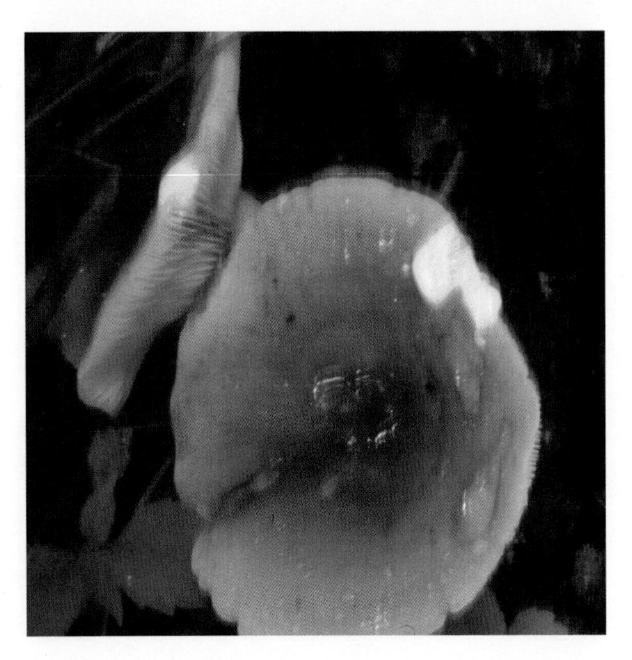

형태 균모의 지름은 5~10cm로 편평한 둥근산모양에서 편평하게 되며 중앙은 무딘 톱니상이고 깊은 깔때기형이다. 표면은 고르고 매끈하며 습기가 있을 때 광택이 나며 크림 노란색에서 밝은 레몬 노란색으로 된다. 가장자리는 오랫동안 아래로 말리고 어릴 때 백색의 가루상이다. 육질은 백색이고 상처 시 부분적으로 황색-노란색으로 변색하며 과일 냄새가 나며 맛은 맵다. 주름살은 자루에 대하여 넓은 올린주름살 또는 약간 내린주름살로 많은 포크형이 있다. 연한 크림색에서 핑크색의 연한 황토색이다. 가장자리는 전연이다. 자루의 길이는 40~50mm, 굵기는 15~30mm로 원통형으로 때때로 기부로 가늘고 또는 굵은 것도 있으며 어릴 때 속은 차 있다가 빈다. 표면은 고르고 어릴 때 백색이고 가루상이며 나중에 밝은 노란색에서 밝은 황토색으로 되며 가끔 미세한 반점들이 분포한다. 젖은 백색에서 황노란색으로 변색하고 맛은 맵다. 포자의 크기는 7.1~8.8×6.1~7.5㎛로 아구형에서 타원형이며 장식돌기 높이는 0.8㎛로 늘어진 또는 융기된 맥상에 의하여 연결되어 그물꼴을 형성한다. 담자기는 막대형으로 45~55×10~12㎛로 연낭상체는 원통형으로 25~55×6~9㎛이다. 측낭상체는 방추형으로 55~100×7~8㎛이다.

생태 여름~가을 / 혼효림의 숲속에 단생 · 군생

분포 한국(백두산), 중국, 유럽

참고 희귀종

붉은젖버섯

Lactarius laeticolor (Imai) Imaz. & Hongo

형태 균모의 지름은 5~15cm로 둥근산모양에서 편평하게 펴지며 깔때기형으로 된다. 표면은 습기가 있을 때 점성이 있다. 색은 연한 오렌지황색이나 약간 진한색의 선명하지 않은 동심원의 무늬가 있다. 살은 유백색에서 오렌지색이다. 젖은 당근색이고 다량 분비되며 변색하지 않는다. 주름살은 자루에 대하여 바른주름살 또는 내린주름살로 균모보다 색이 진하고 밀생하며 폭이 좁다. 자루의 길이는 3~10cm, 굵기는 5~17mm로 균모와 같은 색으로 간혹 점상의 얕은 요철 홈선이 생기기도 하며 그 부분은 진하다 자루의 속은 텅 비어 있다. 포자의 크기는 7.4~10×6.2~7㎛로 광타원형이고 표면에 그물눈이 있다.
생태 여름~가을 / 전나무 숲의 땅
분포 한국(백두산), 중국, 일본, 시베리아
참고 식용

잿빛헛대젖버섯

Lactarius lignyotus Fr.

형태 균모의 지름은 3~7cm이며 반구형에서 차차 편평형으로 되고 나중에 낮은 깔때기형으로 되며 가끔 배꼽모양으로 돌출한다. 표면은 마르며 비로드모양이고 고리무늬가 없으며 암다갈색, 흑갈색, 그을음 갈색 등이다. 가장자리는 처음에 아래로 감기지만 나중에 펴졌다가 위로 들린다. 살은 백색이지만 상처 시 분홍색이 된다. 젖은 백색이고 처음에는 많이 분비되나 나중에는 적어지며 때로는 약간 맑아지며 변색도 잘 하지 않으며 다만 상처 부위가 분홍색이 될 정도이다. 맛은 처음에 유화하나 나중에는 조금 맵다. 주름살은 자루에 대하여 바른주름살 내지 내린주름살로 약간 빽빽하며 길이가 같지 않으며 백색에서 황색으로 된다. 자루의 높이는 4~8cm, 굵기는 0.6~1cm로 상하의 굵기가 같으며 상부에 세로줄의 홈선이 있으며 균모와 동색이고 비로드모양이다. 자루의 속이 비어 있다. 포자의 지름은 7~12㎛로 구형이고 멜저액 반응에서 불완전한 그물눈이 있고 갈라진 맥상이며 가시(1㎛ 이상 돌출한) 등이 보인다. 포자문은 황색이다. 낭상체는 원주형이며 35~55×11~12㎛이다.

생태 가을 / 분비나무, 가문비나무 숲과 잣나무, 활엽수림, 혼효림의 땅에 산생

분포 한국(백두산), 중국, 일본

은색젖버섯

Lactarius mairei Malencon

형태 균모의 지름은 2~6cm로 처음 둥근산모양에서 편평하여 져서 중앙은 들어가서 깔때기모양으로 된다. 중앙에 약간 검은색의 테가 있고 약간 편평하고 털상의 인편으로 덮이며 처음은 점성이 있다. 가장자리는 솜털이 뭉친 것처럼 아래로 말린다. 살은 연한 황갈색에서 밀짚색으로 맛은 맵고 강한 과일 맛이 나며 냄새는 좋다. 젖은 백색으로 변색 하지않으며 맛은 매우 맵다. 자루의 길이는 4~6cm, 굵기는 1~1.5cm로 위아래가 같은 굵기로 단단하다. 처음은 미세한 털이 있다가 밋밋하게 된다. 주름살은 자루에 대하여 바른주름살, 또는 약간 내린주름살로 백색에서 연한 오렌지 황갈색로 밀생한다. 포자문은 크림색이다. 포자의 크기는 8~9×6~7μm로 아구형-타원형이고 표면은 그물꼴이다.

생태 늦여름~가을 / 활엽수와 혼효림의 땅에 단생, 특히 참나무 숲의 땅에 군생

분포 한국(백두산), 중국, 유럽

참고 매우 희귀종, L. torminosus와 혼동되기 쉬우나 작고 오렌지색으로 구별

유방젖버섯

무당버섯과 ≫ 젖버섯속

Lactarius mammosus Fr.

형태 균모의 지름은 3~5.5cm로 둥근산모양에서 편평형으로 되지만 중앙에 볼록을 가지며 톱니상의 물결형이다. 표면은 매끈하며 약간 섬유상 인편이 있으며 회갈색에서 올리브갈색이며 띠를 형성하며 습할 시 점성이 있고 미끈거린다. 가장자리는 아래로 말리며 나중에 예리해지고 물결형이며 줄무늬선이 있고 톱니상이다. 살은 백색으로 냄새가 나고 맵다. 주름살은 넓은 올린주름살 또는 약간 내린주름살로 포크형이며 백색에서 핑크황토색으로 된다. 가장자리는 전연이다. 자루의 길이는 2~3cm, 굵기는 8~12mm로 원통형이며 기부는 부풀고 속은 차 있다. 표면은 미세한 맥상이고 백색에서 핑크-황토갈색으로 된다. 젖은 백색이고 변색하지 않으며 맵다. 포자는 6.3~8.6×5~6.7㎛로 아구형에서 타원형으로 사마귀반점들은 융기된 맥상로 연결되어 그물꼴을 형성한다. 담자기는 원통형에서 배불뚝이형으로 40~50×8~10㎛이다.

생태 여름~가을 / 숲속의 땅에 군생

분포 한국(백두산), 유럽

독젖버섯

무당버섯과 ≫ 젖버섯속

Lactarius necator (Bull.) Pers.

형태 균모의 지름은 5.5~13cm이며 반구형에서 둥근산모양으로 되며 중앙부는 오목하고 가장자리는 활모양이다. 표면은 습할시 점성이 있고 연한 황갈색이고 암 올리브녹색의 뭉친 털의 인편으로 덮여서 중앙에 밀집하며 동심원의 무늬로 배열된다. 살은 백색에서 회색으로 변색하며 단단하고 맵다. 젖은 백색이며 변색하지 않는다. 주름살은 내린주름살로 밀생하고 백색이나 상처 시 회색 또는 갈색으로 변색한다. 자루는 높이 5~8cm, 굵기 1~3cm이고 상하의 굵기가 같거나 아래로 가늘어지며 균모와 동색이고 얽은 줄무늬홈선이 있다. 자루의 속은 차 있으나 나중에 빈다. 포자의 크기는 7~8×6.5~7㎛로 구형 또는 아구형이고 멜저시약으로 염색하며 늑골상과 가시가 확인되나 그물꼴을 형성하지는 않는다. 포자문은 유백색이다.

생태 여름~가을 / 분비나무, 가문비나무 숲과 잣나무, 활엽수 혼효림의 땅에 단생하며 분비나무, 가문비나무, 소나무, 자작나무 및 신갈나무와 외생균근을 형성

분포 한국(백두산), 중국, 일본

꼬마배꼽젖버섯

무당버섯과 ≫ 젖버섯속

Lactarius omphaliiformis Romagn.

형태 균모의 지름은 1~2cm로 편평한 둥근산모양에서 편평해지며 중앙은 배꼽모양으로 되지만 작고 예리하게 돌출한다. 표면은 어릴 때 매끈하고 과립 또는 비듬 같은 것이 있으며 오래되면 압착된 인편으로 되며 오렌지적색에서 오렌지황토색으로 된다. 가장자리는 투명한 줄무늬선이 거의 중앙까지 발달한다. 살은 크림색에서 갈색, 냄새는 거의 없고 맛은 온화하다. 주름살은 자루에 대하여 넓은 올린주름살 또는 약간 내린주름살로 크림색에서 핑크갈색으로 되며 약간 포크형이다. 가장자리는 전연이다. 자루의 길이는 1.5~3cm, 굵기는 2~3.5mm로 원통형으로 속은 비었다. 표면은 고르고 짙은 오렌지색에서 적갈색이다. 젖은 백색이며 변색하지 않는다. 포자의 크기는 8~10×6~7.5㎛로 류타원형이고 장식돌기의 높이는 1.5㎛로 표면의 사마귀반점들은 융기상으로 그물꼴을 형성한다. 담자기는 막대형으로 33~45×11~12.5㎛로 1~2~4-포자성이다. 연낭상체는 굽은 막대형이며 15~40×3.5~5.5㎛이며 많이 있다. 측낭상체는 방추형에서 굽은 막대형으로 25~90×5~10㎛이다.

생태 여름~가을 / 습지의 땅 또는 이끼류 사이에 군생

분포 한국(백두산), 유럽

색바랜젖버섯

무당버섯과 ≫ 젖버섯속

Lactarius pallidus Pers.

형태 균모의 지름은 4~8cm로 거의 반구형에서 둥근산모양을 거쳐 편평하게 되고 중앙은 약간 무딘 톱니상이다. 표면은 고른 상태서 약간 맥상이고 상처 시 크림색에서 오렌지황토색이 되며 습기가 있을 때 점성이 있고 미끈거린다. 가장자리는 오랫동안 아래로 말리고 고르다. 육질은 백색, 향료 냄새가 나며 맛은 온화하다. 어릴 때 백색에서 크림색으로 되며 상처 시 오렌지황토색으로 된다. 젖은 백색에서 크림색을 거쳐 황토색으로 되고 맛은 온화 하고 떫은 맛이 난다. 주름살은 자루에 대하여 넓은 올린주름살, 밝은 크림색에서 밝은 오렌지황토색으로 되며 곳곳에 갈색의 얼룩이 있으며 약간 포크형이다. 가장자리는 전연이다. 자루의 길이는 4~8cm, 굵기는 1~2cm로 원통형이며 어릴 때 속은 차고 나중에 방처럼 빈다. 표면은 약간 세로줄의 맥상이고 습기가 있을 때 점성이 있고 미끈거린다. 포자의 크기는 6.2~8.9×5.3~6.9㎛로 광타원형이고 장식돌기의 높이는 1㎛로 표면에 많은 사마귀반점들이 융기로 되고 그물꼴을 형성한다. 담자기는 막대형이고 40~47×10~11㎛이다. 연낭상체는 방추형에서 막대형으로 35~80×6~8㎛이다. 측낭상체는 방추형이고 62~110×6~8㎛이다.

생태 여름~가을 / 숲속의 땅에 군생

분포 한국(백두산), 유럽

녹변젖버섯

Lactarius paradoxus Beradslee & Burlingham

형태 균모의 지름은 5~8cm, 넓은 둥근산모양에서 편평하게 되며 중앙은 깔때기모양이 된다. 가장자리는 아래로 말리나 나중에 펴져서 위로 올라간다. 표면은 밋밋하며 습할시 점성이 있어서 미끈거리며 어릴 때 은색의 광택이 난다. 회청색의 띠로 된 환문이 있으며 회자색, 녹색, 청색 등이고 상처 시 녹색으로 변색한다. 살은 두껍고 백색으로 녹청색으로 되며 상처 시 녹색으로 변색하고 냄새는 불분명, 맛은 온화하고 맵다. 젖은 소량 분비, 공기에 닿으면 검은 자갈색으로 되며 살을 녹색으로 물들이며 맛은 온화, 또는 맵다. 주름살은 올린주름살에서 약간 내린주름살로 좁은 폭에서 또는 넓은 폭이 있으며 밀생한다. 자루 근처는 포크형이고 핑크 오렌지색으로 상처 시 청녹색으로 변색한다. 자루의 길이는 2~3cm, 굵기는 1~1.5cm로 거의 원주형이나 아래로 가늘며 속은 비고 균모와 동색이며 상처 시 또는 오래되면 녹색으로 물든다. 포자문은 크림색에서 노란색이다. 포자의 크기는 7~9×5.5~6.5㎛로 광타원형이고 표면은 사마귀반점과 융기된 맥상으로 부분적으로 그물꼴을 형성하며 투명하다.
생태 여름~가을 / 풀밭, 혼효림에 단생 · 산생 · 군생
분포 한국(백두산), 북아메리카

보라흡집젖버섯

무당버섯과 ≫ 젖버섯속

Lactarius scrobiculatus var. **canadensis** (A.H.Smith) Hesler & A.H.Smith

형태 균모의 지름은 4~15cm로 둥근산모양에서 편평하게 되며 중앙은 들어간다. 표면은 처음에 거친 털 또는 미세한 털이 있지만 성숙하면 매끈해진다. 끈기는 있다가 마르고 섬유상이고 환문은 없다. 처음부터 노란색 또는 유백색에서 올리브황색을 거쳐 노란색으로 된다. 가장자리는 아래로 말린다. 살은 두껍고 노랑으로 변색하며 향기롭고 약간 맵거나 불분명하다. 젖의 분비량은 적고 백색에서 공기에 닿으면 황노랑으로 변색하며 맵거나 불분명하다. 주름살은 약간 내린주름살로 폭은 좁거나 약간 넓고 밀생하며 포크상이다. 색깔은 유백색에서 약간 노란색 또는 연한 오렌지색으로 되며 상처 시 노란색에서 회색으로 물든다. 자루의 길이는 3~11cm, 굵기는 1~3cm로 원통형이고 속은 스펀지 상태서 비게 된다. 흡집이 있고 백색 또는 황갈색의 점을 가진 노란색으로 되며 상처 시 노란색에서 녹슨 갈색으로 된다. 포자문은 백색에서 크림색이다. 포자의 크기는 7~9×5.5~7㎛로 타원형이며 사마귀점이 있고 융기의 맥상으로 분지하고 투명하다. 아미로이드 반응이다.

생태 여름~가을 / 침엽수림의 땅에 단생 · 군생

분포 한국(백두산), 중국, 북아메리카

배불뚝무당버섯

무당버섯과 ≫ 무당버섯속

Russula cavipes Britz.

형태 균모의 지름은 2.5~6cm로 반구형에서 둔원추형을 거쳐 차차 편평해지고 중앙은 둔한 톱니상이나 가끔 결절형처럼 된 것도 있다. 표면은 고르고 광택이 나며 건조 시 버터같이 고르고 습기가 있을 때 점성이 있어서 미끈거리며 보라-자색에서 청색-라일락색를 거쳐 올리브핑크색으로 되는 등 다양한 색깔을 나타낸다. 표피는 잘 벗겨진다. 가장자리는 예리하고 줄무늬선이 있다. 살은 백색에서 밝은 노랑으로 되며 냄새는 달콤하고 맛은 온화하다. 주름살은 자루에 대하여 좁은 올린주름살로 백색에서 크림색이다. 가장자리는 전연이다. 자루의 길이는 4~6.5cm, 굵기는 8~12mm로 원통형이며 기부로 부풀고 기부는 가끔 황색이고 부푼다. 표면은 백색이며 고르고 약간 세로줄의 무늬선이 맥상으로 결된다. 자루의 속은 차 있다가 곧 빈다. 포자의 크기는 7~9.3×6.2~8㎛로 아구형 또는 타원형, 침의 길이는 1.2㎛로 침들은 그물꼴로 연결된다. 담자기는 막대형으로 37~50×10~13㎛이다.

생태 여름~가을 / 활엽수림과 혼효림의 땅에 군생

분포 한국(백두산), 중국, 유럽

완두색젖버섯

Lactarius picinus Cooke

형태 균모의 지름은 3~8㎝로 어릴 때 편평한 둥근산모양에서 차차 편평해지고 흔히 중앙은 들어간다. 표면은 고르고 드물게 결절이 있고 무디며 미세한 털 또는 솜털상이며 오래되면 매끈해지며 흑갈색에서 흑색으로 된다. 가장자리는 어릴 때 아래로 말리고 나중에 고르고 예리하며 가끔 약간 줄무늬선이 있고 군데 군데가 결절형이다. 육질은 백색이고 상처 시 1~2시간 후에 연한 오렌지핑크색으로 변색하며 냄새는 불분명하며 맛은 온화하고 맵다. 주름살은 자루에 대하여 넓은 올린주름살에서 약간 내린주름살로 포크형이고 어릴 때 백색에서 크림색을 거쳐 밝은 황토색으로 되며 적색의 얼룩을 가진다. 자루의 속은 차고 나중에 골처럼 빈다. 표면은 짙은 회갈색, 가루상이나 꼭대기는 흔히 연한 백색이며 부분적으로 세로줄의 홈선이 있다. 젖은 백색이나 접촉 시 적색으로 변색하며 맛은 처음은 온화하다가 매워진다. 포자의 크기는 6.6~9.7×5~6.3㎛로 타원형이며 장식돌기의 높이는 0.5㎛로 표면은 늘어진 사마귀반점들이 융기상으로 연결되어 그물꼴을 형성한다. 연낭상체는 막대형으로 25~65×6~01㎛이다. 측낭상체는 막대형이고 55~87×10~15㎛이다.

생태 초여름 / 활엽수림과 혼효림의 땅에 군생

분포 한국(백두산), 유럽, 북아메리카, 아시아

참고 흔한 종

젖버섯

Lactarius piperatus (L.) Pers.

형태 균모의 지름은 5~9cm이며 반구형에서 깔때기형으로 된다. 표면은 마르고 백색이며 때로는 황색 또는 연한 갈색을 띠며 털이 없고 매끈하거나 조금 거칠며 고리무늬는 없다. 가장자리는 처음에 아래로 감기며 나중에 펴지고 위로 들리며 물결형이다. 살은 백색이고 상처 시 연한 황색이 되고 단단하며 맵다. 젖은 많고 백색이며 변색하지 않으며 맛은 극히 맵다. 주름살은 자루에 대하여 내린주름살로 백색에서 달걀 껍질색으로 되며 밀생하며 폭은 좁고 포크형이다. 자루의 높이는 4.5~7cm, 굵기는 1~2.2cm이고 상하의 굵기가 같거나 아래로 가늘어진다. 표면은 백색이고 털이 없으며 마르고 단단하며 자루의 속은 차 있다. 포자는 6~7×5~6㎛이며 아구형이고 멜저시약으로 염색하면 미세한 혹이 나타난다. 포자문은 백색이다. 낭상체는 방추형으로 50~80×7~10㎛이다.

생태 가을 / 신갈나무 숲, 잣나무, 활엽수, 혼효림의 땅에 속생 · 군생하며 개암나무, 소나무나 신갈나무와 외생균근을 형성

분포 한국(백두산), 중국, 일본, 전 세계

참고 문헌에 따르면 끓이면 매운맛이 제거되어 식용 가능

낙엽송젖버섯

Lactarius porninsis Rolland

형태 균모의 지름은 2.5~10cm로 둥근산모양에서 차차 평평하게 펴지며 중앙부가 낮게 약간 오목해진다. 중앙에 작은 점모양의 돌출이 생기기도 한다. 표면은 점성이 있고 황토색을 띤 오렌지색, 적색의 동심원의 테무늬가 생기기도 한다. 가장자리는 처음에 아래로 말리고 미세한 털이 있다. 살은 살색이고 과일과 같은 향기가 있다. 젖은 흰색이고 변색되지 않는다. 주름살은 자루에 대하여 내린주름살로 연한 오렌지황색이고 폭이 좁고 약간 밀생한다. 자루의 길이는 3~5cm, 굵기는 6~10cm로 균모보다 연한 색이며 속이 비었고 밑동은 짧은 털이 덮여 있다. 포자의 크기는 7.2~9.5×6~7.1㎛로 아구형-타원형이다. 드물게 그물눈이 형성되며 능선형 돌기가 덮여 있다.
생태 여름~가을 / 낙엽송 숲의 땅에 균생
분포 한국(백두산), 일본, 온대 이북

가죽색젖버섯

Lactarius pterosporus Romagn.

형태 균모의 지름은 3~10cm로 어릴 때는 둥근산모양에서 차차 평평해지면서 중앙부가 오목해지고 약간 깔때기형으로 된다. 표면은 습기가 있을 때 다소 점성이 있으나 곧 건조해지며 미세한 분말이 두껍게 피복된다. 색깔은 회황갈색-회갈색인데 곳곳에 분말이 벗겨져서 황토색이 드러난다. 살은 흰색으로 절단하여 공기에 접하면 신속하게 홍색으로 변색한다. 젖은 유액은 흰색인데 분비 후에 건조되면 붉은색으로 된다. 주름살은 자루에 대하여 내린주름살로 계피색을 띠고 폭이 약간 넓으며 약간 촘촘하다. 자루의 길이는 4~8cm, 굵기는 6~18mm로 아구형 또는 능선형으로 표면에 돌기물이 높게 돌출되고 연한 살갗색-연한 황토색으로 속은 약간 스펀지상이다. 포자의 크기는 6.8~8.6×6.4~8.2㎛로 아구형으로 날개 같은 돌기가 있다.

생태 여름~가을 / 참나무류 등 활엽수의 숲의 땅에 군생

분포 한국(백두산), 일본, 유럽

참고 젖버섯속 포자들은 표면에 원추형의 돌기가 많이 돋는 특징이 있는데, 이 버섯은 날개모양 돌출부가 있다.

털젖버섯

Lactarius pubescens Fr.

형태 균모의 지름은 3.5~8cm이며 구형 또는 반구형에서 중앙부가 오목해지면서 얕은 깔때기형으로 된다. 표면은 습기가 있을 때 점성이 있고 유백색, 연한 살색 또는 살색이지만 때로는 황토색이고 용모(茸毛)가 있으나 중앙부가 매끈한 경우도 있다. 가장자리는 길고 미세한 용모가 있으며 처음에 아래로 감기고 나중에 아래로 굽는다. 살은 희고 상처 시에도 변색치 않으며 쓰고 맵다. 젖도 희고 변색하지 않으며 맵다. 주름살은 자루에 대하여 바른주름살 또는 내린주름살로 밀생하고 길이가 같지 않으며 백색에서 살색을 띤다. 자루는 높이는 2.5~5.5cm, 굵기는 1.2~5.cm로 원통형이고 기부로 약간 비틀리며 속은 차 있다가 빈다. 표면은 백색 미세한 털로 덮여 있다가 핑크색에서 연어색의 바탕색 위에 백색의 가루로 된다. 포자의 크기는 6~8×5~6㎛로 타원형-광타원형이고 장식물의 높이는 0.7㎛로 융기로 된 그물꼴을 형성하며 사마귀반점은 아주 드물다. 담자기는 막대형에서 배불뚝이형이다.

생태 여름~가을 / 길가 공원 등의 땅에 단생 · 군생

분포 한국(백두산), 유럽

개암젖버섯

Lactarius pyrogalus (Bull.) Fr.

형태 균모의 지름은 3~10cm로 어릴 때는 둥근산모양에서 편평하게 펴지면서 가운데가 다소 오목하게 들어간다. 표면은 밋밋하며 미세하게 섬유상의 털이 있다. 습기가 있을 때는 점성이 있고 올리브회색-올리브갈색이거나 올리브황색 바탕에 칙칙한 색의 테무늬가 있다. 가장자리는 약간 연한 색이다. 살은 흰색이고 절단하면 연한 황색을 띤다. 젖은 흰색이며 건조하면 황토색으로 된다. 주름살은 자루에 대하여 바른주름살 또는 내린주름살로 어릴 때는 크림색에서 연한 오렌지황토색-황토갈색이며 폭은 약간 넓고 촘촘하거나 약간 성기다. 자루의 길이는 4~7cm, 굵기는 10~20mm로 어릴 때는 유백색이고 나중에 균모보다 연한 색으로 되며 밑동 쪽으로 보통 가늘어진다. 포자의 크기는 6.3~8.2×5.1~6.2㎛로 광타원형 또는 능선형으로 표면의 돌기물이 높게 돌출된다.

생태 개암나무, 까치박달나무 등 자작나무와 수목 근처나 숲속의 땅의 습한 곳에 발생

분포 한국(백두산), 중국, 유럽

갈보라젖버섯

Lactarius quieticolor Romagn.

형태 균모의 지름은 3~6.5cm로 가장자리가 강하게 아래로 말린 편평 둥근산모양에서 편평하게 되며 중앙은 무딘 톱니상이다. 표면은 고르고 건조 시 비단결 같고 습기가 있을 때 미끈거리고 광택이 난다. 색깔은 청회색 또는 자갈색에서 오렌지갈색으로 되며 회갈색이나 녹색이 가끔 가미되며 물방울 모양의 반점 띠가 있는 것도 있다. 가장자리는 오랫동안 아래로 말리고 고르며 백색이다. 육질은 상처 시 밝은 오렌지색으로 서서히 포도주갈색 또는 가끔 녹색으로 변색하며 표피 아래쪽은 청색이다. 살은 냄새가 약간 나나 불분명하며 맛은 쓰고 떫다. 젖은 오렌지색에서 서서히 포도주갈색으로 변색하며 맛은 쓰다. 주름살은 자루에 대하여 넓은 올린주름살 또는 약간 내린주름살로 한두 개의 포크형이고 어릴 때 희미한 오렌지색이 가미된 크림색이고 성숙하며 밝은 오렌지황토색으로 된다. 변두리는 연한 색이며 전연이다. 자루의 길이는 2.5~5cm, 굵기는 1~2cm로 원통형이고 어릴 때 차 있다가 곧 빈다. 표면은 백색의 가루바탕에 물방울 같은 반점의 오렌지 얼룩을 가진다. 오래되면 곳곳에 약간 녹색의 얼룩이 생기며 꼭대기에 반지 같은 얼룩이 있다. 포자는 7.6~9.5×6.3~7.7㎛로 구형에서 타원형이고 장식돌기의 높이는 0.8㎛로 융기된 그물꼴이다. 담자기는 가는 막대형이고 50~60×10~12㎛이다.

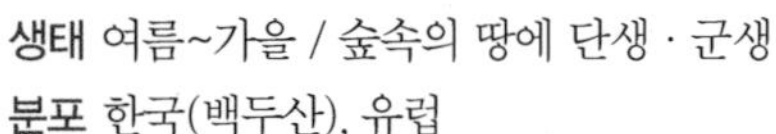

생태 여름~가을 / 숲속의 땅에 단생 · 군생

분포 한국(백두산), 유럽

향기젖버섯

Lactarius quietus (Fr.) Fr.

형태 균모의 지름은 2.5~7cm로 둥근산모양에서 편평형으로 되지만 가장자리가 무딘 톱니상을 가진다. 표면은 고른 상태에서 결절형으로 되고 습기가 있을 때 라일락색의 적갈색으로 된다. 건조 시 중앙은 진한 적황색으로 약간 띠를 형성하며 습기가 있을 때 점성이 있고 미끈거린다. 가장자리는 털상에서 매끈해지며 펴졌을 때 약간 줄무늬선이 나타나고 균모보다 연한 색이다. 살은 백색이며 자루의 기부의 살은 보라갈색이고 향료 냄새가 나며 건조 시 고약한 냄새가 나고 맛은 온화하고 약간 떫다. 젖은 백색에서 밝은 크림색이고 건조 시 밝은 녹색-노란색으로 맛은 온화하다. 주름살은 자루에 대하여 좁은 올린주름살이며 백색에서 밝은 핑크갈색으로 되며 적갈색의 얼룩이 있다. 가장자리는 전연이다. 자루의 길이는 30~55mm, 굵기는 5~15mm로 원통형이고 속은 차 있다. 표면은 밋밋하며 어릴 때 밝은 핑크갈색이나 기부 쪽은 포도주갈색이고 전체에 백색의 가루가 덮인다. 포자의 크기는 6.1~8.8×5.8~7.2㎛로 광타원형에서 아구형이고 장식의 돌기 높이는 1㎛로 융기된 맥상에 의하여 연결되어 그물꼴을 형성한다. 담자기는 막대형에서 배불뚝이형이며 35~40×10~12㎛이다. 연낭상체는 막대에서 방추형으로 30~55×5.5~7㎛이다. 측낭상체는 방추형에서 송곳형 비슷하게 되며 30~75×4~9㎛이다.

생태 여름~가을 / 숲속의 땅에 군생

분포 한국(백두산), 중국, 유럽, 북아메리카, 아시아

보랏빛주름젖버섯

Lactarius repraesentaneus Britz.

형태 균모의 지름은 5~15cm이며 반구형에서 차차 편평해지고 중앙부가 오목해져 낮은 깔때기형으로 된다. 표면은 습기가 있을 때 끈기, 황토색이며 때로는 중앙부가 매끈하며 귤황색의 뭉친털의 인편으로 덮이고 이것이 가장자리로 가면서 점차 더 빽빽해지고 동심원 고리무늬가 있거나 희미하다. 가장자리는 처음에 아래로 감기며 총모상(叢毛狀)이고 나중에 펴진다. 살은 굳고 부서지기 쉬우며 백색이고 상처 시 자줏빛으로 되며 맵지 않다. 젖은 많고 백색에서 살에 접촉하면 자줏빛으로 되며 맵지 않거나 조금 매우며 송진 냄새가 난다. 주름살은 자루에 대하여 내린주름살로 밀생하며 길이가 같지 않고 갈라진다. 백색에 연한 황색 또는 연한 살색을 띠며 나중에 연한 귤황색이 된다. 자루의 높이는 5~11cm, 굵기는 1.5~4cm이고 상하의 굵기가 같거나 기부로 가늘어지며 끈기가 있고 곰보 같은 줄무늬홈선이 있으며 균모와 동색이다. 포자의 크기는 8~10×7~8㎛로 타원형 또는 광타원형이고 멜저시약 반응에서는 짧은 능골상이 나타나고 갈라진 척선 또는 가시점이 보이나 그물꼴은 형성하지 않는다. 포자문은 연한 황색이다.

생태 여름~가을 / 사스래 숲과 분비나무, 가문비나무 숲의 땅에 군생

분포 한국(백두산), 중국, 일본, 전 세계

반혈색젖버섯

Lactarius semisanguifluus Heim & Leclair

형태 균모의 지름은 4~8cm로 편평한 둥근산모양에서 차차 펴져서 중앙은 무딘 톱니상이고 드물게 깔때기형이다. 표면은 미세한 방사상의 섬유실이며 약간 주름지고 결절형이고 오렌지녹색에서 회녹색으로 되며 회녹색의 부스러기 같은 반점이 있으며 습기가 있을 때 미끈거린다. 가장자리는 고르고 예리하며 오랫동안 아래로 말린다. 육질은 오렌지색으로 상처 시 5~10분 후에 포도주적색에서 갈색으로 변색하나 수 시간 후에는 검은 포도주갈색으로 변색되었다가 녹색으로 된다. 살은 거칠고 당근 같은 냄새가 나고 맛은 약간 쓰다. 젖은 처음 오렌지색이나 5~10분 후에 혈색으로 되었다가 포도주적색을 거쳐 강한 녹색으로 되며 맛은 약간 맵다. 주름살은 자루에 대하여 약간 내린주름살로 많은 포크형이 있고 밝은 오렌지색에서 살색이다. 가장자리는 전연이다. 자루의 길이는 3~5cm, 굵기는 1~2cm로 원통형이고 기부로 부풀거나 가늘어지며 속은 비었다. 표면은 미세한 세로줄 맥상에서 그물꼴 맥상으로 되며 백색에서 밝은 오렌지색으로 되는데 녹색이 가미된 부스러기가 있으며 가끔 기름방울 같은 오렌지색의 흠집을 가진다. 포자의 크기는 7.7~9.9×6.2~7.7㎛로 타원형이고 장식돌기의 높이는 0.5㎛로 사마귀점은 늘어지거나 융기되어 그물꼴을 형성한다. 담자기는 막대형으로 42~60×9~13㎛이다.

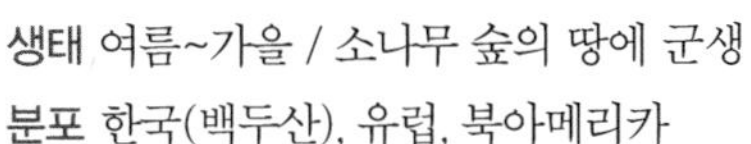

생태 여름~가을 / 소나무 숲의 땅에 군생

분포 한국(백두산), 유럽, 북아메리카

가시젖버섯

Lactarius spinosulus Quél. & Le Bret.

형태 균모의 지름은 1.5~4cm로 편평한 둥근산모양에서 중앙이 돌출하고 무딘 톱니상을 가지며 나중에 약간 깔때기형으로 된다. 표면은 털상에서 인편상으로 되며 특히 가장자리 쪽으로 심하다. 표면은 핑크색에서 포도주갈색으로 되며 가끔 짙은 띠를 형성하고 습기가 있을 때 약간 미끈거린다. 가장자리에 오랫동안 미세한 털이 있다. 살은 핑크색의 백색이며 약간 과일 냄새 또는 딸기 냄새가 나고 맛은 약간 맵다. 젖은 백색으로 변색 하지 않고 맛은 맵다. 주름살은 자루에 대하여 넓은 올린주름살 또는 내린주름살로 포크형이고 어릴 때 핑크색의 크림색에서 적색으로 된다. 주름살의 변두리는 밋밋하다. 자루의 길이는 2.5~4cm, 굵기는 5~8mm로 원통형이며 속은 차 있다가 푸석하게 빈다. 표면은 약간 고르고 포도주갈색의 바탕에 백색의 섬유실이 있다. 포자의 크기는 6.5~8.2×5.4~6.8㎛로 아구형에서 타원형이고 장식돌기는 높이는 1㎛로 표면의 사마귀점은 늘어지고 융기의 그물꼴을 형성한다.
생태 여름~가을 / 활엽수림과 혼효림의 땅에 단생 · 군생
분포 한국(백두산), 중국, 유럽
참고 희귀종

광릉젖버섯

Lactarius subdulcis (Pers.) S. F. Gray

형태 균모의 지름은 1~7cm이며 반구형에서 낮은 깔때기형으로 되며 중앙부는 배꼽모양으로 돌출한다. 표면은 마르고 털이 없으며 매끄럽고 광택이 나며 주름무늬가 있으며 홍갈색 또는 황토색이며 중앙부는 연한 색이다. 가장자리는 처음에 아래로 감기며 나중에 펴지고 위로 들리며 때로는 물결모양이다. 살은 백색의 가루상의 또는 살색으로 부서지기 쉽다. 젖은 백색으로 변색하지 않으며 맛은 조금 쓰고 맵다. 주름살은 자루에 대하여 내린주름살로 약간 밀생하며 길이가 같지 않으며 탁한 백색 또는 황백색이다. 자루의 높이는 1.5~6(8)cm, 굵기는 0.3~1cm이고 상하의 굵기가 같으며 균모와 동색이거나 연하고 속이 비어 있다. 포자는 7~9×6~7㎛로 광타원형 또는 아구형이며 멜저액 반응에서는 미세한 가시와 늑골상 또는 골진 모양이 확인되며 그물눈은 불완전하다. 포자문은 연한 황홍갈색이다. 낭상체는 방추형으로 꼭대기가 아주 뾰족하거나 약간 뾰족하며 40~90×8~11㎛이다.

생태 가을 / 사스래나무 숲, 분비나무, 가문비나무 숲 또는 잣나무, 활엽수, 혼효림의 땅에 산생 · 군생하며 개암나무, 소나무나 신갈나무와 외생균근을 형성

분포 한국(백두산), 중국, 일본

참고 식용

굴털이아재비

Lactarius subpiperatus Hongo

형태 균모의 지름은 5~8cm로 중앙이 오목한 둥근산모양에서 거의 깔때기형으로 펴진다. 표면은 점성이 없고 건조하다. 다소 분상을 나타내지만 밋밋하고 중심부 부근에는 약간 방사상으로 주름이 있다. 처음에는 흰색에서 유백색으로 되면서 탁한 황색-탁한 황갈색의 얼룩이 생긴다. 어릴 때는 아래로 감기고 펴지면 가장자리가 흔히 물결모양으로 굴곡이 진다. 살은 비교적 두껍고 단단하며 흰색이고 공기에 접촉하면 약간 황색을 띤다. 젖은 흰색이고 변색하지 않는다. 주름살은 자루에 대하여 내린주름살로 연한 황색의 백색이고 폭이 좁은 편이며 성기다. 자루의 길이는 4~6cm, 굵기는 15~20mm로 아래쪽으로 약간 가늘어지며 속은 거의 차 있다. 표면은 흰색에서 탁한 황색의 얼룩이 생긴다. 포자의 크기는 6~7.5×5.5~6.5㎛로 난상의 아구형이며 표면에 미세한 사마귀반점이 가늘게 연결되고 불완전한 그물눈이 있다.
생태 여름~가을 / 참나무류의 숲의 땅이나 참나무류와 소나무의 혼효림 땅에 군생
분포 한국(백두산), 일본

보라젖버섯아재비

Lactarius subpurpureus Pk.

형태 균모의 지름은 3~10cm로 둥근산모양에서 편평하게 되며 중앙은 들어가서 깔때기형으로 된다. 표면은 습기가 있을 때 매끈하며 희미한 짧은 줄무늬선이 있고 적색 핑크색에서 자색의 핑크색으로 된다. 가끔 테무늬가 있고 녹색의 에메랄드 얼룩이 많이 있으며 테무늬는 오래되면 없어진다. 가장자리는 아래로 말리거나 축 처지며 검은 흔적이 있다. 살은 백색에서 연한 핑크색으로 되며 상처 시 적색으로 변색한다. 냄새는 불분명하고 맛은 온화하고 약간 맵다. 젖은 적게 분비되며 와인-적색에서 검은 자적색으로 변색되며 맛은 온화하고 맵다. 주름살은 자루에 대하여 올린-약간 내린주름살로 폭이 넓으며 약간 성기고 자루의 근처는 포크형이며 균모와 같은 색 또는 연한 색이다. 자루의 길이는 3~8cm, 굵기는 6~15mm로 원통형 또는 아래로 부푼다. 표면은 습기가 있을 때 미끈거리고 균모와 동색이며 검은 적색의 홈집이 있다. 자루의 속은 비었고 기부는 매끈하다가 털상으로 된다. 포자의 크기는 8~11×6.5~8㎛로 타원형이고 표면의 사마귀반점들은 융기로 그물꼴을 형성하며 돌기의 높이는 0.5㎛이고 투명하다. 아미로이드 반응이다. 포자문은 크림색이다.

생태 여름~가을 / 소나무 숲의 땅에 군생

분포 한국(백두산), 중국, 북아메리카

참고 흔한 종으로 식용하는 사람도 있다.

털젖버섯아재비

Lactarius subvellereus Peck

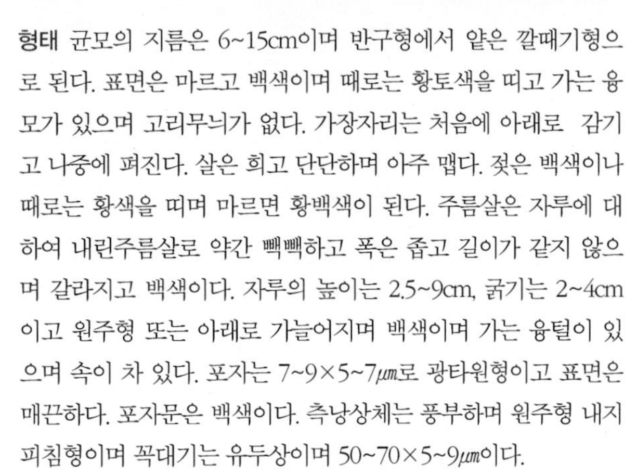

형태 균모의 지름은 6~15cm이며 반구형에서 얕은 깔때기형으로 된다. 표면은 마르고 백색이며 때로는 황토색을 띠고 가는 융모가 있으며 고리무늬가 없다. 가장자리는 처음에 아래로 감기고 나중에 펴진다. 살은 희고 단단하며 아주 맵다. 젖은 백색이나 때로는 황색을 띠며 마르면 황백색이 된다. 주름살은 자루에 대하여 내린주름살로 약간 빽빽하고 폭은 좁고 길이가 같지 않으며 갈라지고 백색이다. 자루의 높이는 2.5~9cm, 굵기는 2~4cm이고 원주형 또는 아래로 가늘어지며 백색이며 가는 융털이 있으며 속이 차 있다. 포자는 7~9×5~7㎛로 광타원형이고 표면은 매끈하다. 포자문은 백색이다. 측낭상체는 풍부하며 원주형 내지 피침형이며 꼭대기는 유두상이며 50~70×5~9㎛이다.

생태 가을 / 분비나무, 가문비나무 숲의 습지에 산생

분포 한국(백두산), 중국, 일본

참고 털젖버섯아재비와 새털젖버섯은 모양이 비슷하나 털젖버섯아재비가 주름살이 배로 많고 나비가 좁고 젖이 마르면 황백색이 되는 것이 특징이다.

황변젖버섯

무당버섯과 ≫ 젖버섯속

Lactarius tabidus Fr.

형태 균모의 지름은 2~4.5㎝로 반구형에서 둥근산모양을 거쳐 편평하게 되며 중앙이 돌출한다. 결절형이고 중앙은 맥상에서 주름진 부채꼴이며 오렌지적색이다. 습할시 광택이 나고 오렌지갈색으로 미끈거린다. 가장자리는 연한 색으로 고르고 줄무늬선이 있다. 살은 크림색이며 상처 시 황노란색으로 물들여지고 냄새가 나고 맛은 온화하고 매우며 떫다. 주름살은 좁은 올린주름살로 포크형이고 밝은 적색이며 적갈색의 얼룩이 있다. 주름살의 변두리는 전연이다. 자루의 길이는 30~60mm, 굵기는 5~8mm로 원통형 또는 막대모양이고 속은 차 있다가 빈다. 밝은 핑크갈색이며 꼭대기 쪽으로 연한 색으로 미세한 백색가루가 덮였다가 매끈해진다. 젖은 백색이고 노출 시 서서히 노란색으로 변색하고 맛은 온화하며 약간 쓰고 떫다. 포자는 6.2~8.3×5.5~6.8㎛로 아구형 또는 광타원형이고 융기된 맥상으로 그물꼴을 형성한다. 담자기는 원통형에서 막대형으로 35~45×7.5~11㎛이다.

생태 여름~가을 / 숲속의 땅에 군생

분포 한국(백두산), 중국, 유럽

갈황색젖버섯

무당버섯과 ≫ 젖버섯속

Lactarius theiogalus (Bull.) S. F. Gray

형태 균모의 지름은 2~3.5㎝이며 반구형에서 차차 편평해지고 중앙부가 오목해져 다소 배꼽모양이 된다. 균모 표면은 습하면 점성이 있으나 곧 마르며 털이 없이 매끄럽거나 주름이 있다. 색은 황토색, 오렌지홍색 또는 홍갈색이며 고리무늬가 없다. 가장자리는 초기 안쪽으로 감기나 후에 펴진다. 살은 연한 살색으로 상처 시 연한 황색이 되고 맛은 조금 맵다. 젖은 백색에서 천천히 황색으로 변색하거나 변색치 않는다. 주름살은 내린주름살로 밀생하며 길이가 같지 않고 갈라지며 살색에서 홍갈색으로 된다. 자루의 높이는 2.5~5cm, 굵기는 0.4~0.7㎝이고 위아래의 굵기가 거의 같으며 균모와 동색이고 속은 차 있으나 나중에 빈다. 포자는 8~6.5×7㎛로 광타원형이며 짧은 능선과 가시점이 있다. 포자문은 백색이다.

생태 여름과 가을 / 혼성림의 땅에 산생하며 가문비나무, 자작나무 또는 신갈나무와 외생균근을 형성

분포 한국(백두산)

테두리털젖버섯

Lactarius tomentosomarginatus Hesler & A. H. Smith

형태 균모의 지름은 4~9cm로 둥근산모양이나 중앙은 들어가고 꽃병모양이다. 표면은 건조하며 압착된 섬유에서 비단결로 되며 처음 백색에서 회핑크색으로 되었다가 연한색으로 되며 마침내 칙칙한 오렌지갈색이 된다. 가장자리는 아래로 말리고 오랫동안 활모양이다. 살은 두껍고 단단하며 백색이나 상처 시 서서히 검은색으로 되었다가 다소 핑크황갈색으로 된다. 냄새는 불분명하고 맛은 맵다. 젖은 소량 분비하며 백색이며 노출 시 변색하지 않으며 조직은 붉은 황갈색으로 물들며 매운맛이다. 주름살은 자루에 대하여 내린주름살로 폭은 좁고 밀생하며 자루 가까이는 포크형이고 백색에서 핑크황갈색을 거쳐 붉은 황갈색으로 되었다가 검은 갈색으로 된다. 자루의 길이는 3~5cm, 굵기는 1.3~3cm로 거의 원통형이며 아래로 가늘다. 표면은 건조성이고 백색이며 단단하고 약간 벨벳 같고 속은 차 있다. 포자의 크기는 9~11×7~8.5㎛로 타원형이고 표면은 분리된 사마귀점으로 그물꼴을 형성하지 않으며 투명하다. 아미로이드 반응이다.

생태 여름~가을 / 활엽수림, 혼효림의 땅에 단생 · 군생 · 산생

분포 한국(백두산), 중국, 북아메리카

큰붉은젖버섯

Lactarius torminosus (Schreff.) S. F. Gray

형태 균모의 지름은 4~8cm이며 반구형에서 중앙부가 오목해지면서 깔때기형으로 된다. 표면은 습기가 있을 때 점성이 있고 붉은색 또는 연분홍색이며 가장자리로 가면서 연한 색으로 되며 고리무늬는 짙은 색이지만 간혹 희미한 것도 있다. 중앙부는 매끈하며 가장자리 쪽으로 융털이 뭉친 인편상으로 되고 가장자리에는 백색의 긴 털이 밀생한다. 가장자리는 처음에 아래로 감기며 나중에 아래로 굽는다. 살은 백색 또는 연한 붉은색이고 변색치 않으며 맛은 맵다. 젖은 희고 변색치 않으며 매운맛이다. 주름살은 자루에 대하여 내린주름살로 밀생하며 길이가 같지 않으며 자루 언저리에서 갈라지며 백색에서 붉은색을 띤다. 자루의 길이는 4~6cm, 굵기는 1.2~2cm이고 상하의 굵기가 같거나 아래로 가늘어지며 균모와 동색이거나 연한 색이고 매끈하거나 작은 반점이 있다. 자루의 속은 차 있다가 빈다. 포자의 크기는 7.5~9×6~7㎛로 타원형 또는 광타원형이고 멜저반응에서 늑골상과 가시가 있다. 포자문은 백색이다.

생태 여름~가을 / 분비나무, 가문비나무 숲, 잣나무, 활엽수, 혼효림, 황철나무, 자작나무 숲, 이깔나무 숲의 땅에 군생하며 자작나무 등과 외생균근을 형성

분포 한국(백두산), 중국, 일본

끈적젖버섯

Lactarius uvidus (Fr.) Fr.

형태 균모의 지름은 2.5~7cm이며 반구형에서 차차 편평하게 되며 어떤 것은 중앙부가 오목해지면서 낮은 깔때기형도 있고 중앙이 배꼽모양인 것도 있다. 표면은 습기가 있을 때 점성이 있고 털이 없어 매끄럽고 남자회색 내지 연한 회갈색이며 처음에 고리무늬는 희미하다. 가장자리는 얇고 처음 활모양이며 나중에 펴지거나 위로 들린다. 살은 백색, 상처 시 남자색으로 변색하며 맛은 쓰고 맵다. 젖도 백색에서 남자색으로 변색된다. 자루의 길이는 3~9cm, 굵기는 0.5~1.8cm이고 상하의 굵기가 같으며 백색 또는 회남자색이고 점성이 있으며 때로는 작은 곰보모양의 홈선이 있고 속이 비어 있다. 포자의 크기는 9~11×7~8㎛로 타원형이고 멜저 시약으로 보면 갈라진 능선이 있고 늑골상과 가시점이 나타나지만 그물눈을 이루지 않는다. 포자문은 연한 황백색이다. 낭상체는 좁은 방추형 또는 원주형으로 정단이 뾰족하거나 둔원형이며 40~50×5~7㎛이다.

생태 가을 / 사스래 나무, 분비나무, 가문비나무, 이깔나무, 잣나무, 활엽수림, 혼효림의 땅에 산생 · 군생하며 버드나무와 외생균근을 형성

분포 한국(백두산), 중국, 일본

자작나무젖버섯

Lactarius vietus (Fr.) Fr.

형태 균모의 지름은 2.5~7cm이며 반구형에서 차차 편평하게 되거나 중앙부가 오목해지면서 낮은 깔때기형으로 되나 간혹 중앙부가 배꼽모양이다. 표면은 습기가 있을 때 점성이 있으나 곧 마르며 털이 없이 매끄럽고 고리무늬가 없으며 남자회색 또는 연한 회갈색에 남자색을 띤다. 가장자리는 얇고 아래로 감기나 나중에 약간 펴진다. 살은 희고 상처 시에도 변색치 않으며 맛은 맵다. 젖은 백색이고 처음에는 변색치 않으나 나중에 점차 회녹색으로 변색한다. 주름살은 자루에 대하여 내린주름살로 밀생하며 길이가 같지 않으며 갈라지고 백색에서 연한 살색으로 된다. 자루의 길이는 2~12cm, 굵기는 0.7~1.8cm이고 상하의 굵기가 같거나 위아래의 끝이 가늘며 점성이 있다. 균모와 동색이거나 연한 색이며 털이 없이 매끄럽고 자루의 속은 차 있다. 포자는 8~10×7~7.5㎛로 광타원형이고 멜저시약으로 보면 짧은 능골상이며 갈라진 척선과 가시가 나타나지만 그물눈을 이루지는 않는다. 포자문은 연한 황색이다. 낭상체는 피침형 또는 방추형으로 55~80×6~8㎛이다.

생태 가을 / 황철나무, 자작나무, 사스래나무, 이깔나무, 분비나무, 가문비나무 등의 숲의 땅에 산생하며 자작나무와 외생균근을 형성

분포 한국(백두산), 중국, 유럽

바랜보라젖버섯

Lactarius vinaceopallidus Hesler & A. H. Smith

형태 균모의 지름은 5~7cm로 중앙이 들어간 둥근산모양에서 차차 편평하게 되며 어린버섯은 섬유상이나 곧 밋밋하고 매끄럽다. 표면은 끈기기 있고 미끈거리며 테가 없거나 약간 있는 것도 있으며 백색에서 연한 회색의 보라색으로 되며 테가 있을 때는 검은색이다. 가장자리는 아래로 말린다. 살은 백색에서 연한 보라황갈색으로 되며 냄새가 있거나 없으며 맛은 처음은 온화하나 나중에 조금 맵다. 젖은 백색이며 변색하지 않으며 서서히 주름살에 갈색의 얼룩이 생긴다. 맛은 처음 온화하나 차차 약간 맵게 된다. 주름살은 자루에 대하여 짧은 내린주름살로 폭은 넓고 밀생하며 처음 백색에서 연한 핑크황갈색으로 되며 서서히 갈색의 얼룩이 생긴다. 자루의 길이는 3~4cm, 굵기는 1~1.5cm로 원통형이나 아래쪽으로 가는 것도 있으며 기부는 폭이 좁다. 표면은 균모와 동색이고 마르거나 약간 점성이 있다. 자루의 속은 차 있다. 포자문은 핑크황갈색이다. 포자의 크기는 7~9×6~8㎛로 광타원형, 사마귀반점이 있으며 융기로 된 그물꼴을 형성하며 투명하다. 아미로이드 반응이다.

생태 여름~가을 / 참나무류의 아래에 군생

분포 한국(백두산), 중국, 북아메리카

참고 식용 불명

적보라젖버섯

Lactarius vinaceorufescens A. H. Smith

형태 균모의 지름은 4~10㎝로 둥근산모양에서 차차 편평하게 되지만 중앙은 들어간다. 표면은 연한 노랑-연한 황색에서 적갈색의 핑크색이며 연하고 물색의 띠 또는 얼룩이 있다. 오래되면 전체가 검게 되고 밋밋하며 습기가 있을 때 점성이 있다. 가장자리는 아래로 말린다. 살은 백색이 노랑으로 물들고 살 전체가 젖을 분비한다. 젖은 백색에서 밝은 황노란색으로 변색하며 매운 맛이다. 주름살은 자루에 대하여 바른주름살로 밀생하며 자색의 연한 황색이 핑크색으로 물든다. 자루의 길이는 4~6㎝, 굵기는 1~2㎝로 균모와 동색으로 밋밋하고 빳빳한 털이 있으며 기부에 짧은 털이 있다. 포자의 크기는 6.5~8×6~㎛로 아구형이고 표면은 구불구불 융기된 상태이며 사마귀반점들은 분리되어 있으나 부분적으로 그물꼴을 형성하기도 한다. 표면 돌기의 높이는 0.5~0.8㎛이다. 포자문은 희미한 백색에서 노란색으로 된다.

생태 여름~가을 / 침엽수림과 활엽수림의 혼혼효림의 땅에 군생

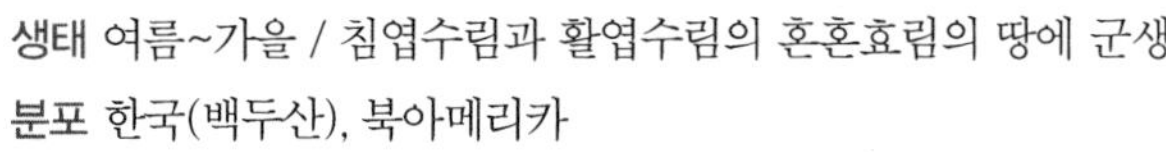

분포 한국(백두산), 북아메리카

참고 식 · 독 불명

잿빛젖버섯

Lactarius violascens (Otto) Fr.

형태 균모의 지름은 4~10cm이며 반구형에서 차차 편평해지고 중앙부가 오목해져 약간 배꼽 모양으로 된다. 표면은 습기가 있을 때 점성이 있고 마르면 털이 없이 매끄러우며 연한 남자회색이며 짙은 남자회의 갈색 고리무늬가 있다. 살은 백색이고 상처 시 남자색으로 변색하고 맛은 맵다. 젖은 백색이며 공기에 닿으면 남자색을 거쳐 갈색으로 된다. 가장자리는 얇고 처음에 아래로 감긴다. 주름살은 자루에 대하여 내린주름살에 가깝고 밀생하며 얇고 길이가 같지 않으며 백색에서 다갈색으로 되고 상처 시 남자색의 얼룩 반점을 형성한다. 자루의 높이는 6~6.5cm, 굵기는 1.5~2cm이고 상하의 굵기가 거의 같고 점성이 조금 있고 상처 시 남자색의 반점이 생기며 속은 비어 있다. 포자의 크기는 7~8.5×6~8㎛로 광타원형이며 멜저시약으로 염색하면 짧은 능골상과 가시점이 보인다. 낭상체는 많고 방추형으로 정단이 뾰족하고 50~70×8~10㎛이다.

생태 여름과 가을 / 분비나무, 가문비나무 숲의 땅에 단생

분포 한국(백두산), 중국, 북아메리카

배젖버섯

Lactarius volemus (Fr.) Fr.

형태 균모의 지름은 3~11cm이며 반구형에서 차차 편평형으로 되고 나중에 낮은 깔때기형으로 된다. 표면은 마르며 홍갈색, 오렌지황색, 황갈색 등이고 매끄럽거나 약간 비로드모양이며 때로는 주름무늬가 있다. 가장자리는 처음에 아래로 감기고 나중에 펴지며 가끔 연한 색이다. 살은 두껍고 단단하며 상처 시 점차 연한 갈색으로 변색하고 냄새가 향기롭다. 젖은 백색으로 다량 분비하며 점성이 있으며 변색하지 않는다. 주름살은 자루에 내린주름살에 가깝고 빽빽하며 길이가 같지 않고 작게 갈라진다. 주름살의 폭은 좁고 백색에서 황백색을 거쳐 갈색으로 변색한다. 자루의 높이는 3~9cm, 굵기는 1~2.2cm이고 상하의 굵기가 같거나 아래로 가늘어진다. 균모와 동색이거나 연한 색이며 매끄럽고 가루모양이며 자루의 속은 차 있다. 포자의 크기는 8~10.1×7.5㎛이고 구형 또는 아구형이며 멜저액 반응에서 그물눈이 나타난다. 포자문은 백색이다. 측낭상체는 원주형으로 정단은 둔하거나 첨두이며 많이 존재한다.

생태 가을 / 신갈나무 숲, 잣나무, 활엽수, 혼효림의 땅에 군생 · 산생하며 소나무, 신갈나무와 외생균근을 형성

분포 한국(백두산), 중국, 일본, 전 세계

참고 식용

큰테젖버섯

Lactarius yazooensis Hesler & A. H. Smith

형태 균모의 지름은 5~15.5cm로 둥근산모양에서 편평한 산모양으로 되며 중앙은 깊게 들어가고 다음에 넓은 깔때기형으로 된다. 표면은 끈기가 있어서 미끈거리고 검은 띠가 있으며 검은 띠는 오렌지황토색에서 녹슨 오렌지색 또는 오렌지적색으로 된다. 또는 연한 색과 황토색에서 붉은 황갈색으로 되며 오래되면 연한 띠를 가진다. 가장자리는 아래로 말리고 미세한 털이 처음에 있다가 없어진다. 살은 단단하고 연한 색이며 상처 시 변색하지 않으며 냄새는 불분명하고 맛은 매우 맵다. 젖은 다량 분비하며 백색이고 변색하지 않으며 살을 물들이지는 않고 맛은 매우 맵다. 주름살은 자루에 대하여 올린주름살에서 내린주름살로 되며 비교적 광폭이며 밀생하며 연한 황토색에서 바랜 황토의 붉은색으로 된다. 가끔 자색의 붉은색에서 자색으로 되거나 밝은 핑크갈색에서 서서히 갈색으로 물든다. 자루의 길이는 2~6cm, 굵기는 1~2.5cm로 거의 원통형이며 건조하고 매끈하며 백색에서 퇴색 하거나 또는 여러 색으로 변색한다. 포자문은 황갈색의 노란색이다. 포자의 크기는 7~9×6~7.5㎛로 아구형에서 광타원형이며 표면은 사마귀점과 융기가 있으나 그물꼴을 형성하지 않으며 돌기 높이는 1.5㎛로 투명하다. 아미로이드 반응이다.
생태 풀밭, 활엽수림의 땅에 특히 참나무 숲의 땅에 군생 · 속생
분포 한국(백두산), 중국, 북아메리카
참고 식 · 독 불명

고리무늬젖버섯

Lactarius zonzarius (Bull.) Fr.

형태 균모의 지름은 5~10㎝로 편평한 둥근산모양에서 곧 편평하게 되나 중앙이 울퉁불퉁하고 가끔 물결형이며 노쇠하면 깔때기형으로 된다. 표면은 고르고 무디며 비단결 같으며 습기가 있을 때 점성이 있고 크림색 또는 연한 황토색이다. 황색의 바탕색에 여러 개의 짙은 환문이 있으며 중앙은 오렌지황토색의 띠가 짙은 노란색 바탕색의 띠로 된다. 가장자리는 오랫동안 아래로 말리고 미세한 백색의 연한 털이 어릴 때 있다. 살은 백색이고 상처 시 핑크색으로 변색하며 나중에 밝은 회색으로 되며 과일 냄새가 나고 매운맛이다. 젖은 백색이고 변색하지 않으며 매운맛이 있다. 주름살은 자루에 대하여 넓은 올린주름살에서 내린주름살로 되며 연한 크림색에서 황토색으로 되고 많은 포크형이 있다. 가장자리는 전연이다. 자루의 길이는 2~5㎝, 굵기는 1~2㎝로 원통형으로 속은 차 있다가 방처럼 빈다. 표면은 고르고 어릴 때 백색이고 가끔 노란색의 흠집이 있고 나중에 군데군데 황토갈색으로 변색한다. 포자의 크기는 7~9×6.5~7.5㎛로 아구형에서 타원형이며 장식돌기의 높이는 0.8㎛이고 표면의 사마귀반점들은 융기로 연결되지만 격리된 것도 있다. 담자기는 막대형에서 배불뚝이형으로 47~52×9~11㎛로 4-포자성이다.
생태 여름~가을 / 활엽수림의 땅에 군생
분포 한국(백두산), 중국, 유럽, 북아메리카

전나무무당버섯

Russula abietina Peck

형태 균모의 지름은 2~4.5cm로 반구형에서 차차 편평형으로 되고 중앙은 약간 들어간다. 표면은 옅은 자색, 회자색 혹은 종려나무 녹색으로 색깔은 다양하며 중앙은 짙은 암색으로 점성이 있고 밋밋하고 광택이 난다. 살은 백색이며 얇고 부드럽다. 가장자리는 연한 색이고 줄무늬선이 있다. 주름살은 자루에 대하여 바른-떨어진주름살로 백색에서 옅은 황색으로 되며 비교적 치밀하다. 자루의 길이는 2~4cm, 굵기는 0.5~0.7cm로 원주형이고 백색으로 속은 비었다. 포자의 크기는 7.5~10.5×6.7~9㎛로 아구형이고 옅은 황색이며 표면은 사마귀점이 있고 그물꼴이다.
생태 여름 / 혼효림의 땅에 군생 · 산생하며 외생균근을 형성
분포 한국(백두산), 중국, 유럽
참고 식용

큰무당버섯

Russula adulterina Secr.

형태 균모의 지름은 6~10cm로 반구형에서 둥근산모양을 거쳐 편평해지며 가운데는 껄끄럽다. 표면은 무딘 상태서 비단 광택이 나며 습기가 있을 때 미끄럽고 빛난다. 적자갈색에서 흑갈색으로 되며 드물게 연한 것도 있다. 표피가 중간 정도까지 벗겨지기도 한다. 살은 백색이고 시간이 지나면 갈색으로 되고 사과 같은 냄새가 나고 맛은 온화하다가 맵다. 가장자리는 둔하고 대부분 고르고 약간 줄무늬홈선이 있다. 주름살은 자루에 대하여 좁은 올린주름살로 백색에서 짙은 오렌지 황토-노란색이다. 가장자리는 매끈하다. 자루의 길이는 5~8cm, 굵기는 15~25mm로 원통형이며 기부로 비틀린다. 표면에 미세한 세로줄의 맥상이고 백색이며 어릴 때 백색가루가 있지만 매끈해지며 기부로 칙칙한 갈색이다. $FeSO_4$반응에서 약간 핑크색이다. 포자의 크기는 8.5~13×7.5~11㎛로 아구형이고 표면의 돌기의 높이 2㎛이며 사마귀점 같은 침이 있다. 담자기는 50~65×15~18㎛로 막대형이며 4-포자성이다.
생태 여름~가을 / 혼효림의 이끼류가 있는 땅에 군생
분포 한국(백두산), 중국, 유럽

흑갈색무당버섯

Russula adusta (Pers.) Fr.

형태 균모의 지름은 5~7㎝이며 둥근산모양에서 차차 편평해지고 중앙은 오목하다. 표면은 습기가 있을 때 점성이 있고 매끄러우며 백색에서 회색을 거쳐 홍갈회색으로 되며 상처 시 회흑색이다. 가장자리는 처음에 아래로 감기고 나중에 펴지거나 위로 들린다. 살은 두껍고 백색이며 상처 시 회색을 거쳐 흑색이 된다. 주름살은 자루에 대하여 바른주름살 또는 내린주름살로 얇고 밀생하며 길이가 같지 않고 상처 시 회흑색으로 된다. 자루의 높이는 4~7㎝, 굵기는 0.5~3㎝이고 원주형 또는 아래로 가늘어진다. 표면은 백색이나 오래되면 균모와 같은 색이 되고 상처 시 암색으로 된다. 자루의 속은 비어 있다. 포자의 크기는 8~9×6~7.5㎛로 아구형이며 표면에 혹이 있고 미세한 불완전한 그물눈이 있다. 낭상체는 방추형으로 꼭대기가 젖꼭지모양이며 52~100×7~10㎛이다.

생태 여름~가을 / 가문비나무. 분비나무 숲의 땅에 군생 · 산생하며 나무와 외생균근을 형성

분포 한국(백두산), 중국, 일본, 유럽, 북아메리카

참고 식용

구릿빛무당버섯(풀색무당버섯)

Russula aeruginea Lindbl. & Fr.

형태 균모의 지름은 4~10cm이고 둥근산모양에서 차차 편평형으로 되며 중앙은 오목하다. 표면은 습기가 있을 때 점성이 있고 마르면 가장자리는 가루모양이며 구릿빛 녹색, 포도 녹색 또는 암회록색이고 중앙은 색이 더 진하다. 가장자리는 홈으로 이어진 능선이 있다. 살은 중앙이 두꺼우며 백색으로 약간 냄새가 난다. 주름살은 자루에 대하여 바른주름살이고 빽빽하거나 성기며 폭은 앞쪽 넓고 뒤쪽은 좁다. 백색 또는 황백색이나 나중에 탁한 황색을 띠고 길이가 같고 갈라진다. 자루의 높이는 4~8cm, 굵기는 0.9~ 2cm이고 상하 굵기가 같거나 하부가 조금 굵으며 백색이고 표면은 매끄러우며 속은 갯솜질로 차 있다. 포자의 지름은 8~9㎛로 아구형이며 표면에 혹이 있고 가끔 혹이 이어져 그물눈을 이루기도 한다. 포자문은 연한 황색이다. 낭상체는 방망이모양으로 45~95×9.5~10.8㎛이다.

생태 여름~가을 / 가문비나무~분비나무 숲 또는 자작나무 숲의 땅에 군생 · 산생하며 자작나무와 외생균근을 형성

분포 한국(백두산), 중국, 일본, 유럽, 북아메리카

참고 식용

흰꽃무당버섯

Russula alboareolata Hongo

형태 균모의 지름은 5~8cm로 어릴 때는 둥근산모양에서 가운데가 약간 오목한 둥근산모양을 거쳐 펴지면 결국 깔때기형으로 된다. 표면은 흰색이나 중앙부는 다소 유백색이며 미세한 분상이고 습기가 있을 때는 점성이 있으며 성장하면 가장자리에 줄무늬 홈선이 생긴다. 표피는 때때로 방사상으로 찢어진다. 살은 흰색이고 연약하다. 주름살은 자루에 대하여 떨어진주름살로 흰색으로 폭이 약간 넓고 약간 성기다. 자루의 길이는 2~5.5cm, 굵기는 10~17mm로 흰색이고 속에 수(髓)가 있거나 또는 속이 비어 있다. 표면은 때때로 쭈글쭈글한 요철의 홈선이 생긴다. 포자의 크기는 6.5~8.5×5.5~7㎛로 난상 아구형이고 표면에는 사마귀반점이 있고 돌출되며 사마귀반점들은 연락사로 서로 연결된다.

생태 여름 / 숲속의 땅에 단생 · 군생

분포 한국(백두산), 중국, 일본, 유럽, 북아메리카

검은무당버섯

Russula albonigra (Kormb.) Fr.

형태 균모의 지름은 5~12cm로 어릴 때는 반구형-둥근산모양에서 차차 평평해지고 가운데가 약간 오목해진다. 표면은 고르지 않고 다소 엽맥상 또는 약간 결절형이며 습기가 있을 때 점성이 있다. 처음에는 탁한 유백색에서 흑갈색-거의 흑색으로 된다. 살은 유백색이고 자르면 흑색으로 변한다. 주름살은 자루에 대하여 내린주름살이며 유백색에서 연한 색으로 되고 폭이 좁으며 촘촘하다. 가장자리는 흑색이다. 자루의 길이는 3~6cm, 굵기는 15~30mm로 짧고 굵으며 균모와 같은 색-약간 연한색이다. 포자의 크기는 7~9.2×6~7.5㎛로 아구형-타원형이고 표면은 부분적으로 그물눈을 형성하며 반점이 있고 또는 능선상으로 돌출한다. 포자문은 백색이다.

생태 여름~가을 / 숲속의 땅에 단생 · 군생

분포 한국(백두산), 중국, 일본, 유럽, 북아메리카, 호주, 북아프리카

비단무당버섯

Russula alnetorum Romagn.

형태 균모의 지름은 25~50mm로 편평한 등근산모양에서 편평하게 되며 다소 깔때기형이다. 표면은 가끔 물결형이고 고르며 광택이 나고 포도주적색의 얼룩이 있으며 자색에서 라일락색, 백색, 황색의 다양한 색을 가지나 가끔 희미한 회색을 가진 라일락색이나 드물게 균일한 자색인 것도 있다. 표피는 약간 벗겨진다. 가장자리는 예리하고 어릴 때 고르고 나중에 약간의 줄무늬선이 있다. 육질은 백색으로 냄새는 없고 맛은 온화하다. 주름살은 자루에 대하여 올린주름살로 백색에서 희미한 크림색으로 폭은 넓고 전연이다. 자루의 길이는 25~40mm, 굵기는 6~15mm로 원통형이며 때때로 미세한 세로줄의 섬유실이 서로 맥상으로 연결하며 오래되면 다소 회색으로 된다. FeSO4반응에서 연어 핑크색이다. 페놀에서도 연어핑크색이다. 포자의 크기는 7.7~10.5×6.1~7.9㎛로 타원형이고 수많은 사마귀반점이 엉켜서 맥상으로 서로 연결된다. 담자기는 막대형으로 40~50×10~11.5㎛로 4-포자성이다. 연낭상체는 방추형으로 꼭대기에 돌기가 있으며 40~70×7~9㎛이다. 측낭상체는 연낭상체에 비슷하며 50~90×8~10㎛이다.
생태 여름~가을 / 숲속의 땅에 군생
분포 한국(백두산), 중국, 일본, 유럽, 아시아

고깔무당버섯

Russula alpigenes (Bon) Bon

형태 균모의 지름은 10~25mm로 반구형에서 둥근산모양이며 가끔 중앙이 볼록하지만 오래되면 편평하게 된다. 표면은 고르고 건조 시 광택이 없는 상태에서 비단결로 되고 습기가 있을 때 광택이 있고 매끄럽다. 표피는 벗겨지기 쉬우며 자색에서 포도주적색 또는 포도주갈색이다. 가장자리는 고르고 오랫동안 아래로 말린다. 살은 백색이고 싱싱할 때 냄새가 나다가 없어지고 맛은 맵다. 주름살은 자루에 대하여 좁은 올린주름살로 백색에서 연한 크림황색으로 된다. 주름살의 변두리는 전연이다. 자루의 길이는 20~50mm, 굵기는 8~15mm로 원통형에서 약간 막대형으로 표면은 고르고 백색이며 기부부터 약간 황토색으로 변색한다. 자루의 속은 차 있다. 포자의 크기는 6.5~8.5×5.4~6.7㎛로 아구형 또는 타원형이고 표면의 돌기 높이는 0.7㎛로 사마귀의 반점이 부풀어서 둥근형이고 그물꼴로 서로 연결한다. 담자기는 막대형으로 30~45×10~12㎛이다. 연낭상체는 방추형으로 꼭대기가 돌기가 있는 것도 있고 없는 것도 있으며 46~80×9~12㎛이다. 측낭상체는 연낭상체에 비슷하고 45~75×8~13㎛이다.

생태 여름~가을 / 숲속의 땅에 군생

분포 한국(백두산), 중국, 유럽

참무당버섯

Russula atropurpurea (Krombh.) Britz.
Russula krombholzii Schaffer

형태 균모의 지름은 4~10cm이며 반구형에서 편평형으로 되며 중앙부는 조금 오목하다. 균모 표면은 결절형이고 습기가 있을 때 점성이 있고 빛나며 건조하면 비단결이다. 색깔은 암혈홍색, 암자색 또는 암남자색이다. 가장자리의 표피는 벗겨지기 쉬우며 날카롭고 평평하며 매끄럽다. 살은 치밀하며 다소 부서지기 쉽고 백색이며 표피 아래쪽은 균모와 동색이다. 자루 언저리는 연한 갈색 또는 연한 회색이고 조금 맵다. 주름살은 자루에 대하여 바른주름살 또는 홈파진주름살로 길이가 같으며 자루 쪽은 좁고 앞끝은 넓으며 백색에서 황색으로 된다. 자루의 높이는 3.5~6cm, 굵기는 1.5~2.5cm이고 위아래의 굵기가 같거나 아래로 조금 굵어진다. 표면은 주름무늬가 있고 백색으로 상부는 가루모양이며 노쇠하면 기부가 연한 황색 또는 갈색이다. 자루의 속은 치밀하게 차 있으나 나중에 빈다. 포자의 크기는 8.5~9(11)×6~8(10)㎛로 아구형이고 낮고 평평한 혹이 있다. 포자문은 백색 또는 연한 황색이다. 낭상체는 방추형으로 50~89×7~11㎛이다.

생태 여름~가을 / 소나무 숲 또는 사스래나무 숲의 땅에 산생하며 소나무 또는 신갈나무 등과 외생균근을 형성

분포 한국(백두산), 중국, 유럽

참고 식용

흑적변무당버섯

Russula atrorubens Quél.

형태 균모의 지름은 25~60mm로 반구형에서 둥근산모양을 거쳐 편평하게 되지만 중앙은 약간 톱니상이고 가끔 결절상이다. 건조하면 광택이 없지만 습할 시 광택이 나고 미끈거린다. 색깔은 검은 카민색 또는 올리브색이 섞인 적보라색이다. 가장자리는 고르고 어릴 때 예리하고 후에 약간 줄무늬선이 있다. 표피는 벗겨지기 쉽다. 살은 백색으로 냄새는 좋고 과실 같은 달콤한 냄새가 나고 맛은 맵다. 주름살은 자루에 대하여 홈파진주름살로 백색이며 포크상이 있다. 가장자리는 전연이다. 자루의 길이는 40~80cm, 굵기는 10~20mm로 원통형 또는 약간 막대형이며 속은 차 있다가 푸석푸석 빈다. 표면은 미세한 세로줄의 맥상이고 백색이며 때때로 기부는 적색-살색이다. 포자의 크기는 6~8.5×5~6.5㎛로 타원형이고 장식돌기의 높이는 0.5㎛로 사마귀반점이 있으며 그물눈으로 서로 연결되어 그물꼴을 형성한다. 담자기는 막대형이고 35~47×9~10㎛로 4-포자성이다. 연낭상체는 방추형으로 42~75×6~9㎛로 선단은 돌기가 있다. 측낭상체는 연낭상체와 비슷하고 36~85×7~12㎛이다.

생태 숲속의 땅, 또는 젖은 이끼류가 있는 땅에 군생

분포 한국(백두산), 유럽

금무당버섯

Russula aurea Pers.
R. aurata Fr.

형태 균모의 지름은 6~7cm이고 둥근산모양에서 차차 편평형으로 되며 중앙은 오목하다. 표면은 건조하며 매끄럽고 귤홍색, 귤황색, 오렌지 진한 황색이지만 중앙부는 색이 더 진하고 가끔 홍색을 띤다. 가장자리는 얇고 오래되면 희미한 능선이 나타난다. 살은 처음에 굳고 부서지기 쉬우며 오래되면 갯솜조직처럼 되고 백색이고 표피 아래쪽은 짙은 레몬황색이다. 주름살은 자루에 대하여 바른주름살 또는 떨어진주름살로 연한 황백색이고 약간 빽빽하고 폭은 넓으며 길이가 같거나 같지 않고 주름살 사이에 횡맥이 있어 연결된다. 가장자리는 더러 갈라지고 레몬황색이다. 자루의 높이는 5~9cm, 굵기는 1~20mm이고 원주형으로 중앙부가 조금 굵으며 상부는 백색이고 하부는 레몬황색으로 진해지며 주름무늬가 있다. 자루의 속은 차 있으며 부분적으로 비어 있다. 포자의 지름은 8~11㎛로 구형이며 거칠고 멜저시약의 처리로 능선으로 이어진 그물눈을 볼 수 있다. 포자문은 짙은 홍갈색이다.

생태 여름~가을 / 가문비나무-분비나무 숲 또는 잣나무-활엽수의 혼효림의 땅에 단생하며 신갈나무와 외생균근을 형성

분포 한국(백두산), 중국, 일본, 유럽, 북아메리카

하늘색무당버섯

Russula azurea Bres.

형태 균모의 지름은 4~8cm로 반구형에서 둥근산모양을 거쳐 차차 편평하게 되고 중앙은 무딘 톱니상이다. 표면은 미세한 거친 과립이 있고 건조 시 무디고 미세한 가루상이고 습기가 있을 때 광택이 나고 매끈하고 점성이 있다. 표피는 벗겨지기 쉬우며 회색, 라일락색, 자색갈색의 얼룩이 있다. 가장자리는 고르고 약간 줄무늬선이 있다. 살은 백색이며 아몬드 같은 냄새가 나고 맛은 쓰다가 온화하다. 주름살은 자루에 대하여 홈파진주름살로 포크형이 있고 백색에서 크림-백색으로 된다. 가장자리는 전연이다. 자루의 길이는 4~5.5cm, 굵기는 1~1.5cm로 막대형이며 속은 차 있다가 빈다. 표면은 고르고 기부로 주름지며 약간 황색으로 변색하기 쉬우며 꼭대기로 미세한 가루가 있다. 포자의 크기는 7.7~10.6×6~8.8㎛로 아구형에서 타원형이며 표면의 돌기 높이는 0.8㎛로 부푼 알갱이들이 맥상으로 서로 연결한다. 담자기는 막대형으로 40~55×13~15㎛이다. 연낭상체는 원통형에서 막대형이며 45~105×6~10㎛이다. 측낭상체는 원통형, 막대형, 드물게 방추형으로 60~75×8~13㎛이다.

생태 여름~가을 / 숲속의 이끼류 속에 군생

분포 한국(백두산), 중국, 유럽, 북아메리카, 아시아

참고 희귀종

분홍색무당버섯

Russula betularum Hora

형태 균모의 지름은 2~5cm이고 반구형에서 거의 편평해지며 중앙은 약간 들어간다. 표면은 분홍색 혹은 연한 살색의 분홍색으로 흡수성이고 밋밋하다. 가장자리는 줄무늬선이 있다. 살은 백색이며 비교적 얇고 맛은 맵다. 주름살 자루에 대하여 바른주름살로 백색이다. 자루의 길이는 2.5~6cm, 굵기는 6~0.8cm로 원주형이고 백색이며 하부는 약간 팽대한다. 포자의 크기는 8~11×7.5~8㎛로 타원형으로 표면에 사마귀점이 있고 불완전한 그물꼴이 있다.
생태 여름~가을 / 숲속의 땅에 단생 · 군생
분포 한국(백두산), 중국, 유럽

황보라무당버섯

Russula bruneoviolacea Crawshay

형태 균모의 지름은 30~60mm로 반구형에서 둥근산모양을 거쳐 편평형으로 되고 중앙은 무딘 톱니상이다. 표면은 고르다가 미세한 혹형이 있고 건조성이고 습기가 있을 때 광택이 난다. 색깔은 검은 자갈색에서 연한 포도주적색이고 가끔 황토색 또는 군데군데 올리브색이다. 껍질은 벗겨지기 쉽다. 가장자리는 고르고 줄무늬선이 있으며 예리하다. 살은 백색이고 상처 시 곳곳에 황색으로 변색(특히 자루)하며 냄새는 없고 희미한 과일 냄새가 나고 맛은 온화하다. 주름살은 자루에 대하여 올린주름살에서 끝붙은주름살로 백색에서 크림색 또는 연한 황토색이며 포크형이 있다. 가장자리는 전연이다. 자루의 길이는 30~60mm, 굵기는 8~18mm로 원통형이며 기부로 가늘고 또는 부푼 것도 있으며 속은 차 있다가 푸석푸석 빈다. 표면은 미세한 세로줄의 맥상으로 연결되며 백색에서 칙칙한 황색으로 된다. 포자의 크기는 6.7~8.8×6~7.4㎛로 아구형이고 표면의 돌기 높이는 1.5㎛로 사마귀반점들은 서로 분리되거나 합쳐진 것도 있다. 담자기는 막대형이고 45~60×11~15㎛이다.

생태 초여름~가을 / 활엽수림과 혼효림에 군생

분포 한국(백두산), 중국, 유럽, 아시아

청변무당버섯

Russula caerulea Fr.

형태 균모의 지름은 5~10cm로 둔한 원추형에서 둥근산모양을 거쳐 편평하게 되며 중앙에 분명한 젖꼭지모양의 돌출부를 가진다. 표면은 고르고 방사상으로 주름지며 자갈색에서 보라색으로 되고 중앙은 진하여 거의 흑색이다. 습기가 있을 때 끈기가 있고 광택이 나고 건조 시 비단결이다. 표피는 벗겨지기 쉽다. 가장자리는 예리하며 고르고 약간 줄무늬홈선이 있다. 살은 백색이며 과일 냄새가 나고 맛은 온화하다. 주름살은 자루에 대하여 좁은 올린주름살로 희미한 황색의 백색에서 황토색으로 되며 진한 색이다. 가장자리는 전연이다. 자루의 길이는 5~8cm, 굵기는 1~2cm로 원통형에서 약간 막대형이며 기부로 가늘고 속은 차 있다가 스펀지처럼 된다. 표면은 그물꼴의 맥상이고 백색이며 가루상이며 기부로 황토색-황색의 얼룩 반점이 있다. 포자의 크기는 7~9.2×5.9~8㎛로 아구형 또는 타원형이고 침의 높이는 1.3㎛이고 융기로 된 맥상으로 연결된다. 담자기는 막대형으로 45~52×10~11㎛이다.

생태 활엽수림과 혼효림에 군생

분포 한국(백두산), 중국, 유럽, 북아메리카, 아시아

좀흰무당버섯

Russula castanopsidis Hongo

형태 균모의 지름은 3.5~5.5cm로 둥근산모양을 거쳐 차차 편평하게 되며 중앙부는 오목하다. 표면은 끈기는 없고 연한 회황갈색이며 가장자리는 연한 색이거나 거의 백색이다. 표피는 때때로 불규칙하게 갈라지며 가장자리는 짧은 줄무늬홈선을 나타낸다. 살은 백색 또는 거의 무미무취이다. 주름살은 자루에 거의 끝붙은주름살로 백색이고 약간 밀생하며 폭은 3~6mm이다. 주름살의 가장자리는 미세한 가루상이다. 자루의 길이는 4~6.5cm, 굵기는 6~8mm로 상하 크기가 같으나 기부로 가늘고 백색이며 주름진 세로 선이 있으며 속은 거의 해면질이다. 포자문은 백색이다. 포자의 크기는 7.5~9.5×5.5~8㎛로 아구형이고 표면에 크고 작은 침으로 덮여 있다. 연낭상체는 48~63×7~13㎛이고 방추형 또는 곤봉형으로 꼭대기에 작은 돌기가 있다. 측낭상체는 58~75×11~20㎛로 방추형이며 꼭대기에 작은 돌기가 있다.

생태 여름~가을 / 활엽수림의 땅, 또는 낙엽 사이에 군생

분포 한국(백두산), 중국, 일본, 유럽, 북아메리카

붉은무당버섯아재비

Russula subrubens (J. E. Lange) Bon
Russula chamiteae Kühn.

형태 균모의 지름은 3~7cm로 어릴 때 반구형에서 둥근산모양을 거쳐 차차 불규칙한 편평형으로 된다. 표면은 고르고 광택이 나고 습기가 있을 때 약간 점성이 있고 매끈거린다. 어릴 때는 적색 또는 적자색이며 중앙부터 가장자리 쪽으로 황토갈색으로 퇴색한다. 가장자리는 오랫동안 아래로 말리며 고르고 예리하다. 표피는 중앙의 1/3까지 벗겨진다. 살은 백색이고 냄새가 나고 맛은 온화하다. 주름살은 자루에 대하여 좁은 올린주름살로 어릴 때 백색이지만 연한 황토색으로 된다. 가장자리는 전연이다. 자루의 길이는 1.5~5cm, 굵기는 1~2cm로 원통형이고 때때로 기부는 막대형이다. 표면은 고르고 전체가 미세한 세로줄의 맥상이고 위로부터 적색을 가진 백색으로 되며 오래되면 칙칙한 황색의 얼룩이 생긴다. 자루의 속은 차 있다. 포자의 크기는 7.2~9.9×6~7.7㎛로 아구형 또는 타원형, 표면의 돌기 높이는 0.6㎛로 사마귀점들은 대부분 연결되지만 간혹 떨어진 것도 있다. 담자기는 막대형으로 35~55×10~14㎛이다.

생태 여름 / 숲속의 땅에 군생

분포 한국(백두산), 중국, 일본, 유럽

푸른무당버섯

Russula chloroides (Krombh.) Bres.

형태 균모의 지름은 5~11㎝로 어릴 때 반구형에서 편평형으로 되나 중앙은 톱니상이고 들어간다. 표면은 가끔 물결형이고 고르며 백색이며 어릴 때 미세한 털이 있고 나중에 매끈해지고 부분적 또는 전체가 크림황색에서 갈황토색으로 되며 습기가 있을 때 광택이 난다. 가장자리는 고르고 예리하며 표피는 약간 벗겨지기 쉽다. 살은 백색이고 자르면 서서히 갈색으로 되며 냄새는 불분명하나 불쾌하고 맛은 온화하며 주름살의 살은 맵다. 주름살은 자루에 대하여 내린주름살로 폭은 좁고 포크형이 있으며 백색에서 바랜 크림색으로 되며 가끔 밝은 청색이다. 가장자리는 전연이다. 자루의 길이는 4~6㎝, 굵기는 1~2㎝로 원통형으로 속은 차 있다가 방처럼 빈다. 표면은 미세한 세로줄의 맥상이며 가루상이고 어릴 때 백색에서 군데군데 갈색으로 된다. 포자의 크기는 8~10.5×7~9㎛로 아구형이며 표면의 돌기 높이는 1.8㎛로 표면은 거칠고 사마귀반점들은 분리되나 연결된 것도 있다. 담자기 막대형으로 50~75×11~15㎛이다.

생태 활엽수림, 침엽수림, 혼효림의 땅에 단생 · 군생

분포 한국(백두산), 유럽, 북아메리카, 호주

맑은무당버섯

Russula clariana Heim ex Kuyp. & Vuure

형태 균모의 지름은 4~6cm로 반구형-둥근산모양에서 차차 편평하게 되며 중앙은 무딘 톱니상태다. 표면은 물결형으로 고른 상태에서 미세한 방사상의 주름무늬가 있다. 색깔은 푸른색에서 자갈색 또는 연한 색에서 크림색으로 되며 중앙은 밝은 황토올리브색으로 오래되면 균모 전체가 퇴색한다. 표피는 반 정도까지 벗겨진다. 가장자리는 어릴 때 고른 상태에서 짧은 줄무늬선이 있다. 살은 백색이며 아욱 냄새가 나지만 나중에 사과 냄새가 나고 맛은 맵다. 주름살은 자루에 대하여 홈파진주름살로 포크형이 있다. 가장자리는 전연이다. 자루의 길이는 3~5cm, 굵기는 1~2cm로 원통형에서 막대형이며 속은 차 있다가 구멍이 숭숭하게 뚫린 것으로 된다. 표면은 가는 세로줄의 맥상으로 연결되며 어릴 때 백색에서 나중에 기부위 위쪽으로 회색이 된다. 포자의 크기는 6.5~8.6×5.8~7.5㎛로 아구형이며 돌기의 길이는 1㎛로 침들은 서로 융기된 맥상으로 연결된다. 담자기는 막대형으로 35~55×10~13㎛이다. 연낭상체는 방추형에서 막대형이며 꼭대기에 부속지를 함유하고 45~75×8~10㎛이다. 측낭상체는 연낭상체에 비슷하고 50~85×10~13㎛이다.

생태 늦봄~초가을 / 숲속의 땅에 군생

분포 한국(백두산), 유럽

참고 희귀종

맑은노랑무당버섯

Russula claroflava Grove

형태 균모의 지름은 4~8.5cm로 반구형에서 둥근산모양을 거쳐 차차 편평하지만 중앙은 무딘 톱니상이다. 표면은 고르고 습기가 있을 때 광택이 나고 매끈하며 레몬황색이며 상처 시 회색에서 흑색으로 된다. 가장자리는 짧은 줄무늬선이 있다. 표피는 중앙까지 벗겨진다. 살은 백색이고 상처 시 적색에서 회색으로 변색하며 냄새가 약간 나고 맛은 온화하다. 주름살은 자루에 대하여 좁은 올린주름살로 포크형이 있고 백색에서 연한 크림노란색으로 된다. 가장자리는 전연이다. 자루의 길이는 30~60mm, 굵기는 10~120mm로 원통형에서 막대형이며 속은 차 있다가 스펀지처럼 된다. 표면은 고르고 나중에 세로줄무늬가 맥상으로 연결되며 비비거나 오래되면 백색에서 회색을 거쳐 흑색으로 된다. 포자의 크기는 6.8~9.1×5.6~6.9㎛로 타원형이고 사마귀의 높이는 1㎛로 사마귀반점들은 맥상과 융기로 서로 연결된다. 담자기는 막대형으로 36~46×11~12㎛이다. 연낭상체는 방추형이고 꼭대기는 응축하며 35~90×8~12㎛이다. 측낭상체도 연낭상체와 비슷하고 60~90×12~13㎛이다.

생태 혼효림 숲속의 땅에 군생

분포 한국(백두산), 중국, 유럽, 북아메리카

참고 희귀종

참빗주름무당버섯

Russula compacta Frost

형태 균모의 지름은 7~10㎝로 둥근산모양에서 편평한 모양을 거쳐 약간 깔때기형으로 된다. 표면은 계피색이고 살은 단단하며 백색으로 상처를 받으면 적갈색으로 변색하고 청어(생선) 냄새가 난다. 주름살은 자루에 대하여 떨어진주름살로 백색이나 상처를 입으면 적갈색의 얼룩이 생긴다. 자루의 길이는 4~6㎝, 굵기는 1.5~2㎝이고 표면에는 세로줄무늬가 있으며 백색에서 적갈색으로 된다. 포자의 크기는 8~9×7~8㎛로 아구형이며 미세한 사마귀반점과 그물눈의 연락사가 있다.

생태 여름~가을 / 활엽수림의 땅에 군생하는 균근성 버섯

분포 한국(백두산), 중국, 일본, 북아메리카, 마다카르 섬

참고 식용

청버섯

Russula cyanocxantha (Schaeff.) Fr.
R. cutefracta Cooke, R. cyanoxantha f. peltereaui Sing.

형태 균모의 지름은 4.5~17cm이며 둥근산모양에서 편평형으로 되고 중앙부는 조금 오목하다. 표면은 점성이 조금 있고 털이 없으며 매끄럽다. 색깔은 남자색, 암자회색, 자갈색, 녹색을 띤 자회색 등 다양하며 오래되면 녹색, 연한 자황색, 회자갈색, 연한 청갈색 등 반점이 나타난다. 표피는 벗겨지기 쉬우며 가끔 갈라진다. 가장자리는 날카롭고 매끄러우며 오래되면 희미한 능선이 나타난다. 살은 치밀하고 부서지기 쉬우며 백색이나 표피 아래쪽은 홍색 또는 자색을 띠고 맛은 유화하며 냄새는 없다. 주름살은 자루에 대하여 바른주름살로 약간 밀생하며 폭이 넓고 길이가 같지 않으며 갈라진다. 주름살 사이에 횡맥이 있어서 연결되며 백색이고 오래되면 녹슨 반점이 나타난다. 자루의 높이는 4~10cm, 굵기는 1.5~3cm이며 원주형으로 백색이고 육질이며 속은 갯솜질이다. 포자는 7~9×6~7㎛로 아구형이다. 포자문은 백색이다.
생태 여름~가을 / 활엽수림, 잣나무 숲, 혼효림의 땅에 군생 · 산생하며 소나무 또는 신갈나무와 외생균근을 형성
분포 한국(백두산), 일본, 유럽

흰무당버섯(굴털이)

Russula delica Fr.

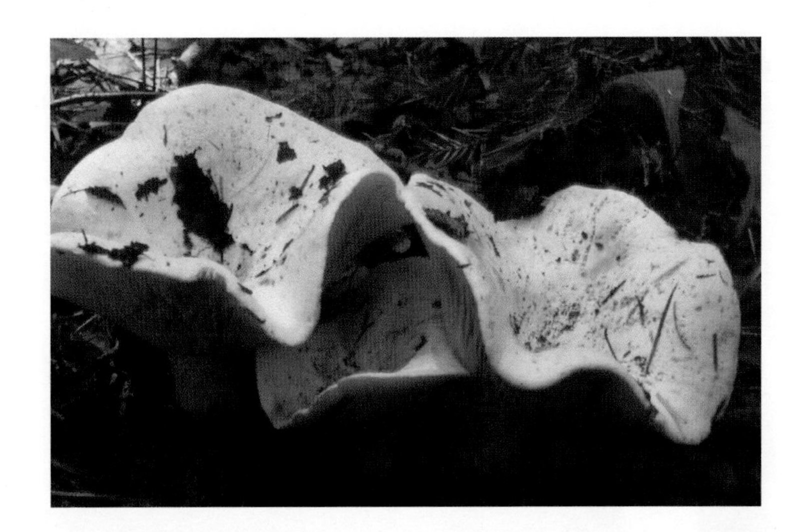

형태 균모의 지름은 5~15cm이며 반구형에서 차차 편평해지고 중앙부가 오목해져 깔때기형으로 된다. 표면은 건조하고 밀기울 모양으로 갈라지며 처음에 융털이 있으나 나중에 매끄러워진다. 백색에서 연한 갈색으로 되며 갈색 반점이 생기기도 한다. 가장자리는 처음에 아래로 감기나 나중에 펴지고 반반하며 날카롭다. 살은 처음에 치밀하고 굳으며 부서지기 쉽고 백색이며 맵고 특유한 냄새가 난다. 주름살은 자루에 대하여 바른주름살로 빽빽하거나 성기고 폭이 좁으며 얇고 길이가 같지 않으며 더러 갈라진다. 백색이며 물방울이 있다. 자루의 높이는 4~7cm, 굵기는 2~3cm로 상하의 굵기가 같거나 아래로 가늘어지며 백색에서 갈색을 띠고 털이 없거나 또는 부드러운 털로 덮이며 속이 차 있다. 포자의 크기는 8~10×7~9㎛로 구형 또는 아구형으로 기름방울이 들어 있다. 멜저시약으로 염색하면 짧은 가시와 그물눈이 보인다. 포자문은 백색이다.

생태 여름~가을 / 잣나무 숲, 혼효림, 신갈나무 숲 또는 가문비나무 숲, 분비나무 숲의 땅에 군생 · 산생하며 소나무, 신갈나무, 가문비나무 또는 분비나무와 외생균근을 형성

분포 한국(백두산), 중국, 일본, 전 세계

애기무당버섯

Russula densifolia Secr. ex Gill.

형태 균모의 지름은 4~7cm로 어릴 때는 중앙이 오목한 낮은 둥근산모양에서 깔때기모양으로 펴진다. 표면은 미세한 털로 덮이고 습기가 있을 때는 점성이 있다. 색깔은 백색이지만 곧 회갈색-흑갈색의 얼룩이 중앙 쪽부터 생겨 가장자리 쪽으로 퍼지며 오래되면 회흑색이 된다. 가장자리는 다소 연하거나 백색이고 오랫동안 안쪽으로 감긴다. 살은 단단하고 흰색이며 상처를 받으면 적회색-흑색이 된다. 주름살은 자루에 대하여 바른주름살, 올린주름살, 내린주름살 등 다양하다. 색깔은 크림색에서 연한 황색-연한 황토색으로 된다. 주름살의 폭이 좁고 촘촘하며 상처를 받으면 적색에서 흑색으로 된다. 자루의 길이는 3~6cm, 굵기는 10~20mm로 원주형이고 때로는 아래쪽이 가늘어진다. 표면은 백색이고 밋밋하며 만지면 곧 적색으로 변하고 나중에 검은색이 된다. 포자의 크기는 6.5~9×5.5~6.5㎛로 아구형-타원형으로 반점같은 사마귀가 덮여 있다.

생태 여름~가을 / 침엽수 및 활엽수의 숲속의 땅에 군생 · 단생

분포 한국(백두산), 중국, 북반구 일대

참고 식용하기도 하며 비슷한 독버섯이 있으므로 주의가 필요하다.

마른무당버섯

Russula dryadicola Fellner & Landa

형태 균모의 지름은 3~6.5cm로 반구형에서 둥근산모양을 거쳐 편평하게 되며 중앙은 껄끄럽다. 표면은 고르고 건조 시 무광택에서 비단 같은 광택이 나며 습기가 있을 때 빛나고 미끈거린다. 어릴 때는 전부 또는 부분적으로 황토색, 오렌지색, 적갈색에서 크림색, 연한 노랑, 오렌지황색으로 되지만 적색의 기가 가장자리에 남아 있다. 가장자리는 고르고 오래되면 줄무늬선이 있다. 표피는 벗겨지지 않거나 약간 벗겨진다. 살은 백색으로 냄새가 약간 나고 맛은 맵다. 주름살은 자루에 대하여 좁은 올린주름살이고 백색에서 크림색을 거쳐 오렌지황토색으로 된다. 가장자리는 매끈하다. 자루의 길이는 2.5~5.5cm, 굵기는 1~2.5cm으로 원통형이며 속은 차 있다가 푸석푸석 빈다. 표면은 세로줄의 맥상의 줄무늬가 있고 기부는 백색에서 황갈색으로 변하고 $FeSo_4$ 반응은 약간 핑크색이다. 포자의 크기는 8~12×7~10㎛로 아구형에서 타원형이고 표면의 사마귀점들은 분리되고 돌기의 높이는 1.2㎛이다. 담자기는 45~60×12~15㎛로 막대형이다. 연낭상체는 75~110×8~15㎛로 방추형에서 막대형으로 되며 둔하다. 측낭상체는 연낭상체에 비슷하고 70~115×10~12㎛이다.

생태 여름~가을 / 습지 또는 활엽수의 숲속의 땅에 군생

분포 한국(백두산), 유럽

아이보리무당버섯

Russula eburneoareolata Hongo

형태 자실체는 소형-중-대형 등 다양하다. 균모의 지름은 6cm 정도로 둥근산모양에서 차차 편평해지나 중앙은 약간 들어가서 깔때기형을 나타낸다. 표면은 습기가 있을 때는 끈적거리고 매끈하며 표피는 파괴되어 조각으로 된다. 색깔은 연한 노란색에서 회색의 노란색(아이보리색)이다. 가장자리는 고르다가 결절형의 줄무늬선으로 된다. 살은 백색이며 중앙은 두껍고 가장자리의 살은 얇으며 냄새는 없고 맛은 온화하다. 주름살은 자루에 대하여 끝붙은주름살 또는 내린주름살의 끝붙은주름살도 있으며 약간 밀생하고 백황색 또는 상아백색이며 황색 반점이 있고 맥상으로 연결된다. 주름살의 가장자리는 고르다. 자루의 길이는 6~8cm, 굵기는 1.2~2cm이고 약간 배불뚝이형 또는 아래로 굵으며 백색이고 주름진 줄무늬선이 있고 속은 갯솜질이다. 포자의 크기는 7~8×5~6.5μm로 광난형에서 아구형이고 표면은 미세한 사마귀반점들이 짧은 띠와 미세한 연결사로 연결된다. 담자기는 36~48×9.5~12μm로 4-포자성이다.

생태 여름~가을 / 혼효림의 숲속의 땅에 군생하며 외생균근을 형성

분포 한국(백두산), 중국, 파푸아뉴기니

무당버섯

Russula emetica (Schaeff.) Pers.

형태 균모의 지름은 3~10cm이고 반구형에서 차차 편평형으로 되며 중앙부는 조금 오목하다. 표면은 습기가 있을 때 점성이 있고 매끄러우며 장미홍색, 심홍색으로 젖으면 퇴색하여 홍황색 내지 연한 홍색이 된다. 표피는 벗겨지기 쉽다. 가장자리는 날카롭고 처음에 반반하며 매끄러우나 나중에 능선이 나타난다. 살은 부서지기 쉽고 백색이나 표피 아래쪽은 홍색을 띠며 아주 맵다. 주름살은 자루에 홈파진주름살 또는 떨어진주름살로 약간 빽빽하거나 성기며 폭은 약간 넓고 길이가 같으며 백색이다. 주름살의 변두리는 치아상이다. 자루의 높이는 4~8cm, 굵기는 1.2~2cm로 상하의 굵기가 같고 또는 분홍색을 조금 띤다. 표면은 반반하고 매끄러우며 가는 주름무늬가 있다. 포자의 크기는 7~10.5×6.5~10.5㎛로 아구형이고 표면에 가시와 그물눈이 있다. 포자문은 백색이다. 낭상체는 피침형 또는 방망이형으로 꼭대기는 가늘게 뾰족하며 80~85×10~15㎛이다.

생태 여름~가을 / 침엽수림, 혼효림 또는 활엽수림의 땅에 군생 · 산생하며 가문비나무, 분비나무, 소나무, 물오리나무, 이깔나무 또는 신갈나무와 외생균근을 형성

분포 한국(백두산)

참고 식용

색바랜무당버섯

Russula exalbicans (Pers.) Melzer & Zvara
R. pulchella Borshch.

형태 균모의 지름은 6~10cm이고 반구형에서 차차 편평형으로 되며 중앙부는 오목하다. 표면은 습기가 있을 때 점성이 있고 연한 자홍색 또는 암혈홍색이며 중앙부는 홍색이다. 가장자리는 편평하고 매끄러우며 짧은 줄무늬홈선이 있다. 살은 치밀하고 부서지기 쉽고 백색으로 향기가 있다. 주름살은 자루에 대하여 홈파진주름살 또는 떨어진주름살로 조금 빽빽하며 앞면이 넓고 뒷면이 좁으며 길이가 같다. 주름살 사이에 횡맥이 있으며 백색에서 회백색으로 된다. 자루의 높이는 4~7cm, 굵기는 1~ 2cm이고 상하의 굵기가 같거나 하부가 조금 굵으며 백색에서 회백색으로 된다. 기부에 주름무늬가 조금 있으며 자루의 속은 갯솜질이다. 포자의 지름은 8~9㎛로 구형이고 표면에 미세한 가시가 있다. 포자문은 백색 또는 유백색이다. 낭상체는 방추형으로 55~70×8~15㎛이다.

생태 여름~가을 / 침엽수림 또는 혼효림의 땅에 군생 · 산생하며 자작나무 또는 사시나무와 외생균근을 형성

분포 한국(백두산), 중국

참고 식용

황색깔때기무당버섯

Russula farinipes Romell

형태 균모의 지름은 3~8cm로 어릴 때는 둥근산모양에서 차차 평평해지며 중앙이 오목 들어가서 얕은 깔때기형이 된다. 표면은 습기가 있을 때 끈기가 있으며 오래되면 가장자리가 물결모양으로 굴곡이 지고 찢어지기도 하며 밀짚색-황토색이다. 가장자리는 알갱이모양으로 점이 붙은 줄무늬홈선이 생긴다. 살은 흰색이고 표피 밑은 황색을 띤다. 주름살은 자루에 대하여 바른주름살-약간 내린주름살로 유백색에서 연한 황색으로 되고 폭이 좁고 약간 성기다. 자루의 길이는 3~7cm, 굵기는 1~2cm로 표면은 유백색에서 연한 황색으로 되며 상하가 같은 굵기이거나 아래쪽이 가늘고 흔히 굽어 있다. 단단하고 탄력성이 있으며 자루의 속이 차 있다가 비게 된다. 포자의 크기는 6.1~8.1×5~6.6㎛로 아구형-광타원형이고 표면은 사마귀반점들이 덮여 있다.

생태 여름~가을 / 활엽수림의 땅에 단생 · 군생

분포 한국(백두산), 중국, 일본, 유럽

참고 희귀종

황노랑무당버섯

Russula fellea (Fr.) Fr.

형태 균모의 지름은 5~11cm로 반구형에서 차차 편평하게 되지만 중앙은 무딘 톱니상이다. 표면은 고르고 황토노란색이며 가끔 가장자리 쪽으로 엷은 색이다. 건조성이며 무광택이고 습기가 있을 때 미끈거리고 광택이 난다. 가장자리는 고르고 어릴 때 아래로 말리고 나중에 줄무늬선이 있고 예리하다. 표피는 벗겨지기 쉽다. 살은 백색이고 상처 시 얼마 후에 노란색으로 변색하며 냄새는 사과처럼 달콤하고 맛은 맵다. 주름살은 자루에 대하여 좁은 올린주름살로 포크형이 있고 어릴 때 백색에서 크림노란색이다. 가장자리는 전연이다. 자루의 길이는 3.5~7cm, 굵기는 1~2cm로 원통형 또는 막대형이며 기부의 두께는 3cm이다. 자루의 속은 차고 나중에 빈다. 표면은 고르고 어릴 때 백색으로 나중에 가는 세로줄의 맥상으로 연결되며 크림노란색에서 기부 쪽으로 황토노란색이다. 포자의 크기는 7.1~9.5×6.3~8.1㎛로 아구형 또는 타원형이고 표면은 사마귀반점의 돌기가 있으며 크기 1㎛로 맥상과 융기로 연결된다. 담자기는 막대형으로 32~45×9~10㎛로 4-포자성이다. 연낭상체는 약간 방추형 또는 원통형이고 30~65×5~9㎛이다. 측낭상체는 연낭상체에 비슷하며 50~90×8~10㎛이다.
생태 여름~가을 / 활엽수림의 땅에 군생
분포 한국(백두산), 중국, 유럽, 북아메리카

굳은무당버섯

무당버섯과 ≫ 무당버섯속

Russula firmula J. Schäff.

형태 균모의 지름은 30~60mm로 반구형에서 차차 편평해지며 중앙은 무딘 톱니상이고 약간 깔때기형이다. 표면은 고르고 건조 시 무디고 습할 시 광택이 있고 미끈거리며 자회색, 자갈색, 보라갈색 등 다양하며 퇴색하면 황토색을 거쳐 올리브색으로 된다. 표피는 벗겨지기 쉽다. 가장자리는 고르다. 살은 백색이고 냄새가 약간 나고 맛은 맵다(특히 주름살에서). 주름살은 자루에 대하여 좁은 올린주름살로 포크형이 있고 연한 크림색에서 황토노란색으로 된다. 가장자리는 전연이다. 자루의 길이는 2.5~5cm, 굵기는 8~18mm로 약간 막대형이고 속은 차 있다. 표면은 세로줄이 있고 맥상으로 연결되며 어릴 때 백색이며 가루상이다. 포자의 크기는 7.7~10.3×7~8.7㎛로 아구형이며 표면의 돌기 높이는 1㎛로 사마귀반점들은 침 같고 연결사는 없다. 담자기는 막대형이고 40~55×12~14㎛이다.

생태 여름~가을 / 혼효림의 숲속의 땅에 군생

분포 한국(백두산), 중국, 유럽

얼룩무당버섯

무당버섯과 ≫ 무당버섯속

Russula illota Romagn.

형태 균모의 지름은 4~13cm로 반구형에서 둥근산모양을 거쳐 편평하게 되며 중앙은 톱니상이다. 습할시 점성이 있고 광택이 나며 밝은 황토색에서 짙은 적색-회황토색으로 되고 적갈색의 얼룩이 있다. 점성층이 가끔 희미한 자회색을 가진다. 가장자리는 고르고 예리하며 나중에 톱니상으로 된다. 살은 두껍고 백색이며 냄새는 쓰고 맵다. 주름살은 좁은 올린주름살로 백색에서 크림색으로 되며 포크형이다. 가장자리는 전연이나 흑갈색의 반점들이 있다. 자루의 길이는 5~11cm, 굵기는 1.5~3cm로 원통형으로 기부로 가늘고 부풀며 갈색의 털로 덮인다. 자루의 속은 차 있다가 비게 된다. 표면은 맥상에서 주름지며 백색이고 기부 쪽부터 갈색으로 되며 미세한 검은 오렌지갈색의 반점을 부분적으로 가지며 자루 전체를 덮는다. 포자의 크기는 6.4~8.8×5.9~8㎛로 아구형이고 사마귀점들이 그물꼴로 연결된다. 담자기는 막대형으로 50~65×10~12㎛이다.

생태 여름~가을 / 혼효림의 땅에 단생 · 군생

분포 한국(백두산), 중국, 유럽

노랑무당버섯

Russula flavida Frost

형태 균모의 지름은 3~7㎝이며 둥근산모양에서 차차 편평형으로 되며 중앙부는 조금 오목하다. 표면은 건조하고 비로드모양의 가루가 있는데 가장자리에 더 많이 있으며 선황색의 오렌지색이고 중앙부는 오렌지황색이다. 가장자리는 매끈하나 오래되면 알갱이로 된 능선이 나타난다. 살은 두껍고 백색으로 고약한 냄새가 난다. 주름살은 자루에 대하여 떨어진주름살로 약간 빽빽하거나 성기고 갈라지며 주름살 사이는 횡맥으로 이어지고 백색에서 탁한 색이 된다. 자루의 높이는 3~9㎝, 굵기는 0.9~1.7㎝이며 상하의 굵기가 같거나 아래로 가늘어지고 주름무늬가 있다. 균모와 동색이고 상부는 연한 색으로 자루의 속은 차 있으나 나중에 빈다. 포자의 크기는 9~9.5×7~8.5㎛로 아구형이고 작은 혹으로 만들어진 그물눈이 있다. 포자문은 백색이다. 낭상체는 방추형으로 40~55×6~8㎛이다.

생태 여름~가을 / 잣나무 숲, 활엽수림, 혼효림의 땅에 군생 · 단생

분포 한국(백두산), 중국, 일본

깔때기무당버섯

Russula foetens Pers.

형태 균모의 지름은 4~15cm이며 구형에서 둥근산모양을 거쳐 편평형으로 되며 중앙부는 조금 오목하다. 표면은 점성이 있고 황토색, 황갈색 또는 진한 토갈색이며 중앙부는 진하다. 가장자리는 처음에 아래로 감기고 나중에 펴지며 날카롭고 작은 사마귀 줄로 된 뚜렷한 능선이 있다. 살은 백색이거나 연한 황백색이고 표피 아래쪽은 황토색이며 매끄럽고 오래되면 악취냄새가 난다. 주름살은 자루에 대하여 홈파진주름살로 밀생하며 폭이 약간 좁고 길이가 같지 않으며 갈라진다. 주름살 사이에 횡맥이 있으며 백색이고 탁한 백색에서 오엽색(汚葉色)으로 되고 가끔 갈색의 점 또는 반점이 있다. 자루의 높이는 4~13cm, 굵기는 1.5~3.2cm이고 원주형이거나 중앙부가 굵어지며 미세한 주름무늬가 있다. 탁한 백색 또는 연한 갈색이며 기부에 갈색의 반점이 있다. 자루의 속은 차 있으나 나중에 빈다. 포자의 지름은 8~10㎛로 아구형이고 표면에 가시가 있다. 포자문은 백색이다.

생태 여름~가을 / 가문비나무, 분비나무 숲, 소나무 숲, 황철나무, 자작나무 숲, 잣나무 숲, 활엽수림, 혼효림의 땅에 군생 · 산생하며 가문비나무, 분비나무, 신갈나무 또는 개암나무와 외생균근을 형성

분포 한국(백두산), 중국, 일본

이끼무당버섯

Russula fontqueri Sing.

형태 균모의 지름은 35~70mm로 반구형에서 둥근산모양을 거쳐 차차 편평하게 되며 중앙은 무딘 톱니상이다. 표면은 고르고 건조 시 광택이 없고 습할 시 광택과 점성이 있으며 오렌지적색이고 가끔 연한 색이며 진한 띠를 형성한다. 가장자리는 고르고 습기가 있을 때 약간 줄무늬선이 있다. 표피는 벗겨지기 쉽다. 살은 백색으로 냄새는 없고 맛은 없지만 온화하다. 주름살은 자루에 대하여 좁은 올린주름살로 어릴 때 백색에서 밝은 색을 거쳐 검은 노란색으로 되며 포크형이 있다. 주름살의 가장자리는 전연이고 가끔 적색의 얼룩이 있다. 자루의 길이는 35~60mm, 굵기는 8~20mm로 원통형이고 속은 차 있다가 빈다. 표면은 백색이며 미세한 세로줄무늬선이 맥상으로 되고 부분적으로 홍색의 핑크색이다. 포자의 크기는 6.9~9.2×5.7~7.4㎛로 타원형이고 표면에 사마귀반점들이 융기에 의하여 서로 연결된다. 담자기는 막대형으로 40~55×8~12㎛이다. 연낭상체는 대부분 방추형이고 45~70×7~9㎛이다. 측낭상체는 연낭상체에 비슷하며 30~85×5~12㎛이다.

생태 여름~가을 / 숲속의 이끼류 사이에 단생 · 군생

분포 한국(백두산), 유럽

참고 희귀종

홍색애기무당버섯

Russula fragilis Fr.

형태 균모의 지름은 2~5cm이고 반구형에서 둥근산모양을 거쳐 차차 편평형으로 되며 중앙부는 오목하고 가끔 모양이 삐뚫다. 표면은 점성이 있고 홍색, 혈홍색 또는 분홍색으로서 중앙부가 색이 진하다. 표피 전부가 쉽게 벗겨진다. 가장자리로 향하면서 점차 연해지며 연한 황색 또는 올리브색의 반점이 있다. 가장자리는 처음에 반반하고 매끄러우나 나중에 혹으로 이어진 능선이 나타난다. 살은 얇고 부서지기 쉬우며 백색으로 맛은 맵다. 주름살은 자루에 대하여 홈파진주름살로 빽빽하거나 성기며 폭은 좁고 얇으며 부서지기 쉽고 더러는 가닥이 나며 백색에서 연한 색이 된다. 자루의 높이는 2~5cm, 굵기는 0.6~1.2cm이고 원주형이거나 하부가 조금 굵으며 백색이고 속은 연약하나 차 있다가 나중에 빈다. 포자의 크기는 7~8×6.5~7.8㎛로 아구형으로 가시가 있고 1개의 기름방울이 들어 있다. 포자문은 백색이다. 낭상체는 방추형으로 50~65×7~8㎛이다.

생태 여름~가을 / 숲속의 땅에 단생 · 산생하며 가문비나무, 분비나무, 소나무, 오리나무, 신갈나무 또는 이깔나무와 외생균근을 형성

분포 한국(백두산), 일본

향기밀짚무당버섯

Russula laurocerasi var. **fragrans** (Romagn.) Kuyp. & van Vuure

형태 균모의 지름은 5~9cm로 반구형에서 둥근산모양을 거쳐 편평하게 되며 중앙은 무딘 톱니상이다. 표면은 고른 상태에서 결절형으로 되며 황토색에서 진흙 노란색으로 된다. 어릴 때 밝은 희미한 올리브색이고 고르고 나중에 홈파진 줄무늬선이 나타난다. 습기가 있을 때는 광택이 나고 미끈거린다. 표피는 중앙까지 벗겨지기 쉽다. 살은 백색으로 냄새는 아몬드 같으며 맛은 맵다. 가장자리는 오랫동안 아래로 말리고 전연이다. 주름살은 자루에 대하여 좁은 올린주름살로 백색에서 크림색이며 포크형이 있다. 자루의 길이는 60~80mm, 굵기는 10~15㎛로 원통형이며 속이 차 있다가 방처럼 빈다. 표면은 세로줄의 맥상이 있고 백색에서 적갈색의 얼룩이 있는데 특히 기부에서 심하다. 포자의 크기는 7.8~9.5×7.1~8.9㎛로 구형 또는 광타원형이며 표면의 장식돌기 높이는 1.8㎛로 사마귀점들은 두껍고 융기상의 날개처럼 형성한다. 담자기는 막대형으로 50~65×11~14㎛이다. 연낭상체는 약간 방추형이고 부속지가 있고 45~85×6~8㎛이다. 측낭상체는 연낭상체에 비슷하며 55~95×7~15㎛이다.

생태 여름~가을 / 혼효림의 낙엽 속에 군생

분포 한국(백두산), 유럽

둥근포자무당버섯

Russula globispora (Blum) Bon

형태 균모의 지름은 4~8cm로 반구형에서 둥근산모양을 거쳐 차차 편평하게 되며 중앙은 무딘 톱니상이며 깔때기형으로 된다. 표면은 고르고 약간 결절형 또는 사마귀점 같은 것이 있으며 벽돌색, 오렌지적색, 거의 보라색-적색이나 중앙과 가장자리는 노란색이다. 표면은 무디고 습기가 있을 때 점성이 있고 미끈거린다. 가장자리는 고른 상태에서 약간 톱니상의 줄무늬선이 있다. 표피는 약간 벗겨진다. 살은 백색으로 냄새는 없고 맛은 온화하다. 주름살은 자루에 대하여 좁은 올린주름살 또는 끝붙은주름살로 포크형이 있고 백색에서 짙은 황토갈색으로 된다. 가장자리는 전연이다. 자루의 길이는 4~6cm, 굵기는 1~2cm로 원통형이며 표면은 미세한 세로줄무늬의 선이 맥상으로 연결된다. 자루의 속은 차 있다. 포자의 크기는 9.3~12.6×8.6~11.2㎛이고 아구형으로 표면의 사마귀반점들은 분리되거나 또는 사마귀점들끼리 응축한다. 담자기는 넓은 막대형이며 40~60×14~16㎛이다.

생태 여름~가을 / 활엽수림의 땅에 군생

분포 한국(백두산), 중국, 유럽

가는무당버섯

Russula gracillima J. Schäff.

형태 균모의 지름은 2~4cm로 반구형에서 둥근산모양을 거쳐 차차 펴져서 중앙은 약간 강한 무딘 톱니상이다. 표면은 고르고 무디며 습기가 있을 때 광택이 나고 미끈거리며 카민색에서 적보라색으로 되지만 부분적으로 적색의 올리브녹색인 곳도 있다. 가장자리는 밋밋하고 둔하다. 표피는 중앙의 반절까지 벗겨진다. 육질은 백색이며 불분명한 과일 냄새가 나고 맛은 맵다. 주름살은 자루에 대하여 좁은 올린주름살로 백색에서 짙은 크림색으로 되며 포크형이 있다. 자루의 길이는 30~50mm, 굵기는 6~10mm로 자루의 속은 차 있다가 곧 비게 된다. 표면은 미세한 세로줄 맥상으로 연결되며 백색 또는 홍적색이며 오래되면 약간 회색으로 된다. 포자의 크기는 6.5~8.6×5.2~6.9㎛로 타원형이고 표면의 장식돌기 높이는 0.9㎛로 사마귀점들은 서로 서로 분리된다. 담자기는 막대형으로 33~47×9~11㎛이다. 연낭상체는 방추형이며 35~85×10~15㎛로 꼭대기에 부속물이 있다. 측낭상체는 연난상체에 비슷하며 30~80×7~17㎛이다.

생태 여름~가을 / 습기 찬 숲속의 땅에 단생 · 군생

분포 한국(백두산), 중국, 유럽, 북아메리카, 아시아

참고 희귀종

밀짚색무당버섯

Russula grata Britz.
R. laurocerasi Melzer

형태 균모의 지름은 5~9cm로 어릴 때는 구형-반구형에서 둥근 산모양에서 편평형으로 되면서 중앙이 오목하게 들어간다. 표면은 습기가 있을 때 때 점성이 있고 밀짚색 또는 갈색의 황토색이다. 가장자리는 현저한 알갱이모양의 줄무늬선이 있다. 살은 거의 흰색이다. 주름살은 자루에 대하여 거의 떨어진주름살, 올린주름살 또는 약간 내린주름살 등이며 크림백색이며 탁한 갈색의 얼룩이 생기며 물방울을 분비하고 폭이 넓고 약간 밀생한다. 자루의 길이는 3~9cm, 굵기는 10~15mm로 거의 상하가 같은 굵기이고 속이 비어 있다. 흰색에서 탁한 황색이나 탁한 갈색을 띤다. 포자의 크기는 7.9~10×7.2~9.4㎛로 구형-아구형이고 표면은 반점 또는 능선상 거친 사마귀의 돌기물이 있다.
생태 여름~가을 / 주로 활엽수 숲속의 땅에 단생 · 군생
분포 한국(백두산), 중국, 일본, 유럽, 북아메리카

회색무당버섯

Russula grisea Fr.

형태 균모의 지름은 5~8cm로 반구형에서 둥근산모양을 거쳐 차차 편평하게 되나 중앙은 무딘 톱니상이고 오래되면 약간 불규칙한 깔때기형으로 된다. 표면은 고르고 무디며 건조 시 약간 백색 가루가 있고 습기가 있을 때 광택이 나고 미끈거리며 회라일락색 또는 희미한 보라자색을 가진 올리브회색이다. 가장자리는 뚜렷한 줄무늬홈선이 있다. 살은 백색이며 표피 아래쪽은 부분적으로 핑크색, 냄새는 약간 나고 맛은 온화하다. 주름살은 자루에 대하여 넓은 올린주름살에서 약간 내린주름살로 포크형이 있고 백색에서 크림색을 거쳐 밝은 황토색으로 된다. 가장자리는 전연이고 흔히 녹슨 얼룩이 있다. 자루의 길이는 4~7cm이며 굵기는 1.2~2cm로 원통형이고 기부로 가늘어지며 속은 차 있다. 표면은 약간 세로줄무늬의 맥상이고 백색이며 가루상에서 매끈하게 된다. 갈색의 얼룩에서 노랑의 얼룩이 기부의 위쪽으로 형성한다. 포자의 크기는 6~8.4×5.3~6.8㎛로 아구형 또는 타원형이고 표면의 장식돌기 높이는 0.8㎛로 짧은 맥상과 융기로 연결된 수많은 사마귀반점들이 있다. 담자기는 가는 막대형으로 35~50×8~10㎛ 이다. 연낭상체는 원통형에서 방추형이고 30~60×4~9㎛이다. 측낭상체는 대부분 방추형이며 50~100×9~13㎛로 많이 있다.

생태 여름~가을 / 혼효림과 활엽수림에 단생

분포 한국(백두산), 유럽, 북아메리카, 아시아

참고 희귀종

청무당버섯

Russula heterophylla (Fr.) Fr.

형태 균모의 지름은 5~12cm로 어릴 때는 반구형에서 둥근산모양을 거쳐 차차 편평해지고 중앙부가 약간 오목해져서 얕은 깔때기형을 이룬다. 바탕색은 녹색을 띠며 점차 회색, 올리브색, 연한 포도주적색, 황색, 갈색 등의 색깔이 혼재되거나 또는 이들 색깔로 바뀌기도 하지만 중앙은 약간 진하다. 가장자리는 날카롭고 고르다. 습기가 있을 때는 점성이 있다. 살은 흰색이다. 주름살은 자루에 대하여 내린주름살에서 올린주름살로 밀생하며 백색에서 크림황색이고 적갈색의 얼룩이 생기기도 한다. 자루의 길이는 4~8cm, 굵기는 15~30mm로 원주상이며 어릴 때는 단단하고 속이 차 있다가 비게 된다. 표면은 흰색에서 녹슨 황색의 얼룩이 생긴다. 포자의 크기는 6~8×5.5~7㎛로 구형이며 표면에 미세한 가시가 있고 중심에 작은 기름방울이 있다. 포자문은 유백색이다.

생태 여름~가을 / 숲속의 땅이나 주로 활엽수 아래에 발생

분포 한국(백두산), 일본, 유럽, 북아메리카

회변색무당버섯

무당버섯과 ≫ 무당버섯속

Russula hydrophila Hornniček

형태 균모의 지름은 3~4.5㎝로 반구형에서 둥근산모양을 거쳐 편평하게 되고 중앙은 무딘 톱니상. 표면은 적색이고 고르며 건조 시 광택이 없고 습기가 있을 때 매끈하고 광택이 난다. 표피는 벗겨지기 쉽다. 가장자리는 핑크색이며 중앙은 퇴색하여 연한 황토색이고 약간 줄무늬선이 있다. 육질은 백색에서 연한 크림색이다. 주름살은 자루에 대하여 좁은 올린주름살로 약간 포크형이 있다. 가장자리는 전연이다. 자루의 길이는 4~5㎝, 굵기는 1~1.3㎝로 약간 막대형이고 속은 비었다. 표면은 미세한 맥상이며 나중에 없어지며 어릴 때 백색이며 오래되면 회색으로 된다. 포자의 크기는 7~8×6.3~7.5㎛로 아구형 또는 광타원형으로 장식돌기의 높이 0.9㎛로 표면의 사마귀점들은 두꺼운 융기에 의하여 연결된다. 담자기는 막대형이며 32~45×11~13㎛이다. 연낭상체는 방추형이고 부속물이 있으며 50~75×10~11㎛이다. 측낭상체는 연낭상체와 비슷하고 60~90×10~13㎛이다.

생태 여름~가을 / 숲속의 땅에 군생

분포 한국(백두산), 유럽

청이끼무당버섯

무당버섯과 ≫ 무당버섯속

Russula parazurea Jul. Schäff.

형태 균모의 지름은 4.5~6㎝로 반구형에서 둥근산모양을 거쳐서 차차 편평하게 되며 중앙은 무딘 톱니상이며 깔때기형이다. 표면은 고르고 가루상으로 회색에서 녹청색이나 가끔 올리브색을 띤다. 가장자리는 고르고 오래되면 줄무늬선이 나타난다. 살은 백색으로 냄새는 없고 맛은 온화하다. 주름살은 좁은 올린주름살로 포크형이 있고 백색에서 연한 크림 노란색이다. 변두리는 전연이다. 자루의 길이는 3~5㎝, 굵기는 8~15mm로 원통형에서 약간 막대형이며 기부로 가늘고 속은 차고 나중에 빈다. 표면은 미세한 세로줄의 맥상이며 어릴 때 백색가루상이고 나중에 기부 위쪽으로 황토갈색의 얼룩이 생긴다. 포자의 크기는 6~7.5×4.9~6.1㎛로 아구형에서 타원형으로 표면의 장식돌기 높이는 0.5㎛로 사마귀 반점은 작고 연결사에 의하여 그물꼴을 형성한다. 담자기는 가는 막대형으로 35~45×7~11㎛이다.

생태 여름~가을 / 활엽수림과 혼효림에 땅에 군생

분포 한국(백두산), 중국, 유럽, 아시아

붉은무당버섯

Russula integra (L.) Fr.

형태 균모의 지름은 5~9cm로 반구형에서 둥근산모양을 거쳐 편평하게 되며 때로 중앙은 무딘 톱니상이고 약간 물결형으로 된다. 표면은 고르고 맥상 또는 결절이 부분적으로 있다. 건조 시 비단결이고 습기가 있을 때 약간 미끈거리고 땅색의 갈색, 보라색, 올리브색, 황색이며 포도주적색의 혼합된 얼룩이 있다. 가장자리는 고르고 약간 줄무늬선이 있으며 표피는 중앙의 반까지 벗겨진다. 육질은 백색, 냄새가 좋고 과실 또는 견과류 맛이고 온화하다. 주름살은 자루에 대하여 좁은 올린주름살로 백색에서 황토노란색으로 되고 포크형이 있다. 가장자리는 전연이다. 자루의 길이는 4~8cm, 굵기는 1.5~3cm로 원통형 또는 약간 막대형으로 속은 차 있다. 표면은 미세한 세로줄의 맥상이 있으며 백색이고 주름지고 황토갈색의 얼룩이 있다. 포자의 크기는 8~10.6×6.9~8.7㎛로 아구형 또는 타원형으로 표면에 사마귀점의 돌기는 1.5㎛이고 사마귀반점들은 연락사로 연결된다. 담자기는 막대형으로 45~75×11~14㎛이다. 연낭상체는 방추형이며 38~60×6~13㎛이다. 측낭상체는 방추형으로 55~110×8~13㎛이다.

생태 여름~가을 / 신갈나무 숲, 잣나무수림, 활엽수림, 혼효림, 소나무 숲의 땅에 단생 · 군생하며 소나무 또는 신갈나무와 외생균근을 형성

분포 한국(백두산), 중국, 유럽, 북아메리카

크림비단무당버섯

무당버섯과 ≫ 무당버섯속

Russula intermedia P. Karst.
R. lundellii Sing.

형태 균모의 지름은 4~10cm로 반구형에서 둥근산모양을 거쳐 차차 편평해지고 중앙은 무딘 톱니상이다. 표면은 고르고 건조 시 비단결이며 버터 같은 광택이 나고 습기가 있을 때 미끈거린다. 색깔은 황토색-보라색에서 오렌지적색으로 되었다가 노란색을 거쳐 부분적으로 크림색(특히 중앙)으로 된다. 가장자리는 고르고 오래되면 약간 줄무늬선이 있다. 표피는 중앙까지 벗겨진다. 살은 백색이고 냄새는 없고 맛은 맵고 쓰다. 주름살은 자루에 대하여 좁은 올린주름살로 포크형이며 백색에서 크림색을 거쳐 연한 황토색이다. 가장자리는 전연이다. 자루의 길이는 4~10cm, 굵기는 1.5~2.5cm이고 원통형이고 속이 차 있다가 비게 된다. 표면은 약간 세로줄의 맥상이며 백색에서 가끔 희미한 회색이다. 포자의 크기는 6.5~8.4×6~7.6㎛로 아구형이며 표면은 장식돌기 1㎛로 사마귀반점은 길고 분리된다. 담자기는 원통형에서 배불뚝이형으로 30~40×8~14㎛이다. 연낭상체는 방추형이고 부속지가 있으며 35~50×8~10㎛이다. 측낭상체는 연낭상체에 비슷하며 부속지가 있고 30~50×8~12㎛이다.
생태 초여름~가을 / 활엽수림의 숲에 군생
분포 한국(백두산), 유럽, 아시아

흰무당버섯아재비

Russula japonica Hongo

형태 균모의 지름은 6~14cm의 둥근산모양에서 편평해지나 중앙부가 오목해지고 나중에는 깔때기형으로 된다. 표면은 건조하고 밋밋하거나 약간 분상이며 흰색에서 약간 탁한 황색-탁한 갈색을 띤다. 살은 흰색이며 두껍고 단단하다. 주름살은 자루에 대하여 떨어진주름살이지만 균모가 펴지면 내린주름살로 되며 폭이 좁고 빽빽하고 흰색에서 크림색을 거쳐 황토색으로 된다. 자루의 길이는 3~6cm, 굵기는 1.2~2cm로 짧고 굵으며 상하가 같은 굵기이거나 또는 아래쪽이 가늘다. 표면은 약간 우글쭈글하며 흰색이고 속이 차 있다가 약간 갯솜질처럼 된다. 포자의 크기는 6~8×4.7~6㎛로 난상의 구형이고 표면에 미세한 사마귀와 가는 연락사가 있다.

생태 여름~가을 / 주로 참나무류 숲의 땅에 나지만 참나무와 소나무가 섞인 혼효림에도 발생

분포 한국(백두산), 한국, 일본, 유럽

참고 매우 흔한 종으로 사람에 따라서 중독을 일으키는 독버섯으로 알려져 있다. 땅속에서 균모가 펴진 후에 땅에 올라오기 때문에 흙이나 낙엽으로 피복되는 일이 많다.

팥무당버섯

Russula kansaiensia Hongo

형태 균모의 지름은 1~2cm로 둥근산모양에서 차차 평평해지며 중앙부가 약간 오목해지고 결국은 얕은 깔때기형이 된다. 표면은 습기가 있을 때 점성이 있으며 붉은색을 띤 포도주색이고 흔히 중앙부가 진하다. 오래된 것은 퇴색하여 유백색으로 되는 것도 있다. 가장자리는 방사상으로 줄무늬홈선이 있다. 살은 얇고 흰색이다. 주름살은 자루에 대하여 떨어진주름살이고 흰색-크림색으로 서로 맥상으로 연결되고 폭이 넓고 약간 성기다. 자루의 길이는 1~2cm, 굵기는 2~4mm로 상하가 같은 굵기이거나 또는 아래쪽으로 굵어진다. 표면은 흰색에서 황색을 띠고 약간 세로로 우글쭈글하다. 내부는 갯솜질에서 속이 빈다. 포자의 크기는 7.5~9.5×6~7.5㎛로 광타원형이며 표면에 침모양으로 돌기가 덮여 있다.

생태 여름~가을 / 주로 참나무류의 숲속의 땅에 발생하며 왕능림 등 오래된 숲에 많이 서식

분포 한국(백두산), 일본

참고 희귀종

흑벽돌무당버섯

Russula lateritia Quél.

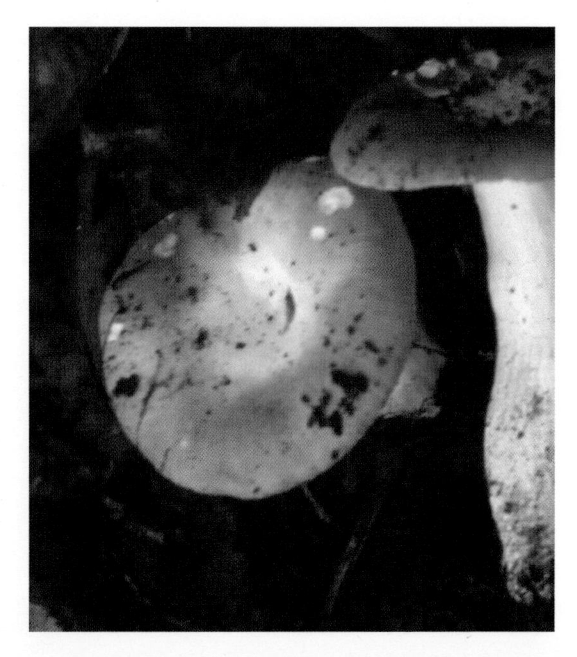

형태 균모의 지름은 5~9cm로 반구형에서 둥근산모양을 거쳐서 편평하게 되지만 중앙은 무딘 톱니상이고 오래되면 약간 깔때기형이다. 표면은 고르고 약간 결절형이며 포도주적색에서 칙칙한 핑크적색이나 중앙은 진하다. 가장자리는 고른 상태에서 홈파진 줄무늬선이 있고 표피는 반절까지 벗겨진다. 육질은 백색이고 단단하며 냄새가 약간 나고 맛은 온화하다. 주름살은 자루에 대하여 넓은 올린주름살로 포크형이고 백색에서 짙은 노란색이다. 가장자리는 전연이다. 자루의 길이는 3~6cm, 굵기는 1~2cm로 원통형에서 막대형이며 속은 차 있고 단단하다가 방처럼 빈다. 표면은 고르고 약간 세로줄의 맥상으로 백색에서 칙칙한 연한 크림색이나 황색으로 된다. 포자의 크기는 6.5~8.4×5.1~6.3㎛로 타원형이며 표면의 장식돌기 높이는 0.8㎛로 사마귀점은 대부분이 하나씩 분리되며 부분적으로 길어지거나 또는 부분적으로 연결한다. 담자기는 막대형이고 45~60×9~11㎛이다. 연낭상체는 방추형이며 50~100×7~11㎛이다. 측낭상체는 방추형에서 막대형으로 75~125×9~11㎛이다.

생태 여름~가을 / 혼효림의 숲에 군생

분포 한국(백두산), 유럽

연보라무당버섯

무당버섯과 ≫ 무당버섯속

Russula lilacea Quél.

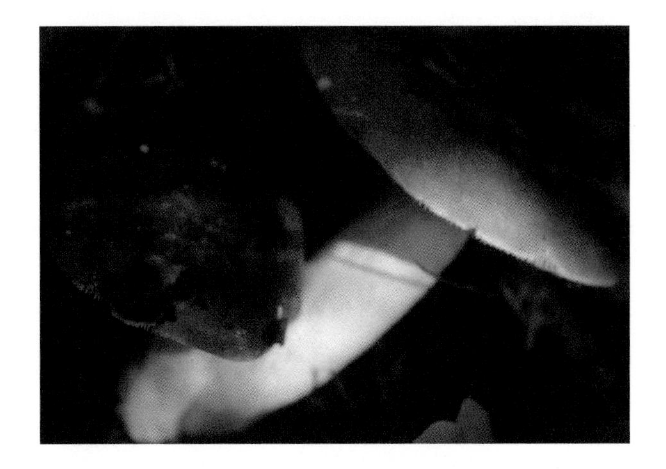

형태 균모의 지름은 3~8cm로 반구형에서 둥근산모양을 거쳐 차차 편평하게 되지만 중앙이 오목하게 들어간다. 표면은 습기가 있을 때 끈기가 있고 건조하면 가루상-비로드상이고 적포도색를 띤 분홍살색 또는 보라색을 띤 와인적색이나 중앙은 흑색이다. 가장자리에 짧은 알갱이모양의 줄무늬선이 있다. 표피는 벗겨지기 쉽다. 살은 얇고 백색에서 황갈색-탁한 회색으로 되고 냄새는 없고 맛은 온화하다. 주름살은 자루에 대하여 끝붙은주름살로 백색에서 회색으로 되며 두꺼우며 주름살끼리 맥상으로 연결되며 약간 밀생하거나 약간 성기다. 자루의 길이는 4~6cm, 굵기는 7~10mm로 상하가 같은 굵기이나 아래로 가늘어진다. 표면은 백색-홍색으로 마찰하면 탁한 갈색의 맥상이 생기고 자루의 속은 해면상에서 비게 되며 연골질이다. 포자의 크기는 8~11×7~8㎛로 아구형-타원형이며 표면에 가시가 있다. 포자문은 백색-크림색이다. 낭상체는 협방추형으로 꼭대기가 뾰족하고 41~60×9.5~13.5㎛이다.

생태 여름~가을 / 숲속의 땅

분포 한국(백두산), 중국, 일본, 유럽

참고 식용

긴자루무당버섯

Russula longipes (Sing). Moënne-Locc. & Reumaux

형태 균모의 지름은 40~80mm로 반구형에서 둥근산모양을 거쳐 차차 편평하게 된다. 표면은 고르고 비단결이며 적색-체리적색으로 중앙은 짙은 흑색에서 흑갈색으로 된다. 가장자리는 연하고 고르며 둔하다. 표피는 벗겨지기 쉽다. 살은 백색이고 표피 아래쪽은 적색이며 냄새가 약간 나고 맛은 맵다. 주름살은 자루에 대하여 홈파진주름살로 백색에서 연한 황토색으로 되며 포크형이 있다. 가장자리는 전연이다. 자루의 길이는 6~10cm, 굵기는 1.2~2cm로 원통형, 약간 막대형, 배불뚝이형 등이며 퇴색한 노란색이 섞인 백색으로 속은 차 있다. 표면은 고르고 세로줄무늬가 있고 맥상으로 연결된다. 포자의 크기는 8~1~.8×6.8~9㎛로 아구형 또는 타원형이고 장식돌기 높이는 0.8㎛로 표면의 사마귀점들은 늘어진 연결사에 의해 연결된다.

생태 여름~가을 / 숲속의 축축한 곳에 군생

분포 한국(백두산), 중국, 유럽

황금무당버섯

Russula lutea Sacc.

형태 균모는 얇으며 지름이 6.5~8cm이고 둥근산모양에서 차차 편평형으로 되며 중앙부는 약간 오목하다. 표면은 습기가 있을 때 점성이 있고 매끄러우며 선황색 또는 황금색으로 표피는 벗겨지기 쉽다. 가장자리는 반반하나 나중에 능선이 조금 있다. 살은 얇고 부서지기 쉬우며 백색이다. 주름살은 자루에 대하여 바른주름살로 약간 빽빽하며 앞면이 넓고 뒷면은 좁으며 길이가 같고 자루 언저리에서 갈라진다. 주름살 사이에 횡맥으로 이어진다. 자루의 높이는 6~7cm, 굵기는 1.6~1.7cm이고 상하 굵기가 같다. 표면은 매끄럽거나 가는 주름무늬가 있고 부서지기 쉬우며 속은 갯솜질로 차 있다. 포자의 크기는 9~10×8~9㎛로 구형이며 표면에 가시가 있다. 포자문은 진한 황색이다. 낭상체는 피침형으로 77~85×6~10㎛이다.
생태 여름~가을 / 신갈나무 숲 또는 가문비나무-분비나무 숲의 땅에 산생 · 단생하며 소나무 또는 신갈나무와 외생균근을 형성
분포 한국(백두산), 중국
참고 식용

단심무당버섯

Russula luteotacta Rea

형태 균모의 지름은 3~6(8)cm로 어릴 때는 반구형에서 둥근산모양을 거쳐 거의 평평하게 펴지며 가운데가 배꼽모양으로 오목하게 들어간다. 표면은 습기가 있을 때 점성이 있으나 건조하면 미분상-비로드상이 된다. 보라색을 띤 분홍살색 등이고 가운데가 암색이다. 가장자리는 알갱이모양의 줄무늬가 나타난다. 균모의 껍질은 벗겨지기 쉽다. 살은 흰색으로 얇고 유연하다. 주름살은 자루에 대하여 떨어진주름살로 흰색으로 서로 맥상으로 연결되어 있으며 폭이 좁고 약간 촘촘하거나 약간 성기다. 자루의 길이는 4~6cm, 굵기는 7~10mm로 거의 상하가 같은 굵기이거나 아래쪽이 가늘어진다. 표면은 흰색이지만 군데군데 홍색을 띤다. 포자의 크기는 6.1~8×5~6.7㎛로 아구형-타원형이고 표면은 반점모양 또는 가시모양 돌기가 덮여 있다.

생태 여름~가을 / 주로 활엽수림의 땅에 단생 · 군생

분포 한국(백두산), 중국, 일본, 유럽

점박이무당버섯

Russula maculata Quél.

형태 균모의 지름은 3~7cm로 반구형에서 둥근산모양을 거쳐 편평형으로 되며 중앙이 무딘 톱니상으로 된다. 표면은 고르고 역시 약간 부분적으로 결절상이고 황토-보라색 또는 오렌지적색에서 퇴색하며 부분적으로 가끔 크림색, 연한 레몬노란색, 백색의 크림색으로 된다. 불규칙한 반점이 있고 갈색-보라적색의 얼룩이 있다. 건조 시 무디고 습기가 있을 때 광택이 나고 미끈거린다. 가장자리는 고른 상태서 오래되면 줄무늬선이 나타난다. 표피는 벗겨지기 쉽다. 살은 백색으로 과일 냄새가 나고 매운맛(특히 주름살)이다. 주름살은 자루에 대하여 홈파진주름살로 연한 크림색에서 오렌지황토색으로 되며 포크형이 있다. 가장자리는 전연이며 가끔 녹슨 얼룩이 있다. 자루의 길이는 3~7cm, 굵기는 1.2~3cm이고 원통형이며 속은 차 있다가 비게 된다. 표면은 세로줄의 맥상이 있고 백색이나 부분적으로 적홍색이며 기부의 위쪽부터 황갈색으로 변색한다. 포자의 크기는 7.9~10.6×7~9.1㎛로 아구형이며 표면의 장식돌기의 높이는 1㎛로 사마귀반점은 하나씩 분리되나 가끔 부분적으로 늘어나 서로 연결된다. 담자기는 막대형으로 38~56×11~14㎛이다. 연낭상체는 방추형이며 부속지가 있고 55~110×7~13㎛이다. 측낭상체는 연낭상체와 비슷하며 45~100×8~14㎛로 부속물이 있다.

생태 여름~가을 / 활엽수림의 풀밭에 단생 · 군생

분포 한국(백두산), 중국, 유럽, 아시아

참고 희귀종

적갈색무당버섯

무당버섯과 ≫ 무당버섯속

Russula melliolens Quél.

형태 균모의 지름은 50~100mm로 반구형에서 둥근산모양을 거쳐 편평하게 되지만 중앙은 무딘 톱니상이다. 표면은 고른 상태 또는 고르지 않은 것도 있으며 암적색, 오렌지적색, 구리적색, 연어색 등에서 보라갈색으로 되며 보통 황토색이나 노란색의 얼룩으로 된다. 가장자리는 고른 상태에서 오래되면 줄무늬홈선이 나타나고 표피는 중앙까지 벗겨진다. 살은 백색에서 서서히 갈색으로 변색한다. 살은 싱싱할 때 냄새는 없고 건조 시 오래되면 꿀맛이며 온화하다. 주름살은 자루에 대하여 바른주름살로 백색에서 크림색으로 되며 포크형이 있다. 가장자리는 전연이다. 자루의 길이는 5~7cm, 굵기는 12~25mm로 원통형 또는 막대형이고 속은 차 있다가 빈다. 표면은 미세한 세로줄의 맥상이 있고 백색이나 오래되면 갈색의 얼룩이 생긴다. 포자의 크기는 7.7~11.6×7.3~10.2㎛로 구형에서 아구형이고 표면의 장식 돌기 높이는 0.3㎛로 사마귀 반점들은 늘어나서 연결사에 의하여 그물꼴을 형성한다. 담자기는 막대형이며 42~68×10~15㎛이다. 연낭상체는 방추형 또는 막대형으로 40~70×11~13㎛로 둔한 부속지가 있다. 측낭상체는 연낭상체와 비슷하고 55~95×8~13㎛이다.

생태 여름~가을 / 활엽수림의 땅에 군생

분포 한국(백두산), 중국, 유럽

참고 희귀종

꼬마무당버섯

Russula minutula Vel.

형태 균모의 지름은 1.5~3cm로 반구형에서 둥근산모양을 거쳐 차차 편평하게 되지만 중앙은 무딘 톱니상이고 가끔 물결형이다. 표면은 고르고 무딘 상태에서 비단결 같으며 핑크색, 짙은 카민적색이며 중앙은 진하다. 가장자리는 어릴 때 고른 상태에서 부분적으로 약간 줄무늬선이 나타난다. 살은 백색이고 냄새가 약간 나고 맛은 온화하다. 주름살은 자루에 대하여 좁은 올린주름살로 백색에서 크림색이고 포크형인 것도 있다. 가장자리는 전연이다. 자루의 길이는 2~3.5cm, 굵기는 5~10mm로 원통형에서 막대형이며 속은 차고 나중에 빈다. 표면은 약간 주름지고 어릴 때 가루상에서 매끈해지며 백색이며 드물게 기부는 홍적색이다.
생태 여름~가을 / 활엽수림의 땅에 단생 · 군생
분포 한국(백두산), 중국, 유럽

가루무당버섯

Russula modesta Pk.

형태 균모의 지름은 3~10cm, 둥근산모양에서 편평형을 거쳐 약간 낮은 둥근산모양으로 된다. 표면은 연한 회녹색, 올리브, 연한 황색 등이고 마르고 무디며 보통 밀집된 가루가 있다. 표피는 잘 벗겨진다. 성숙하면 가장자리에 줄무늬선이 나타난다. 살은 치밀하고 갯솜질이며 백색으로 냄새는 없고 맛은 온화하다. 주름살은 자루에 대하여 바른주름살로 약간 밀생하다가 약간 성기며 연한 황색이다. 자루의 길이는 2.5~6cm, 굵기는 1~2.5cm로 원주형이고 백색이다. 포자의 크기는 6~7×4.5~6㎛이고 난형이며 표면은 사마귀점이 있고 돌기의 높이는 0.8㎛로 부분적으로 연결되어 그물꼴을 형성하거나 분리된다. 포자문 크림색이다.
생태 여름~가을 / 혼효림의 땅에 군생
분포 한국(백두산), 중국, 유럽, 북아메리카

산무당버섯

Russula montana Schaeff.

형태 균모의 지름은 3.5~7cm로 중앙이 편평한 둥근산모양이다. 표면은 짙은 적색에서 회적색 또는 적갈색, 약간 변색하기도 하고 밋밋하다. 표피는 벗겨져서 방사상으로 되기도 한다. 가장자리에 드물게 줄무늬선이 있다. 살은 연하고 백색이며 냄새는 없거나 또는 과일 냄새가 나고 강한 매운맛이다. 주름살은 자루에 대하여 바른주름살로 약간 밀생하며 백색이며 부서지기 쉽다. 자루의 길이는 2.5~5cm, 굵기는 1~3.5cm로 원통형에서 막대형으로 되며 백색이다. 포자의 크기는 7~10×6~8㎛로 아구형이고 표면에 사마귀점이 있으며 돌기 높이는 0.4㎛로 완전한 그물꼴을 형성한다. 포자문은 백색에서 약간 크림색이다.

생태 여름 / 침엽수림의 땅에 군생

분포 한국(백두산), 중국, 북아메리카

참고 식용불가

보라변덕무당버섯

Russula nauseosa (Pers.) Fr.

형태 균모의 지름은 2~7cm로 어릴 때는 반구형에서 둥근산모양을 거쳐 편평해지며 가운데가 낮게 들어간다. 표면은 습기가 있을 때 점성이 있고 색깔은 매우 다양하여 연한 포도주색-적색에서 퇴색되면 회분홍색, 연한 갈색, 칙칙한 황색 등으로 되며 간혹 녹색을 띠기도 한다. 표피 껍질은 분리되기 쉽다. 살은 흰색이다. 주름살은 자루에 대하여 올린주름살 드물게 홈파진주름살로 어릴 때는 크림색에서 연한 황토색이나 난황색으로 된다. 자루의 길이는 2~7cm, 굵기는 5~15mm로 원주형이고 흰색이나 오래되면 약간 회색이 된다. 표면은 고르거나 또는 요철상의 세로줄이 있다. 자루의 속은 약간 갯솜질이다. 포자의 크기는 7.2~9.7×6.1~7.9㎛로 아구형-타원형이며 표면은 두꺼운 반점상의 돌출물로 덮여 있다. 포자문은 연한 황토색-황토색이다.

생태 여름~가을 / 주로 가문비나무, 종비나무 등 침엽수의 땅이나 혼효림의 땅의 습윤한 곳에 군생

분포 한국(백두산), 중국, 유럽, 북아메리카

참고 독한 맛이 있으며 식용 부적당

새냄새무당버섯

Russula neoemetica Hongo

형태 균모의 지름은 5~8cm로 둥근산모양에서 편평해지고 마침내 중앙이 약간 들어간다. 표면은 밋밋하고 습기가 있을 때 점성이 있으며 선명한 적색이나 중앙부는 암색이다. 가장자리에 방사상의 짧은 입상의 줄무늬선이 있다. 살은 백색이고 표피 아래의 살은 연한 홍색으로 거의 무미무취하나 간혹 매운맛이 있다. 주름살은 자루에 대하여 떨어진주름살로 밀생하거나 약간 성기고 폭은 4~7mm로 백색이고 거의 분지하지 않으며 상호 맥상으로 연결한다. 자루의 길이는 5.5~9cm, 굵기는 1~1.5cm로 상하가 같은 굵기이고 아래로 가늘고 곤봉상으로 부푼다. 표면은 백색이고 주름진 세로줄무늬가 있으며 속은 해면상으로 빈다. 포자문은 백색이다. 포자의 크기는 5.5~7×5~6㎛로 난상의 구형이며 표면에 소형의 반점이 단독으로 있거나 또는 연결사로 서로 연결되어 작은 그물꼴을 형성한다. 측낭상체는 43~54×9.5~12㎛로 방추형으로 때때로 꼭대기에 돌기가 있다. 연낭상체는 23~39×4~7.5㎛로 방추형, 곤봉형, 원주형 등 여러 가지가 있다.

생태 여름~가을 / 숲속의 땅에 군생

분포 한국(백두산), 중국, 일본

절구버섯

Russula nigricans (Bull.) Fr.

형태 균모의 지름은 4~20㎝이며 반구형에서 둥근산모양을 거쳐 차차 편평해지고 중앙부가 오목해져 깔때기형으로 된다. 가장자리는 처음에 아래로 감기고 나중에 펴지며 반반하고 다소 날카롭다. 표면은 처음 또는 습기가 있을 때 점성이 있고 털이 없이 매끄러우며 처음은 연한 색이나 회색, 그을음 회색을 거쳐 흑색으로 된다. 살은 두꺼우며 치밀하고 견실하며 백색, 상처 시 홍색을 거쳐 흑색으로 되며 맵다. 주름살은 자루에 대하여 바른주름살 또는 홈파진주름살로 성기며 폭이 넓다. 주름살은 두꺼우며 길이가 같지 않고 때로는 주름살 사이에 횡맥이 있으며 백색으로 상처 시 홍색을 거쳐 흑색이 된다. 자루의 높이는 9~11㎝, 굵기는 1.5~4.5㎝이고 원주형이며 아래로 가늘어진다. 표면은 매끄럽고 처음에 백색에서 균모와 동색으로 되고 상처 시 홍색을 거쳐 흑색이 된다. 포자의 크기는 7~8×6~7㎛로 아구형이나 표면은 거칠다. 포자문은 백색이다. 낭상체는 원주형으로 조금 구부정하며 60~70×6~8㎛이다.

생태 여름~가을 / 활엽수림과 가문비나무 숲, 분비나무 숲의 땅에 산생하며 신갈나무, 가문비나무 또는 분비나무와 외생균근을 형성

분포 한국(백두산), 중국

참고 식용하나 독이 있다고도 하는데 함부로 먹어서는 안 된다.

빛무당버섯

Russula nitida (Pers.) Fr.

형태 균모의 지름은 3~5cm로 둥근산모양에서 차차 편평해지며 중앙은 무딘 톱니상이고 가끔 중앙에 둔한 볼록을 가진다. 표면은 고르고 건조 시 비단결로 습기가 있을 때 광택과 점성이 있으며 표피는 벗겨지기 쉽다. 포도주적색에서 포도주갈색, 자색으로 되었다가 퇴색하면 올리브황토색으로 된다. 가장자리는 홈파진줄무늬가 있다. 살은 백색으로 냄새가 약간 나고 맛은 온화하다. 주름살은 자루에 대하여 좁은 올린주름살에서 끝붙은주름살로 되며 백색에서 황토노란색이다. 주름살의 변두리는 전연이다. 자루의 길이는 40~60mm, 굵기는 10~15mm로 원통형에서 막대형이며 속은 비었다. 표면은 세로줄의 맥상이고 기부의 위쪽으로 백색이고 아래쪽은 카민-적색이다. 포자의 크기는 7.8~11×6.4~8.5㎛로 타원형이며 표면의 장식돌기는 1㎛로 사마귀점은 서로 떨어진 것이 늘어져서 연결사로 연결된 것도 있다. 담자기는 막대형으로 40~55×12~15㎛이다. 연낭상체는 방추형이고 둔한 부속지가 있으며 50~80×7~10㎛이다. 측낭상체는 연낭상체에 비슷하고 45~80×10~15㎛이다.

생태 여름~가을 / 숲속의 맨땅에 단생 · 군생

분포 한국(백두산), 중국, 유럽, 북아메리카, 아시아

참고 희귀종

배꼽무당버섯

Russula nobilis Velen
Russula mairei Sing.

형태 균모의 지름은 30~70mm로 반구형에서 둥근산모양을 거쳐서 편평하게 되며 가장자리는 위로 올리며 노쇠하면 중앙은 약간 톱니상이다. 표면은 고르고 약간 결절상이고 건조하면 무뎌지고 약간 반짝이며 습기가 있을 때 점성이 있다. 표피는 벗겨지기 쉽고 중앙의 반쯤까지 벗겨진다. 색깔은 카민색에서 체리-적색이며 연한 백색의 점상들이 가장자리 쪽으로 발달한다. 가장자리는 예리하고 고르며 약간의 줄무늬이고 톱니상이다. 살은 백색으로 표피 밑은 핑크색이며 냄새는 좋은 양파 냄새가 나고 맛은 맵다. 주름살은 자루에 대하여 좁은 올린주름살에서 끝붙은주름살로 백색에서 연한 크림색이고 포크형이 있다. 가장자리는 전연이다. 자루의 길이는 25~55mm, 굵기는 10~18mm로 원통형에서 약간 막대형 또는 배불뚝이형이다. 표면은 미세한 세로줄의 맥상이고 백색이며 어릴 때는 백색의 가루상이다. 자루의 속은 차 있다. 포자의 크기는 6.5~9×5~6.5μm로 타원형으로 장식의 높이는 0.6μm로 사마귀반점들이 연결되어 그물꼴을 형성하기도 한다. 담자기는 막대형이고 26~40×7~11μm로 4-포자성이다. 연낭상체는 방추형이고 40~70×6~9μm로 측낭상체는 연낭상체에 비슷하며 43~80×7~12μm이다.

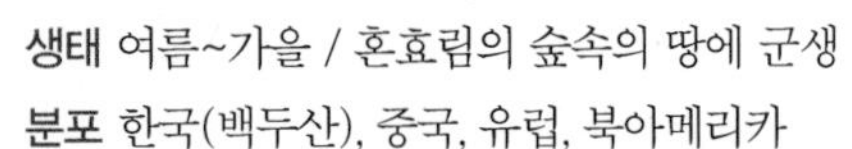

생태 여름~가을 / 혼효림의 숲속의 땅에 군생

분포 한국(백두산), 중국, 유럽, 북아메리카

쪼개무당버섯

Russula ochroleuca Fr.

형태 균모의 지름은 5~7cm이며 둥근산모양에서 차차 편평해지고 중앙부는 오목하며 때로는 깔때기형으로 된다. 가장자리는 펴지거나 위로 조금 들리며 매끄럽거나 가는 줄무늬홈선이 있으며 날카롭다. 표면은 습기가 있을 때 점성이 있으며 오렌지황색 또는 황토색이며 오래되면 연한 색이다. 살은 부서지기 쉽고 백색으로 표피 아래쪽은 황색을 띠며 맛은 맵다. 주름살은 자루에 대하여 바른주름살이나 나중에 떨어진주름살로 되고 밀생하며 폭이 넓고 길이가 같으며 백색에서 연한 색으로 된다. 자루의 높이는 5~7cm, 굵기는 0.7~1.5cm이고 위로 가늘어지며 기부는 뾰족하다. 표면은 갈색을 띤 백색이며 가끔 연한 색으로 그물모양의 주름무늬가 있다. 자루의 속은 치밀하며 갯솜질로 차 있다. 포자의 크기는 7~10×6~8㎛로 난상의 구형이다. 포자문은 황백색이다. 낭상체는 방망이 모양이고 끝은 둔하거나 또는 예리하며 짧은 돌기가 있고 55~60×6~8㎛이다.

생태 여름~가을 / 가문비나무 숲, 분비나무 숲, 사스래나무 숲의 땅에 단생하며 가문비나무, 분비나무 또는 사스래나무와 외생균근을 형성

분포 한국(백두산), 중국, 일본

쪼개무당버섯아재비

Russula ochroleucoides Kauffman

형태 균모의 지름은 6~12cm, 둥근산모양에서 차차 편평하게 된다. 표면은 짙색의 노랑에서 황토색으로 되며 중앙은 무딘 황토색이고 건조성으로 미세한 가루상이다. 살은 단단하고 백색, 냄새는 약간 좋고 맛은 약간 쓰다. 주름살은 자루에 대하여 바른주름살로 약간 밀생하며 폭은 좁고 백색이다. 자루의 길이는 4~6cm, 굵기는 1.5~2cm로 원통형이고 백색이며 단단하고 약간 가루상이다. 포자의 크기는 8.5~10×7~8㎛로 난형이고 표면은 사마귀점이 있으며 돌기의 높이 0.4~0.8㎛로 거의 완전한 그물꼴을 형성한다. 포자문은 백색이다.

생태 여름~가을 / 낙엽 혼효림의 땅에 군생

분포 한국(백두산), 중국, 북아메리카

참고 식용

가죽껍질무당버섯

Russula olivacea (Schaff.) Fr.

형태 균모의 지름은 7~17cm이고 둥근산모양에서 차차 편평형으로 되며 중앙은 약간 오목하다. 표면은 습기가 있을 때 점성이 있으나 곧 건조 상태로 되며 진한 자홍색, 암자홍색 또는 혈홍색이다. 가장자리는 둔하고 반반하거나 뚜렷한 능선이 있다. 살은 치밀하고 부서지기 쉬우며 백색이고 맛은 유하다. 주름살은 자루에 대하여 바른주름살 또는 내린주름살로 약간 성기며 폭은 넓고 길이가 같거나 짧은 주름살도 더러 끼어 있으며 가장자리에서 갈라지고 주름살 사이에 횡맥이 있다. 색깔은 황색에서 황갈색으로 된다. 가장자리는 전연으로 홍색을 띤다. 자루의 높이는 6~11cm, 굵기는 1.3~3.4cm이고 원주형이며 백색으로 상부의 한쪽이 분홍색이거나 또는 전체가 분홍색이며 아래로 색이 연해진다. 표면에 주름진 무늬가 있고 자루의 속은 처음에는 치밀하나 나중에 갯솜질로 되며 차 있다. 포자의 크기는 8~10×7~9㎛로 아구형이며 표면에 가시 또는 혹이 연결되어 능선이 되거나 그물눈을 이루며 연한 황색이다. 포자문은 홍갈-황색이다. 낭상체는 방추형으로 70~117×11~14㎛이다.

생태 여름~가을 / 잣나무 숲, 활엽수림, 혼효림의 땅에 군생 · 산생하며 신갈나무 등과 외생균근을 형성

분포 한국(백두산), 중국, 일본, 유럽, 북아메리카

참고 식용

보라올리브무당버섯

Russula olivaceoviolacens Gill.

형태 균모의 지름은 2~4cm이고 둥근산모양에서 차차 편평해지며 중앙이 들어간다. 표면은 흙빛의 자색에서 자갈색으로 되며 또는 올리브갈색에서 전체가 고른 녹색으로 된다. 표면은 습기가 있을 때 점성이 있고 광택이 나며 건조성이고 밋밋하며 확대경으로 보았을 때 표피의 분명한 반점이 있고 조각이 나타난다. 표피의 껍질은 잘 벗겨진다. 살은 잘 부서지고 백색으로 냄새가 좋고 맛은 온화하다. 주름살은 자루에 대하여 홈파진주름살로 폭이 넓으며 약간 성기고 크림색이다. 자루의 길이는 3.5~6cm, 굵기는 1~1.5cm로 원통형이고 백색이며 기부는 약간 황갈색으로 물든다. 포자의 크기는 6~8×5.5~7㎛로 난형이고 표면에 많은 미세한 사마귀반점이 그물꼴을 형성한다. 포자문은 연한 오렌지-노란색이다.

생태 여름~가을 / 혼효림의 풀숲에 군생

분포 한국(백두산), 중국, 북아메리카

참고 희귀종, 식 · 독 불명

적자색무당버섯

Russula omiensis Hongo

형태 균모의 지름은 3~4.5cm로 처음에는 둥근산모양에서 차차 편평형이 되며 중앙이 약간 오목해진다. 표면은 습기가 있을 때 끈적거리고 확대경으로 보면 미분상이며 암적자색-포도주색으로 중앙부가 진하나 부분적으로 적색, 올리브색 등이 섞여 있다. 가장자리는 처음에는 평탄하나 나중에 방사상의 알갱이모양으로 선을 나타낸다. 표피는 벗겨지기 쉽다. 살은 흰색이고 신맛이 있다. 주름살은 자루에 대하여 거의 떨어진주름살로 간혹 분지되고 서로 맥상으로 연결되고 순백색이며 폭이 넓고 촘촘하다. 자루의 길이는 5~6cm, 굵기는 8~11mm로 상하가 같은 굵기 또는 아래쪽이 가늘어지며 순백색인데 쭈글쭈글한 세로줄이 있다. 자루의 속은 갯솜질이다. 포자의 크기는 9.5~12×7.5~10㎛로 광타원형-아구형이며 표면의 가시는 연락사가 연결되어 그물눈모양을 만들고 있다.

생태 봄~가을 / 주로 서어나무나 참나무류의 숲속의 땅에 발생

분포 한국(백두산), 중국, 일본

색바랜무당버섯

Russula pallidospora Blum ex Romagn.

형태 균모의 지름은 5~8cm로 반구형에서 차차 편평해지며 중앙이 들어가서 깔때기형이다. 표면은 고르고 무디며 어릴 때 군데군데 백색에서 황토-황갈색으로 되며 얼룩이 진다. 표피는 벗겨지기 쉽다. 육질은 백색이고 과일 냄새가 나며 맛은 온화하나 주름살의 살은 맵고 쓰다. 가장자리는 고르고 예리하다. 주름살은 자루에 대하여 좁은 올린주름살에서 내린주름살로 백색에서 크림황색으로 되지만 부분적으로 갈색이 된다. 가장자리는 전연이다. 자루의 길이는 2~4cm, 굵기는 1~2cm로 원통형이며 기부 쪽으로 약간 부풀고 막대형이며 속은 차 있다가 빈다. 표면은 어릴 때 고르고 백색으로 가루상이고 나중에 맥상의 주름이 생기고 얼룩지며 부분적으로 황색에서 갈색으로 된다. 포자의 크기는 6.9~8.8×6~8㎛이고 아구형으로 장식물 돌기의 높이는 0.5㎛이며 표면의 사마귀반점들은 늘어져 서로 연결된다. 담자기는 막대-배불뚝이형이고 55~65×12~14㎛이다. 연낭상체는 방추형에서 가는 막대형으로 35~105×6~9㎛로 둔하다. 측낭상체는 연낭상체에 비슷하고 작은 돌기가 있고 80~110×6~11㎛이다.

생태 여름~가을 / 활엽수림의 땅에 군생

분포 한국(백두산), 중국, 유럽

늪무당버섯

Russula paludosa Britz.

형태 균모의 지름은 4~10cm로 반구형에서 둥근산모양을 거쳐서 차차 편평하게 된다. 가끔 중앙은 무딘 톱니형이다. 표면은 약간 결절형이며 건조 시 광택이 나고 습기가 있을 때 미끈거리고 밝은 주홍색에서 보라색-적색이고 가끔 중앙은 진하다. 가장자리는 고르고 예리하며 줄무늬선이 있다. 표피는 중앙의 반절까지 벗겨진다. 살은 백색으로 표피 아래의 살은 적색이며 냄새는 없고 건조 시 사과의 조각처럼 되며 맛은 온화하다가 약간 쓰다. 주름살은 자루에 대하여 좁은 올린주름살로 백색에서 크림색으로 되며 밝은 노란색이고 포크형이 있다. 가장자리는 전연이다. 자루의 길이는 4~8cm, 굵기는 13~25mm이고 원통형에서 막대형으로 속은 차 있다가 빈다. 표면은 고른 상태에서 맥상이며 부분적으로 (백색 핑크 홍색)이다. 상처 시 황색의 얼룩이 생기고 가끔 기부의 위쪽부터 회색으로 변색한다. 포자의 크기는 7.5~10.5×6.5~8㎛로 아구형에서 타원형이고 장식돌기의 높이는 1㎛로 표면의 사마귀반점들은 연결사로 연결된다. 담자기는 막대형으로 40~50×10~13㎛이다. 연낭상체는 원통형이며 부속지가 있고 40~65×6~10㎛이다. 측낭상체는 연낭상체에 비슷하며 55~120×7~13㎛이다.

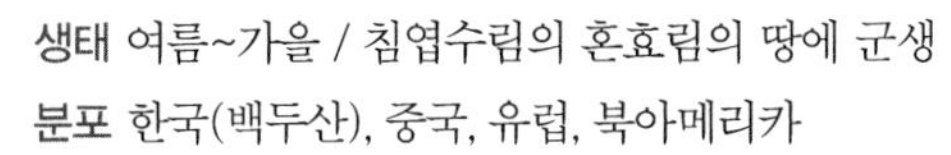

생태 여름~가을 / 침엽수림의 혼효림의 땅에 군생

분포 한국(백두산), 중국, 유럽, 북아메리카

달팽이무당버섯

무당버섯과 ≫ 무당버섯속

Russula pectinata Fr.

형태 균모의 지름은 5~7cm이며 둥근산모양에서 차차 편평해지고 중앙부는 오목하다. 표면은 투명한 점액층이 있으며 마르면 투명하게 되고 광택이 있고 황색 내지 다갈색이다. 표피는 쉽게 벗겨지고 가장자리는 얇고 펴지며 사마귀로 이어진 능선이 있다. 살은 부서지기 쉽고 백색에서 회색을 띠며 표피 아래쪽은 황색을 띠고 오래되면 고약한 냄새가 난다. 주름살은 자루에 대하여 떨어진주름살에 가깝고 약간 밀생하며 자루의 가장자리에서 갈라지며 주름살 사이는 횡맥으로 이어지며 백색이다. 자루의 높이는 3~5cm, 굵기는 0.7~1.5cm이고 원주형이고 백색으로 상부는 가루모양이고 하부는 갈색 반점이 있으며 속은 갯솜질로 차 있다가 빈다. 포자는 크기는 9.5~10×7~8㎛로 아구형이고 표면은 가시가 있다. 포자문은 연한 황색이다. 낭상체는 방망이형으로 40~45×9~10㎛이다.

생태 여름~가을 / 잣나무 숲, 활엽수림, 혼효림의 땅에 군생 · 단생하며 소나무 또는 신갈나무와 외생균근을 형성

분포 한국(백두산), 중국

변덕무당버섯

무당버섯과 ≫ 무당버섯속

Russula versicolor J. Schäff.

형태 균모의 지름은 2~3.5cm이고 둥근산모양을 거쳐서 차차 편평형으로 되며 중앙부는 약간 오목하다. 표면은 습기가 있을 때 끈기가 있으며 매끄러우며 암자색, 자홍색, 분홍색, 회록색이지만 가끔 연한 녹색 또는 올리브녹색을 띤다. 가장자리는 반반하고 매끄럽다. 살은 중앙부가 조금 두껍고 백색이나 주름살의 살은 맵다. 주름살은 자루에 대하여 바른주름살로 밀생하며 폭이 좁고 길이가 같으며 더러 갈라지고 백색에서 황색이 된다. 자루의 높이는 4~4.5cm, 굵기는 4~4.5mm로 상하의 굵기가 같으며 순백색으로 주름무늬가 조금 있고 속은 갯솜질로 차 있으나 나중에 빈다. 포자는 7.5~9×6.5~7㎛로 콩팥형이며 표면에 작은 혹이 있다. 포자문은 연한 황색이다. 낭상체는 방망이형으로 꼭대기가 둔하거나 뾰족하며 35~71×5~7㎛이다.

생태 여름~가을 / 잣나무-활엽수림, 혼효림의 땅에 산생

분포 한국(백두산), 중국

달팽이무당버섯아재비

Russula pectinatoides Peck

형태 균모의 지름은 4~8cm로 반구형에서 차차 편평해지며 중앙은 무딘 톱니상이다. 표면은 고르고 나중에 방사상의 줄무늬홈선이 있고 건조 시 광택이 없으나 습기가 있을 때 광택이 나고 점성이 있다. 색은 황토노랑에서 황토갈색으로 되며 중앙은 검은색-갈색이다. 가장자리 쪽으로 칙칙한 크림색이고 흔히 오렌지노란색의 얼룩이 있다. 표피는 잘 벗겨진다. 가장자리는 줄무늬홈선이 있다. 살은 백색으로 과일 냄새가 나고 맛은 온화하다. 주름살은 자루에 대하여 좁은 올린주름살로 백색에서 크림색으로 되며 가끔 적갈색의 얼룩이 있으며 포크형이 있다. 가장자리는 전연이다. 자루의 길이는 4~6cm, 굵기는 1~2cm로 원통형에서 막대형이며 속은 차 있다가 방처럼 빈다. 표면은 세로줄의 맥상이 있고 백색에서 희미한 회색으로 된다. 기부에 오렌지색 또는 녹슨 적색의 얼룩이 있다. 포자의 크기는 6.6~8.5×5.2~6.5㎛로 타원형이며 장식돌기의 높이는 1.2㎛로 사마귀반점들은 연락사로 연결된다. 담자기는 막대형으로 40~45×8~10㎛이다. 연낭상체는 다소 방추형이며 부속지가 있다. 측낭상체는 연낭상체에 가까우며 40~80×7~10㎛이다.

생태 여름~가을 / 활엽수림과 혼효림에 군생

분포 한국(백두산), 중국, 유럽, 북아메리카, 아시아

노랑무당버섯아재비

Russula perlactea Murrill

형태 균모의 지름은 3~8cm로 처음 얕은 둥근모양에서 곧 편평해지며 중앙은 들어가서 배꼽처럼 된다. 표면은 순백색이며 중앙에 크림노란색으로 건조성이고 밋밋하다. 주름살은 자루에 대하여 끝붙은주름살로 백색이며 폭은 넓고 약간 밀생한다. 살은 백색으로 냄새는 좋고 맛은 매우 맵다. 자루의 길이는 2.5~8cm, 굵기는 1~1.5cm로 부서지기 쉽고 백색이다. 포자의 크기는 9~10×7~8.5㎛로 난형이고 사마귀점이 덮이며 돌기의 높이는 0.7~1.3㎛로 사마귀점들은 거의 분리되나 간혹 연락사로 미세한 그물꼴을 형성한다. 포자문 백색이다.

생태 가을 / 혼효림의 땅에 군생

분포 한국(백두산), 중국, 북아메리카

참고 식용불가

노랑가루무당버섯

Russula persicina Krombh.

형태 균모의 지름은 4~8cm로 둥근산모양에서 편평형을 거쳐 중앙은 무딘 톱니상이다. 표면은 고른 상태에서 맥상의 결절로 된다. 색은 적황색에서 보라색의 혈적색이나 가끔 부분적으로 퇴색하고 건조 시 광택은 없으나 습기가 있을 때 광택이 나고 미끈거린다. 가장자리는 고르고 예리하다. 표피는 벗겨지기 쉽다. 살은 백색으로 약간 과일 냄새가 나고 맛은 맵다. 주름살은 자루에 대하여 넓은 올린주름살이나 가끔 내린주름살로 백색에서 크림색 또는 노란색으로 되며 포크형이 있다. 가장자리는 전연이다. 자루의 길이는 2~4.5cm, 굵기는 8~15mm로 원통형에서 막대형이고 속은 차 있다. 표면은 고르고 미세한 가루상으로 세로줄의 맥상이고 가끔 홍녹색이 곳곳에 얼룩을 형성한다. 기부는 약간 노란색에서 황토색으로 변색되고 비비거나 상처 시 변색한다. 포자의 크기는 7~8.8×5.7~6.9㎛로 타원형이며 장식돌기의 높이는 0.8㎛로 사마귀반점은 연락사로 서로 연결된 것도 있다. 담자기는 막대형으로 40~52×10~11㎛이다. 연낭상체는 방추형이고 40~70×7~12㎛이다. 측낭상체는 연낭상체에 가까우며 부속지가 있고 55~115×8~11㎛이다.

생태 여름~가을 / 활엽수림의 땅에 군생

분포 한국(백두산), 중국, 유럽

참고 희귀종

색갈이무당버섯

Russula poichilochroa Sarnari
R. metachroa Hongo

형태 균모의 지름은 4~7.5cm로 처음에는 둥근산모양에서 거의 평평하게 펴지며 가운데가 약간 오목하게 들어가 얕은 깔때기형으로 된다. 표면은 습기가 있을 때 아교질의 끈적성이 있다. 처음에는 거의 흰색으로 분상이나 점차적으로 크림색에서 탁한 황색-탁한 황토색으로 되며 때로는 반점 같은 얼룩이 생긴다. 살은 흰색이고 상처를 받으면 황색으로 변색한다. 주름살은 자루에 대하여 떨어진주름살로 흰색-연한 크림색에서 결국 탁한 갈색으로 되며 문지르면 연한 갈색으로 변색한다. 어릴 때 주름살에서 물방울이 분비되고 폭이 약간 넓고 약간 성기다. 자루의 길이는 2~5cm, 굵기는 7~15mm로 균모와 같은 색이고 속이 빈다. 포자의 크기는 9~12×6.5~8.5um로 난상의 아구형이며 표면에 다수의 사마귀반점 또는 침이 있다.

생태 가을 / 소나무와 참나무류의 혼효림에 군생

분포 한국(백두산), 중국, 일본

흰굴털이버섯

Russula pseudodelica Lange

형태 균모의 지름은 4.5~10cm이며 반구형에서 차차 편평해지고 중앙부가 오목해져 깔때기형으로 된다. 표면은 건조하고 약간 가루모양이며 밀기울모양으로 갈라지고 백색에서 연한 황갈색 또는 탁한 황색이 된다. 가장자리는 처음에 아래로 감기고 나중에 펴지거나 위로 들리며 연한 색이다. 살은 치밀하고 백색이다. 주름살은 자루에 대하여 떨어진주름살 또는 내린주름살로도 보이며 밀생하며 폭이 좁으며 얇고 자루 언저리에서 갈라지며 백색에서 황백색을 거쳐 황갈색이 된다. 자루의 높이는 2~4.5cm, 굵기는 1.2~1.5cm이고 아래로 가늘어지며 백색으로 하부에 주름무늬가 있다 자루의 속은 치밀하며 차 있다. 포자는 8~9×6~7.5㎛로 아구형, 멜저액 반응에서 고립된 가시가 보이며 그물눈은 없다. 포자문은 연한 홍갈 황색이다. 낭상체는 방망이모양으로 꼭대기에 젖꼭지 같은 돌기가 있고 51~63×8~8.5㎛이다.

생태 여름~가을 / 잣나무, 활엽수, 혼효림의 땅에 군생 · 산생

분포 한국(백두산), 중국

헛붉은무당버섯

Russula pseudointegra Arnoult & Goris

형태 균모의 지름은 4~10cm로 반구형에서 차차 편평하게 되며 중앙은 무딘 톱니상이다. 표면은 고르고 약간 결절상이고 무디며 습기가 있을 때 광택이 나고 점성이 있으며 미끈거린다. 색은 짙은 적황색 또는 주홍적색이나 가끔 오래되면 부분적으로 퇴색하여 크림색-노란색으로 된다. 가장자리는 고르고 오래되면 줄무늬홈선이 있다. 표피는 벗겨지기 쉽다. 육질은 백색으로 과일 냄새가 나고 맛은 온화하다. 주름살은 자루에 대하여 좁은 올린주름살 또는 약간 홈파진주름살로 포크형이 있고 백색에서 오렌지 황토색으로 된다. 가장자리는 전연이다. 자루의 길이는 4~7cm, 굵기는 1.2~2cm로 원통형이며 기부 쪽으로 가늘고 속은 차 있다가 방모양으로 빈다. 표면은 고르고 기부로 맥상이고 가루상이며 어릴 때 백색이나 오래되면 회색이다. 포자의 크기는 6.6~8.2×6~7.4㎛로 아구형이고 장식돌기 높이는 0.8㎛로 사마귀반점은 서로 연결되어 그물꼴을 형성한다. 담자기는 막대형으로 40~60×10~14㎛이다.
생태 여름~가을 / 활엽수림과 혼효림의 풀밭 속에 군생
분포 한국(백두산), 중국, 유럽, 아시아

녹색포도무당버섯

Russula pseudo-olivascens Kărcher
R. elaeodes (Bres.) Romagn. ex Bon, R. xerampelina var. elaeodes Bres.

형태 균모의 지름은 30~70mm로 반구형에서 둥근산모양을 거쳐 차차 편평하게 되며 중앙은 무딘 톱니상이다. 표면은 고르고 때때로 비로드 같은 인편이 있고 황색-올리브녹색이나 간혹 중앙은 짙은 색이다. 가장자리는 고르고 예리하다. 표피은 벗겨지고 쉽다. 살은 백색이고 상처 시 서서히 갈색으로 되며 청어 냄새가 나고 맛은 온화하다. 주름살은 자루에 대하여 올린주름살로 백색에서 황토색으로 되며 몇 개의 포크형이다. 가장자리는 매끈하다. 자루의 길이는 4~6cm, 굵기는 1.5~2cm로 원통형에서 약간 막대형이며 속은 차고 오래되면 빈다. 표면은 고른 상태에서 세로줄의 줄무늬선이 있고 맥상으로 연결되며 백색으로 상처 시 갈색으로 변색되지만 오래되면 백색으로 된다. 포자의 크기는 8.2~10.6×6.6~8.7㎛로 아구형 또는 타원형이고 장식의 돌기 높이는 1.5㎛로 사마귀반점들은 분리되어 있다. 담자기는 막대형으로 55~65×15~17㎛이다. 연낭상체는 방추형이나 드물게 막대형으로 부속물을 함유하며 60~90×10~13㎛이다. 측낭상체는 방추형으로 꼭대기에 돌기가 있고 60~85×13~15㎛이다.
생태 여름~가을 / 활엽수림의 땅에 단생 · 군생
분포 한국(백두산), 중국, 유럽

청녹색무당버섯

Russula redolens Burlingham

형태 균모의 지름은 2.5~8㎝로 둥근산모양에서 편평해지나 중앙은 들어가며 짙은 청녹색이다. 습기가 있을 때 점성이 있고 표피는 절반 정도 또는 그 이상 벗겨진다. 살은 백색 또는 약간 회색으로 냄새는 야채 같은 강한 냄새가 나며 맛은 온화하나 좋지 않다. 가장자리는 회녹색이나 백홍색이다. 주름살은 자루에 대하여 끝붙은주름살 또는 약간 바른주름살로 밀생하며 자루 근처에 포크형이 있으며 연한 노란색이다. 자루의 길이는 3~8㎝, 굵기는 1~1.5㎝이고 백색으로 마르고 무디다. 포자의 크기는 6~8×4.5~6㎛이며 타원형이고 표면의 사마귀반점들은 서로 분리되어 있다. 포자문은 연한 크림색이다.

생태 여름~가을 / 활엽수림과 침엽수림의 땅에 군생

분포 한국(백두산), 중국, 북아메리카

참고 식용 불명

분홍무당버섯

무당버섯과 ≫ 무당버섯속

Russula rhodopus Zvára

형태 균모의 지름은 3.5~6cm로 반구형에서 둥근산모양을 거쳐 편평하게 되며 중앙은 울퉁불퉁하다. 표면은 고른 상태에서 약간 맥상의 결절형이며 건조하면 광택이 나고 적색 또는 혈적색이다. 가장자리는 고르고 예리하다. 표피는 중앙의 반절까지 벗겨진다. 살은 백색으로 과일 냄새가 나며 맛은 맵다. 주름살은 자루에 대하여 넓게 올린주름살로 백색에서 크림색으로 되었다가 연한 황토노란색으로 되며 많은 포크형이 있다. 가장자리는 전연이다. 자루의 길이는 5~7cm, 굵기는 1.5~2.5cm이고 약간 막대형이며 기부는 두께 30mm, 속은 차 있다. 표면은 고른 상태에서 약간 결절의 고르지 않은 상태이고 꼭대기와 기부는 백색으로 자루 가운데는 살색의 적색이다. 포자의 크기는 6.7~9.3×6~7.6㎛로 아구형에서 타원형이며 장식은 돌기가 높이 0.5㎛로 사마귀 반점들은 늘어져서 그물꼴을 형성한다. 담자기는 원통-막대형으로 50~55×8~9㎛이다.

생태 침엽수림과 혼효림의 땅에 군생

분포 한국(백두산), 중국, 유럽, 아시아

술잔무당버섯아재비

무당버섯과 ≫ 무당버섯속

Russula risigallina (Batsch) Sacc.

형태 균모의 지름은 2.5~6cm로 반구형에서 둥근산모양을 거쳐 편평하게 되지만 울퉁불퉁하고 중앙은 움푹 패인다. 색깔은 오렌지적색 또는 살구색으로 다양한데 노란색의 기미가 산재한다. 가장자리는 고르고 후에 줄무늬선이 있다. 표피는 벗겨지기 쉽다. 살은 백색으로 신선할 때 냄새는 없고 후에 꽃향기와 사과 냄새가 나며 맛은 온화하다. 주름살은 끝붙은주름살로 유백색에서 황토색-달걀 노란자색으로 노후하면 약간 갈색으로 되며 많은 포크형이 있다. 가장자리는 전연이다. 자루의 길이는 3~5.5cm, 굵기는 8~15mm로 원통형이며 어릴 때 속은 차 있다가 곧 빈다. 표면은 미세한 맥상의 결절형이고 어릴 때 백색이나 노후하면 곳곳에 황토색의 점상이 있다. 포자의 크기는 6.5~8.4×5.6~7.1㎛로 아구형에서 타원형이고 표면은 많은 사마귀반점으로 덮이고 어떤 것은 불분명한 맥상으로 연결된다. 담자기는 막대형이고 32~45×10~12㎛로 4-포자성이다.

생태 여름~가을 / 활엽수림에 군생하며 드물게 침엽수림에도 발생

분포 한국(백두산), 중국, 유럽, 북아메리카, 아시아

술잔무당버섯

Russula risigallina var. **acetolens** (Rauschert) Krglst.

형태 균모의 지름은 2.5~5.5cm로 둥근산모양이나 중앙은 편평하다가 나중에 전체가 편평해진다. 표면은 약간 물결형이고 중앙은 울퉁불퉁하며 그 외는 고르고 건조 시 비단결이고 습할 시 광택이 나고 크림-레몬노란색, 중앙은 노란색이다. 표피는 완전히 벗겨지기 쉽다. 살은 백색이며 냄새는 없으나 나중에 시큼하며 맛은 온화하다. 가장자리는 고른 상태에서 후에 약간 늑골의 줄무늬선이 있게 된다. 주름살은 자루에 대하여 좁은 올린주름살로 유백색에서 황토-노란색이며 많은 포크형이 있고 주름살 변두리는 약간 톱니상이며 유백색이다. 자루의 길이는 2~5cm, 굵기는 6~10mm로 원통형이고 속은 차 있다가 비며 또는 방모양으로 된다. 표면은 세로줄의 맥상으로 백색이다. 포자의 크기는 6.3~8.7×5.3~7.3㎛로 아구형에서 타원형이고 수많은 사마귀점으로 덮이고 맥상에 의하여 연결되지만 불분명하고 장식의 돌기 높이는 0.8㎛이다. 담자기는 막대형에서 배불뚝이형으로 35~43×11~15㎛로 4-포자성이다. 연낭상체는 방추형 또는 송곳형으로 꼭대기에 돌기가 있고 50~60×7~10㎛이다. 측낭상체도 연낭상체에 비슷하며 45~65×6~11㎛이다.

생태 여름~가을 / 침엽수와 활엽수림의 땅에 군생

분포 한국(백두산), 중국, 유럽, 북아메리카, 아시아

참고 희귀종

장미무당버섯

무당버섯과 ≫ 무당버섯속

Russula rosea Pers.
R. lepida Fr.

형태 균모의 지름은 3.5~7㎝이고 둥근산모양에서 차차 편평형으로 되며 중앙부는 조금 오목하다. 표면은 습기가 있을 때 끈기가 있으며 장미홍색, 혈홍색, 복사홍색으로 중앙부는 진하고 가장자리로 가면서 점차로 연해지며 오래되면 퇴색된 반점이 나타난다. 가장자리는 얇고 날카로우며 매끄럽고 오래되면 사마귀점의 줄로 된 능선이 나타난다. 살은 얇고 치밀하며 견실하고 백색으로 표피 아래쪽은 홍색을 띠나 나중에 탁한 황색이 되고 특이한 냄새는 없다. 주름살은 자루에 대하여 홈파진주름살 또는 내린주름살로 빽빽하거나 성기고 폭은 좁거나 약간 넓으며 갈라지고 황백색이다. 자루의 높이는 3.5~7㎝, 굵기는 0.6~1.6㎝이며 상하의 굵기가 같으며 분홍색의 백색 또는 분홍색 반점이 있다. 표면은 주름무늬가 약간 있으며 속은 차 있다가 나중에 빈다. 포자는 8~9×6.5~8㎛로 구형이며 표면에 가시가 있다. 포자문은 연한 황색이다. 측낭상체는 풍부하고 방망이형으로 57~101×8~10㎛이다. 연낭상체는 원주형 또는 방망이형으로 꼭대기가 둔하거나 작은 돌기가 있으며 40~55×8~10㎛이다.
생태 여름~가을 / 신갈나무 숲, 소나무, 활엽수, 혼효림 또는 가문비나무, 분비나무 숲 의 땅에 군생 · 산생
분포 한국(백두산), 중국, 일본

노랑장미무당버섯

Russula roseipes Secr. ex Bres.

형태 균모의 지름은 4~7cm로 둥근산모양에서 차차 편평해지며 가운데가 들어간다. 표면은 장미 핑크색에서 오렌지-장미색으로 되며 습기가 있을 때 점성이 있고 흔히 백색의 얼룩이나 오래되면 퇴색하며 건조성으로 무디고 가루상이다. 표피가 가끔 갈라진다. 살은 연하고 백색으로 냄새는 좋고 맛은 온화하지만 맛은 없다. 주름살은 자루에 대하여 바른주름살로 길이가 같고 연한 백황색이고 약간 성기다. 주름살의 변두리는 밋밋하다. 자루의 길이는 3~6cm, 굵기는 5~10mm로 막대형의 원통형, 장미-핑크색이 가미된 백색의 얼룩이 있고 속은 해면질로 차 있다가 빈다. 포자의 크기는 7.5~9.5×6~8㎛이고 아구형이고 황색으로 표면은 사마귀반점이 있고 돌기 높이는 0.5㎛이다. 담자기는 곤봉상이고 35~45×10~13㎛로 4-포자성이다. 소경(경자)길이 2~4㎛로 연한 황색이다. 측낭상체는 무색이거나 옅은 황색이다. 포자문은 짙은 노란색이다.

생태 여름~가을 / 숲속의 땅에 산생 · 군생하며 외생균근 형성

분포 한국(백두산), 중국, 북아메리카

변색무당버섯

Russula rubescens Beardslee

형태 균모의 지름은 5~8cm이며 반구형에서 차차 편평해지고 중앙부는 오목하다. 가장자리는 편평하고 얇으며 오래되면 능선이 나타난다. 표면은 습기가 있을 때 점성이 있다. 색깔은 홍색이고 가장자리 쪽으로 연해지며 나중에 퇴색하면 분홍색 또는 분홍 황색이 되면서 회색 또는 흑색의 반점이 나타난다. 표피는 벗겨지기 쉽다. 살은 중앙부가 두껍고 처음에 유연하나 나중에 부서지기 쉬우며 백색이나 만지면 분홍색으로 되었다가 흑색으로 변색된다. 주름살은 자루에 대하여 홈파진주름살로 밀생하며 자루 언저리에서 갈라지며 백색에서 연한 황색이 되고 상처 시 분홍색에서 흑색으로 변색한다. 자루의 높이는 3~5cm, 굵기는 1.3~2cm로 원주형이고 백색에서 회색을 거쳐 흑색으로 되고 주름진 무늬가 있고 속은 갯솜질이다. 포자는 8~10×7~8.5㎛로 아구형이며 표면에 가시가 있다. 포자문은 연한 황색이다. 낭상체는 방추형으로 50~57×9~10㎛이다.

생태 여름 / 잣나무, 활엽수 혼효림의 땅에 단생

분포 한국(백두산), 중국, 유럽

주홍무당버섯

Russula rubra (Fr.) Fr.

형태 균모의 지름은 4~11cm로 어릴 때는 반구형에서 둥근산모양을 거쳐 차차 편평해지며 가운데가 오목하게 들어간다. 표면은 분필 흰색의 미세한 털이 벨벳 모양으로 덮여 있고 밝은 적색인데 중앙은 진하다. 습기가 있을 때는 약간 점성이 있고 습윤해 보인다. 표피 아래쪽은 때때로 적색을 띠고 치밀하나 나중에 스펀지 모양이 되고 부서지기 쉽다. 가장자리에 줄무늬가 없다. 살은 흰색으로 맛이 매우 강렬하여(쓴맛, 매운맛) 참기 어려울 정도이다. 주름살은 자루에 대하여 바른주름살 또는 둥근모양의 올린주름살로 크림색에서 밝은 황토색을 띠며 폭이 넓고 촘촘하다. 자루의 길이는 3.5~6cm, 굵기는 10~20mm로 상하가 같은 굵기이나 드물게 밑동 쪽으로 가늘어지거나 굵어진다. 색깔은 흰색이나 때로는 밑동이 탁한 회색으로 된다. 자루의 속은 차 있다. 포자의 크기는 6~8.8×6~7.5㎛로 아구형으로 표면에 사마귀가 점점이 덮여 있다.

생태 여름~가을 / 숲속의 땅에 발생

분포 한국(백두산), 중국, 일본, 유럽

흰주홍무당버섯

Russula rubroalba (Sing.) Romagn.

형태 균모의 지름은 5~8cm로 어릴 때 반구형에서 둥근산모양을 거쳐 차차 편평하게 되며 약간 톱니상이다. 표면은 고르고 자색에서 적황색이고 가운데는 보다 연한 색이다. 표피는 약간 벗겨지기 쉽다. 가장자리는 고르다. 살은 백색으로 상처 시 회색으로 변색되며 살은 과일 냄새가 나고 맛은 온화하다. 주름살은 자루에 대하여 홈파진주름살로 어릴 때 백색에서 황색으로 되며 포크형이 있다. 가장자리는 전연이다. 자루의 길이는 4~8cm, 굵기는 1.2~2cm로 원통형이며 기부로 가늘고 속은 차 있다가 나중에 방모양으로 빈다. 표면은 미세한 강한 세로줄의 맥상이고 백색이다. 포자의 크기는 6.7~9×5.7~7.6㎛이고 아구형, 장식돌기의 높이 0.5㎛로 사마귀점들은 서로서로 연결사로 연결되어 그물꼴을 형성한다. 담자기는 막대형이며 45~53×10~12㎛로 2~4-포자성이다. 연낭상체는 방추형에서 막대형이며 꼭대기에 부속지가 있는 것 또는 없는 것이 있고 35~90×6~12㎛이다. 측낭상체는 50~95×9~11㎛이다.

생태 늦봄~여름 / 숲속의 풀밭에 군생

분포 한국(백두산), 중국, 유럽

참고 희귀종

붉은옥수수무당버섯

Russula sardonia Fr.

형태 균모의 지름은 40~80mm로 반구형에서 편평하게 되거나 가끔 중앙이 약간 볼록하거나 약간 톱니상이다. 표면은 고르거나 약간 결절상이고 검은 자적색이며 중앙은 가끔 거의 흑색이고 건조 시 비단결이며 습기가 있을 때 광택이 난다. 표피는 벗겨지기 쉽다. 살은 백색으로 자르면 노란색으로 변색하며 과실 냄새가 나고 매운맛이다. 가장자리는 고르거나 약간의 줄무늬선이 있다. 주름살은 자루에 대하여 올린주름살로 크림-노란색에서 점차 레몬-노란색으로 되며 포크형이 있다. 가장자리는 전연이다. 자루의 길이는 30~75mm, 굵기는 10~20mm로 원통형이고 속은 차고 표면은 백색이며 고르고 후에 세로줄의 맥상의 홈선이 있으며 곳에 따라서 자색의 보라색이 있다. 포자의 크기는 7~9×6~7.5㎛로 아구형 또는 광타원형으로 장식물의 높이는 0.5㎛로 사마귀반점은 늘어나고 연결되어 그물꼴을 형성한다. 담자기는 막대형으로 배불뚝이형이며 38~52×10~11㎛로 4-포자성이다. 연낭상체는 선단이 뾰족한 방추상으로 38~100×6~11㎛이다. 측낭상체는 연낭상체에 비슷하며 55~130×7~12㎛이다.

생태 여름~가을 / 혼효림의 땅에 단생 · 군생

분포 한국(백두산), 중국, 유럽, 북아메리카

적자색비단무당버섯

Russula sericeonitens Kauffman

형태 균모의 지름은 4~6cm로 둥근산모양에서 차차 편평하게 펴지나 가운데가 들어간다. 표면은 짙은 오랑캐꽃-자색으로 중앙은 거의 흑색이고 밋밋하며 비단결 같으며 빛난다. 표피의 껍질은 잘 벗겨진다. 살은 연하고 백색이며 냄새는 없으며 맛은 온화하다. 주름살은 자루에 대하여 끝붙은주름살로 약간 성기고 폭은 넓으며 백색이다. 자루의 길이는 3~7cm, 굵기는 1~1.5cm로 원통형이고 백색이다. 포자의 크기는 7~8×6~7㎛로 난형이며 표면의 사마귀반점들은 서로 분리되며 돌기의 높이는 1.2㎛이다. 포자문은 백색이다.

생태 여름~가을 / 혼효림에 군생

분포 한국(백두산), 중국, 북아메리카

참고 식용

숲무당버섯

Russula silvicola Shaffer

형태 균모의 지름은 2~8cm로 둥근산모양에서 차차 편평하게 되며 밝은 적색에서 핑크색의 적색 또는 적색의 오렌지색으로 된다. 표면은 밋밋하고 건조성이며 표피의 껍질은 쉽게 벗겨진다. 살은 부드럽고 백색이며 과일 냄새가 나고 매운맛이다. 주름살은 자루에 대하여 약간 밀생하며 폭은 넓으며 백색이다. 자루의 길이는 2~8cm, 굵기는 4~15mm로 막대형이며 백색으로 속은 차 있다. 포자의 크기는 6~10.5×5.5~9㎛로 난형이고 표면의 사마귀점들은 부분적 또는 완전한 그물꼴을 형성하며 사마귀 높이는 1.2㎛이다. 포자문은 백색이다.

생태 여름~가을 / 혼효림, 썩는 고목의 옆의 땅에 군생

분포 한국(백두산), 중국, 북아메리카

참고 식용불가

황녹색무당버섯

Russula simulans Burlingham

형태 균모의 지름은 4~10cm로 중앙이 편평한 둥근산모양이다. 표면은 밋밋하고 녹색 또는 연한 황녹색이나 라일락 또는 자색의 희미한 살색이 섞여 있다. 표피는 반절 정도까지 벗겨진다. 살은 백색으로 냄새는 없고 맛은 약간 맵다. 주름살은 자루에 대하여 바른주름살로 백색이고 약간 밀생하며 자루 근처는 포크형이 있다. 자루의 길이는 5~8cm, 굵기는 1~2cm로 백색이다. 포자의 크기는 8.5~9.5×6~7㎛로 난형이며 표면은 사마귀점이 덮이고 부분적으로 연결되며 사마귀반점의 높이는 0.5~1㎛이다. 포자문은 순백색이다.

생태 여름 / 낙엽수림의 땅에 군생

분포 한국(백두산), 중국, 북아메리카

참고 식용

바랜황변무당버섯

Russula subdepallens Peck

형태 균모의 지름은 5~8㎝이며 반구형에서 편평해지고 중앙부는 오목하다. 균모 가장자리는 처음 안쪽으로 감기고 늙으면 위로 조금 들린다. 균모의 표면은 습기가 있을 때 점성이 있고 초기 중앙부는 진한 홍색이나 나중에 분홍색으로 되며 노후 시 일부분이 미황색 또는 연한 색이 된다. 살은 얇고 연약하며 백색에서 연한 회색으로 되고 표피 아래쪽은 분홍색을 띤다. 주름살은 자루에 대하여 바른주름살이고 성기며 폭이 넓고 두꺼우며 길이가 같고 주름살 사이에 횡맥이 있으며 백색이다. 자루의 높이는 4~8㎝, 굵기는 1.7~2.9㎝이고 상하의 굵기가 같거나 아래로 굵어지며 백색으로 세로줄의 홈선이 있으며 속은 갯솜질이고 나중에 빈다. 포자의 크기는 8~8.5×6.5~7㎛로 아구형으로 서로 이어져 있는 가시가 있다. 포자문은 백색이다. 낭상체는 방추형으로 꼭대기가 점첨이며 50~70×8~11㎛이다.

생태 여름~가을 / 잣나무, 활엽수 혼효림 속 땅에서 단생 · 군생하며 외생균근을 형성

분포 한국(백두산)

참고 식용

포크무당버섯

Russula subterfurcata Romagn.

형태 균모의 지름은 3.5~5cm로 어릴 때 반구형에서 차차 펴지고 중앙은 톱니상이다. 표면은 고르고 비단결이며 크림베이지색 또는 올리브크림색에서 올리브갈색으로 되며 가장자리 쪽으로 더 연한 색으로 거의 백색이다. 가장자리는 고르고 오래되면 줄무늬선이 나타난다. 표피는 벗겨지기 쉽다. 살은 어릴 때 백색이고 냄새가 약간 나지만 불분명하며 맛은 온화하다. 주름살은 자루에 대하여 좁은 올린주름살로 어릴 때 백색에서 밝은 크림황색으로 되고 포크형이 있다. 가장자리는 전연이다. 자루의 길이는 2~3cm, 굵기는 8~10mm이고 원통형이고 속은 차 있다. 표면은 미세한 세로줄의 맥상이 있고 백색이며 오래되면 군데군데 황토갈색의 얼룩이 있다. 포자의 크기는 5.9~7.4×5~6.5㎛로 아구형이며 표면의 사마귀점들은 거의 단독으로 떨어지거나 간혹 몇 개가 연결된 것도 있으며 장식돌기의 높이는 0.5㎛이다. 담자기는 막대형이며 35~50×9~10㎛이다. 연낭상체는 방추형으로 45~70×8~13㎛로 짧은 돌기의 부속지가 있다. 측낭상체는 연낭상체와 비슷하며 40~70×10~12㎛이다.

생태 여름~가을 / 숲속의 땅에 단생 · 군생

분포 한국(백두산), 중국, 유럽

참고 희귀종

숲주름무당버섯

Russula emetica f. **sylvestris** (Sing). Reumaxu

형태 균모의 지름은 2.5~6.5cm로 반구형에서 둥근산모양을 거쳐 차차 편평하게 되고 중앙은 흔히 무딘 톱니상으로 물결형이다. 표면은 고르고 건조 시 광택이 없고 습기가 있을 때 미끈거리고 광택이 나며 어릴 때 짙은 카민색에서 체리적색으로 되었다가 퇴색하여 핑크색으로 되고 곳곳이 퇴색하여 크림색에서 백색으로 된다. 가장자리는 강한 줄무늬선이 있다. 표피는 벗겨지기 쉽다. 살은 백색이고 표피 아래도 백색이며 냄새는 달콤하고 맛은 맵다. 주름살은 자루에 대하여 좁은 올린주름살로 포크형이 있고 녹색의 백색이다. 가장자리는 전연이나 오래되면 곳곳에 약간 무딘 톱니상으로 된다. 자루의 길이는 30~60mm, 굵기는 8~18mm이고 원통형에서 배불뚝이형으로 속은 차 있다. 표면은 백색에서 황토색으로 되었다가 기부 쪽으로 황색이 되며 가는 세로줄의 맥상으로 연결된다. 포자의 크기는 7.5~9.7×6.6~8.2㎛로 아구형 또는 광타원형이며 표면의 돌기 높이는 1.1㎛로 사마귀반점들은 연결사로 이어진다. 담자기는 막대형 또는 배불뚝이형으로 30~45×10~11㎛이다. 연낭상체는 방추형이고 꼭대기는 부속물을 함유하며 35~60×6~9㎛이다. 측낭상체는 연낭상체와 비슷하며 부속지가 있고 65~95×10~12㎛이다.

생태 활엽수림과 혼효림의 땅에 군생

분포 한국(백두산), 중국, 유럽, 북아메리카, 아시아, 호주

트르씨포도무당버섯

무당버섯과 ≫ 무당버섯속

Russula turci Bres.

형태 균모의 지름은 4~7.5cm로 구형에서 반구형을 거쳐 차차 편평하게 되지만 중앙은 무딘 톱니상이다. 표면은 고른 상태에서 약간 방사상으로 주름지며 무디고 건조 시 약간 가루상으로 습기가 있을 때 강한 점성이 있고 와인-자갈색이며 연한 색이지만 중앙은 진한 색이다. 표피는 중앙까지 벗겨지기 쉽다. 살은 백색으로 냄새는 약간 요오드 냄새가 나고 맛은 온화하다. 가장자리는 습기가 있을 때 줄무늬선이 나타난다. 주름살은 자루에 대하여 좁은 올린주름살로 백색에서 오렌지색의 연한 황토색으로 되며 포크형이 있다. 가장자리는 전연이다. 자루의 길이는 3~5cm, 굵기는 1.2~1.6cm로 원통형이며 속은 차 있다가 빈다. 표면은 백색으로 미세한 세로줄의 맥상이며 부분적으로 핑크색을 가진 홍자색이다. 포자의 크기는 6.7~9.2×5.9~7.4μm이고 아구형 또는 타원형이며 장식돌기의 높이는 0.8μm로 표면의 사마귀점들은 연결사로 연결되어 그물꼴을 형성한다. 담자기는 막대형으로 35~50×11~13μm이다. 연낭상체는 원통-막대형에서 방추형이며 40~100×7~13μm이다. 측낭상체는 방추형으로 40~60×10~12μm이다.

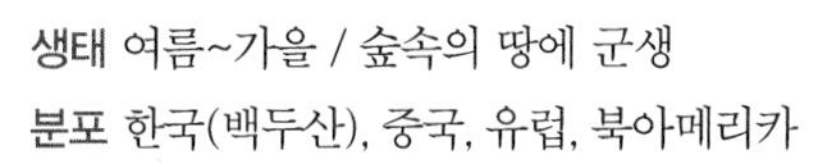

생태 여름~가을 / 숲속의 땅에 군생

분포 한국(백두산), 중국, 유럽, 북아메리카

황변무당버섯

Russula velenovskyi Melzer & Zvara

형태 균모의 지름은 3~7cm로 반구형에서 둥근산모양을 거쳐 차차 편평해지며 중앙은 무딘 톱니상이나 가끔 물결형인 것도 있다. 표면은 고르고 다소 방사상의 맥상 또는 결절로 된 홈선이 있고 건조 시 무디고 습기가 있을 때 점성이 있어서 미끈거리며 고르다. 색깔은 벽돌색에서 카민-적색이며 나중에 중앙의 바깥쪽부터 노란색으로 퇴색한다. 표피는 벗겨지기 쉽다. 살은 백색으로 냄새가 약간 나고 맛은 온화하다. 가장자리는 고르고 줄무늬선이 있다. 주름살은 자루에 대하여 홈파진주름살로 어릴 때 백색에서 밝은 노란색을 거쳐 황토색 또는 노란색으로 되며 포크형이 있다. 가장자리는 전연이고 부분적으로 적색이다. 자루의 길이는 3~6cm, 굵기는 8~15mm로 원통형이고 속은 차 있다가 나중에 빈다. 표면은 미세한 세로줄의 맥상이며 백색 또는 핑크색-홍조색이 군데군데 있다. 포자의 크기는 6.5~8.1×5.3~6.4㎛로 타원형이며 장식돌기의 높이는 0.5㎛로 사마귀점들은 연결되어 약간 그물꼴을 형성한다. 담자기는 막대형이고 37~50×9~11㎛이다. 연낭상체는 방추형으로 40~70×7~12㎛이다. 측낭상체는 연낭상체에 비슷하고 35~75×6~12㎛이다.

생태 여름~가을 / 활엽수림과 혼효림의 땅에 군생

분포 한국(백두산), 중국, 유럽, 아시아

조각무당버섯

Russula vesca Fr.

형태 균모의 지름은 5~10cm로 어릴 때는 반구형에서 둥근산모양을 거쳐 차차 평평해지며 중앙이 약간 오목해지고 간혹 낮은 깔때기형이 되기도 한다. 표면은 습기가 있을 때 점성이 있다. 색깔에 변화가 많으며 갈색의 살색-분홍갈색이며 때로는 적갈색이나 약간 포도주색을 띠는 것도 있다. 성숙하면 흔히 가장자리의 표피가 벗겨지거나 갈라져서 흰 바탕색이 드러난다. 살은 치밀하고 흰색이다. 주름살은 자루에 대하여 홈파진주름살로 흰색-크림색이고 폭이 중간 정도 또는 약간 좁고 밀생한다. 자루의 길이는 3~7(10)cm, 굵기는 10~15mm로 상하가 같은 굵기이거나 아래쪽이 가늘다. 표면에 쭈글쭈글한 세로줄이 있다. 흰색에서 분홍색를 띠며 오래되면 흔히 갈색의 얼룩이 생긴다. 포자의 크기는 5.5~8×5~6.2㎛로 아구형-타원형으로 표면에 사마귀점이 피복되며 일부는 서로 연결된다. 포자문은 유백색이다.

생태 여름~가을 / 참나무류 등의 활엽수림의 땅에 군생 · 단생

분포 한국(백두산), 중국, 북반구 온대

황철나무무당버섯

Russula veternosa Fr

형태 균모의 지름은 5~12cm이고 둥근산모양에서 차차 편평형으로 되며 중앙부는 오목하다. 표면은 습기가 있을 때 끈기가 있으며 암혈홍색 내지 자홍색이나 중앙부는 퇴색하여 연한 황색 또는 탁한 백색이 된다. 표피층은 부분적으로 벗겨진다. 가장자리는 얇고 매끄러우며 오래되면 뚜렷한 능선이 나타난다. 살은 백색이나 표피 아래쪽은 홍색을 띠며 맵다. 주름살은 자루에 대하여 바른주름살로 밀생하며 앞부분이 넓고 뒷부분이 좁으며 길이가 같거나 간혹 짧은 주름살도 끼어 있고 일부분은 갈라진다. 색깔은 백색에서 연한 홍갈색으로 된다. 자루의 높이는 7~8.5cm, 굵기는 1.6~2cm이고 상하의 굵기가 같으며 백색이다. 표면은 매끄러우며 부서지기 쉽고 속은 갯솜질로 차 있으나 나중에 빈다. 포자의 지름은 7~9㎛로 구형이고 표면에 가시가 있다. 포자문은 짙은 홍갈황색이다. 낭상체는 방망이형으로 꼭대기는 둔하거나 뾰족하며 45~50×10~13㎛이다.

생태 여름~가을 / 황철나무 숲, 자작나무 숲 또는 잣나무 숲, 활엽수림, 혼효림의 땅에 단생 · 군생

분포 한국(백두산)

포도주무당버섯

Russula vinosa Lindblad

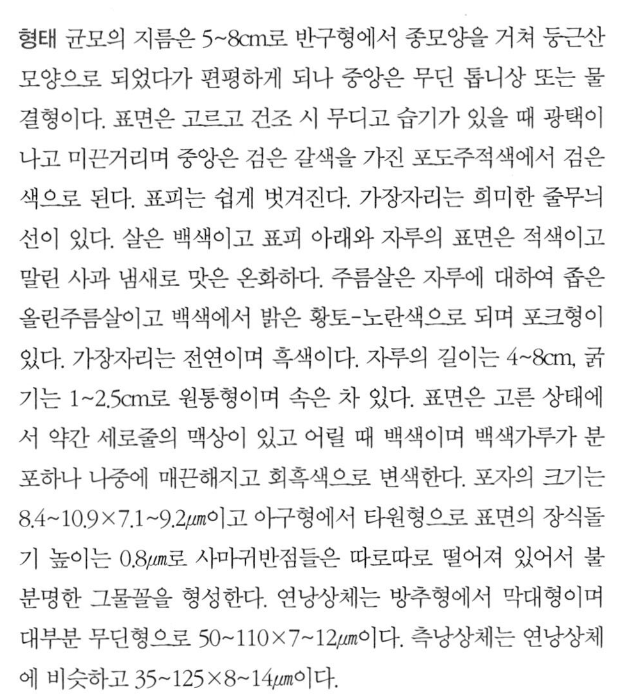

형태 균모의 지름은 5~8cm로 반구형에서 종모양을 거쳐 둥근산 모양으로 되었다가 편평하게 되나 중앙은 무딘 톱니상 또는 물결형이다. 표면은 고르고 건조 시 무디고 습기가 있을 때 광택이 나고 미끈거리며 중앙은 검은 갈색을 가진 포도주적색에서 검은색으로 된다. 표피는 쉽게 벗겨진다. 가장자리는 희미한 줄무늬선이 있다. 살은 백색이고 표피 아래와 자루의 표면은 적색이고 말린 사과 냄새로 맛은 온화하다. 주름살은 자루에 대하여 좁은 올린주름살이고 백색에서 밝은 황토-노란색으로 되며 포크형이 있다. 가장자리는 전연이며 흑색이다. 자루의 길이는 4~8cm, 굵기는 1~2.5cm로 원통형이며 속은 차 있다. 표면은 고른 상태에서 약간 세로줄의 맥상이 있고 어릴 때 백색이며 백색가루가 분포하나 나중에 매끈해지고 회흑색으로 변색한다. 포자의 크기는 8.4~10.9×7.1~9.2μm이고 아구형에서 타원형으로 표면의 장식돌기 높이는 0.8μm로 사마귀반점들은 따로따로 떨어져 있어서 불분명한 그물꼴을 형성한다. 연낭상체는 방추형에서 막대형이며 대부분 무딘형으로 50~110×7~12μm이다. 측낭상체는 연낭상체에 비슷하고 35~125×8~14μm이다.

생태 여름~가을 / 혼효림의 땅에 군생

분포 한국(백두산), 유럽, 북아메리카, 아시아

보라무당버섯

Russula violacea Quél.

형태 균모의 지름은 3~6.5cm로 반구형에서 둥근산모양을 거쳐 거의 편평형으로 되며 가운데가 들어간다. 표면은 자색 또는 녹색으로 습기가 있을 때 점성이 있다. 가장자리는 밋밋하거나 혹은 약간 줄무늬선이 있다. 살은 백색이며 매운맛이다. 주름살은 자루에 대하여 바른주름살 또는 홈파진주름살이며 처음 순백색에서 우유황색으로 되고 비교적 밀생하며 교차성 주름살이다. 자루의 길이는 3~6cm, 굵기는 0.5~1.3cm로 원주형으로 백색에서 약간 황색으로 되며 속은 차고 유연하다. 포자의 크기는 8.1~8.5×6.5~7.3㎛이고 아구형으로 표면에 미세한 작은 침이 있다. 낭상체는 융기형이며 40~69×9.5~14㎛이다.
생태 여름~가을 / 활엽수림의 땅에 단생 · 산생
분포 한국(백두산), 중국, 유럽
참고 식용

자줏빛무당버섯

Russula violeipes Quél.

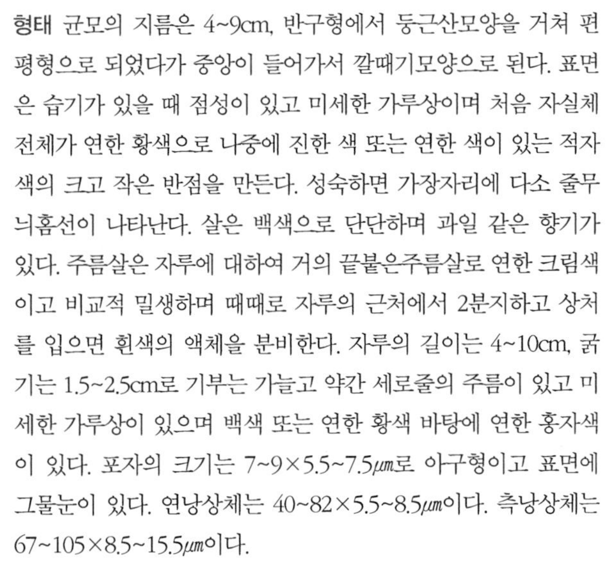

형태 균모의 지름은 4~9cm, 반구형에서 둥근산모양을 거쳐 편평형으로 되었다가 중앙이 들어가서 깔때기모양으로 된다. 표면은 습기가 있을 때 점성이 있고 미세한 가루상이며 처음 자실체 전체가 연한 황색으로 나중에 진한 색 또는 연한 색이 있는 적자색의 크고 작은 반점을 만든다. 성숙하면 가장자리에 다소 줄무늬홈선이 나타난다. 살은 백색으로 단단하며 과일 같은 향기가 있다. 주름살은 자루에 대하여 거의 끝붙은주름살로 연한 크림색이고 비교적 밀생하며 때때로 자루의 근처에서 2분지하고 상처를 입으면 흰색의 액체를 분비한다. 자루의 길이는 4~10cm, 굵기는 1.5~2.5cm로 기부는 가늘고 약간 세로줄의 주름이 있고 미세한 가루상이 있으며 백색 또는 연한 황색 바탕에 연한 홍자색이 있다. 포자의 크기는 7~9×5.5~7.5㎛로 아구형이고 표면에 그물눈이 있다. 연낭상체는 40~82×5.5~8.5㎛이다. 측낭상체는 67~105×8.5~15.5㎛이다.

생태 여름~가을 / 침엽수림 잡목림의 땅에 발생

분포 한국(백두산), 중국, 일본, 유럽

참고 소금에 절여서 겨울에 식용

적녹색무당버섯

Russula viridi-rubrolimbata Ying

형태 균모의 지름은 4~8cm로 처음 반구형에서 둥근산모양을 거쳐 차차 평평하게 되고 중앙부는 들어간다. 표면은 점성이 없고 중앙부는 연한 종려나무색-종려나무 녹색이며 중앙은 가늘게 갈라져 거북등같이 되고 가장자리로 점차 작다. 가장자리는 분홍색 또는 옅은 산호색 같은 홍색이며 줄무늬홈선이 있다. 살은 치밀하고 백색이며 변색하지 않으며 매운맛이고 특별한 특징은 없다. 주름살은 자루에 대하여 바른주름살 또는 떨어진주름살로 백색이고 약간 밀생하며 길이가 같고 주름살은 교차하며 세로줄무늬로 연결된다. 자루의 길이는 3~6cm, 굵기는 1~1.7cm로 백색이며 상하가 같은 굵기나 혹은 아래로 가늘며 속은 육질이며 비었다. 포자문은 백색이다. 포자의 크기는 6.3~9.7×4.9~7.3㎛로 아구형 혹은 광타원형으로 표면에 작은 사마마귀 반점이 있고 높이 0.6~1.2㎛이다. 담자기는 36~47×7.3~10.9㎛로 곤봉상이며 2~4-포자성이다. 측낭상체는 얇은 벽으로 방추형으로 꼭대기는 젖꼭지모양이며 부속물질을 함유한다.

생태 침엽수와 활엽수림의 혼효림의 땅에 군생하며 외생균근을 형성

분포 한국(백두산), 중국, 유럽

참고 식용

포도무당버섯

Russula xerampelina (Schaeff.) Fr.

형태 균모의 지름은 7~14㎝이며 둥근산모양에서 차차 편평형으로 되며 중앙부는 조금 오목하다. 표면은 점성이 없으나 습기가 있을 때 점성이 조금 있고 짙은 자갈색, 암홍색 또는 갈색으로 중앙부는 가끔 암색이다. 성숙한 다음에는 가는 융털로 덮인다. 가장자리는 둔하고 두꺼우며 매끄럽고 오래되면 희미한 줄무늬홈선이 나타난다. 살은 두껍고 치밀하며 백색으로 오래되면 탁한 색 또는 황색이 되고 게의 맛이 나고 유하다. 주름살은 자루에 대하여 바른주름살에서 홈파진주름살로 처음에 백색에서 연한 황홍갈색으로 되며 조금 빽빽하거나 성기고 길이가 같으며 자루 언저리에서 갈라진다. 자루의 높이는 4~8㎝, 굵기는 1.3~2.5㎝이며 상하의 굵기가 같거나 위로 가늘어지며 때로는 중앙부가 부풀고 주름무늬가 있으며 백색으로 하부는 홍색을 띠고 상처 시에도 변색치 않으며 속이 차 있다가 나중에 빈다. 포자는 7~10.5×6~9㎛로 아구형이며 연한 황색이고 표면은 가는 선으로 이어진 굵은 혹이 있다. 포자문은 진한 황백색 또는 연한 홍갈색이다. 낭상체는 풍부하며 방추형으로 57~100×12.5㎛이다.

생태 여름~가을 / 사스래나무 숲 또는 소나무, 활엽수, 혼효림의 땅에 군생 · 산생하며 소나무, 신갈나무와 외생균근을 형성

분포 한국(백두산), 중국, 북아메리카

참고 식용

초록방패버섯

Albatrellus caeruleoporus (Peck) Pouz.

형태 균모는 원형-부정원형이면서 둥근산모양 또는 일그러진 찐빵모양이 되기도 한다. 균모의 폭은 3~20cm, 두께는 1~2mm 정도의 소형에서부터 대형까지 있다. 표면은 처음에는 녹색-청녹색에서 점차 하늘색이 되지만 나중에 퇴색하여 회갈색으로 되며 밋밋하다. 살은 두껍고 연한 적황색-살구색이다. 관공의 길이는 1~2mm, 구멍은 원형이며 2~3/mm개이다. 자루의 크기는 3~5×1~3cm, 중심이 약간 가장자리 쪽에 치우쳐 있거나 측생한다. 색깔은 균모와 동색이고 흔히 밑동에 여러 개가 서로 합쳐서 난다. 포자의 지름은 4~5㎛ 구형 또는 아구형으로 표면은 매끈하고 투명하다.

생태 가을 / 소나무 솔송나무 등의 숲속의 땅에 단생하거나 여러 개가 함께 나서 서로 유착되어 발생

분포 한국(백두산), 중국, 일본

다발방패버섯

Albatrellus confluens (Alb. & Schwein.) Kotl. & Pouz.

형태 자실체는 자루가 있다. 보통 관공의 밑동에서 여러 개가 엉켜서 자라며 직경 20cm 이상에 달하는 큰 집단이 되기도 한다. 균모는 부채꼴-혀모양인데 서로 눌려서 모양이 현저히 일그러지기도 한다. 개별적인 것은 균모의 폭은 5~10cm, 두께는 1~3cm로 표면은 털이 없고 밋밋하며 황백색-살갗색이다. 가장자리는 얇고 물결모양으로 꾸불꾸불해진다. 살은 흰색-크림색이다. 관공은 자루에 대하여 내린관공이며 길이 1~5mm로 흰색-크림색이다. 구멍은 원형 또는 다각형이고 2~4/mm개이다. 자루의 길이는 3~10cm, 굵기는 1~3cm로 균모의 가장자리 쪽에 붙는다. 포자의 크기는 4~5.2×3~3.5㎛로 광타원형이며 표면은 매끈하고 투명하며 기름방울이 있다.

생태 늦여름~가을 / 소나무 숲이나 전나무, 독일가문비 등 침엽수림의 땅에 발생

분포 한국(백두산), 중국, 일본, 유럽, 북아메리카

참고 식용하는 경우도 있으나 두드러기 등 부작용이 있다.

볏방패버섯

Albatrellus cristatus (Schaeff.) Kotl. & Pouz.

형태 자실체는 균모와 자루로 나눈다. 균모의 지름은 30~100mm로 불규칙한 둥근형에서 부채모양이다. 표면의 위는 미세털-솜털상이며 중앙으로 갈라진 인편이 있거나 매끈하며 연한 올리브녹색에서 올리브갈색으로 된다. 표면의 낮은 곳은 백색에서 황갈색으로 된다. 가장자리는 물결형이다. 육질은 연하고 부서지기 쉽고 백색으로 냄새는 고약하며 맛은 온화하다. 관공은 자루에 대하여 내린관공이며 관공층의 두께는 1~3mm이다. 구멍은 원형에서 각진형이고 1~3/mm개가 있다. 자루의 길이는 20~40mm, 굵기는 10~15mm로 짧고 미세한 솜털상이고 백색이며 속은 차 있다. 포자의 크기는 5~7×4.5~5㎛로 아구형이며 표면은 매끈하고 투명하며 기름방울이 있다. 담자기는 막대형으로 17~28×6~8㎛이다. 강모체는 안 보인다.

생태 여름~가을 / 활엽수의 숲속에 여러 개가 중첩하여 발생, 가끔 단생

분포 한국(백두산), 중국, 유럽, 북아메리카, 아시아

꽃방패버섯

Albatrellus dispansus (Lloyd) Canf. & Gilb.

형태 자실체는 자루가 다수 분지되어 덩어리 모양의 많은 균모를 이루는 잎새버섯형이며 전체의 높이는 5~15cm, 직경은 5~20cm 정도이다. 개개의 균모는 혀모양-부채꼴 또는 반원형 등 가장자리는 아래쪽으로 굴곡이 진다. 균모의 폭은 3~6cm, 두께는 2~3mm로 윗면은 선황색이고 거의 밋밋하거나 또는 가는 인피가 있다. 관공은 자루에 내린 관공으로 흰색이고 길이는 1mm이다. 구멍은 원형이고 부정형이며 2~3/mm개로 미세하다. 자루는 분지되어 균모가 된다. 살은 흰색이며 얇고 부서지기 쉬운 육질이다. 포자의 크기는 4~5×3~4㎛로 아구형-난형이며 표면은 매끈하고 투명하다.

생태 가을 / 침엽수의 숲속의 땅에 단생

분포 한국(백두산), 중국, 일본, 북아메리카

참고 식용불가

양털방패버섯

Albatrellus ovinus (Schaeff.) Kotl. & Pouz.

형태 균모의 지름은 3~10cm, 두께는 1cm 내외로 거의 원형-부정형이며 낮은 둥근산모양에서 편평형으로 된다. 표면은 백색 바탕에 황색-황갈색의 조그만 균열이 있다. 살은 백색이고 부드럽다. 균모의 하면은 백색에서 황색의 얼룩이 있다. 관공은 자루에 대하여 내린관공이며 길이는 1~2mm, 구멍은 원형-부정형이며 2~4/mm개이다. 자루는 중심생, 편심생, 원주상, 약간 굴곡이 있으며 속은 차 있다. 포자의 크기는 4~5×3~3.5㎛로 광난형 또는 아구형으로 표면은 매끈하다. 난아미로이드 반응이다. 균사는 박막이고 대부분은 지름 3~8㎛이다.

생태 여름 / 침엽수의 땅에 발생하며 균근성 버섯

분포 한국(백두산), 중국, 일본, 유럽, 북아메리카

참고 식용

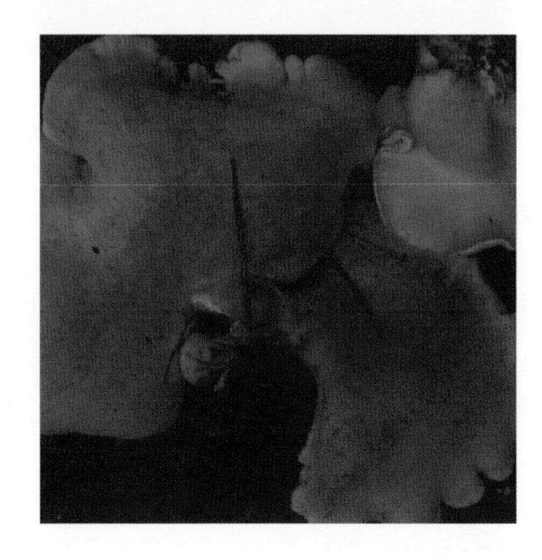

긴다리방패버섯

Albatrellus pes-caprae (Pers.) Pouz.

형태 균모는 반원형-신장형으로 짧은 자루가 있다. 균모는 폭 5~15cm, 두께는 1~1.5cm로 처음에 약간 둥근산모양에서 평평하게 펴진다. 표면은 암황녹색에서 녹갈색 또는 연한 복숭아자색을 나타내다가 회갈색으로 되며 불규칙한 균열을 만들고 땅색을 나타낸다. 표피는 약간 털 같은 불규칙한 인편으로 된다. 가장자리는 얇고 물결형이다. 육질의 두께는 1cm 정도로 거의 백색 또는 약간 황색이다. 균모 하면의 관공은 백색 또는 약간 황색이다. 자루 근처에 부분적으로 약간 황록색-주황색이다. 관공의 길이는 1~3mm로 구멍은 부정형의 다각형이고 1~2/mm개이고 구멍의 입구는 치아상이다. 자루의 길이는 2~5cm, 지름은 1~2cm로 굵고 짧은 측생 또는 편심생이다. 포자의 크기는 7~10×6~7㎛로 타원형으로 표면은 밋밋하다.

생태 여름 / 침엽수림에 발생하며 균근성

분포 한국(백두산), 중국, 일본, 유럽, 북아메리카

참고 식용

적변방패버섯

Albatrellus subrubescens (Murr.) Pouz.

형태 자실체는 균모와 자루로 나누며 균모의 지름은 30~120mm로 융합된 균모가 커지고 불규칙한 둥근모양에서 부채형으로 되며 물결형이다. 가장자리는 줄무늬홈선이 있다. 위쪽의 표면은 미세한 털이 있고 흔히 건조 시 틈새가 생긴다. 어릴 때 백색에서 황색으로 되었다가 녹황색으로 되며 오래되면 황토갈색으로 된다. 균모의 두께는 10mm이고 아래 표면은 백색 구멍의 층의 두께는 1~5mm로 상처 시 노란색으로 변색한다. 살은 부서지기 쉽고 과립이 뭉쳐 있고 냄새는 좋고 과실 맛이다. 관공은 자루에 대하여 약간 내린관공으로 구멍은 둥글다가 각진형 2~4/mm개가 있다. 자루의 길이는 10~50mm, 굵기는 10~20mm로 편심생으로 보통 융합하고 뭉친 형태가 된다. 자루는 아래로 가늘고 둥근모양에서 압축되어 가죽끈 같다. 표면은 미세한 털이 있고 백색이나 가끔 갈색의 반점이 있다. 자루의 속은 차 있다. 포자의 크기는 3.5~4.5×3~4㎛로 아구형이며 표면은 매끈하고 투명하며 기름방울을 함유한다. 담자기는 막대형으로 16~25×5~7.5㎛로 4-포자성이다. 기부에 꺽쇠가 없다. 낭상체는 없다.

생태 여름~가을 / 혼효림, 침엽수림, 맨땅, 이끼류가 덮인 땅에 속생하나 가끔 단생

분포 한국(백두산), 중국, 유럽

나무방패버섯

Albatrellus syringae (Parmasto) Pouz.

형태 균모의 지름은 3~8cm, 두께는 2~5mm로 단 하나 또는 여러 개가 융합하여 둥근형으로 되었다가 다시 콩팥형, 깔때기형 등 다양하게 된다. 표면은 노란색이나 차차 갈색으로 된다. 관공은 노란색으로 건조 시에는 어두운 색이고 깊이는 2mm이다. 구멍은 둥근형에서 각진형이고 3~5/mm개가 있으며 관공과 동색이다. 육질은 노란색이고 테가 있다. 자루는 원통형이다. 포자의 크기는 4~5×2.5~3.5㎛로 아구형 또는 타원형이며 표면은 매끈하고 투명하며 벽은 얇다. 균사는 일핵균사이며 꺽쇠를 가진 균사에 의하여 생식균사의 폭은 2.4~4㎛이고 강모체는 없다. 담자기는 막대형으로 기부에 꺽쇠가 있고 20~30×6~7.5㎛이다.
생태 연중 / 고목에 발생
분포 한국(백두산), 중국, 유럽

솔방울털버섯

Auriscalpium vulgare S. F. Gray

형태 자실체는 콩팥-심장모양인데 옆의 오목한 부분에 자루가 붙는다. 균모의 지름은 1~2cm로 편평형 또는 둥근산모양이다. 표면은 다갈색-암갈색이고 비로드모양의 밀모가 있으며 털 아래에 암색의 피층이 있다. 가장자리는 백색이고 털로 덮여 있다. 살은 백색으로 얇고 가죽질이다. 자실층인 하면의 침의 길이는 1~1.5㎜로 백색에서 연한 회갈색으로 된다. 자루의 길이는 1~6cm이고 굵기는 1~3mm로 암갈색이고 비로드상의 털이 있다. 포자의 크기는 4.5~5×3.5~4㎛로 광타원형이며 표면에 삼귀 같은 가는 가시가 있고 투명하며 벽은 두꺼운 편이다. 담자기는 10~23×5~6㎛로 가는 막대형이고 2~4-포자성이다. 기부에 꺽쇠가 있다.

생태 가을 / 소나무 숲의 떨어진 솔방울 위에 1~2개씩 발생

분포 한국(백두산), 중국, 일본, 유럽, 북아메리카, 멕시코

좀나무싸리버섯

Clavicorona pyxidata (Pers.) Doty

형태 자실체의 높이는 6~13cm이다. 밑동에서 3~4개의 가지가 분지되고 다시 각 가지는 여러 개의 가지로 분지되며 수차 반복 분지된다. 전체가 빗자루모양이면서 나뭇가지모양을 이룬다. 분지된 지름은 8cm까지 이른다. 선황색 또는 연한 유백색-황백색이다. 오래되거나 상처를 받으면 다소 적갈색을 띤다. 가지는 가늘고 지름은 1.5~2.5mm 정도로 가지의 휘어짐이 서양의 촛대를 연상시킨다. 살은 흰색-크림색이고 질기며 부서지지는 않는다. 포자의 크기는 4~5×2~3㎛로 타원형이며 표면은 매끈하고 투명하다.
생태 임내 부후목, 특히 침엽수에 부후목을 형성
분포 한국(백두산), 중국, 북반구 온대 및 호주, 뉴질랜드, 쿠바

털느타리버섯

Lentinellus cohleatus (Pers.) Karst.

형태 균모의 지름은 3~10㎝로 혀모양, 부채모양, 깔때기모양 등 여러 가지의 형태다. 표면은 연한 회갈색, 연한 황토색, 적갈색이며 건조하면 연한 색으로 된다. 가장자리는 물결모양이며 얇게 갈라진다. 살은 얇고 균모와 비슷한 적갈색 또는 백색이다. 주름살은 자루에 대하여 내린주름살로 약간 촘촘하고 연한 황백색이다. 자루의 길이는 2~10㎝, 굵기는 1~1.5㎝로 균모와 같은 색이며 아래쪽으로 검은색을 나타낸다. 대부분 측생이나 편심생, 중심생인 것도 있다. 밑동에서 자루가 무더기로 분지되어 속생한다. 포자의 크기는 4.5~5×3.5~4㎛로 아구형이다. 아미로이드 반응이다. 포자문은 백색이다.

생태 늦은 여름~늦가을 / 고목의 그루터기에 속생하며 목재부후균을 형성

분포 한국(백두산, 오대산, 지리산), 중국, 일본, 유럽, 북아메리카, 호주

참고 희귀종, 식용

갈색털느타리버섯

Lentinellus ursinus (Fr.) Kühn.

형태 균모의 지름은 3~10㎝로 신장형 또는 조갑지형으로 표면은 건조상이고 가는 부드러운 털이 밀포하며 암갈색, 계피색, 홍갈색 등 다양하며 약간 육질이고 질기다. 가장자리는 얇고 연한 갈색에서 연한 황갈색으로 되며 가끔 핑크색를 나타내기도 하며 털이 없으며 갈라지기도 한다. 살은 얇지만 강한 탄력성이 있는 육질로 백색 또는 핑크색을 띤다. 건조하면 단단해지고 매운맛이다. 주름살은 방사상이고 밀집되며 폭이 넓고 밀생 또는 약간 성기고 회갈색에서 갈색으로 된다. 가장자리는 톱날모양이다. 자루는 없지만 균모의 기부가 가늘게 자루처럼 된다. 포자의 크기는 3~4×2.5~3㎛로 류구형 또는 광난형이고 표면에 미세한 침이 있다. 아미로이드 반응이다. 낭상체는 원주형으로 꼭대기에 1~3개의 돌기가 있다. 포자문은 백색이다.

생태 여름~가을 / 활엽수의 썩는 고목, 가끔 살아 있는 나무의 껍질에 군생하며 목재부후균을 형성

분포 한국(백두산), 중국, 일본

참고 어릴 때 식용

부채장미버섯

Bondarzewia berkeleyi (Fr.) Bond. & Sing.

형태 자실체는 대형이다. 균모의 지름은 6~13㎝, 두께는 1~1.5㎝로 난형 또는 부채형이고 어릴 때 반육질이다. 표면은 황백색, 옅은 황토색 또는 옅은 황갈색이며 미세한 털이 있다. 가장자리는 둔형이다. 살은 순백색이고 약간 쓰다. 관공은 자루에 대하여 내린관공이고 오백색 또는 황백색에서 진한 색으로 된다. 구멍은 각진형에서 점차적으로 미로상 또는 주름살모양으 배열한다. 자루의 길이는 2.5~5㎝, 굵기는 1~2㎝이고 편평형 혹은 원주형으로 균모와 동색이며 측생한다. 포자의 크기는 6~7×5~6㎛로 타원형 또는 아구형이며 표면에 혹이 있다. 담자기는 2~4-포자성이다.
생태 살아 있는 활엽수의 껍질, 고목에 중첩하여 발생
분포 한국(백두산), 중국, 일본
참고 식용-약용

구상장미버섯

Bondarzewia montana (Quél.) Sing.

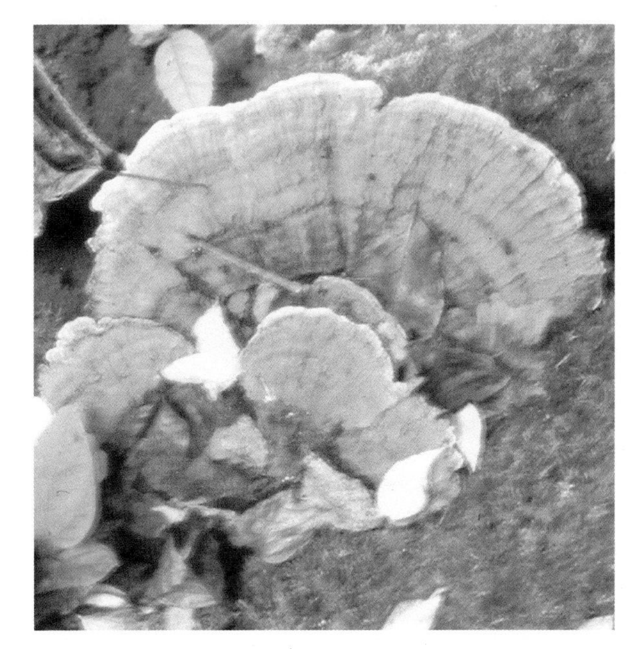

형태 자실체의 폭은 10~20cm 정도의 대형이다. 짧고 굵은 대에서 부채꼴 또는 원형의 균모가 한쪽 방향으로만 생기거나, 또는 사방으로 여러 개의 균모가 생기기도 하며 또는 균모 위에 2중, 3중으로 균모가 생겨서 꽃모양을 이루기도 한다. 표면은 황갈색, 황토갈색, 보라색을 띤 연한 갈색 등이며 짧은 털이 밀생하고 둔한 색의 테무늬가 있다. 가장자리는 흔히 물결모양이고 만곡된 굴곡을 이루며 방사상으로 줄무늬홈선이 있다. 살은 황백색으로 유연한 육질이지만 건조하면 질기고 단단하다. 관공의 길이는 2~10mm이고 백색-청백색이다. 구멍은 처음에 원형이다가 후에 불규칙한 다각형으로 되며 1~2/mm개이다. 포자의 지름은 6~8×5~7μm이고 구형으로 표면에 닭벼슬 모양의 돌기가 있다.

생태 여름~가을 / 전나무, 구상나무, 종비나무 등 침엽수의 뿌리에 백부병을 유발

분포 한국(백두산), 중국, 유럽, 북아메리카

참고 식용하나 맛은 다소 나쁜 편

벽돌빛뿌리버섯

Heteobasidion insulare (Murr.) Ryv.

형태 자실체는 주로 반원형이고 대가 없이 기물에 직접 부착된다. 가로의 폭은 2~6cm, 두께는 1~1.5cm로 생육 초기에는 흰색-황백색이지만 기물에 붙은 쪽으로부터 황다색이다가 적갈색-자흑색으로 변한다. 털은 없고 가늘게 방사상으로 주름살이 잡히고 불분명한 테무늬가 있다. 가장자리는 황백색인데 얇고 예리하다. 살은 흰색-황백색이며 가죽질-목질로 두께는 2~3mm이다. 관공은 흰색이며 부착 부위 부근의 길이는 1cm 정도이고 구멍은 3/mm 개이며 처음에는 거의 원형이다가 나중에 형태가 변하여 약간 미로상이 된다. 색깔은 백색-유백색으나 나중에 황토색으로 된다. 포자의 크기는 4.5~6.5×3.5~4.5㎛로 광타원형이고 표면에 미세한 침이 덮여 있으며 투명하다.

생태 침엽수(전나무, 소나무, 종비 등)의 죽은 나무 밑동이나 그루터기 밑동에 흔히 발생하며 큰 나무의 뿌리 부근에 심재부후(백색부후)를 일으켜 큰 피해를 주기도 한다.

분포 한국(백두산), 중국, 일본, 동남아시아, 히말라야, 러시아, 유럽, 북아메리카

양털노루궁뎅이

Hericium cirrhatum (Pers.) Nikol.
Creolophus cirrhatus (Pers.) Karst.

형태 자실체는 불규칙한 반원형에서 조개형으로 기질에 부착한다. 한옆으로 선반모양의 기질에 겹쳐서 부착한다. 개개의 균모는 30~80mm로 물결형이고 표면은 톱니형에서 혹형이며 털알갱이가 있다. 색깔은 크림색에서 황토색으로 되었다가 오래되면 오렌지-갈색으로 된다. 직립의 가시가 가장자리 쪽으로 있다. 가장자리는 흔히 아래로 말린다. 침은 기질에 대하여 내린 침(가시)형이다. 하면의 표면은 가시의 자실층이 빽빽하고 가시는 송곳모양이고 길이는 5~10mm로 연한 연어색이다. 건조하면 적갈색으로 때때로 균모는 없다. 살은 백색에서 크림색으로 되며 두껍고 부드러우며 냄새는 좋고 맛은 온화하다. 포자의 크기는 3.5~4.5×3~3.5㎛로 아구형이고 표면은 매끈하며 기름방울은 없다. 담자기는 가는 막대형으로 굽고 20~33×3~4.5㎛로 2~4-포자성이다. 기부에 꺽쇠가 있다.

생태 여름~가을 / 활엽수의 고목, 등걸, 나무의 틈새에 단생

분포 한국(백두산), 중국, 유럽, 아시아

참고 희귀종

수실노루궁뎅이

Hericium coralloides (Scop.) Pers.
H. laciniatum (Leers) Banker, H. caput-ursi (Fr.) Corner, H. ramosum(Bull.) Letell.

형태 자실체의 지름은 10~25cm, 높이는 7.5~15cm로 자실체는 한 자루에서 몇 개의 비교적 짧고 가늘고 긴 가지를 내어 이루어지며 연한 육질이다. 공통의 자루 밑동에서 여러 번 분지한 가는 가지가 균모에 해당하는 부분으로 아래쪽에 자실층이 있는 침이 매달린다. 백색이나 건조하면 노른자색-갈색을 띤다. 침의 길이는 5~15㎜로 원주형이며 끝이 뾰족하고 가지 끝과 옆에 생긴 짧은 혹 위에 총생한다. 포자의 지름은 5.5~7㎛로 구형이고 표면은 매끄럽거나 또는 미세한 점이 있으며 1개의 기름방울을 가졌다. 담자기는 30~45×5~6㎛로 가는 막대형이고 4-포자성이다. 기부에 꺽쇠가 있다. 낭상체는 없다.
생태 여름~가을 / 활엽수의 말라 죽은 줄기 위에 속생
분포 한국(백두산), 중국, 일본, 유럽, 북아메리카
참고 식용

산호침형

노루궁뎅이

Hericium erinaceus (Bull.) Pers.
H. caupt.medusae(Bull.) Pers.

형태 자실체는 거꾸로 된 난형-반구형이며 나무줄기에 매달려 붙는다. 자실체의 지름은 5~20cm로 상부 등면을 제외한 측면과 하면으로부터 길이는 1~5cm나 되는 긴 침이 무수히 있다. 전체 모양이 고슴도치와 비슷하다. 육질이며 백색에서 황색-연한 다색으로 된다. 세로로 자르면 상반부는 크고 작은 구멍이 있는 갯솜 모양의 살덩이이고 하반부는 긴 침의 집합이다. 포자의 크기는 6.5~7.5×5~5.5㎛로 아구형이다.
생태 여름~가을 / 산 속의 활엽수의 나무줄기에 나며 백색부후균을 형성
분포 한국(백두산), 북반구 온대 이북
참고 식용

노루머리형(H. caput-medusae)

민껍질고약버섯

Peniophora nuda (Fr.) Bres.

형태 자실체는 배착생이며 기질에 강하게 달라붙는다. 얇은 조각이 있고 두께는 0.2mm, 수cm까지 펴진다. 표면은 밋밋하며 고르지 않으며 무디고 회색-핑크색이며 습기가 있을 때 자색이고 건조 시 미세한 그물꼴로 갈라진다. 가장자리는 강하게 압착하고 밖으로 두께와 경계가 있다. 싱싱할 때 왁스처럼 되고 갈라지고 습기가 있을 때 단단하다. 포자는 8~10.5×2.6~4㎛로 막대형 또는 방광형이며 표면은 매끈하고 투명하다. 담자기는 원주형-막대형으로 35~40×6~7.5㎛로 4-포자성이고 기부에 꺽쇠가 있다.
생태 연중 / 활엽수, 관목류, 가지, 고목 등걸에 배착해 발생
분포 한국(백두산), 중국, 북아메리카, 아시아

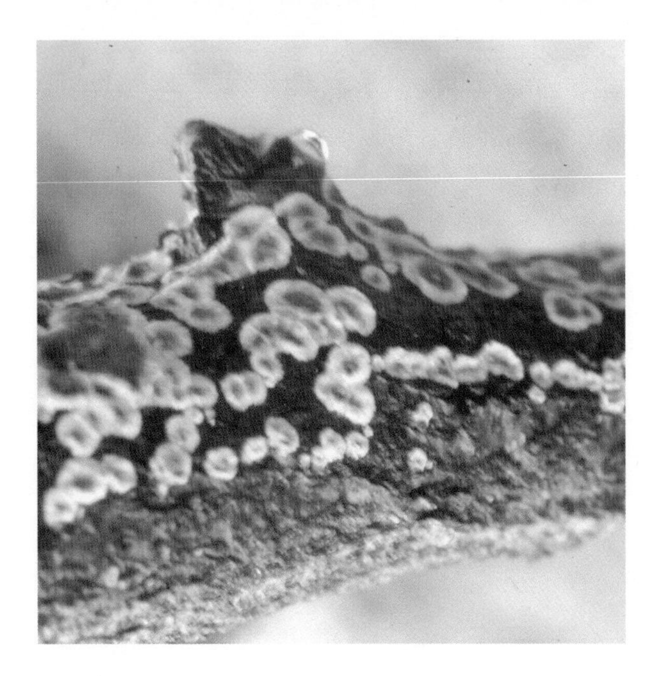

피즙꽃구름버섯(흰테꽃구름버섯)

꽃구름버섯과 ≫ 꽃구름버섯속

Stereum gausapatum (Fr.) Fr.

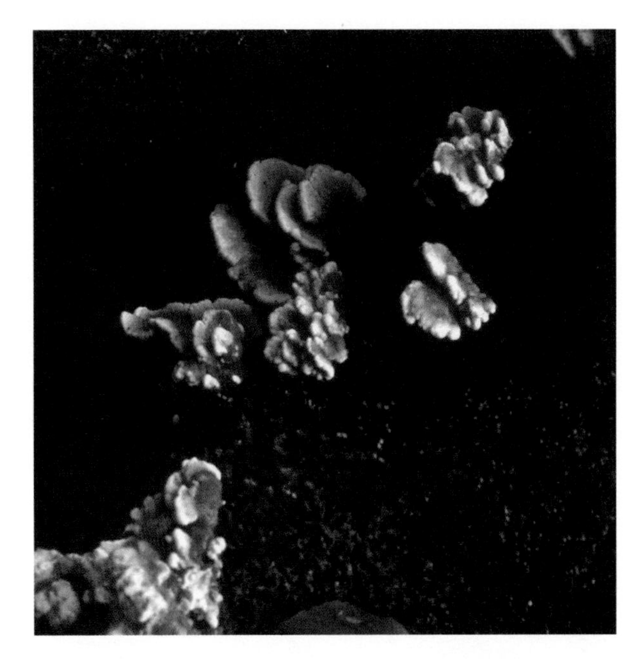

형태 균모는 반배착생으로 자실층 막편은 기질에 수cm~수십cm 크기로 퍼지면서 가장자리에 얇게 반전된 균모를 만든다. 균모의 폭은 1~1.5cm, 두께는 1~2mm로 얇은 막질로 반원형-조개껍질형 또는 선반(띠) 모양이 이어져 발생하고 심한 물결형이다. 때로는 배착되지 않고 기물에서 직접 균모가 발생하기도 한다. 반전된 표면은 털이 덮이거나 무모이며 녹슨 갈색-황토갈색이다. 가장자리는 곱슬곱슬한 모양이면서 유백색-황토색을 띤다. 하면의 자실층은 밋밋하며 결절이 있고 회갈색-황토갈색이며 때로는 적갈색이다. 신선한 것은 자실층에 상처를 줄 경우 적색으로 변색한다. 가장자리는 분명한 경계를 이룬다. 신선할 때는 탄력성이 있고 질기며 유연하고 건조할 때는 단단하고 부서지기 쉽다. 포자의 크기는 6.5~9×3~4㎛로 타원상의 원주형으로 표면은 매끈하고 투명하다.

생태 참나무류의 죽은 줄기나 가지 낙지 등에 배착해 표고의 원목에 나며 백색부후균을 형성

분포 한국(백두산), 중국, 전 세계

배착꽃구름버섯

꽃구름버섯과 ≫ 꽃구름버섯속

Stereum ochraceo-flavum (Schw.) Sacc.

형태 균모는 반배착생으로 때로는 기질에 전체가 배착하기도 한다. 반전된 균모의 폭은 5mm, 두께는 0.2~0.4mm로 얇은 막질로 반원형-조개껍질형 또는 선반(띠)모양으로 융합되어 발생한다. 반전된 표면은 심한 물결형이고 회백색-황토백색의 미세한 거친 털로 덮이고 때로는 조류에 의해서 녹색을 띠기도 한다. 가장자리는 날카롭다. 하면의 자실층은 밋밋하고 약간 결절이 있거나 중앙이 도드라져 있기도 하며 황토갈색-회황토색이고 가죽질이며 탄력성이 있다. 일반적으로 기질의 아래쪽에 서로 융합되어 긴 줄로 배착된다. 포자의 크기는 7~9×2~3㎛로 원주형-타원형이며 표면은 매끈하고 투명하다. 담자기는 30~37×6~7㎛로 가는 막대형이고 4-포자성이다. 기부에 꺽쇠가 없다.

생태 연중 내내 / 땅에 떨어진 참나무류 등 활엽수의 가지의 껍질에 발생

분포 한국(백두산), 중국, 일본, 유럽, 북아메리카, 아프리카

참고 희귀종

갈색꽃구름버섯

꽃구름버섯과 ≫ 꽃구름버섯속

Stereum ostrea (Bl. & Nees) Fr.

형태 자실체는 반배착생이며 선반모양의 균모를 만들기도 하나 대부분은 콩팥형-부채형이고 좁은 부착근으로 나무에 붙고 넓이는 1~5cm, 두께는 0.5~1㎜이다. 표면은 회백색의 비로드모양의 털이 있는 부분과 적갈색-암갈색의 털이 없는 부분이 교대로 고리모양을 나타내며 피질은 단단하다. 하면의 자실층은 매끄럽고 백색, 회황백색, 연한 다색이다. 단면에는 털 아래에 암색의 얇은 피층이 있다. 자실층에는 젖과 균사가 있으나 내용이 무색이므로 안 보인다. 포자의 크기는 5~6.5×2~3㎛로 장타원형이며 아미로이드 반응이다.

생태 1년 내내 / 활엽수의 죽은 나무에 군생하며 백색부후균을 형성

분포 한국(백두산), 중국, 전 세계

흰꽃구름버섯

꽃구름버섯과 ≫ 꽃구름버섯속

Stereum rugosum Pers.

형태 균모는 배착생 · 반배착생으로 다년생이며 일반적으로 배착생이나 드물게 오래된 자실체에서 약간 반전된 작은 균모가 생긴다. 균모의 상면은 갈색이다. 하면의 자실층의 두께는 0.5~2mm로, 수cm~수십cm로 퍼지며 표면은 밋밋하거나 고르지 않거나 또는 결절이 생긴다. 광택이 없고 자회색-회분홍색이거나 젖어 있을 때는 연한 회색 또는 유백색-연한 황토색-오렌지회색 등이다. 상처를 받으면 상처 부위가 적색으로 변색한다. 가장자리는 뚜렷하게 경계를 이루고 오래되면 쉽게 기질에서 떨어진다. 신선할 때는 연하지만 건조할 때는 가죽질이고 질기며 부서지기 쉽다. 포자의 크기는 6.5~9×3.5~4.5㎛로 타원형으로 간혹 한쪽이 편평하고 표면은 매끈하고 투명하다.

생태 연중 내내 / 참나무류, 자작나무, 개암나무 등의 활엽수의 입목 또는 쓰러진 나무, 낙지 등에 배착 발생

분포 한국(백두산), 중국, 유럽

줄무늬꽃구름버섯

꽃구름버섯과 ≫ 꽃구름버섯속

Stereum striatum (Fr.) Fr.

형태 균모의 크기는 0.5~1cm이고 측심생이며 부채모양이며 광택이 나고 은색에서 연한 회색으로 되며 갈색의 테가 있으며 방사상 꼴이고 비단결의 섬유실이다. 표면은 밋밋하고 밝은 연한 황색에서 황토-연한 황색을 거쳐 갈색으로 되나 오래되면 백색으로 된다. 살은 얇고 백색이며 두께는 0.25~0.3mm이다. 자루는 아주 짧거나 없다. 포자의 크기는 6~8.5×2~3.5㎛로 원통형이고 표면은 매끈하다. 포자문은 백색이다.

생태 일년 내내 / 썩는 고목의 가지, 줄기에 산생 · 군생

분포 한국(백두산), 중국, 북아메리카

큰거북꽃구름버섯

꽃구름버섯과 ≫ 거북꽃구름버섯속

Xylobolus annosus (Berk. & Br.) Boidin
Stereum annosum Berk. & Br.

형태 자실체는 목질인데 단단하고 다년생으로 두께는 1~3mm로, 길이는 수cm~수십cm 크기로 퍼진다. 전체가 배착생 또는 반배착생이다. 흔히 위쪽 가장자리가 반전되어 폭 1cm 정도의 좁은 선반(띠)모양의 균모로 펴진다. 균모는 일반적으로 파상으로 굴곡이 진다. 반전된 표면은 거의 흑색-흑갈색으로 털이 없고 테모양의 골이 촘촘하게 나타난다. 살은 코르크색이다. 하면의 자실층은 흰색-연한 코르크색, 거북등 모양으로 종횡으로 가늘게 균열이 생긴다. 포자의 크기는 4~6×3~4㎛로 타원형이고 표면은 매끈하다.
생태 활엽수(특히 가시나무류)의 죽은 나무에 생기며 백색부후균을 형성
분포 한국(백두산), 일본, 아시아 열대, 남 · 북아메리카

거북꽃구름버섯

꽃구름버섯과 ≫ 거북꽃구름버섯속

Xylobolus frustulatus (Pers.) Boidin
Stereum frustulatum Fr.

형태 자실체는 배착생이며 처음에는 작은 사마귀모양의 것이 쓰러진 나무에 다수 발생한다. 그것에서 점차 생장하면서 부근의 것과 융합되고 균열된 작은 다각형들이 모인 집합체처럼 보인다. 개개의 크기는 0.3~1cm, 두께는 1~5mm로 목질이고 다년생이다. 자실층 면은 회백색이다. 내부의 살은 계피색이다. 포자의 크기는 4~5×3㎛로 타원형 또는 난형이고 표면은 매끈하다.
생태 활엽수 특히 참나무류 및 가시나무류의 오래된 나무 또는 죽은 나무에 발생하며 백색부후균을 형성
분포 한국(백두산), 중국, 전 세계

테거북꽃구름버섯

Xylobolus princeps (Jungh.) Boidin
Stereum princeps (Jungh.) Lév.

형태 자실체는 다년생이고 목질이며 쓰러진 나무에 넓게 반배착하여 발생하며 다수가 층으로 나기도 하며 때로는 수직으로 부착하기도 한다. 균모의 크기는 4~10×3~6cm, 두께는 1~3mm로 반원형-부채꼴이며 등쪽 면에는 흑색의 얇은 각피가 있다. 표면은 암갈색의 융털 띠와 밋밋한 흑색 띠가 서로 교차되어 현저한 테무늬가 형성되며 얕은 테모양으로 골이 형성된다. 살은 진한 계피색이다. 자실층면은 거의 평탄하고 탁한 백색에서 계피색으로 된다. 포자의 크기는 3~4×3㎛로 타원형이며 표면은 매끈하고 투명하다.
생태 활엽수(가시나무류)의 오래된 나무 또는 죽은 나무에 발생하며 백색부후균을 형성
분포 한국(백두산), 중국, 전 세계

너털거북꽃구름버섯

Xylobolus spectabilis (Klotzsch) Boidin
Stereum spectabile Klotzsch

형태 자실체는 얇은 가죽질이며 1년생으로 극히 많은 자실체가 기와층모양으로 된다. 균모는 부채모양이고 표면은 어릴 때는 황갈색-적갈색에서 적갈색-흑갈색으로 되고 방사상으로 심한 고랑이 져 파상모양이며 털이 없고 미세하게 도드라진 테무늬가 나타난다. 오래된 것은 균모가 방사상으로 심하게 갈라져 손가락모양으로 갈라지며 갈라진 조각들은 안쪽으로 심하게 만곡한다. 가장자리 끝은 연한 색-황색이다. 자실층은 밋밋하고 회백색이며 미분상이다. 포자의 크기는 7~7×3.5~4㎛로 광타원형이다. 아미로이드 반응이다.

생태 활엽수(참나무류 및 가시나무)의 오래된 나무 또는 죽은 나무에 군생

분포 한국(백두산), 중국, 일본, 동남아시아, 호주, 아프리카

담자균문
BASIDIOMYCOTA

주름균아문
AGARICOMYCOTINA

주름균강
AGARICOMYCETES

곤약버섯목

Sebacinales

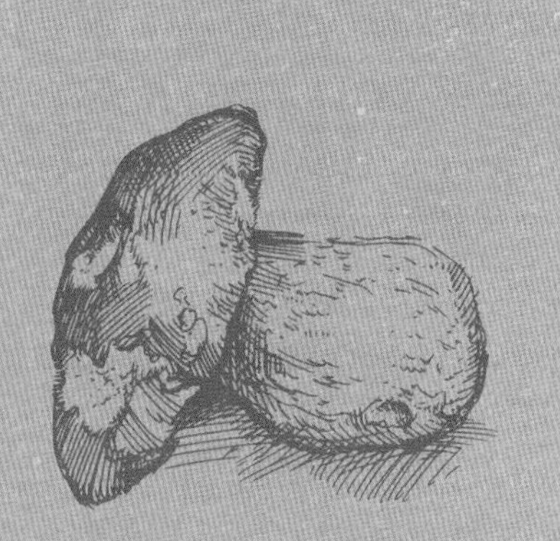

곤약버섯

Sebacina incrustans (Pers.) Tul. & C. Tul.

형태 자실체는 전체가 배착생이며 기질에 단단히 붙고 두께는 1mm 정도의 얇은 막질을 형성하면서 수cm의 크기로 퍼진다. 모양은 닭벼슬모양, 옥수수모양 또는 사마마귀모양 등 매우 부정형으로 자라거나 기주를 덮는다. 표면은 밋밋하거나 울퉁불퉁한 물결모양이고 광택이 없고 칙칙한 유백색으로 크림색-연한 갈색이고 회색과 분홍색이 섞여 있다. 가장자리는 뚜렷하게 경계가 있다. 살은 연약한 밀납질-연골질이다. 포자의 크기는 14~18×9~10㎛로 광타원형-난형이며 표면은 매끈하고 투명하며 많은 알갱이가 있다.

생태 딸기나무류 등 각종 관목의 죽은 나무나 살아 있는 나무, 풀 등을 피복하거나 또는 각종 식물체를 유기한 곳, 맨땅 등에 발생

분포 한국(백두산), 중국, 유럽

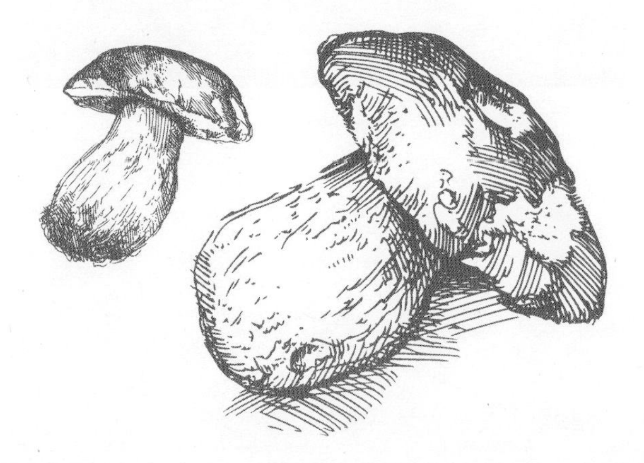

담자균문
BASIDIOMYCOTA

주름균아문
AGARICOMYCOTINA

주름균강
AGARICOMYCETES

사마귀버섯목

Thelephorales

황갈색깔때기버섯

Hydnellum aurantiacum (Batsch) Karst.

형태 버섯의 높이는 2~5cm로 콩팥모양, 부채모양 등이고 균모의 지름은 1~5cm이나 다수가 연결되어 겹쳐져 꽃모양의 집단이 된다. 표면은 편평형 또는 얕은 접시모양이며 황백색에서 오렌지황색을 거쳐 주갈색이 되고 가장자리는 백색이다. 표면은 방사상의 주름무늬선이 있으며 중심부에 혹이 생겨서 작은 균모를 만든다. 살은 가죽질로 오렌지황색인데 얼룩이 있다. 침의 길이는 2~4mm로 백색에서 초콜릿색으로 된다. 자루는 아래가 부풀고 속이 차 있다. 포자의 크기는 5~6㎛로 아구형이고 표면은 사마귀 점이 있으며 연한 갈색이다.

생태 가을 / 침엽수림의 땅에 발생

분포 한국(백두산), 중국, 일본, 북반구 온대 이북

오렌지깔때기버섯

Hydnellum auratile (Britz.) Mass Geesteranus

형태 자실체는 균모와 자루로 구분된다. 균모의 지름은 2cm 정도이고 두께는 2~5mm로 불규칙하게 둥글거나 또는 반원형으로 결절형에서 깔때기형으로 된다. 가장자리는 물결형의 톱니상이고 가끔 이것들이 부서져서 작은 엽편으로 된다. 균모의 표면 위는 어릴 때 연한 오렌지색에서 오렌지색으로 되며 나중에 물기가 있는 검은 오렌지-갈색이 되고 특히 중앙은 진하다. 분명한 집중된 테를 가지며 방사상의 주름진 무늬가 있고 미세한 털이 있으며 검은색이고 섬유실의 인편이 있다. 가장자리는 밝은 색에서 크림색으로 된다. 표면 아래쪽은 자실층의 가시가 있다. 침은 자루에 대하여 내린 침이며 연한 오렌지에서 오렌지-자갈색이고 길이는 3~4mm로 기부로 두껍고 자갈색이며 미세한 털이 있다. 육질은 균모와 자루에서 검은 오렌지-갈색이고 가끔 검은 선의 테가 있다. 포자의 크기는 5~5.5×3.8~4.5㎛로 아구형으로 밝은 갈색이며 표면은 거친 결절형이다. 담자기는 가는 막대형으로 27~38×5~7㎛로 4-포자성이다. 기부에 꺽쇠가 없다. 낭상체는 없다.

생태 여름~가을 / 활엽수와 침엽수림의 혼효림에 군생

분포 한국(백두산), 중국, 유럽, 북아메리카, 아시아

참고 희귀종

살갗갈색깔때기버섯

Hydnellum caeruleum (Hornem.) Karst.

형태 균모의 지름은 3~7cm로 불규칙한 원형이며 때로는 몇 개가 서로 융합되기도 한다. 개개의 자실체는 다소 팽이모양으로 보인다. 표면은 동심원과 방사상으로 얕은 주름이 있다. 어릴 때는 비로드모양이나 나중에는 털이 없어진다. 어릴 때는 가운데가 회청색이다. 가장자리 쪽으로 유백색이고 가운데 쪽으로 갈색-흑갈색을 띠게 된다. 가장자리는 물결형이고 불규칙한 톱니꼴로 오랫동안 흰색이다. 살은 회색-흑청색이다. 자루는 적갈색-오렌지갈색이고 코르크질이다. 자실층은 침상돌기가 있고 자루에 대하여 내린침이며 침은 어릴 때 갈색을 띤 청백색이나 곧 회백색에서 갈색으로 되고 길이는 5mm 이하, 굵기는 0.2mm 정도이다. 자루의 길이는 2~5cm, 굵기는 10~20mm이고 단단하고 오렌지갈색-갈색으로 가장자리의 잔유물 과 심하게 융합되기도 한다. 포자의 크기는 5~6×4~4.5㎛로 불규칙한 난형-아구형이고 표면은 불규칙한 혹이 많이 돌출하며 연한 갈색이다.

생태 여름 / 침엽수의 땅이나 침엽수림과 활엽수림의 혼효림의 땅에 발생

분포 한국(백두산), 중국, 일본, 유럽, 북아메리카

참고 희귀종

고리갈색깔때기버섯

Hydnellum concrescens (Pers.) Banker
H. zonatum (Batsch) Karst., Calodon zonatus (Fr.) Karst.

형태 버섯의 높이는 2~4cm로 부정원형-부채꼴이며 균모의 지름은 1~4cm이나 서로 붙어서 크게 펴지고 편평형 또는 얕은 깔때기모양이다. 가장자리는 톱니처럼 갈라진다. 표면은 다갈색-녹슨색이며 방사상으로 늘어선 섬유모양과 동심원상의 턱받이무늬를 나타내며 비단빛이 난다. 살은 얇고 가죽질이다. 침은 자루에 대하여 내린침이고 균모의 하면은 암갈색으로 길이는 1~3mm의 침이 밀생한다. 자루의 길이는 0.5~2cm, 굵기는 0.1~0.3cm로 가죽질이며 표층은 펠트질이고 근부는 부풀어 있다. 포자의 크기는 4.5~6×4~5㎛로 아구형이며 표면에 거친 사마귀반점이 있고 갈색으로 어떤 것은 결절에서 혹 같은 것이 나오는 것도 있다. 담자기는 28~35×5.5~7㎛로 가는 막대형이며 4-포자성이다. 기부에 꺽쇠가 없다.
생태 가을 / 침엽수림의 땅에 군생
분포 한국(백두산), 중국, 일본, 전 세계

향기갈색깔때기버섯

Hydnellum ferrugineum (Fr.) Karst.

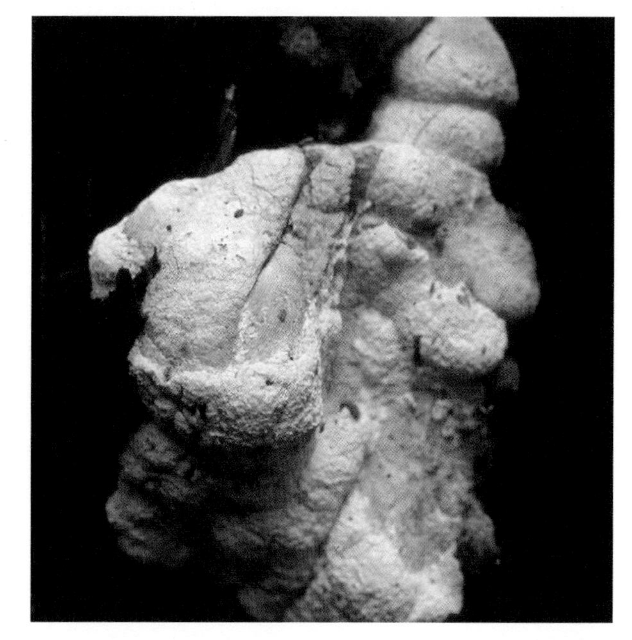

형태 자실체의 높이는 10cm, 균모의 지름은 10cm 정도로 편평형 또는 얕은 접시모양으로 불규칙하게 울퉁불퉁하다. 표면은 연한 펠트질의 촉감이 있고 황갈색, 다갈색, 암갈색 등이다. 살의 두께는 1cm로 위층은 펠트질이며 아래층은 가죽질로 되고 암색의 고리무늬가 있다. 자루의 길이는 3~7cm, 굵기는 1cm 정도로 울퉁불퉁한 원주형이고 균모와 같은 색이며 속이 차 있다. 표면은 두껍고 펠트질의 균사층으로 덮여 있다. 침은 자루에 대하여 내린침이며 길이는 3~7mm로 연한 색에서 초콜릿색이다. 포자의 크기는 4~5.5×3.5~5㎛로 아구형으로 표면에 거친 사마귀반점이 있고 갈색이다. 담자기는 20~30×5~7㎛로 가는 막대형이고 4-포자성이다. 기부에 꺽쇠가 없다. 낭상체는 없다.

생태 여름~가을 / 소나무 숲의 땅에 발생

분포 한국(백두산), 중국, 일본, 유럽, 북아메리카

참고 단단하여 식용에 부적합

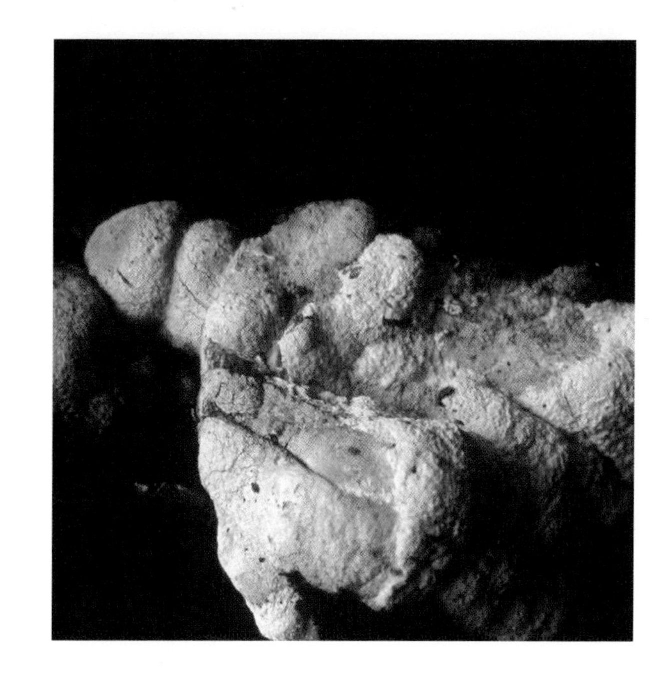

살팽이버섯

Phellodon niger (Fr.) Karst.

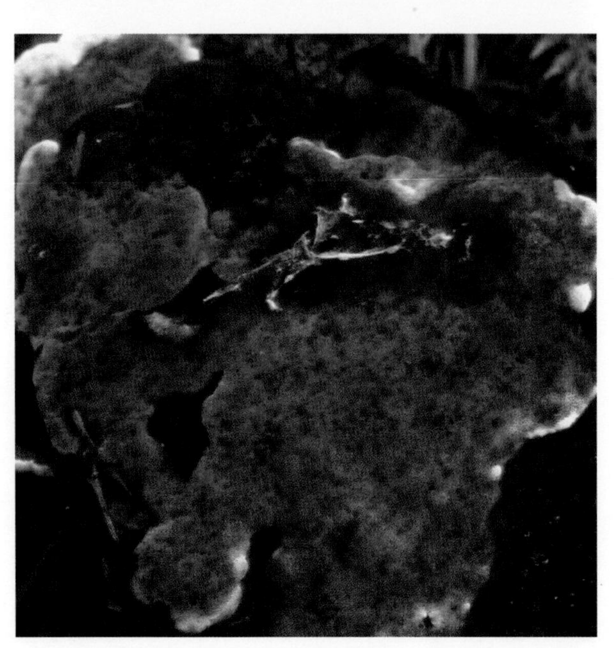

형태 균모의 지름은 2~5cm로 둥근형-난형이고 중앙은 오목하며 가장자리는 불규칙한 물결형이다. 표면은 미세한 털로 덮이고 테무늬가 있으며 때로는 결절이나 직립된 인편이 생기기도 한다. 어릴 때는 흑청색이고 가장자리가 유백색이나 나중에 흑색-흑갈색으로 된다. 살은 흑색 또는 약간 갈색이다. 균모는 얇고 가죽질이며 자루와 경계가 있고 자루는 코르크질이고 단단하다. 자실층은 침상돌기가 밀생한다. 침은 자루에 대하여 내린침이고 길이는 1~4mm 정도로 어릴 때는 유백색-회청색이나 나중에 회갈색으로 된다. 자루의 길이는 2~5cm, 굵기는 1~2cm로 기부가 약간 굵어지거나 가늘어지며 흑색이고 털이 덮여 있다. 포자의 크기는 3.5~4.5×2.5~3.5㎛로 아구형-난형으로 표면에 미세한 가시가 돌출하며 투명하다.

생태 여름~가을 / 침엽수, 활엽수의 땅에 군생하며 발생했던 곳에 계속 난다.

분포 한국(백두산), 일본, 유럽, 북아메리카

참고 희귀종

솜살팽이버섯

Phellodon tomentosus (L.) Banker

형태 균모의 지름은 흔히 여러 개의 균모가 융합되어 큰 모양을 이루기도 한다. 개별적인 것은 2~6cm의 소형-중형으로 대체로 둥근모양이고 가운데가 오목하다. 표면은 회갈색-적갈색이고 미세하게 방사상으로 주름이 잡혀 있고 미세한 털로 덮여 있으며 암색의 테무늬가 있다. 가장자리는 유백색이다. 살은 얇고 연한 갈색으로 가죽질이고 코르크질이다. 자실층은 자루에 대하여 내린주름살로 침상돌기가 밀생하고 어릴 때는 흰색에서 회백색으로 된다. 침은 1~3mm 정도이다. 자루의 길이는 1~3cm, 굵기는 3~8mm로 원주상이나 약간 만곡되며 갈색-암갈색 또는 적갈색-흑갈색이다. 표면은 밋밋하고 털이 없다. 포자의 크기는 3.5~4×2.5~3.5㎛로 아구형이며 표면에 침상돌기가 많이 돌출하고 투명하다.

생태 여름~가을 / 침엽수 또는 활엽수의 숲속의 땅에 군생하며 때로는 여러 개의 자루가 같은 부식토에서 나와 하나의 자실체를 만들기도 한다.

분포 한국(백두산), 중국, 일본, 유럽, 북아메리카

참고 희귀종

능이버섯(노루털버섯)

Sarcodon imbricatus (L.) Karst.
S. asparatus (Berk.) S. Ito

형태 균모의 지름은 5~23㎝로 낮은 산모양에서 차차 편평형을 거쳐 얕은 깔때기모양으로 된다. 표면은 다갈색-흑갈색으로 기와모양의 큰 인편으로 덮이며 때로는 줄무늬선이 있다. 살은 두껍고 강인한 육질이며 맛은 쓰며 백색에서 연한 적갈색으로 되며 자루의 살은 질기며 백색이거나 약간 연한 갈색을 띠고 매끄럽다. 자루는 길이 2.5~5㎝, 굵기는 1~3㎝로 중심생 또는 편심생으로 속이 차 있다. 침은 길이 1㎝로 회백색에서 갈색으로 밀생하며 자루 위에도 있다. 포자의 지름은 5~7㎛로 아구형이며 표면에 거친 사마귀가 있고 오목한 결절상태로 갈색이며 기름방울이 있다. 담자기는 30~45×7~8.5㎛로 가는 막대형이고 4-포자성이다. 기부에 꺽쇠가 있다. 낭상체는 안 보인다.

생태 여름~가을 / 침엽수림에 열을 지어 다수가 군생

분포 한국(백두산), 중국, 일본, 북아메리카

참고 식용

개능이버섯(무늬노루털버섯)

Sarcodon scabrosus (Fr.) Karst.

형태 자실체는 육질이고 자루가 있다. 균모의 지름은 4~14cm, 둥근산모양에서 얕은 깔때기모양으로 된다. 표면은 연한 갈색이고 가는 밀모로 덮이고 털은 뭉치로 된 인편상이며 중앙부는 그물모양으로 된다. 침은 길이 8mm 정도이고 회갈색이나 끝은 백색이며 자루 위에도 있다. 살은 치밀하고 황색-흑색이며 맛은 맵고 쓰다. 자루는 기부로 점차 가늘어지며 길이는 3~10cm, 굵기는 1~3.5cm로 회색 또는 균모와 같은 색이다. 포자의 크기는 5~7×4.5~5.5㎛로 아구형이며 표면은 사마귀반점이 있으며 연한 갈색이다.

생태 여름~가을 / 숲속의 땅에 발생

분포 한국(백두산), 중국, 일본, 유럽, 미국

많은가지사마귀버섯

Thelephora multipartita Schwein.

형태 자실체는 가죽질로 자루가 있고 직립하며 나뭇가지 모양인데 2~3×1~2㎝로 암갈색이다. 자루의 상부에서 불규칙하게 가지를 윤생하고 각 가지는 다수의 쪼개진 조각이며 갈라진 깔때기 모양이다. 각 조각은 편평하고 끝은 손모양이며 백색이고 표면에 섬유상의 선이 있다. 자루의 길이는 1~2㎝, 굵기는 0.1~0.3㎝로 직립하거나 구부러지며 상부에서 분지하고 밤 갈색이며 융털이 있다. 자실층은 아래에 있고 많은 사마귀점이 있으며 회갈색-자회색이다. 살은 재목색이다. 포자의 크기는 7~8×6㎛로 황갈색의 타원형이고 알갱이가 있다.
생태 여름~가을 / 숲속 땅에 발생
분포 한국(백두산), 중국, 일본, 북아메리카

단풍사마귀버섯

Thelephora palmata (Scop.) Fr.

형태 자실체는 연한 가죽질로 자루가 있으며 직립한다. 균모는 불규칙하게 분지하고 집단화했으며 2~7×1~5cm로 각 조각은 편평하고 끝쪽으로 넓게 손모양으로 분지를 반복한다. 최선단은 (끝)모양이고 털이 있어 백색이나 다른 부분은 암자색이며 건조하면 밤갈색으로 된다. 자실층은 끝과 자루를 제외하고 전면에 형성되며 등과 배의 구별이 없다. 자루의 길이는 1~1.5cm, 굵기는 0.1~0.2cm로 하나이거나 분지하며 악취가 난다. 포자의 크기는 8~11×7~8㎛로 각진 광타원형이고 표면에 뿔모양의 돌기가 있고 황갈색이다. 담자기는 70~80×9~11㎛로 원통형-막대형이며 4-포자성이다. 기부에 꺽쇠가 있다.

생태 여름~가을 / 땅에 발생

분포 한국(백두산), 중국, 일본, 호주, 아시아(시베리아), 유럽, 북아메리카

붓털사마귀버섯

Thelephora penicillata (Pers.) Fr.

형태 자실체의 높이는 1~2cm, 지름은 2~4cm로 집단을 이룬다. 단일 개체의 밑동은 기주에 붙어 있고 상부는 다수의 가지가 분지된다. 각 가지의 높이는 1~2cm, 지름은 1mm 정도이고 가지의 폭은 4~6mm로 편평하고 선단은 바늘모양으로 분지되어 붓끝처럼 된다. 처음에는 유백색-연한 가죽색으로 오래되면 갈색-암자갈색으로 되며 선단은 유백색의 연한 색이다. 살은 암갈색이다. 포자의 크기는 8~9×6~7㎛로 불규칙한 구형-불규칙한 타원형으로 표면에 가시가 있다.

생태 여름~가을 / 숲속의 땅 또는 낙엽에 단생 · 군생

분포 한국(백두산), 중국, 일본, 유럽

담자균문
BASIDIOMYCOTA

주름균아문
AGARICOMYCOTINA

붉은목이강
DACRYMYCETES

붉은목이목

Dacrymycetales

황소아교뿔버섯

Calocera cornea (Batsch) Fr.

형태 자실체의 높이는 1~1.5cm로 아교질이며 연한 황색으로 뿔 모양의 작은 버섯이며 1개 또는 여러 개씩 다발로 나고 가지를 치기도 한다. 자실층은 전면에 발달한다. 포자의 크기는 8~9×3.5~5㎛이며 원통형의 타원형, 약간 소시지형으로 싹트기 전에 격막이 2~4개이고 표면은 매끈하고 투명하며 1개의 기름방울을 가진 것도 있다. 담자기는 30~40×2.5~4㎛로 Y자형 또는 포크형이며 기부에 꺽쇠가 없다. 낭상체는 없다.
생태 1년 내내 / 침엽수의 고목에 군생
분포 한국(백두산), 중국, 일본, 전 세계

아교뿔버섯

Calocera viscosa (Pers.) Fr.

형태 자실체는 싸리버섯류와 닮았고 나뭇가지모양이며 반투명한 젤라틴질을 가진 연골질이나 건조하면 각질이 되어 단단해진다. 전체가 선명한 오렌지황색을 띠고 높이는 3~5㎝ 정도이다. 자실층은 전면에 형성되며 포자의 크기는 7~11×3.5~4㎛로 장타원형 또는 소시지형으로 싹트기 전에 1~3개의 격막이 생긴다. 표면은 매끄럽고 투명하며 기름방울을 가진 것도 있다. 담자기는 40~50×3~4㎛로 포크형 또는 Y자형으로 기부에 꺾쇠가 없다. 낭상체는 안 보인다.

생태 여름~가을 / 침엽수의 고목에 군생

분포 한국(백두산), 중국, 일본, 전 세계

산호아교뿔버섯

붉은목이과 ≫ 아교뿔버섯속

Calocera coralloides Kobay.

형태 자실체의 높이는 3~5mm 정도로 밑동에서 조밀하게 분지된다. 분지된 가지는 아래쪽이 원통형 또는 약간 눌린 모양이다. 자실체의 지름은 0.5~1.2mm로 2~3회 분지하여 산호처럼 된다. 상단 끝부분은 가늘고 뾰족하고 털이 없으며 연한 황색-황색이다. 건조하면 적황색-계피색이다. 살은 황색이다. 포자의 크기는 7.5~10×3.5~4.2㎛로 장난형이며 굴곡된다.
생태 활엽수의 죽은 나무나 가지에 군생
분포 한국(백두산), 중국, 일본

붉은목이버섯

붉은목이과 ≫ 붉은목이속

Dacrymyces stillatus Nees

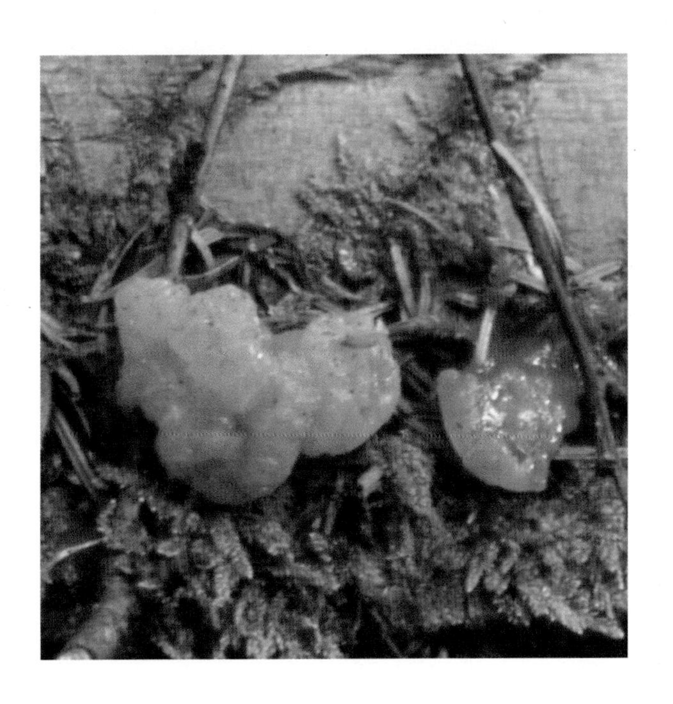

형태 자실체의 지름은 1~5(15)mm로 작은 둥근 방석, 돋보기모양, 빵모양 등이며 자라면서 여러 개가 서로 엉겨 붙어서 울퉁불퉁한 덩어리 모양이 되기도 한다. 색깔은 연한 황색-오렌지황색으로 드물게 거의 황색인 것도 있으며 오래되어 건조하면 진한 오렌지황색이나 붉은색을 띠기도 한다. 표면은 밋밋하고 신선한 것은 젤라틴질이며 다소 탄력성이 있고 약간 투명한 느낌이 든다. 포자의 크기는 14~17×5~6㎛로 타원상의 원주형이며 표면은 매끈하고 약간 굽어 있으며 투명하고 막이 두껍고 3개의 격막이 있다. 담자기는 길이가 50㎛에 달하며 포크형 또는 Y자형이다. 낭상체는 안 보인다.
생태 봄~가을 / 주로 껍질이 없는 썩는 고목의 표면에 나며 때로는 껍질에도 나며 썩은 건축재 등에서도 발생
분포 한국(백두산), 중국, 일본, 전 세계

손바닥붉은목이버섯

Dacrymyces chrysospermus Berk. & Curt.
D. palmatus (Schwein.) Burt

형태 자실체는 단단한 아교질로 뿔모양-골모양에서 직립하게 되고 부채모양으로 펴지거나 불규칙한 잎조각모양으로 되며 높이는 0.5~3.5cm, 지름은 5~8cm에 이른다. 표면은 자실층으로 매끄럽거나 주름이 있으며 오렌지황색이나 하부는 연한 색이고 무성인데 기부에 털이 있다. 포자의 크기는 15~18.5×5.5~7㎛이며 황색의 긴 타원형이며 구부러지고 7개의 격막이 있다.
생태 여름~가을 / 침엽수의 말라 죽은 줄기나 가지 위에 총생
분포 한국(백두산), 중국, 북반구 온대 이북

주황혀버섯

Dacryopinax spathularia (Schw.) G. W. Martin
Guepinia spathularia (Schwein.) Fr.

형태 자실체의 높이는 1~1.5cm로 머리 부분과 자루로 된다. 머리 부분은 아교질의 주걱모양 또는 부채모양이고 자루는 납작하다. 자실체 전체가 오렌지황색이며 건조하면 한쪽은 백색으로 된다. 자실층은 오렌지황색 면에 발달한다. 포자의 크기는 7~10.5×3.5~4㎛로 난형-소시지형이며 한쪽 끝이 돌출하고 표면은 매끈하고 황색이다. 포자가 싹트기 전에 1개의 격막을 만든다. 담자기는 포크형 또는 Y자형이고 2개의 가지 끝에 난형-소시지형의 포자가 붙는다.

생태 1년 내내 /침엽수의 고목에 군생

분포 한국(백두산), 중국, 일본, 난대-열대지역

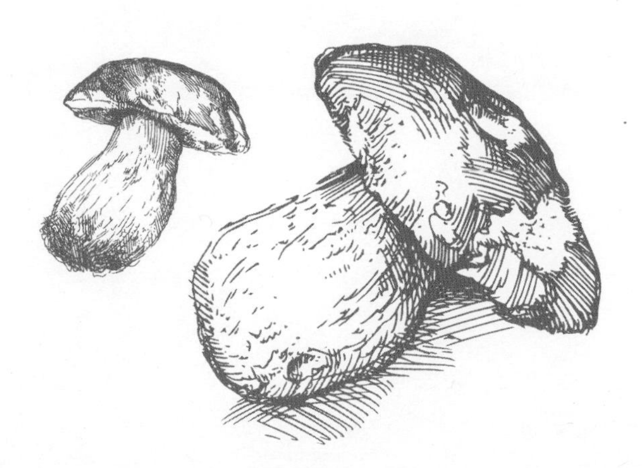

담자균문
BASIDIOMYCOTA

주름균아문
AGARICOMYCOTINA

흰목이강
DACRYMYCETES

흰목이목

Tremellales

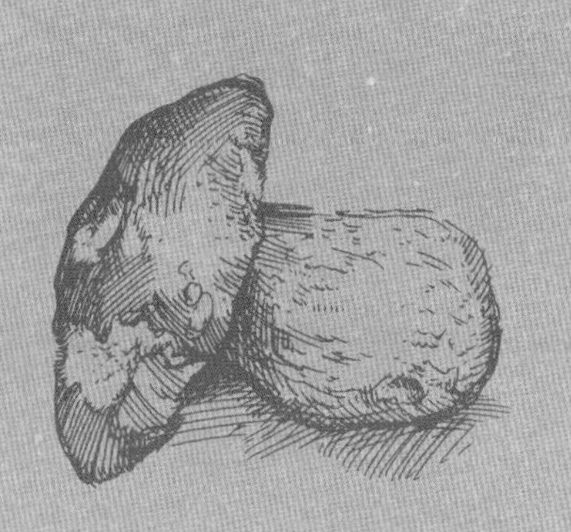

뿔오목흰목이버섯

Craterocolla cerasi (Schumach.) Bref.

형태 자실체의 지름은 1~4cm이다. 다양한 형태로 편평하게 펴지고 불규칙한 둥근모양, 뇌모양, 내장모양, 약간 컵모양 등으로 다양하다. 짧은 자루가 있으나 편평하게 되고 귓불모양 등 다양하게 강하게 압착되어 기주에 부착하고 작은 반점형이 있다. 표면은 밋밋하고 젤라틴질로 황토 핑크색, 회황토색에서 연어색으로 된다. 처음부터 질기고 끈적거리며 부드럽다. 포자의 크기는 8~11×3.5~4.5㎛로 소시지모양으로 표면은 매끈하고 투명하고 기름방울이 있다. 담자기는 구형에서 난형이고 긴 세로줄의 격막이 있으며 9~10㎛로 4-포자성이나 소경자는 매우 길다.

생태 여름~겨울 / 고목의 단단한 부위에 뭉쳐서 발생

분포 한국(백두산), 중국, 유럽

붉은흰목이버섯

Tremella aurantialba Bandoni et Zang

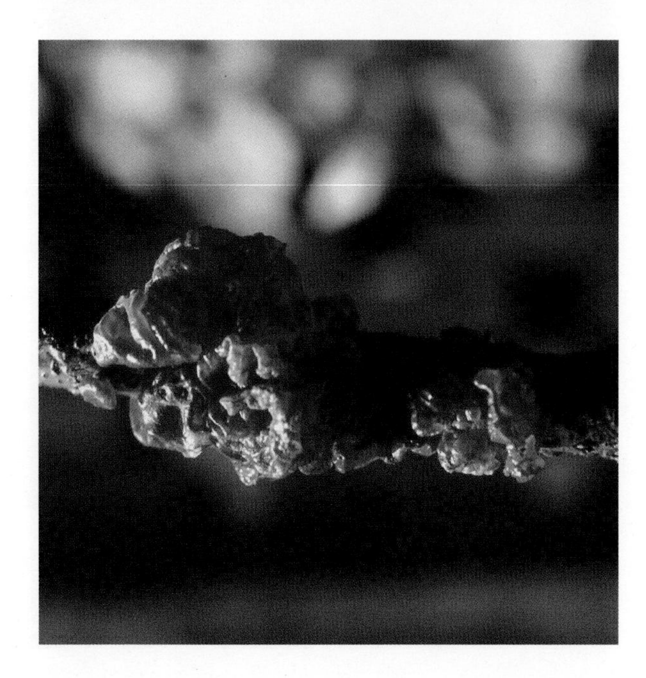

형태 자실체의 길이는 8~15cm, 폭은 7~11cm로 뇌의 모양 또는 판열상으로 기부는 나무에 착생한다. 싱싱할 때 황금색 혹은 오렌지황색이나 나중에 단단하지만 물에 담구면 원래대로 복귀한다. 균사는 연쇄상으로 결합한다. 담자기는 4-포자성으로 구형 또는 난원형이다. 포자의 크기는 3~5×2~3㎛로 류원형 또는 타원형이다. 분생 포자낭은 거의 병모양이고 분생 포자는 3~5×2~3㎛로 구형 또는 타원형이다.

생태 여름~가을 / 고산의 활엽수의 고목 또는 썩는 고목에 나며 꽃구름버섯(Stereum hirstum) 등에 기생 또는 공생

분포 한국(백두산), 중국

꽃흰목이버섯

Tremella foliacea Pers.

형태 자실체의 지름은 10㎝, 높이는 5㎝ 정도에 이르며 우그러진 꽃잎모양의 열편이 중첩하여 꽃잎 덩어리모양을 이룬다. 표면은 밋밋하다 하고 연한 갈색-연한 살색을 띤 갈색 또는 적갈색 등으로 신선할 때는 젤라틴질이며 다소 투명한 느낌이다. 건조하면 딱딱한 연골질 박편의 덩어리로 된다. 가장자리는 갈라지고 물결모양이다. 포자의 크기는 9~11×6~8㎛로 난형-난상의 구형이며 뾰족한 돌기가 있고 표면은 매끈하고 투명하다. 담자기는 13~16×10~13㎛로 구형의 난형이며 세로의 격막이 있다.
생태 초여름~가을 / 활엽수 줄기의 썩은 부위에 흔히 발생
분포 한국(백두산), 중국, 일본, 전 세계

흰목이버섯

Tremella fuciformis Berk.

형태 자실체는 순백색이고 반투명한 젤리질이며 닭볏모양 또는 구불구불한 꽃잎 집단과 같고 지름은 3~8cm, 높이는 2~5cm쯤 된다. 건조하면 오므라들고 단단해진다. 자실층은 표면에 발달하며 담자기는 난상의 구형인데 지름은 10~13㎛이고 세로의 칸막이에 의해 4실로 갈라진다. 포자의 크기는 6~8×5~6㎛로 거의 난형이다.

생태 여름~가을 / 활엽수의 말라 죽은 가지에 발생

분포 한국(백두산), 중국, 일본, 대만, 열대지방

참고 중국에서는 요리에 이용

방울흰목이버섯

Tremella globispora Reid

형태 자실체의 지름은 2~5mm로 신선하며 습기가 있을 때 반구형-볼록한 모양이다. 핵균강의 자실체에 의하여 나무껍질 속에 만들어진 주둥이부터 점찍은 것처럼 붙는다. 표면은 큰 사마귀모양-물결모양의 자실층이 있다. 표면은 매끄럽고 광택이 나며 백색에서 젖색을 거쳐 연한 갈색으로 되나 때로는 말무리에 의하여 녹색으로 되는 것도 있다. 살은 아교질로 연하고 오래되면 곁에 있는 균체들이 서로 엉겨 붙기도 한다. 신선할 때는 젤라틴질이고 부드러우며 건조하면 균체 일부가 기질에 눌러 붙기도 한다. 건조하면 잘 볼 수 없다. 포자의 크기는 6~7.5×5~7㎛로 아구형-광난형이며 표면은 매끄럽고 투명하며 뾰족한 돌기가 있다. 담자기는 12~16×11~13㎛로 아구형이고 세로의 긴 격막이 있다. 균사에 꺽쇠가 있다. 아미로이드 반응이다.

생태 1년 내내 / 핵균강의 죽은 자실체와 참나무, 밤나무 가지에 발생

분포 한국(백두산), 중국, 유럽, 북아메리카

황금흰목이버섯

Tremella mesenterica Retz.

형태 자실체의 지름은 2~6cm, 높이는 2~4cm 정도이며 때로는 그보다 큰 것도 있다. 건조하면 수축되고 연골질이며 다소 두꺼운 잎 모양이 여러 개 중첩해 나고 합쳐져서 덩어리 모양을 이룬다. 두꺼운 잎이 중첩되어 뇌의 모양을 연상시키며 젤라틴질이며 황백색-황색으로 때로는 오렌지황색이다. 표면은 밋밋하고 약간 투명하다. 포자의 크기는 10~16×7~8㎛로 난형이며 표면은 매끈하고 투명하며 뾰족한 돌기가 있다. 담자기는 20~25×12~17㎛로 난형의 막대형이며 세로의 긴 격막으로 4-포자성이다.
생태 봄~가을 / 참나무류 등 활엽수의 죽은 가지에 발생
분포 한국(백두산), 중국, 일본, 전 세계
황색형(Tremella lutescens) 자실체는 두꺼운 뇌모양으로 굴곡지며 꽃잎모양이다. 표면에는 줄무늬가 있고 포자는 타원형이며 담자기는 12~23×8~18㎛이다.

황색형(Tremella lutescens)

자낭균문
ASCOMYCOTA

주발버섯아문
PEZIZOMYCOTINA

두건버섯강
LEOTIOMYCETES

두건버섯목

Leotiales

고무버섯

Bulgaria inquinans (Pers.) Fr.
B. polymorpha (Oeder) Wettst.

형태 자실체의 지름은 1~4cm, 높이는 1~2.5cm로 구형-도난형이며 외면은 흑갈색이고 위의 끝에 둥근 입이 열리며 그 내면에 자실층이 생긴다. 성숙하면 맷돌모양-도원추형이고 윗면은 얕게 오목해진다. 자실층 면은 흑자색이고 습기가 있을 때 빛이 난다. 살은 우무질을 가진 고무질로 탄력이 있고 연한 갈색이다. 포자의 크기는 12~15×7~8㎛로 어두운 녹갈색의 타원형이다. 자낭은 95~124×8.5~9㎛로 방망이형이며 8-포자성이다. 포자는 불규칙하게 일렬로 들어 있다.
생태 여름~가을 / 껍질이 붙어 있는 활엽수의 통나무에 군생
분포 한국(백두산), 중국, 일본, 유럽, 북아메리카
참고 식용

연두두건버섯

Leotia chlrocephala Schw.
L. chlrocephala Schw. f. chlrocephala

형태 자실체는 머리와 자루로 구분되며 머리는 지름이 0.2~1cm, 높이는 2~5cm이다. 머리는 불규칙한 반구형 또는 둥근산모양이다. 가장자리는 아래로 말리며 녹색-암녹색이다. 자루의 길이는 1~4.5cm이고 굵기는 2~4mm 정도로 원통형이다. 표면에 녹색의 알갱이가 붙어 있으며 머리보다 연한 색 또는 같은 색이다. 포자의 크기는 18~20×5~6㎛로 좁은 타원형-타원상의 방추형으로 곧거나 약간 굴곡이 지고 표면은 밋밋하며 투명하다. 자낭은 125~150×10~12㎛로 곤봉형이며 끝은 둥글고 선단의 구멍은 요오드 반응이 음성이다. 8-포자성이고 위는 2열이고 아래쪽은 일렬로 배열한다.
생태 가을 / 숲속의 낙엽 사이에 단생 · 군생
분포 한국(백두산), 중국, 일본, 유럽, 남 · 북아메리카

콩두건버섯

Leotia lubrica (Scop.) Pers.

형태 자실체의 높이는 3~5㎝로 주먹처럼 감겨 있는 공모양의 머리 부분과 원주상의 자루로 구분되며 표면은 밋밋하다. 머리 부분의 지름은 0.5~1.5㎝이고 황토색, 황갈색, 황록색 등이며 육질은 아교질이다. 자루는 노란색에서 황토색으로 되고 원주형이나 편평한 것도 있다. 표면에 세로의 줄무늬홈선이 있다. 포자의 크기는 18~24×5~6㎛로 방추형이며 3~4개의 격막이 있고 여러 개의 기름방울이 있다. 자낭은 130~140×8~12㎛로 8~포자성이며 포자는 일렬로 들어 있다.

생태 여름~가을 / 숲속의 썩은 낙엽에 군생

분포 한국(백두산), 중국, 전 세계

끈적두건버섯

Leotia viscosa Fr.

형태 자실체의 높이는 3~9cm이고 두부와 자루로 구분된다. 두부는 막대모양이다. 두부의 높이는 2~3cm, 폭은 0.5~1cm로 둥근산 모양으로 한쪽이 감긴 꼴이다. 가장자리는 아래로 말리고 올리브 녹색-검은 녹색이다. 자루의 길이는 2~4cm, 굵기는 5~10mm로 백색, 노란색 또는 오렌지색 등으로 녹색의 점 또는 미세한 인편이 있다. 포자의 크기는 17~26×4~6㎛로 방추형이지만 끝이 둥근 것도 있으며 가끔 약간 굽었다.

생태 여름~가을 / 썩는 고목 땅에 산생 · 군생 · 속생

분포 한국(백두산), 중국, 북아메리카

참고 식 · 독 불명

자낭균문
ASCOMYCOTA
주발버섯아문
PEZIZOMYCOTINA
두건버섯강
LEOTIOMYCETES

살갗버섯목

Helotiales

녹청균

Chlorociboria aeruginosa (Oeder) Seav. ex Ram. Korf & Batra
Chlorosplenium aeruginosum (Oedr) De Not

형태 자실체의 지름은 2~5mm이며 처음에 입을 다문 술잔모양에서 얕은 접시모양으로 되고 뒷면에 가늘고 짧은 자루가 있다. 전체가 밝은 녹청색으로 접시의 윗면은 다소 황색을 띤다. 포자의 크기는 10~14×1.5~3㎛로 긴방추형이다. 자낭은 60~70×5㎛이며 8-포자성으로 포자는 불규칙한 2열로 배열한다. 측사는 실모양이며 두께는 1.5mm이고 녹색이다.
생태 봄~가을 / 활엽수림의 썩은 나무에 군생
분포 한국(백두산), 중국, 전 세계
참고 녹청색의 균사로 재목을 청색으로 물들인다.

연한살갗버섯

Mollisia cinerea (Batsch) Karst. f. **cinerea**

형태 자실체의 지름은 0.5~2mm 또는 5~15mm로 어릴 때는 접시모양 또는 컵모양이고 성장하면 불규칙하게 파상으로 일그러진다. 자루가 없이 기주에 부착되며 표면의 자실층은 회색-회황토색이다. 어릴 때는 흔히 가장자리가 중심부보다 유백색이다. 뒷면은 미세한 털이 있고 회갈색이다. 포자의 크기는 7~9×2~2.5㎛로 타원형이며 때로는 약간 휘어 있다. 표면은 매끈하고 투명하며 보통 작은 기름방울이 있다. 자낭은 50~70×5~6㎛로 8-포자성이며 포자는 일렬로 들어 있다. 측사는 원통형이고 끝은 뭉뚝하다.
생태 봄~가을 / 습기가 많은 참나무류 등의 활엽수 고목에 군생 · 속생
분포 한국(백두산), 중국, 일본, 유럽

살짧은대꽃잎버섯

Ascocoryne sarcioides (Jacq.) J. W. Groves & D. E. Wilson

형태 자낭반은 표면에 있고 뭉쳐 있으며 컵모양이다. 자루는 없거나 또는 있으면 아주 짧다. 중앙은 오목하거나 편평형이며 흔히 규칙적인 열편이다. 높이는 10mm로 적자색이고 외부는 보통 미세한 비듬이 있고 적자색이다. 자낭은 원통-막대형으로 160×10㎛로 8-포자성이고 자낭 포자는 흔히 2열로 배열한다. 포자의 크기는 10~19×3~5㎛로 타원형에서 부등의 타원형이며 처음은 격막이 없으나 나중에 1~3개의 격막이 생기며 2개의 기름방울을 함유한다. 측사는 가늘고 선단의 두께는 4㎛이다.
생태 여름~가을 / 고목의 그루터기, 낙지 등에 발생
분포 한국(백두산), 중국
참고 흔한 종

황색고무버섯

Bisporella citrina (Batsch) Korf & Carpenter

형태 자실체의 지름은 1~3mm이고 쟁반-넓은 원추형의 접시모양이다. 자실층이 있는 바깥면은 매끄럽고 레몬색-노른자황색이다. 가장자리는 어두운 노란색이다. 자루는 없든가 있을 경우는 기주에 붙는다. 포자의 크기는 8~12×3~3.6㎛로 타원형이며 표면은 매끄럽고 2개의 알맹이가 있고 기름방울을 가진 것도 있으며 1개의 격막을 가졌다. 자낭은 100~125×7~8㎛로 8-포자성이며 포자는 불규칙하게 일렬로 배열한다. 측사는 실모양이고 선단은 약간 막대형이며 두껍다.

생태 여름~가을 / 너도밤나무의 죽은 가지나 다른 활엽수림의 재목에 군생하며 전체를 노랗게 덮는다.

분포 한국(백두산), 중국, 유럽

산골물두건버섯

물두건버섯과≫ 물두건버섯속

Cudoniella clavus (Alb. & Schwein.) Dennis
C. clavus var. clavus (Alb. & Schwein.) Dennis

형태 자실체의 높이는 2~6cm, 지름은 0.5~1.2cm로 머리는 둥근산모양-방석모양 또는 중앙이 약간 오목하다. 자루의 지름은 1.5~3mm로 원주형이며 전체가 회백색-연한 황토백색이다. 때로는 자색을 띠기도 하며 머리 위쪽의 자실층은 연한 갈색으로 진한 경우도 있다. 전체가 매끄럽다. 자루의 아래쪽은 흑갈색을 띠는 경우도 있다. 포자의 크기는 9.5~15×4~5㎛로 타원상의 방추형이며 표면은 밋밋하고 투명하다. 자낭은 원통형-막대형으로 115×10㎛이고 8-포자성이다. 포자는 일렬로 또는 불규칙한 2열로 배열한다. 측사는 가늘고 원주형이다.
생태 봄~여름 / 흐르는 계곡물이나 물웅덩이에 잠긴 나뭇가지나 풀의 줄기 등에 산생 · 군생
분포 한국(백두산), 중국, 일본, 유럽, 북아메리카

붉은장미받침버섯

물두건버섯과 ≫ 장미받침버섯속

Roseodiscus rhodoleucus (Fr.) Baral
Hymenoscyphus rhodoleucus (Fr.) Phillips

형태 자실체의 크기는 1~2mm로 컵모양에서 넓적하게 또는 원판모양으로 되며 약간 둥근산모양이다. 자실층인 안쪽면과 바깥 면은 밋밋하다. 자실체 전체가 연한 핑크색이고 건조 시 황갈색이다. 자루의 길이는 1mm 정도이다. 포자의 크기는 9~12×5~6㎛로 좁은 타원형이며 표면은 매끈하고 투명하다. 자낭의 포자들은 일렬 또는 2열로 배열하며 60~70×5~6㎛로 8-포자성이다. 측사는 실모양이고 폭은 2㎛이다.
생태 봄~여름 / 썩는 나무에 군생
분포 한국(백두산), 중국, 유럽

컵털종지버섯

Lachnellula calyciformis (Willd.) Dharne

형태 자실체의 지름은 1.5~3mm로 컵모양에서 차차 편평해져서 찻잔받침모양으로 된다. 짧은 자루로 껍질에 부착한다. 자실층의 표면은 밋밋하고 노란색에서 오렌지노란색으로 된다. 바깥 표면과 가장자리는 두껍고 백색의 털을 가진다. 포자의 크기는 4.5~7×2.5~3㎛로 난형이고 표면은 매끈하고 투명하다. 자낭은 45~55×4.5~5㎛로 포자는 무질서하게 배열한다. 측사는 실모양이고 격막이 있다.

생태 여름~가을 / 떨어진 나뭇가지에 단생 · 군생 · 속생

분포 한국(백두산), 중국

노랑털종지버섯

Lachnellula suecica (de Bary ex Fuckel) Nannf.

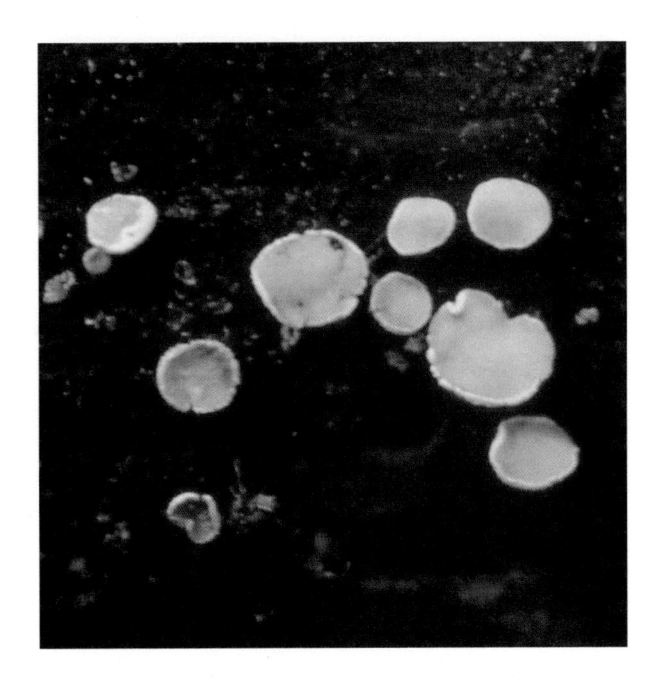

형태 자실체의 지름은 1~4mm로 컵모양에서 불규칙하게 일그러진다. 접시받침모양에서 편평한 모양으로 된다. 자실층은 밋밋하고 달걀의 노란자 같은 노란색으로 외면과 가장자리는 백색의 털로 펠트상이다. 가장자리는 흔히 갈라지거나 홈파진모양이고 건조하면 강하게 아래로 말린다. 자루는 짧다. 포자의 지름은 4.5~5㎛로 구형이며 표면은 매끈하고 투명하며 가끔 기름방울을 함유한다. 자낭은 8-포자성이다. 포자는 일렬로 배열하며 70×7~8㎛이다. 측사는 실처럼 가늘고 포크모양이다.

생태 여름~가을 / 고목에 단생 · 군생

분포 한국(백두산), 중국

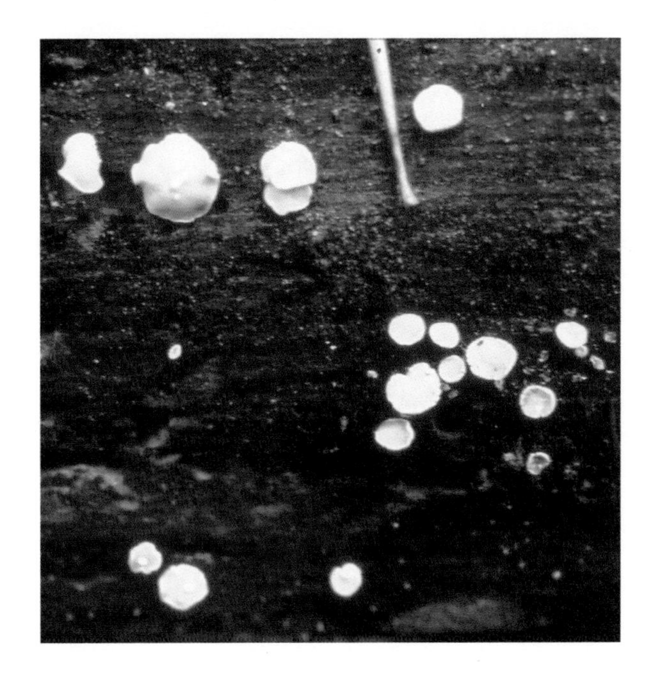

녹황색자루접시버섯

Lanzia luteovirescens (Roberge ex Desm.) Dumont & Korf
Rutstroemia luteovirescens (Roberge ex Desm.) White

형태 자실체의 지름은 2~3mm로 편평한 찻잔받침에서 평평한 모양으로 된다. 기질의 검은 부분에서 자라나 군생으로 올라온다. 자실층(안쪽 면)은 올리브노란색으로 표면은 밋밋하고 바깥면은 자실층과 동색이다. 가장자리는 진한 색이다. 자루의 길이는 10mm로 원통형이고 약간 굽었고 자실층의 바깥 면과 동색이다. 포자의 크기는 12~13×6~7㎛로 불규칙한 타원형이며 표면은 밋밋하고 투명하며 2개의 기름방울을 가졌고 격막은 없다. 자낭은 150~10×10~12㎛이며 8-포자성이다. 측사는 실모양이고 폭은 3㎛ 정도이다.

생태 가을 / 썩는 나무에 군생

분포 한국(백두산), 유럽

참고 희귀종

도토리양주잔버섯

Ciboria batschiana (Zopf) Buchwald

형태 자낭반의 지름은 15mm로 오목형에서 차차 편평해진다. 표면은 적갈색이고 밋밋 또는 약간 미세한 털이 있다. 가느다란 자루가 있다. 포자의 크기는 6~11×4~6㎛로 타원형이며 끝은 약간 점상이다. 자낭은 원통-막대형이고 150×8㎛로 8-포자성이다. 꼭대기의 구멍은 요오드 반응에 의하여 청색으로 물들며 자낭포자는 1줄로 배열한다. 측사는 원통형이고 폭은 3.5㎛이다.
생태 여름~가을 / 쓰러진 고목의 검게 된 나뭇잎에 군생
분포 한국(백두산), 중국

동백균핵접시버섯

Ciborinia camelliae Kohn

형태 자실체는 머리와 자루로 되며 밑동에는 균핵이 있다. 균핵은 땅에 떨어진 위축된 동백꽃잎에 생기며 타원형-부정형이고 흑색이다. 내부에는 꽃잎 조직의 잔편이 들어 있다. 자낭반은 1개의 균핵에서 1개~수개의 자루가 나오고 처음에는 곤봉상이나 나중에 상부가 접시모양 또는 얕은 접시모양으로 된다. 중앙에는 작은 배꼽모양으로 오목하게 들어가며 오래되면 거의 편평하게 된다. 접시모양의 머리 표면의 폭은 3~18mm로 조청색-적색을 띤 암회갈색이다. 자실층인 안쪽 면과 바깥 면은 같은 색이며 약간 분상이다. 자루의 길이는 1~10cm이고 굵기는 1~2mm로 비교적 가늘고 길며 머리 부분과 같은 색이고 밑동에 균핵이 있다. 포자의 크기는 8~12×4~5㎛로 타원형-난형이며 표면은 밋밋하고 투명하며 2개의 기름방울이 들어 있다. 자낭은 120~145×6~8㎛로 원통형 또는 곤봉상의 원통형이며 꼭대기의 구멍은 요오드 양성 반응이며 8-포자성이다. 측사는 실모양이고 지름은 1~1.5㎛이고 선단은 팽대되어 있으며 격막이 있다.

생태 봄~여름 / 오래된 동백나무 숲에 떨어진 썩은 꽃잎에 붙어 발생

분포 한국(백두산), 일본, 북아메리카

비듬째진버섯

Encoelia furfuracea (Roth) P. Karst.

형태 자실체의 직경은 5~15mm의 극소형이다. 어릴 때는 외측면이 표면을 감싸고 있어서 닫혀 있는 모양 또는 주머니모양에 균모가 펴지면서 컵모양 또는 접시모양이 된다. 가장자리 부분이 불규칙하게 여러 곳 찢어지면서 별모양이 되기도 한다. 윗면의 자실층은 밋밋하고 계피색-암갈색이다. 바깥 면은 표면(안쪽)보다 연한색이고 쌀겨가 묻은 것처럼 비듬투성이가 되며 이것은 소실되기 쉽다. 자루는 없고 기물에 직접 부착한다. 포자의 크기는 9~11×2㎛로 끝이 둥근 타원형-소시지형으로 표면은 매끈하고 투명하며 양끝에 기름방울이 들어 있다. 자낭은 90~100×6㎛로 8-포자성이며 포자는 2열로 배열한다. 측사는 가늘고 길다.
생태 겨울~봄 / 개암나무, 오리나무 등 활엽수의 서 있는 죽은 나무의 줄기나 가지에 다발로 발생하며 때로는 여러 개의 개체가 함께 뭉쳐서 발생
분포 한국(백두산), 중국, 유럽

균핵버섯

Sclerotinia sclerotiorum (Lib.) de Bary

형태 자실체는 균모와 자루로 구분되며 균모의 지름은 3~10mm이고 접시모양에서 차차 편평하게 펴지거나 등근산모양이 되며 중앙이 배꼽모양으로 들어가기도 한다. 윗면 자실층은 밋밋하고 밝은 황갈색 또는 황토갈색이다. 아랫면(바깥 면)이나 자루도 같은 색이다. 때때로 가장자리가 다소 암색이다. 자루의 길이는 0.5~2.5cm로 원주형으로 가늘고 길며 흔히 만곡이고 표면에 미세한 털이 있으며 속은 비었다. 식물체 내에서 생긴 균핵이나 피체(皮體: sclerotium)는 줄기 속에 있거나 밖으로 나와 있고 난형 또는 방석모양이고 검은색이다. 포자의 크기는 10~11×5㎛로 타원형이며 표면은 매끈하고 투명하며 양쪽에 기름방울을 함유한다. 자낭은 118~133×8~8.5㎛로 8-포자성이며 포자는 일렬로 배열한다. 측사는 원통형이며 격막이 있고 선단 쪽은 두껍다.
생태 여름 / 머위, 컴프리, 해바라기, 당근 등이 여러 가지 초본류의 줄기에 발생, 식물체 내에 생긴 균핵이나 피체에서 1개 또는 여러 개의 자실체가 발생
분포 한국(백두산), 중국, 유럽

자낭균문
ASCOMYCOTA

주발버섯아문
PEZIZOMYCOTINA

두건버섯강
LEOTIOMYCETES

투구버섯목

Rhytismatales

투구버섯

Cudonia circinans (Pers.) Fr.

형태 자실체의 높이는 1.5~4cm로 머리 부분은 구형, 반구형 또는 안장모양이며 가장자리는 아래로 감기고 연한 황갈색이다. 자루의 속은 비었고 자주색이고 두부는 백색이다. 자루는 검은 회갈색으로 미세한 털이 있으며 하부는 부푼 원주상이며 연한 갈색이다. 포자의 크기는 35~40×2로 원주-막대형이며 한쪽이 굵은 선상이고 많은 격막이 있다. 자낭은 150~10×10㎛로 8-포자성이다. 요오드액에 의하여 청색으로 염색은 되지 않는다. 자낭은 110~140×8~10㎛로 8-포자성이며 포자는 불규칙하게 나란히 배열한다. 측사는 가늘고 끝이 꼬인다.
생태 가을 / 침엽수림의 낙엽 위에 군생
분포 한국(백두산), 북반구 온대

갈색투구버섯

Cudonia confusa Bres

형태 자실체는 머리(균모)와 자루로 구분되며 높이는 2~4cm, 머리 부분의 지름은 0.7~1.2cm로 다소 통통해 보인다. 균모는 불규칙한 구형이거나 편평하며 반구형 또는 안장모양이다. 표면은 점성이 있고 벽돌색을 띤 황토색 또는 연한 적갈색으로 아래쪽은 심하게 말린다. 자루의 길이는 2~3cm, 굵기는 1~2mm로 자루와 같은 색이다. 포자의 크기는 35~45×2㎛로 원주형이다.
생태 늦여름~가을 / 침엽수림의 관목류 숲의 땅에 군생
분포 한국(백두산), 유럽

안장투구버섯

Cudonia helvelloides Ito & Imai

형태 자실체는 머리(균모)와 자루로 구분되며 높이는 2.5~7cm, 머리 부분의 지름은 1~2cm이고 처음에는 둥근산모양 또는 송편처럼 말려 있는 나뭇잎모양에서 안장모양으로 된다. 가장자리에 주름모양의 홈선이 생기기도 하며 연한 황색-황토색이다. 자루는 연한 적갈색-자갈색이며 깊은 주름이 패여 있다. 아래쪽으로 심하게 굽어 있다. 포자의 크기는 40~60×1.5~2㎛로 곤봉형으로 긴 침상이다. 자낭은 95~140×7.5~10㎛로 곤봉형이고 8-포자성이다. 측사는 실모양이고 분지하며 선단은 굴곡이 지거나 가끔 나선상으로 꼬이는 것도 있다.

생태 가을 / 숲속의 땅에 단생 · 군생

분포 한국(백두산), 중국, 일본, 북반구 온대

넓적콩나물버섯

Spathularia flavida Pers.
S. clavata (Schaeff.) Sacc.

형태 자실체의 높이는 3~5cm로 주걱모양-나뭇잎모양의 머리 부분과 원주상이고 하부가 부풀은 자루로 된다. 머리 부분은 압축되어 편평하게 되며 부채모양의 자루 상부를 담고 있다. 불규칙한 방사상의 물결모양이거나 또는 홈이 파지고 비뚤어졌다. 자루의 상부는 머릿속까지 파고 들어가 주축을 이루고 있으며 매끄럽고 건조하며 전체 높이의 1/2~1/3이다. 전체가 연한 육질로 연한 황색-크림색이며 자실층은 머리 부분의 표면에 발달한다. 자루는 백색이고 기부로 갈수록 점점 가늘어지며 압축되어 편평해지고 매끄럽거나 쌀겨 조각 같은 것이 조금 있다. 포자의 크기는 50~75×2.5~3㎛로 가늘고 긴 원주형으로 투명하며 격막이 있다. 자낭은 100~105×11.5~13㎛로 8-포자성이며 포자는 나란히 배열한다. 측사는 가늘고 포크형이고 끝은 약간 꼬인다.
생태 여름~가을 / 침엽수림의 낙엽 위에 열을 지어 발생
분포 한국(백두산), 중국, 일본, 유럽, 북아메리카

붉은넓적콩나물버섯

투구버섯과 ≫ 넓적콩나물버섯속

Spathularia rufa Nees

형태 자실체는 편평하게 되며 물결모양이고 높이는 4~8cm로 삽모양이지만 오래되면 여러 모양으로 바뀐다. 두부의 높이는 2~3cm이고 두부 꼭대기는 부드러운 주름이 에워싸며 황갈색에서 창백한 적갈색으로 된다. 포자의 크기는 30~50×2㎛로 가늘고 긴 원주형이며 격막이 있고 투명하다.

생태 이끼류가 사이에 군생

분포 한국(백두산), 중국, 스웨덴

참고 식용에 부적당한 종

백색형(S.rufum)

털콩나물버섯

Spathulariopsis velutipes (Cooke & Farl. ex Cooke) Mass Geest.
Spathularia velutipes Cooke & Farl.

형태 자실체의 높이는 1.5~5cm이고 양쪽이 눌려 있는 납작한 부채모양 또는 주걱모양의 머리가 있고 중심 쪽에 줄기가 있다. 머리는 연한 황색-그을은 황갈색이며 흔히 불규칙한 형이고 열편(裂片) 모양이다. 자루의 위쪽은 머리의 중심 쪽으로 들어가 있으며 돌출된 밑동은 0.3~0.6cm 정도로 갈색-적갈색을 띠고 있으며 미세하게 벨벳모양의 털이 있으나 오래되면 탈락한다. 포자의 크기는 33~43×2~3㎛로 바늘모양이고 표면은 매끈하며 여러 개의 격막으로 나뉘어져 있다. 포자문은 백색이다.
생태 여름~가을 / 주로 침엽수림의 땅이나 부식토에 군생 · 속생하며 소나무 숲의 오래 썩은 나무 위에 발생
분포 한국(백두산), 중국, 유럽, 북아메리카

담자균문
BASIDIOMYCOTA
주발버섯아문
PEZIZOMYCOTINA
마귀숟갈버섯강
LICHNOMYCETES

마귀숟갈버섯목

Lichinales

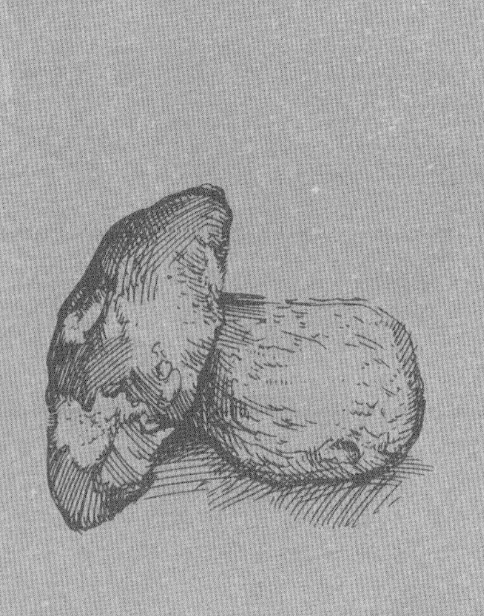

귤콩나물버섯

마귀숟갈버섯과 ≫ 콩나물버섯속

Geoglossum fallax Durand

형태 자실체는 곤봉형이고 황갈색 또는 진한 다색이며 건조 시 흑색으로 되고 높이는 2~8.5cm이다. 두부는 피침형 또는 장타원형이거나 둔하고 때때로 편평형으로 되며 세로줄의 홈선이 있다. 두부의 크기는 8~15×3~5mm로 전체 길이의 1/3~1/2을 점한다. 자루는 원주상이고 위쪽에 인편이 있다. 자낭은 원통상의 곤봉형으로 무변의 자낭으로 꼭대기 구멍은 요오드 반응 양성이다. 포자의 크기는 80~100㎛로 원통상의 곤봉형이다. 자낭의 크기는 150~250×17.5~20㎛로 8-포자성이며 자낭은 1개의 방에서 7~12개의 격막이 있으며 무색에서 오래되면 연기색으로 된다. 측사는 자낭보다 길고 실모양이며 선단은 거의 무색 또는 연한 연기색이고 급격이 팽대하여 타원형-구형이며 굴곡이 진다.

생태 여름~가을 / 숲속의 점토질의 땅에 부후가 시작된 고목에 단생 · 군생

분포 한국(백두산), 중국, 일본

마귀숟갈버섯

Trichoglossum hirsutum (Pers.) Boud.

형태 자실체는 머리와 자루로 구분되며 높이는 2~8cm이다. 머리 부분의 지름은 0.3~0.8cm으로 다소 둥글면서 납작한 모양이고 삽모양 또는 곤봉상이다. 전체가 흑색이다. 머리 표면에 자실층이 형성된다. 오래되면 백색 분상물질이 피복되기도 한다. 자루는 머리보다 가늘고 원주상 또는 납작한 모양이고 폭은 2~3.5mm, 길이는 6cm까지 이른다. 머리와 자루의 접착점은 명확하지 않다. 자루는 미세한 털이 밀생한다. 포자의 크기는 112~140×5~6㎛로 긴 막대모양-지렁이 모양이고 표면은 매끈하며 13~15개의 격막이 있다. 자낭은 150~220×20~25㎛로 8-포자성이고 포자는 나란히 배열한다. 측사는 실모양이고 격막이 있고 선단은 약간 막대형으로 두껍고 약간 꾸부러진다.

생태 숲속 또는 정원의 나무 밑의 음지의 지상에 군생하며 흔히 이끼와 함께 발생

분포 한국(백두산), 중국, 일본, 유럽, 남·북아메리카, 호주

털마귀숟갈버섯

Trichoglossum octopartitum Mains

형태 자실체의 지름은 1.5~4cm로 컵모양 또는 압착된 스푼모양이다. 표면은 흑색이고 벨벳모양의 비로드가 있다. 포자의 크기는 100~120×4.5~5㎛이며 방추형 또는 류방추형이다. 측사는 원통형이고 꼭대기에서 부푼다.
생태 여름 / 흙에 발생
분포 한국(백두산), 중국, 북아메리카
참고 희귀종, 불식용

노란좀콩나물버섯

Microglossum rufum (Schwein.) Underw.

형태 자실체는 곤봉형이고 높이는 4~5cm로 균모(자낭형성부)는 전체 길이의 반을 차지하고 자루와 연결되어 있으나 색이 다르다. 균모는 황색이고 자루는 오랜지-푸른 오렌지색이고 전체가 눌린 것처럼 편평하며 세로줄의 홈선이 있다. 자루의 길이는 약 2cm, 폭은 5~7mm로 가늘고 긴 원통형으로 밝은 황색-황갈색이다. 자낭은 곤봉형이며 원통형이고 8개의 자낭포자를 담고 있으며 끝은 멜저시약에 의하여 청색으로 변색한다. 자낭포자는 22.5~35×4~5㎛로 타원형 또는 끝쪽으로 조금 좁고 직립하거나 구부러졌다. 표면은 매끄럽고 투명하다.

생태 여름 / 썩은 재목 위에 군생

분포 한국(백두산), 중국, 일본, 북아메리카

자낭균문
ASCOMYCOTA

주발버섯아문
PEZIZOMYCOTINA

주발버섯강
PEZIZOMYCETES

주발버섯목

Pezizales

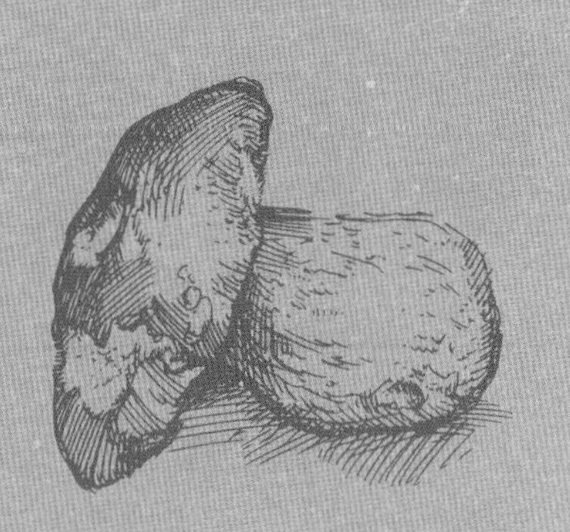

헛마귀곰보버섯

Gyromitra ambigua (Karst.) Harmaja

형태 자실체의 지름은 3~5cm로 안장모양이고 암갈색-진한 갈색 또는 자색이다. 표면은 울퉁불퉁하다. 가장자리는 아래로 말린다. 자루의 길이는 3~5cm, 굵기는 0.3~0.5cm로 거의 원주형이다. 자루의 표면은 갈색, 자색으로 밋밋하거나 약간 들어가며 기부는 약간 팽대한다. 자루의 속은 비었다. 자낭은 가늘고 긴 원주형이며 160~230×12~16㎛로 8-포자성이다. 포자의 크기는 20~27×8~12㎛로 장타원형-타원형으로 옅은 황갈색이며 표면은 매끈하고 광택이 나며 기름방울이 있고 양단이 약간 볼록하다. 측사는 무색하며 가늘고 길며 격벽이 있으며 꼭대기는 둔형이다.

생태 여름~가을 / 숲속의 썩는 고목에 단생 · 군생

분포 한국(백두산), 중국

마귀곰보버섯

Gyromitra esculenta (Pers.) Fr.

형태 자실체는 곤봉형이고 높이는 4~5cm로 균모(자낭형성부)는 전체 길이의 반을 차지하고 자루와 연결되어 있으나 색이 다르다. 균모는 황색이고 자루는 오랜지-푸른 오렌지색이고 전체가 눌린 것처럼 편평하며 세로줄의 홈선이 있다. 자루의 길이는 약 2cm, 폭은 5~7mm로 가늘고 긴 원통형으로 밝은 황색-황갈색이다. 자낭은 곤봉형이며 원통형이고 8개의 자낭포자를 담고 있으며 끝은 멜저시약에 의하여 청색으로 변색한다. 자낭포자는 22.5~35×4~5㎛로 타원형 또는 끝쪽으로 조금 좁고 직립하거나 구부러졌다. 표면은 매끄럽고 투명하다.

생태 여름 / 썩은 재목 위에 군생

분포 한국(백두산), 중국, 일본, 북아메리카

안장마귀곰보버섯

Gyromitra influa (Schaeff.) Quél.

형태 자실체는 머리와 자루 부분으로 구분되며 높이는 4~8cm, 머리는 2~4개의 찌그러진 포대를 뒤집어쓴 모습처럼 불규칙하게 접혀 있고 굵기는 4~8cm 정도이다. 절단해 보면 일그러진 얇은 열편이 자루에 공간을 형성하면서 자루와 융합되어 있다. 머리의 표면은 물결모양으로 울퉁불퉁하고 주름이 잡혀 있으며 계피색-암갈색이다. 머리를 절단해서 그 하면을 보면 류백색이다. 자루의 표면은 밋밋하고 흔히 고랑이나 홈이 파여져 있다. 밑동은 미세한 털이 나 있다. 붉은색이 있는 유백색이다. 자루의 속은 비고 그 공동의 높이는 8cm, 폭은 2mm에 달하는 것도 있다. 살은 부서지기 쉬우며 유백색이다. 포자의 크기는 19~20×7~8.5㎛로 타원형이고 표면은 매끈하고 투명하며 2개의 기름방울이 있다. 자낭은 200~320×8~12㎛로 원통형이며 아래로 가늘고 박막하며 요오드 반응은 음성으로 8-포자성이다. 측사의 선단은 포크형이고 부풀어서 폭은 10㎛이다.

생태 늦여름~초가을 / 활엽수 또는 침엽수림의 땅의 그루터기 부근이나 벌채 잔존물더미 부근에 단생

분포 한국(백두산), 중국, 일본, 유럽, 북아메리카

꼬마안장버섯

Helvella atra J. König

형태 자실체의 높이는 100mm, 머리의 지름은 30mm로 자실체의 두부는 불규칙한 말안장모양에서 거의 찻잔받침형이다. 표면은 결절형으로 찌그러지며 가장자리는 부분적으로 자루에 연결된다. 자실층은 밋밋하고 검은색으로 바깥 면은 회색에서 흑갈색이다. 자루의 굵기는 10mm로 황토색에서 흑갈색으로 되며 표면은 밋밋하고 세로줄의 홈선이 있으며 구불거리고 기부로 약간 두껍고 털이 있다. 자루의 속은 차 있다. 포자의 크기는 16~18.5×10~12㎛로 1개의 큰 기름방울을 가지지만 어린 자실체의 포자는 표면에 거친 사마귀점이 있다. 자낭은 225~280×14~19㎛로 8-포자성이다. 포자는 일렬로 배열한다. 측사는 막대형으로 꼭대기는 두껍고 폭은 7~8㎛로 기부는 포크형이고 격막이 있다.

생태 여름~가을 / 숲속의 땅에 단생 · 군생

분포 한국(백두산), 중국, 북아메리카

주름안장버섯

Helvella crispa (Scop.) Fr.

형태 자실체의 높이는 약 10cm로 머리 부분과 자루로 구분되며 머리 부분은 불규칙한 말안장모양이다. 표면은 울퉁불퉁한 연한 황회색이고 이면에 포자를 만드는 자낭이 전면에 늘어선다. 가장자리는 물결모양 또는 갈라져 있다. 자루의 길이는 3~6cm이고 굵기는 10~25mm로 백색이며 기둥모양이고 표면에는 불규칙한 간격의 세로로 달리는 뚜렷하게 융기된 맥상이 있다. 자루의 속은 비어 있다. 포자의 크기는 18~20×9~13㎛로 광타원형이며 표면은 매끈하고 투명하며 1개의 기름방울이 있으며 어린 포자는 미세한 사마귀점이 있다. 자낭은 250~300×4~18㎛로 8-포자성이다. 포자는 일렬로 배열한다. 측사는 원통형으로 꼭대기는 두껍고 폭은 0.9㎛이다.

생태 여름~가을 / 활엽수림, 혼효림의 숲속의 땅에 군생

분포 한국(백두산), 중국, 일본, 유럽, 북아메리카

참고 식용

긴대안장버섯

Helvella elastica Bull.
Leptopodia elastica (Bull.) Boud.

형태 자실체의 높이는 4~10cm이고 머리 부분은 말안장모양이며 자루의 상부를 양쪽에서 끼고 있다. 머리의 지름은 2~4cm이고 표면에 자실층이 발달하며 연한 황회백색이다. 자루의 굵기는 5mm 정도이고 원주상으로 가늘고 길다. 포자의 크기는 19~22×10~12㎛로 무색의 타원형이고 표면은 매끈하며 투명하고 1개의 기름방울이 있다. 포자는 300×14~16㎛로 8-포자성이다. 측사는 원통형이고 선단은 두껍다.
생태 여름~가을 / 숲속의 땅에 단생 · 군생
분포 한국(백두산), 일본, 유럽, 북아메리카

하얀주름안장버섯

Helvella lactea Boud.

형태 자실체의 머리 폭은 1.2~1.5cm로 말안장모양이고 불규칙한 1개의 열편으로 되어 있다. 가장자리 끝은 일부 자루에 붙어 있기도 한다. 표면의 자실층은 물결모양으로 굴곡지고 백색이며 오래되거나 건조하면 황갈색을 띤다. 자실체의 하면은 밋밋하고 표면과 같은 색이다. 자루는 머리를 포함한 전체 높이는 2~3cm, 굵기는 0.8~1.2cm로 세로로 깊게 골이 파여 있다. 신선한 때는 유백색이고 건조하거나 오래되면 연한 황색를 띤다. 포자의 크기는 16~18×10~12㎛로 광타원형이며 표면은 매끈하고 투명하며 내부에 1개의 기름방울을 함유한다. 자낭은 200×15~18㎛로 8-포자성이다. 측사는 원통형이고 선단은 막대처럼 둥글다.

생태 가을 / 물푸레나무 등의 살아 있는 나무껍질이나 활엽수림의 땅에 군생

분포 한국(백두산), 중국, 유럽

안장버섯

Helvella laucunosa Afzel.

형태 자실체의 크기는 40~70×30~50mm이다. 두부는 불규칙하게 부풀고 종이를 2~3개 구겨 놓은 것 같은 모양이다. 표면은 비틀린 열편, 고랑이 있으나 펴지면 불규칙한 안장모양이다. 가장자리는 자루에 부착한다. 자실층은 회흑색에서 흑갈색을 거쳐 흑색으로 된다. 자실체의 빈곳 옆은 그을린 회색이고 밋밋하다. 자루는 연한 회갈색으로 세로줄의 깊은 고랑이 있고 구멍이 있으며 가로의 맥상이 있고 표면은 밋밋하다. 자른 부분은 빈방이고 크기는 30~80×10~30mm이다. 포자의 크기는 15~20×10~12㎛로 광타원형이며 투명하고 매끈하며 큰 기름방울을 함유한다. 자낭은 240~350×13~16㎛로 8-포자성이다. 측사는 투명하고 갈색으로 꼭대기 쪽으로 굵고 폭은 4~7㎛이다.

생태 여름~가을 / 혼효림의 특히 모래가 많은 곳에 군생

분포 한국(백두산), 유럽

흰흑안장버섯

Helvella leucomelaena (Pers.) Nannf.
Paxina leucomelaena (Pers.) O. Kuntze

형태 자실체의 높이는 10~30mm, 폭은 10~40mm이다. 자루는 짧고 단단하며 땅속에 묻혀 있으며 세로줄이 접혀져 있는 고랑을 형성한다. 고랑은 속이 차 있지만 간혹 방 모양인 것도 있다. 자낭반은 펴지고 넓어져 오래되면 가장자리는 갈라진다. 자실층인 안쪽 면은 밋밋하고 검은 회갈색에서 흑갈색으로 되며 바깥 면은 안쪽 면과 동색이다. 땅속에 묻힌 개체들은 퇴색하여 자루는 백색이고 땅위의 자루는 밝은 회갈색으로 되며 미세한 털이 있다. 포자의 크기는 18~23×10~14㎛로 광타원형으로 투명하고 표면은 매끈하고 1개의 큰 기름방울을 함유한다. 자낭은 250~300×13~16㎛로 8-포자성이다. 측사는 원통형이며 선단쪽으로 굵고 폭은 8㎛로 기부에 격막이 있다.
생태 봄에 돌과 모래가 많은 땅에 군생
분포 한국(백두산), 중국, 유럽

긴안장버섯

Helvella macropus (Pers.) Karst.
Macroscyphus macropus (Pers.) S. F. Gray

형태 자실체의 머리 부분의 지름은 2~3cm로 처음에는 주발모양이나 접시모양으로 펴지며 육질이고 내부의 자실층은 어두운 갈색이다. 외면은 연한 갈색이고 짧은 털이 밀생한다. 자루의 길이는 3~5cm, 굵기는 0.2~0.4cm로 거의 원주상이고 주발의 외면과 같은 육질이며 같은 색이다. 포자는 23~30×11~14㎛로 타원형이고 2개의 알맹이를 가진다. 자낭은 220~350×15~20㎛로 8-포자성이다. 측사는 원통형으로 선단은 두껍다.
생태 여름~가을 / 숲속의 땅에 단생
분포 한국(백두산), 중국, 일본, 유럽, 북아메리카

원추곰보버섯

곰보버섯과 ≫ 곰보버섯속

Morchella conica Krombh.

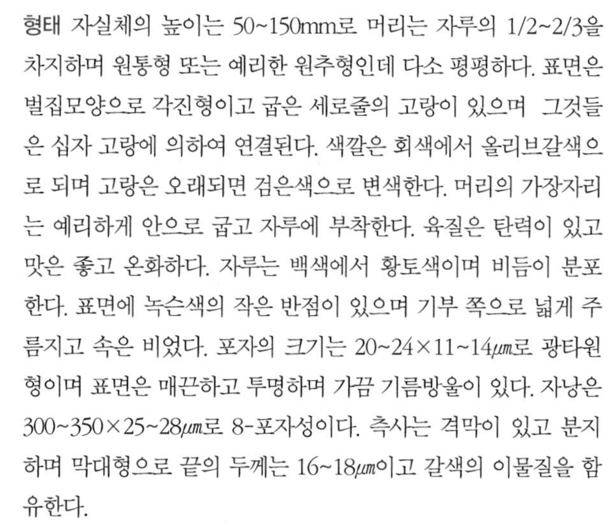

형태 자실체의 높이는 50~150mm로 머리는 자루의 1/2~2/3을 차지하며 원통형 또는 예리한 원추형인데 다소 평평하다. 표면은 벌집모양으로 각진형이고 굽은 세로줄의 고랑이 있으며 그것들은 십자 고랑에 의하여 연결된다. 색깔은 회색에서 올리브갈색으로 되며 고랑은 오래되면 검은색으로 변색한다. 머리의 가장자리는 예리하게 안으로 굽고 자루에 부착한다. 육질은 탄력이 있고 맛은 좋고 온화하다. 자루는 백색에서 황토색이며 비듬이 분포한다. 표면에 녹슨색의 작은 반점이 있으며 기부 쪽으로 넓게 주름지고 속은 비었다. 포자의 크기는 20~24×11~14μm로 광타원형이며 표면은 매끈하고 투명하며 가끔 기름방울이 있다. 자낭은 300~350×25~28μm로 8-포자성이다. 측사는 격막이 있고 분지하며 막대형으로 끝의 두께는 16~18μm이고 갈색의 이물질을 함유한다.

생태 봄에 숲속의 이끼류 사이에 단생 · 군생

분포 한국(백두산), 중국, 전 세계

참고 이 균류는 다양성이 많다.

굵은대곰보버섯

Morchella crassipes (Vent.) Pers.

형태 자실체는 머리 부분과 자루로 된 큰 버섯이다. 머리 부분은 광난형-구형이며 크기는 5~6cm×6~8cm로 황갈색-회색이며 그물모양의 융기에 의하여 벌집처럼 오목한 곳이 생긴다. 오목한 곳의 지름은 1cm이고 비뚤어진 다각형으로 밑바닥에는 주름이 없으며 융기상의 맥상은 연한 황색 또는 갈색이다. 자루의 길이는 10~13cm, 굵기는 6~7cm이며 원통형이고 기부는 굵게 팽대되고 골이 파져 있다. 표면에는 큰 주름이 있고 가루모양-쌀겨모양이며 백색-연한 살색이다. 포자의 크기는 25~27×12~14㎛로 연한 황색의 타원형이고 양끝이 둥글며 표면은 매끄럽고 투명하다. 자낭은 272~352×17.5~30㎛로 원통형이며 아래로 가늘고 긴 자루로 된다. 박막이며 8-포자성이다. 측사는 실모양이고 상부는 팽대되어 곤봉형이고 격막이 있다.

생태 봄에 숲속의 땅에 단생 · 군생하며 균근성

분포 한국(백두산), 중국, 일본, 유럽, 북아메리카

참고 식용

맛곰보버섯

Morchella deliciosa Fr.

형태 자실체는 머리 부분과 자루로 구분되며 높이는 4~10cm이다. 머리의 높이는 1.7~3.3cm, 지름은 0.8~1.5cm로 원추형이다. 표면은 요철의 갱도가 있는 긴 원형이며 연한 갈색, 방추상의 무늬가 배열하며 횡맥상으로 상호 교차한다. 가장자리는 머리와 연결된다. 자루의 길이는 2.5~6.5cm, 굵기는 0.5~1.8cm로 거의 백색-옅은 황색으로 기부는 팽대하고 오목하게 들어간다. 자낭 포자는 18~20×10~11㎛로 타원형이다. 자낭은 거의 원주형으로 300~350×16~25㎛이고 8-포자성이다. 포자는 일렬로 배열한다. 측사는 격벽이 있고 분지하고 꼭대기는 팽대하며 폭은 1~15㎛이다.

생태 여름~가을 / 숲속의 땅에 단생 · 군생

분포 한국(백두산), 중국, 일본, 전 세계

참고 식용

곰보버섯

Morhcella esculenta Fr.
M. esculenta var. esculenta(L.) Pers., M. esculenta var. rotunda (Pers.) Sacc.

형태 자실체 전체의 높이와 폭은 4~6cm로 무딘 원뿔형이며 세포 같은 모양을 이루며 우묵우묵하게 들어가 있으며 올리브색이나 창백한 색으로 된다. 가장자리는 요람의 줄모양이다. 자루의 높이는 3~5cm, 굵기는 1~2cm로 원통형이며 단단하고 약간 백색이며 표면이 파진 것도 있다. 냄새와 맛은 온화하다. 포자의 크기는 16~19×9~11㎛로 광타원형이며 크림-노란색이다. 자낭은 330~380×17~22㎛로 8-포자성이다. 측사는 분지하며 격막이 있고 막대형으로 두껍다.
생태 여름 / 석회질 또는 낙엽수림의 이끼류가 있는 땅에 단생
분포 한국(백두산), 중국, 스웨덴
참고 맛 좋은 식용균

탄사곰보버섯

곰보버섯과 ≫ 곰보버섯속

Morchella elata Fr.

형태 자실체의 높이는 5~15cm로 두부는 알모양 또는 알형의 원추형으로 크기는 4~7×3~6cm이고 선단은 예리한 두부 또는 둔한 두부모양이다. 자루에서 떨어진다. 늑맥은 종맥으로 잘 발달되었고 횡맥은 잘 발달하지 않았다. 망목은 큰 그물눈으로 사각형이며 능형인 것도 많다. 자루의 크기는 4~8×2.5~4cm으로 위아래가 같은 굵기로 거친 과립상이며 부서지기 쉽다. 표면은 주름 잡힌 상태가 뚜렷하다. 내부는 비었으며 솜털상의 균사가 산재한다. 포자의 크기는 18~25×11~15㎛로 광타원형이며 크림색이고 격막은 없으며 매끈하고 양쪽 끝에 작은 과립이 있다. 자낭은 250~300×20㎛로 원통형이고 8-포자성이다. 포자는 일렬로 배열한다. 측사는 원통형 또는 위쪽으로 약간 부풀고 분지하며 많은 격막이 있으며 폭은 8~17㎛이고 표면은 매끈하다. 포자문은 황색이다.

생태 봄에 숲속의 땅에 군생

분포 한국(백두산), 중국, 일본, 유럽

자갈색쟁반버섯

주발버섯과 ≫ 쟁반버섯속

Pachyella celtica (Boud.) Häffn.
Peziza celtica (Boud.) Moser

형태 자실체의 크기는 1.5~3cm, 컵모양에서 접시모양으로 된다. 표면의 자실층은 밋밋하고 습기가 있을 때 광택이 나며 자갈색이며 오래되면 약간 퇴색한다. 아래의 바깥 면은 다소 연한 색이고 밋밋하지만 미세한 쌀겨모양이다. 가장자리는 약간 물결모양을 이루며 어릴 때는 안쪽으로 말린다. 포자의 크기는 15~19×8~9㎛이고 타원형이며 표면은 매끈하고 투명하며 간혹 점 같은 사마귀가 덮여 있다. 자낭은 200~250×10~15㎛로 막대형이고 8-포자성이며 포자는 일렬로 배열한다. 측사는 원통형이고 격막이 있고 선단은 약간 막대형으로 두껍다.

생태 가을 / 숲속의 풀밭, 맨땅에 군생

분포 한국(백두산), 중국, 유럽, 북아메리카

참고 희귀종

손가락머리버섯

곰보버섯과 ≫ 머리버섯속

Verpa digitaliformis Pers.

형태 자실체의 높이는 1~3cm, 굵기는 1~4cm로 종모양 또는 반구형이다. 육질은 부서지기 쉽다. 표면은 밋밋하거나 또는 줄무늬선이 있고 꼭대기가 약간 들어가며 적색-암갈색이다. 자루는 길이 3~10cm, 굵기 5~10mm로 원주형이고 거의 백색이며 속은 비었고 표면은 미세한 작은 인편이 횡으로 배열한다. 자낭은 원주형으로 230~250×14~20㎛이다. 포자의 크기는 22.9~26×11.4~14.3㎛로 장타원형이다. 자낭은 8-포자성이다. 포자는 일렬로 배열한다. 측사는 가늘고 길며 꼭대기는 약간 이물질로 거칠고 폭은 8㎛이다.

생태 봄 / 활엽수림의 땅에 단생 · 산생

분포 한국(백두산), 중국, 일본

참고 식용

흑포도접시주발버섯

Patellariopsis atrovinosa (A.Bloxam ex Curr.) Dennis

형태 자실체 자낭반의 지름은 0.5~1mm로 둥근산모양에서 편평한 모양의 찻잔받침모양으로 되지만 약간 불규칙하다. 가장자리는 살이 두껍다. 자루의 높이는 1mm로 짧고 검은색으로 편평하고 중앙이 육질로 둔하게 둘러싸이고 가루상이다. 자실층은 흑자색으로 거칠고 고르지 않다. 자실층의 바깥 면과 가장자리는 연한 핑크색이고 미세한 펠트조직이 있다. 포자의 크기는 20~30×3~4㎛로 방추형이나 한쪽 면이 편평하며 표면은 매끈하고 투명하며 한쪽 끝이 점상으로 3개의 격막이 있다. 자낭은 막대형이며 포자가 2줄로 배열하며 8-포자성이며 86~90×15㎛이다. 구멍은 요오드 반응으로 청색으로 염색된다. 측사는 가늘고 막대형이며 선단은 포크형이고 꼭대기의 폭은 2.5㎛로 색은 없다.
생태 겨울~봄 / 오래된 고목의 오래된 껍질이 벗겨진 곳에 군생
분포 한국(백두산), 중국, 유럽

모래주발버섯

Peziza arenaria Osbeck
P. ampelina Quél.

형태 자실체의 지름은 20~50mm로 컵 또는 컵받침모양으로 불규칙하게 펴진다. 오래되면 가장자리는 갈라진다. 자실층은 안쪽이며 밋밋하고 짙은 자색에서 자갈색으로 되며 바깥 표면은 미세한 비듬성이고 밝은 황토색이다. 자루는 없다. 육질은 백자갈색이고 부서지기 쉽다. 포자의 크기는 18~22×9~11㎛로 타원형이고 투명하며 표면은 매끈하며 2개의 기름방울이 들어 있다. 자낭은 8-포자성이고 200~350×12~15㎛이다. 측사는 원통형으로 곧고 끝은 약간 막대형이다.

생태 4월~5월 / 숲속의 땅에 단생 · 군생하며 단생들이 융합하여 속생 형태를 이루기도 한다.

분포 한국(백두산), 중국, 유럽

참고 희귀종

흰주발버섯

Peziza arvernensis Roze & Boud.
P. silvestris (Boud.) Sacc. & Traverso

형태 자실체의 지름은 3~8cm로 얕은 원반형 또는 작은 (나팔) 모양이다. 자낭반의 안쪽이 자실층으로 연한 갈색, 바깥 면은 백색이며 광택이 나고 밋밋하다. 자낭반의 가장자리는 부정형이며 안으로 말린다. 자루가 없다. 포자의 크기는 15~20×8~11㎛로 광타원형이고 광택이 나며 표면은 매끈하다. 자낭은 260~280×12~16㎛로 8-포자성이다. 포자는 일렬로 배열한다. 측사는 실모양으로 가늘고 길며 꼭대기는 거칠고 폭은 3.5~6㎛이다.
생태 숲속의 땅에 단생 · 군생
분포 한국(백두산), 유럽
참고 식용

자주주발버섯

Peziza badia Pers.

형태 자실체의 지름은 3~8cm로 주발모양 또는 접시모양으로 서로 붙어서 불규칙한 모양을 나타낸다. 전체가 흑갈색이고 내면의 자실층은 암올리브갈색이고 밋밋하며 외면에는 어두운 색의 가는 쌀겨 같은 조각으로 덮여 있으며 가장자리 쪽이 심하다. 살은 부서지기 쉽고 얇으며 적갈색이다. 포자의 크기는 17~20×8~10㎛로 타원형이며 표면은 그물눈의 융기된 모양이 있으며 2개의 기름방울을 함유한다. 자낭은 8-포자성이다. 300~330×15㎛이다. 측사는 실모양이며 격막이 있으며 끝이 부풀고 연한 황갈색이다.

생태 여름~가을 / 숲속의 땅에 군생

분포 한국(백두산), 중국, 일본, 유럽, 북아메리카

집주발버섯

Peziza domiciliana Cooke

형태 자실체의 지름은 15~50mm로 불규칙한 찻잔받침대모양이며 구부러지고 오랫동안 안으로 구부러진 채로 된다. 가장자리가 부분적으로 찢어지고 나중에 펴져서 편평하게 되며 오래되면 변형된다. 자루는 없거나 있으면 아주 짧다. 자실층은 안쪽 면에 있고 밋밋하며 밝은 갈색이다. 바깥 표면은 회색에서 황토-백색이고 거의 밋밋하다. 육질은 비교적 엷고 부서지기 쉽다. 포자의 크기는 14~18×8~9㎛로 타원형이며 투명하고 오랫동안 매끈하며 희미한 반점이 있다. 자낭은 200~250×11~12㎛로 막대형이고 8-포자성이다. 측사는 가늘고 긴 막대형으로 끝은 두껍고 폭은 5~6㎛로 격막이 있다.

생태 여름~가을 / 습기 찬 모래땅 등에 단생 · 속생

분포 한국(백두산), 유럽

숯가마주발버섯

주발버섯과 ≫ 주발버섯속

Peziza echinospora Karst.

형태 자실체의 지름은 3~8cm로 컵모양 또는 접시모양으로 어릴 때는 가장자리가 안쪽으로 굽는다. 표면의 자실층인 안쪽 면은 밋밋하고 암갈색-연한 갈색이다. 바깥 면은 밝은 갈색이나 유백색이고 심하게 쌀겨모양 또는 비듬모양이다. 살은 부서지기 쉽고 갈색을 띤다. 자루가 없이 땅에 난다. 포자의 크기는 14~15×7~8㎛로 타원형이고 투명하며 표면은 미세한 반점상의 사마귀가 덮여 있다. 자낭은 8-포자성이다. 포자는 일렬로 배열하며 250~280×11~12㎛이다. 측사는 막대모양-실모양으로 선단이 약간 부풀고 폭은 10㎛로 격막이 있다.
생태 늦봄~가을 / 습기 많은 곳의 불탄 자리나 숯검댕이가 버려진 곳에 산생 · 군생하며 단생이 여러 개가 함께 겹쳐 날 경우에 융합하기도 한다.
분포 한국(백두산), 중국, 유럽, 미국
참고 희귀종

반침주발버섯

주발버섯과 ≫ 주발버섯속

Peziza moravecii (Svrcek) Svrcek

형태 자실체의 지름은 10~30mm로 반구형에서 찻잔받침모양으로 되었다가 펴져서 편평하게 된다. 자실층은 조개모양이고 어릴 때 황토색에서 밝은 연한 갈색-갈색 또는 밤색의 갈색이며 가장자리는 더 밝은 색이다. 바깥 표면은 밋밋하고 밝은 미세한 과립이 있다. 자루는 없다. 육질은 얇고 부서지기 쉽다. 포자의 크기는 13~15×6~8㎛로 타원형이고 투명하며 표면은 매끈하고 반점상으로 기름방울은 없다. 자낭은 190~200×10~12㎛로 가늘고 길며 8-포자성이다. 포자는 일렬로 배열한다. 측사는 원통형의 실모양이고 두께 5~6㎛로 과립을 함유한다.
생태 비옥한 땅에 단생 · 군생
분포 한국(백두산), 중국, 유럽
참고 희귀종

과립주발버섯

Peziza grandulosa Schum.

형태 자실체는 자루가 없이 땅 또는 기질에 난다. 지름은 1~3cm로 어릴 때는 컵모양에서 접시모양으로 된다. 표면의 자실층은 어릴 때 연한 황갈색에서 오래되면 갈색으로 된다. 바깥 면은 암색의 비늘이 있으며 자실층과 동색이거나 약간 연한 색이다. 가장자리는 미세한 치아상이다. 오래되면 흔히 뒤틀린다. 포자의 크기는 19~22×10~12㎛로 타원형이며 표면은 밋밋하거나 투명하고 기름방울이 있다. 자낭은 300~17×20㎛로 막대형이고 8-포자성이다. 측사는 막대형이고 끝은 두껍고 폭은 6㎛이다.

생태 여름~가을 / 정원, 목초지, 숲의 땅, 습한 땅이나 썩은 초본류 줄기에 산생 · 군생

분포 한국(백두산), 유럽

짧은대주발버섯

주발버섯과 ≫ 주발버섯속

Peziza micropus Pers.

형태 자실체의 지름은 20~50mm로 찻잔받침모양에서 불규칙하게 펴진다. 가장자리는 톱니형 또는 물결형이다. 짧은 자루에 의하여 기질에 부착한다. 자실층인 안쪽 면은 밋밋하고 밤갈색 또는 적갈색이며 바깥 표면은 백색에서 연한 갈색이고 미세한 비듬이 있는데 특히 가장자리 쪽으로 많이 분포한다. 살은 얇고 부서지기 쉽다. 포자의 크기는 14~15×7.5~9㎛로 타원형이고 투명하며 표면은 밋밋하다. 자낭은 230~250×12~14㎛로 막대형 또는 원통형이다. 측사는 원통형으로 격막이 있고 선단의 끝은 폭이 4㎛이다.

생태 여름~가을 / 썩은 고목 등에 (너도밤나무 등) 단생 · 군생

분포 한국(백두산), 중국, 유럽

참고 희귀종

넓은주발버섯

주발버섯과 ≫ 주발버섯속

Peziza repanda Pers.

형태 자실체는 직경 3~12cm로 처음에는 컵모양에서 펴지며 가장자리가 꾸불꾸불한 모양으로 된다. 가장자리는 이빨모양이다. 자루가 없이 기주에 직접 붙는다. 표면의 자실층인 안쪽 면은 연한 황토갈색-연한 밤갈색이다. 바깥 면은 황토크림색이면서 약간 비듬이 있다. 포자의 크기는 15~16×9~10㎛로 타원형이고 표면은 매끈하다. 자낭은 300×13㎛이다. 측사는 매우 가늘고 선단은 약간 막대형이다.
생태 여름~가을 / 구루터기, 그 주변의 낙엽층 및 톱밥 등에 발생
분포 한국(백두산), 중국, 유럽

즙주발버섯

주발버섯과 ≫ 주발버섯속

Peziza succosa Berk.

형태 자실체의 지름은 5~60mm로 불규칙한 컵의 모양에서 차반침모양을 거쳐 편평하게 펴진다. 자루는 없다. 자낭반의 자실층인 안쪽 면은 밋밋하고 둔하며 안쪽은 중앙으로 수축되고 주름지며 개암나무 열매 색에서 밝은 갈색으로 된다. 자낭반의 바깥쪽은 밝고 미세한 갈색의 비듬이 분포한다. 가장자리는 노란색이다. 살은 단단하고 상처 시 즙액을 방출하며 노란색이다. 포자의 크기는 17~21×9.5~11.5㎛로 타원형이며 투명하고 표면은 거친 사마귀점에서 짧은 능골이 있으며 2개의 기름방울을 함유한다. 자낭은 8-포자성이고 330×15㎛이다. 측사는 원통형으로 격막이 있고 꼭대기는 약간 막대형으로 두께는 9㎛로 선단은 포크형이다.
생태 여름 / 젖은 죽은 나뭇가지 등에 단생 · 군생
분포 한국(백두산), 중국, 유럽

주발버섯

Peziza vesiculosa Bull.

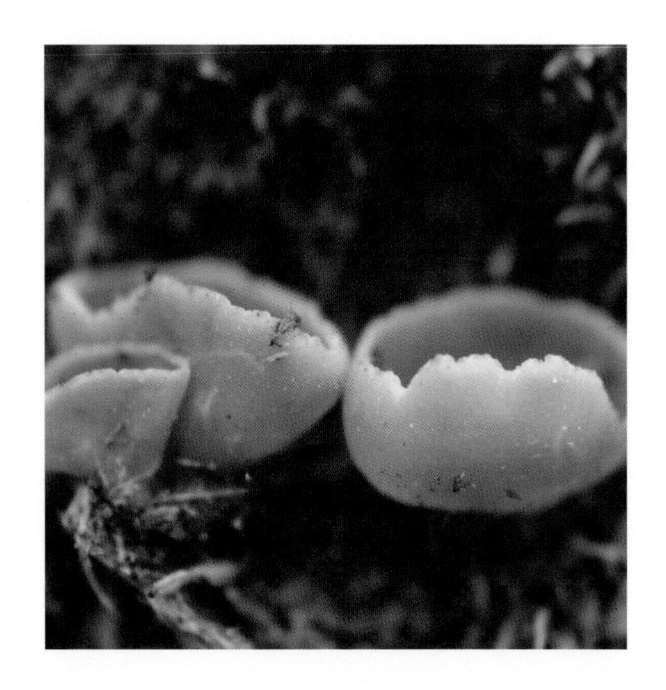

형태 자실체의 지름은 3~10cm로 주발모양이고 안쪽면의 자실층은 밝은 황토-갈색으로 바깥 면은 밋밋하고 황토색에서 칙칙한 백색이고 비듬이 있다. 다수가 모여 나기 때문에 서로 눌려서 불규칙하게 삐뚤어져 있다. 살은 부서지기 쉽고 연한 색이다. 자루는 없다. 포자의 크기는 20~24×11~14㎛로 타원형이며 표면은 매끄럽다. 자낭은 8-포자성으로 320~370×17~24㎛이다. 측사는 가늘고 격막이 있으며 꼭대기는 부푼다.
생태 1년 내내 / 썩은 짚 위나 밭의 땅에 단생 · 군생
분포 한국(백두산), 중국, 전 세계
참고 식용

들주발버섯

Aleuria aurantia (Pers.) Fuckel

형태 자실체의 지름은 1~4cm로 주발모양-접시모양으로 불규칙하게 펴진다. 자실체의 내면은 밋밋하고 밝은 주홍색-주황색이고 외면은 연한 주색이며 흰가루 같은 비듬으로 덮인다. 살은 얇고 육질이고 부서지기 쉽다. 자루는 없다. 포자의 크기는 16~22×7~10㎛로 타원형이고 표면에 그물눈 같은 조각모양이고 양 끝에 짧은 돌기가 있으며 투명하고 2개의 작은 방울을 갖는다. 자낭은 185~200×10~13㎛로 긴 막대형이고 8-포자성이다. 측사는 약간 막대형이고 끝은 부풀고 두께 6㎛로 격막이 있고 요오드로 염색하면 녹색으로 되는 오렌지 과립이 있다.

생태 여름~가을 / 숲속 땅 특히 진흙, 풀이 없는 맨땅에 군생

분포 한국(백두산), 중국, 전 세계

갈색사발버섯

Humaria hemisphaerica (Wigg.) Fuckel

형태 자실체의 지름은 1~3cm로 사발모양이며 자루가 없이 기물에 붙어 있다. 사발 내면의 자실층은 회백색이고 때로는 청색을 나타낸다. 외면과 가장자리는 갈색이고 전면에 반점모양의 어두운 갈색 털로 덮였다. 포자의 크기는 22.5~27×10~13㎛로 광타원형이며 표면은 거친 사마귀가 있고 2개의 알맹이를 가지며 2개의 기름방울을 함유한다. 자낭은 230~270×19~23㎛로 8-포자성이다. 포자는 일렬로 배열한다. 측사는 막대형이며 꼭대기는 둥글고 두께는 7~8㎛이다.

생태 여름~가을 / 음지의 습한 땅이나 썩고 젖은 재목에 단생 · 군생

분포 한국(백두산), 중국, 유럽

꽃접시버섯

Melastiza chateri (W. G. Smith) Boudier

형태 자실체의 지름은 0.5~2cm로 처음에는 접시형에서 편평해지며 나중에는 가장자리가 아래쪽으로 휘기도 한다. 표면의 안쪽의 자실층은 주홍색-주황색을 띤 오렌지색이고 바깥의 하면은 연한 색이며 미세한 갈색의 털이 덮여 있다. 자루는 없다. 포자의 크기는 17~19×9~11㎛로 타원형이며 표면에 거칠게 융기된 각진형의 그물꼴이고 양끝에 작은 기름방울을 간혹 가지는 것도 있다. 자낭은 길이 300×15㎛로 원통형이고 8-포자성이다. 측사는 막대형이며 꼭대기는 둥글고 폭은 7㎛ 정도이다.
생태 가을~봄 / 나지, 모래에 군생
분포 한국(백두산), 중국, 일본, 유럽

주머니째진귀버섯

Otidea alutacea (Pers.) Massee

형태 자실체의 높이는 2~6cm, 지름은 2~4cm로 머리는 여러 가지의 형태인데 흔히 세로로 길게 열려 있는 동물의 째진 귀모양이거나 비스듬히 선 모양이다. 다발로 발생하며 흔히 불규칙하게 물결모양 또는 찌그러진 모양이 되기도 한다. 꼭지 부분은 흔히 잘린 모양이 되기도 한다. 내면의 오목한 부분의 자실층은 밋밋하며 그을린 색, 연한 갈색, 회갈색 또는 갈색 등이다. 바깥 면은 흔히 비듬투성이이고 연한 갈색-갈색이다. 살은 부서지기 쉽다. 자루는 없거나 극히 짧고 가늘게 있는데 유백색이고 밑동은 미세한 털이 있다. 포자의 크기는 13~17×6~8㎛로 타원형이며 표면은 매끈하고 투명하며 2개의 기름방울이 있다. 자낭은 250~300×8~10㎛로 원통형이고 측사는 가늘고 두께는 3~4㎛로 끝은 굽었고 격막이 있으며 기부는 포크형이다.

생태 가을 / 숲속의 부식층에 산생 · 속생

분포 한국(백두산), 중국, 일본, 북아메리카

민자루째진귀버섯

Otidea onotica (Pers.) Fuck.

형태 자실체의 크기는 30~60mm로 자실층은 검은 땅색에서 칙칙한 회갈색이다. 외측 면은 오렌지황색 또는 옅은 은행 같은 황색으로 밋밋하다가 비듬같이 된다. 안쪽 면은 옅은 오백색의 분황색이다. 자실체의 한쪽이 갈라지고 간혹 한쪽으로 길게 늘어나기도 한다. 자루가 없다. 포자의 크기는 10~12×6~7㎛로 타원형이고 약간 황색이며 표면은 매끈하고 투명하며 기름방울이 2개가 있다. 자낭은 16~18.5×10~13㎛로 긴원통형 또는 막대모양이고 8-포자성이다. 측사는 폭이 3~4㎛로 실모양으로 교차분지하며 격벽이 있고 상부는 만곡이 지며 갈구리형이다.

생태 숲속의 땅에 군생 · 속생

분포 한국(백두산), 중국, 유럽

접시버섯

Scutellinia scutellata (L.) Lambotte

형태 자실체의 지름은 0.5~1cm의 작은 접시모양이며 접시의 내면인 자실층은 밝은 주홍색이고 가장자리는 위로 뒤집힌다. 바깥면과 가장자리는 검은 눈썹 같은 강모가 나 있다. 강모는 어두운 갈색이며 막이 두껍고 5~6개의 세포로 되며 끝이 뾰족하고 길이는 약 1mm이다. 자루는 없다. 포자의 크기는 20~24×12~15㎛로 광타원형이며 표면에 미세한 사마귀 같은 돌기의 털이 있고 매끄럽고 투명하며 기름방울이 있다. 자낭은 8-포자성으로 253~266×18~20㎛이다. 측사는 막대형이고 끝은 두께 10㎛이다.

생태 여름~가을 / 썩은 나무 위나 부식질이 많은 땅에 군생

분포 한국(백두산), 전 세계

그늘접시버섯

Sutellinia umbrarum (Fr.) Lamb.

형태 자실체의 지름은 3~8mm로 어릴 때는 볼록렌즈의 모양에서 접시모양으로 되고 나중에 거의 편평형으로 된다. 표면의 자실층인 안쪽 면은 오렌지적색이고 때로는 중앙이 배꼽모양처럼 쏙 들어간다. 가장자리의 끝은 0.8mm 정도이고 암갈색의 빳빳한 털이 촘촘히 나 있다. 자루는 없고 기물에 직접 부착한다. 포자의 크기는 19~20×13~14㎛로 타원형이고 투명하며 표면에 반점 같은 사마귀가 덮여 있고 많은 기름방울을 함유한다. 자낭은 8-포자성이며 크기는 240~270×19~21㎛이다. 측사는 막대형이며 격막이 있고 선단은 포크형으로 부풀고 폭은 8㎛이다.

생태 늦봄~가을 / 습기 많은 땅 또는 젖고 썩는 고목, 식물체를 버린 곳 등에 단생 · 군생

분포 한국(백두산), 중국, 유럽

갈색땅주발버섯

Tarzetta catinus (Holmsk.) Korf & Rogers

형태 자실체의 지름은 10~40mm이고 컵모양-쟁반모양에서 넓게 또는 편평하게 되며 나뭇잎모양으로 갈라지고 긴 자루로 땅속에 묻혀 있다. 자실층(내면)은 크림색-연한 다갈색이고 외면은 털이 있거나 펠트모양이며 자실층과 같은 색이며 밝다. 가장자리는 얕게 갈라지며 내부 바닥은 그물모양 또는 맥상의 모양이다. 살은 얇고 부서지기 쉽다. 포자의 크기는 20~24×11~13㎛로 타원형이며 표면은 매끄럽고 2개의 알맹이를 가졌다. 자낭은 8-포자성이다. 포자는 일렬로 배열한다. 측사는 가늘고 격막이 있고 선단은 포크형으로 부풀고 폭은 4㎛이다.

생태 여름~가을 / 숲속, 뜰, 길가의 땅에 군생

분포 한국(백두산), 유럽

오목땅주발버섯

Tarzetta cupularis (L.) Svrcek

형태 자실체의 지름은 0.5~2cm로 포도주잔모양-컵모양이다. 가장자리는 미세한 톱니상이고 전체가 거미줄 같은 실로 덮여 백색-회황토색이다. 자실층(내면)은 매끄러우며 외면은 갈색의 사마귀가 있고 자루가 없거나 또는 뚜렷하게 있어서 땅속에 파묻혀 있다. 포자의 크기는 20~22×13~15㎛로 타원형이며 표면은 매끄럽고 2개의 큰 알맹이를 가졌다. 자낭은 8-포자성이다. 포자는 일렬로 배열하며 250~280×15~16㎛이다. 측사는 격막이 있으며 가늘고 선단에서 갈라지며 굵다.

생태 봄~가을 / 길가 제방 나무 밑의 땅에 단생 · 군생

분포 한국(백두산), 중국, 유럽

석탄주머니버섯

Ascobolus carbonarius Karsten

형태 자낭반의 지름은 5mm로 컵모양이며 중앙은 오목하였다가 편평해진다. 자낭반의 안쪽 면은 흑갈색에서 거의 흑색으로 되며 바깥 면은 미세한 가루가 있으며 흑갈색이다. 가장자리는 약간 톱니상이다. 포자의 크기는 19~22×11~15㎛로 타원형이고 자갈색이고 표면은 불규칙한 사마귀점이 있다. 자낭은 8-포자성으로 150~230×13~22㎛이다. 측사는 가지를 치고 가늘며 두께는 3㎛이며 황녹색의 점질액에 묻혀 있으며 실모양으로 격막이 있고 포크형이다.

생태 봄~여름 / 불탄 땅에 군생

분포 한국(백두산), 유럽

예쁜술잔버섯

Caloscypha fulgens (Pers.) Boud.

형태 자실체의 폭은 2~4cm의 소형이다. 어릴 때는 구형-요강모양이고 후에 불규칙한 컵모양이나 접시모양이 된다. 안쪽의 자실층면은 밝은 황색이고 건조할 때는 다소 오렌지색으로 밋밋하거나 때로는 결절이 있다. 바깥의 하면은 황토갈색이고 가루가 있으며 손으로 만지면 초록색으로 된다. 자루가 없이 직접 기물에 부착하거나 때로는 짧은 대가 있다. 가장자리는 고르거나 물결모양을 이룬다. 부분적으로는 찢어지기도 하고 잘라져 나가기도 한다. 포자의 크기는 5~6㎛로 구형이며 표면은 매끈하고 투명하며 기름방울은 없다. 자낭은 100×10㎛로 원통형이며 8-포자성으로 포자는 일렬로 배열한다. 측사는 원통형이고 격막이 있고 선단과 기부는 포크형이다.

생태 봄 / 높은 산지의 이끼가 많거나 낙엽이 많은 침엽수, 활엽수의 토양에 단생 · 군생

분포 한국(백두산), 유럽

털작은입술잔버섯

Microstoma floccosum (Schw.) Raitv.

형태 자실체는 양주잔모양의 머리와 자루로 구분된다. 머리는 처음에 위쪽은 닫힌 형태이다가 위쪽이 열리게 되며 폭은 0.5~1cm, 높이는 1.5cm 정도로 컵모양이다. 자실체 안쪽의 자실층면은 진한 홍색이고 밋밋하고 바깥 면은 홍색이다. 가장자리와 바깥 면은 백색의 긴 털이 덮여 있다. 자루는 흰색이고 길이는 3~10mm, 굵기는 1~2mm로 표면에 흰색의 미세한 털이 덮여 있다. 포자의 크기는 20~35×15~17㎛로 타원형이며 표면은 매끈하고 투명하다.

생태 여름 / 습기가 많은 땅에 묻힌 활엽수의 가지 위에 군생

분포 한국(백두산), 중국, 일본, 북아메리카(동남부)

무리작은입술잔버섯

술잔버섯과 ≫ 작은입술잔버섯속

Microstoma aggregatum Otani

형태 자실체의 지름은 5~10mm, 깊이는 5~8mm로 와인잔모양이다. 내면은 핑크색이고 외면과 자루는 백색의 털이 밀생한다. 자실체의 입구는 처음에 닫혀 있을 때 구형에서 나중에 술잔모양으로 열린다. 팔의 가장자리는 약간 거치상이다. 자실층면은 팔의 내측에 있으며 핑크색-연한 붉은색으로 밋밋하다. 외면은 백색의 털로 밀생한다. 자루는 가늘고 길며 원통형-약간 편평상이며 기부는 상호 교차하여 유착한다. 표면은 유백색으로 팔의 외측과 같은 백색의 털로 피복된다. 포자의 크기는 19~22×6~9㎛이다.

생태 가을 / 고목에 속생

분포 한국(백두산), 중국, 일본

쟁반술잔버섯

술잔버섯과 ≫ 술잔버섯속

Sarcoscypha vassiljevae Raitv.

형태 자실체의 지름은 15~60mm로 쟁반모양으로 찻잔모양과 비슷하다. 쌀색 또는 백색이고 벽은 얇다. 자루는 없거나 있을 경우는 아주 짧다. 자낭 포자는 18~25×10~13㎛로 장타원형이고 큰 기름방울을 함유한다. 자낭은 290~360×9~13㎛이다.

생태 살아 있는 나무의 썩는 부위 및 부식토에 군생

분포 한국(백두산), 중국

술잔버섯

Sarcoscypha coccinea (Jacq.) Sacc.

형태 자실체는 1~8cm의 소형이다. 어릴 때는 둥근 술잔모양이나 점차 컵모양 또는 접시모양으로 된다. 전체가 둥근모양이거나 때로는 타원형으로 되기도 한다. 안쪽 면의 자실층은 주홍색-적색으로 오래되면 오렌지적색으로 퇴색되기도 한다. 바깥 면은 분홍색-황토색으로 유백색의 미세한 알갱이 입자가 덮여 있다. 가장자리는 오랫동안 안쪽으로 굽어 있다. 자루는 없거나 또는 썩은 나무에 깊이 들어가 있다. 포자의 크기는 29~39×9~13㎛로 타원형이며 표면은 매끈하고 투명하며 양쪽 끝에 많은 작은 방울이 들어 있다. 자낭은 8-포자성이다. 포자는 일렬로 배열하며 398~450×13.5~15㎛이다. 측사는 얇고 막대형으로 격막이 있고 요오드 반응에서는 적색의 과립이 녹색으로 염색된다.

생태 늦겨울~늦은 봄 / 특히 산악고지대의 습기 많은 지역에 떨어진 오리나무, 단풍나무, 버드나무, 느릅나무 등의 죽은 가지에 이끼 등과 함께 단생 · 군생

분포 한국(백두산), 중국, 일본, 유럽, 북아메리카

갈색털고무버섯

털고무버섯과 ≫ 털고무버섯속

Galiella celebica (P. Henn.) Nannf.

형태 자실체의 지름은 4~7cm, 높이는 3~4cm로 처음 구형에서 반구형-도원추형으로 되며 자루가 거의 없고 흑갈색이며 고무처럼 탄력이 있다. 상면의 자실층은 처음에는 주발모양에서 편평한 접시모양으로 되고 가장자리와 바깥쪽은 짧은 털로 덮이며 흑갈색이고 내부의 살은 두꺼우며 우무질이다. 포자의 크기는 25~30×12~13㎛로 타원형로 양쪽 끝이 가늘고 어떤 것은 방추형이고 표면은 요오드 반응에서는 청색으로 되며 사마귀돌기가 있다. 측사는 실모양이며 지름 2.5~3.5㎛로 격막이 잇고 상부에 갈색의 과립이 있다.

생태 가을 / 숲속의 썩은 재목

분포 한국(백두산), 중국, 일본, 인도네시아, 뉴기니 섬, 마다가스카르, 유럽

말미잘버섯

Urnula craterium (Schw.) Fr.

형태 자실체의 지름은 3~4cm, 깊이는 5cm로 자루가 있는 컵모양이며 위쪽의 주발 부분은 처음에는 입을 다물고 있으나 후에 꼭대기에 별모양의 터진 구멍이 생겨 입이 열린다. 도난형에서 원추형으로 되며 바깥 면은 거의 흑색-흑갈색의 두꺼운 털이 있다. 살은 단단하고 가죽질이며 내면의 자실층은 회갈색이다. 자루의 길이는 2~6cm, 굵기는 4~8mm로 세로의 주름이 있고 기부는 검은 균사가 밀생하여 기물의 재목에 붙는다. 포자의 크기는 25~35×12~14㎛로 광타원형이고 표면은 매끄럽다. 자낭은 원통형이며 후막으로 350~600×13~15㎛로 8-포자성이다. 측사는 실모양이며 폭은 3~4㎛이다.
생태 봄 / 활엽수림의 땅속에 파묻힌 죽은 가지 등에 발생
분포 한국(백두산), 중국, 일본, 유럽, 북아메리카

자낭균문
ASCOMYCOTA

주발버섯아문
PEZIZOMYCOTINA

동충하초강
SORDARIOMYCETES

동충하초아강
HYPOCREOMYCETIDAE

동충하초목

Hypocreales

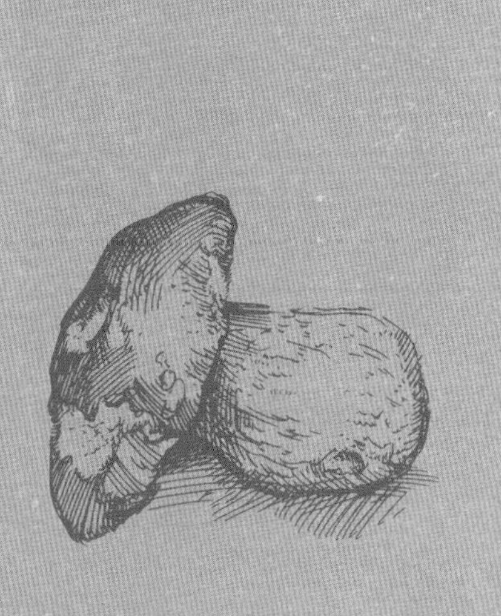

점박이동충하초

Cordyceps macularis (Mains) Mains

형태 자실체는 단일 또는 2~3개가 곤봉상의 긴 원통형으로 지상부의 높이는 2~3.5cm, 결실부는 상단부에 만들고 높이는 10~18mm, 굵기는 2.3~3.6mm이다. 불규칙한 원반상의 자낭과가 뭉쳐 있고 긴 원통형을 만들고 연한 회황갈색이다. 자낭과는 완전히 매몰한다. 구멍은 미세한 점상으로 돌출하며 난형으로 300~350×170~200㎛이다. 자낭은 장방추형으로 120~150×7~8㎛이고 두부의 지름은 3㎛이다. 2차 포자의 크기는 8~10×2㎛이다. 자루는 원주형이고 원주형과 결실부의 경계는 약간 분명하며 지름은 1.2~2mm로 연한 회색 또는 연한 황회색으로 약간 단단한 육질이다.

생태 봄~여름 / 참나무 숲에 특히 집단으로 발생

분포 한국(백두산), 일본

노린재동충하초

Cordyceps nutans Pat.

형태 자실체는 두부와 자루 부분으로 나누어지며 두부의 길이는 5~6cm, 폭은 1.5~2cm로 오렌지황색의 긴 타원형이며 표면은 매끄럽다. 자루의 길이는 4~15cm, 굵기는 0.5~1mm로 위쪽은 연한 황갈색이고 아래쪽은 흑색으로 광택이 나며 단단한 철사모양이다. 두부 부분의 목에서 구부러지며 높이는 4~5cm이고 지름은 0.5~1㎜이다. 상부는 연한 황갈색이고 하부는 흑색으로 반짝이며 단단한 철사모양으로 목에서 구부러진다. 포자의 크기는 6.5~10×1.4~1.6㎛로 원주형이다. 자낭 속의 2차포자의 크기는 10~14×1.5㎛이다.

생태 여름~가을 / 여러 노린재의 죽은 성충(엄지)에 기생하고 그 사체에서 1개가 보통 나오나 간혹 2~3개가 발생

분포 한국(백두산), 중국, 일본

참고 약용

깡충이동충하초(거품벌레동충하초)

동충하초과 ≫ 동충하초속

Cordyceps tricentri Yasuda

형태 자실체는 머리와 자루로 구분되며 머리의 크기는 2~7mm×1.5~2mm, 자루의 크기는 30~70㎜×1~1.5mm이다. 자실체는 타원형이고 또는 방추형이며 옅은 황색을 띤다. 자실체는 머리와 가슴에서 1~2개가 발생하고 머리에는 자낭각이 비스듬히 묻혀 있으며 크기는 1,200~1,500㎛×50~60㎛이다. 실모양의 자낭포자는 크기 8~10㎛×1.5㎛인 방추형의 2차 포자로 분열한다.
생태 낙엽 밑의 죽은 거품벌레의 성충에서 발견
분포 한국(백두산)

홍두깨동충하초

동충하초과 ≫ 동충하초속

Cordyceps yakushimensis Kobay.

형태 자실체의 높이는 6~8cm, 두부의 높이는 1.5~2.5cm, 굵기는 3.2~5mm로 약간 부푼형의 원주형으로 길고 밝은 갈색 또는 연한 황토갈색이다. 살은 위 조직이다. 자낭과는 반나생의 밀포형이고 구멍은 밀생하여 돌출하며 좁은 난형으로 740~800×170~230㎛로 경부는 없다. 자낭은 270~350×5~7㎛로 두부의 지름은 6~6.5㎛이다. 2차포자의 크기는 8~15㎛이다. 자루는 원주형이고 단단한 섬유 육질로 지름은 1.5~2mm로 결실부의 경계는 명확하고 희미한 연한 황토색으로 기주에 직결된다.
생태 여름~가을 / 난대림의 상록활엽수 또는 낙엽활엽수와의 혼효림 숲속의 땅속에 묻힌 매미의 번데기 또는 애벌레 머리에서 1~2개 발생
분포 한국(백두산), 일본

벌동충하초

동충하초과 ≫ 벌동충하초속

Ophiocordyceps sphecocephala (Klotz. ex Berk.) G.h.Sung, J.M.Sung, Hywel-Jones & Spatafora

형태 두부의 가로는 0.5cm, 세로는 0.2~0.3cm이고 짧은 곤봉모양이고 황색이다. 자루의 높이는 약 6cm로 가늘고 구부러져 있으며 표면은 매끄럽다. 자낭각 주위에 홈선으로 되며 그물모양의 조직이 있고 진한 노란색의 뚜껑이 있으며 미세한 반점이 많이 있다. 자낭각은 함몰되어 있으나 머리 표면에 대하여 각을 이루고 있으며 부분적으로 서로 겹쳐져 있다. 자낭 포자의 크기는 8~15×1.5~2.5㎛로 좁은 타원형이고 표면은 매끄럽다.

생태 봄~가을 / 죽은 벌과 파리에 단생

분포 한국(백두산), 일본, 중국, 유럽

귀두속버섯

점버섯과 ≫ 속버섯속

Hypomyces hyalinus (Schw.) Tul. & C. Tul.

형태 전체적인 생김새가 귀두가 있는 남성의 성기처럼 생겼으며 균모와 자루로 구분된다. 균모(귀두)의 지름은 3×3cm로 고동색을 띠고 때로는 유백색에서 핑크색과 비슷하거나 적색이다. 자루의 길이는 13.5cm, 굵기는 1~3cm로 기형적으로 굵고 막대형으로 아래로 갈수록 굵어지며 표면은 비늘처럼 된다. 색깔은 균모와 같은 고동색이며 자루 표면에 거미집모양의 인편이 있다. 포자는 13~22×4.5~6.5㎛로 물레가락 모양이고 표면은 사마귀점이 있고 투명하며 불규칙한 2-세포이다.

발생 여름~가을 / 혼효림 낙엽에서 단생

분포 한국(백두산), 중국, 일본

참고 이 버섯은 전체의 모양이 남성의 생식기 모양으로 그물버섯류, 광대버섯류, 무당버섯류, 젖버섯류의 발생단계인 원기에 속버섯속(Hypomyces)의 균이 침입하여 숙주인 버섯을 기형으로 만든 것이다. 자낭포자가 없고 표면에 속버섯(Hypomyces)의 자낭각이 있다. 숙주 버섯에 기생하여 독특한 모양을 만든다.

황녹속버섯

점버섯과 ≫ 속버섯속

Hypomyces luteovirens (Fr.) Tul. & C. Tul.

형태 자실체는 백색에서 올리브녹색을 거쳐 검은 녹색 사상균으로 되며 여기서 작은 돌기를 만드는 검은 녹색 피자기를 만든다. 이 균들이 젖버섯, 무당버섯의 주름살과 자루를 피복한다. 포자의 크기는 28~35×4.5~5.5㎛로 물레가락모양이며 표면에 미세한 사마귀점이 있고 투명하며 1-포자성이다.

생태 여름~가을 / 숲속에서 발생하는 젖버섯과 무당버섯의 위에 발생하며 습기가 있는 곳의 숙주에서 보통 발견된다.

분포 한국(백두산), 중국, 북아메리카

참고 식용불가

알보리수버섯

Nectria cinnabarina (Tode) Fr.

형태 이 버섯은 2단계로 자실체를 생성하는데 첫 단계는 크기 1mm 내외의 반구형 또는 아구형으로 방석모양이 나무껍질의 표면에 부착되는데 연한 오렌지색-연한 분홍색을 띤다. 이것은 포자낭이 발전되어서 자좌(子座)가 형성되는 단계이다. 두번째 단계는 지름 0.2~0.4mm의 구형-아구형의 적갈색의 좁쌀모양의 수많은 알갱이가 다닥다닥 십여 개씩 엉겨 붙어서 방석모양을 이룬 단계이다. 각각의 알갱이 표면 중앙은 점모양으로 약간 오목하고 진하며 나무껍질에서 나온 밝은 색의 자좌가 있다. 더 뚜렷한 것은 오렌지-분홍색의 방석 같은 무성세대이다. 후에는 터진 모양을 이루는데 이는 포자가 형성되어 비산되는 단계이다. 포자의 크기는 12~25×4~9㎛로 원주상의 타원형으로 약간 잘룩한 모양으로 투명하며 표면은 매끄럽고 1개의 격막이 있다. 자낭은 70×12㎛로 8-포자성이다. 불규칙한 2열로 배열하며 75~90×9.5㎛이다.

생태 1년 내내 / 활엽수의 죽은 가지 위에 밀생

분포 한국(백두산), 중국, 일본, 유럽

자낭균문
ASCOMYCOTA
주발버섯아문
PEZIZOMYCOTINA
동충하초강
SORDARIOMYCETES
콩꼬투리버섯아강
XYLARIOMYCETIDAE

콩꼬투리버섯목

Xylariales

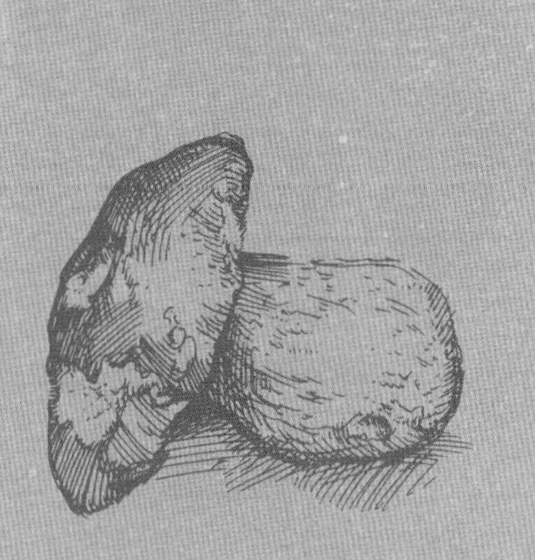

콩꼬투리버섯

Xylaria hypoxylon (L.) Grev.

형태 자실체는 흑색 목탄질의 단단한 버섯이다. 높이는 3~8㎝, 굵기는 2~6㎜로 연필모양 또는 가지를 쳐서 닭볏모양-나뭇가지모양으로 된다. 표면에는 가는 사마귀 같은 것이 많이 붙어 있고 그 속에 포자를 만드는 자낭이 가득 들어 있는 작은 방이 있다. 포자의 크기는 12~15×6㎛로 콩모양이고 흑색이며 표면은 매끄럽고 1~2개의 알맹이와 1개의 발아관이 있다. 자낭은 8-포자성이다. 일렬로 배열하며 100~150×8㎛로 꼭대기에 고리가 있다. 측사는 막대형이며 실처럼 가늘다.
생태 1년 내내 / 숲속의 죽은 나무 위에 군생
분포 한국(백두산), 중국, 일본, 유럽, 북아메리카

다형콩꼬투리버섯

Xylaria polymorpha (Pers.) Grev.

형태 자실체의 높이는 3~7cm로 전체가 검고 목탄질로 단단하며 방망이모양 또는 거꾸로 된 술병모양이다. 자낭각은 부푼 머리 부분의 검은 표층 조직 내에 파묻혀 있고 표면에 점모양의 입을 연다. 포자는 22~30×6~8㎛이며 흑갈색의 방추형으로 한쪽만 편평하고 표면은 매끈하고 갈색이며 가끔 1개의 기름방울을 함유하며 발아관이 중간에 존재하며 포자의 양끝까지 발달하지는 않았다. 자낭은 130~140×8㎛로 8개의 포자가 일렬로 배열하며 가늘고 길다. 측사는 가는 실모양이다.

생태 가을~봄 / 활엽수의 고목이나 생목의 뿌리 근처에 군생하고 백색부후균을 일으켜서 나무가 바람에 의하여 넘어지게 한다.

분포 한국(백두산), 중국, 전 세계

담배콩꼬투리버섯

Xylaria tabacina (Kickx f.) Berk.

형태 자실체 전체의 높이는 3~10cm이고 지름은 0.5~1.5cm로 막대형의 곤봉상 혹은 타원형으로 나뭇가지 모양을 나타낸다. 표면은 밋밋하고 광택이 나며 연한 황색, 황토색, 다갈색이고 가는 흑색의 반점들이 밀포하며 이것들이 매몰되어 자낭각의 구멍이 된다. 자루의 속은 백색이고 섬유질로 되었다가 노후하면 비게 된다. 포자의 크기는 18~24×6~8㎛로 암갈색이다. 자낭은 원통형으로 120~130×6~8㎛이고 8개의 포자가 일렬로 배열한다.
생태 상록활엽수의 썩는 고목에 단생
분포 한국(백두산), 중국, 일본(오키나와), 아열대-열대

변형균문
MYXOMYCOTA
⋎
변형균강
MYXOMYCETES
⋎
변형복균아강
MYXOGASTEROMYCETIDAE
⋎

이먼지목

Liceales

분홍콩먼지버섯

Lycogala epidendrum (J. C. Buxb. ex L.) Fr.

형태 자실체는 공모양 또는 편평한 둥근모양이거나 불규칙적이며 분회색, 황갈색 또는 짙은 청갈색이나 갈색에 가깝다. 지름은 0.3~1.5㎝이고 표피층이 얇고 약하며 노란색이나 어두운 갈색의 작은 비늘 조각 모양의 혹이 있다. 끝부분이 갈라지며 포자를 퍼뜨린다. 포자는 분홍색이고 나중에는 옅은 색깔로 변색한다. 변형체는 오렌지홍색이다. 포자의 크기는 지름 6~7.5㎛로 구형이며 표면에 그물꼴이 있으며 반사광에서 복숭아 색이거나 진한 회색이며 오래되면 황색으로 되든가 황토색으로 된다.

생태 일년 내내 / 썩은 나무나 살아 있는 나무에 군생 또는 밀생하며 산생

분포 한국(백두산), 중국, 일본, 전 세계

갈색관먼지버섯

Tubifera ferruginosa (Batsch) J. F. Gmel.

형태 의착합체는 자루가 없고 높이는 약 5mm, 직경은 약 15mm에 달하는 것도 있다. 하나하나의 단자낭체는 원통형, 난형 또는 방추형이며 서로 밀착하여 각을 지어 길게 늘어진다. 각 개의 직경은 0.4mm 정도로 흙색 또는 적갈색이거나 드물게 자갈색이다. 변형막은 밝고 백색으로 해면질이다. 자낭벽은 반투명하고 내면은 평활하며 선단부는 뚜껑형으로 열리고 하부는 잔존성이다. 포자의 지름은 6~8㎛로 구형이고 반사경에서 갈색이며 표면의 3/4가 그물꼴을 형성한다. 변형체는 무색부터 백색이나 나중에 복숭아색에서 갈색으로 변색한다.

생태 봄~가을 / 썩는 나무에 발생

분포 한국(백두산), 중국, 일본, 전 세계

변형균문
MYXOMYCOTA

변형균강
MYXOMYCETES

변형복균아강
MYXOGASTEROMYCETIDAE

자루먼지목

Physarales

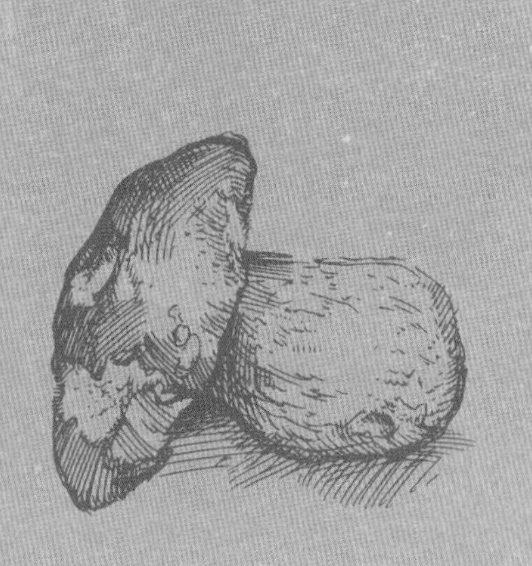

노랑격벽검뎅이먼지버섯

Fuligo septica var. **flava** (Pers.) Morgan

형태 자실체의 높이는 3cm, 길이는 10cm로 착합자낭체형 또는 굴곡된 자낭체의 누적된 모양이 자꾸 커진다. 피층은 황색으로 침은 없다. 의세모체는 황색이다. 연결사는 무색으로 관상이다. 석회절은 방추형으로 작고 백색이다. 포자의 지름은 7~9㎛로 구형이거나 난형, 타원형이며 반사광에서 암갈색이며 표면에 미세한 사마귀반점이 있다. 변형체는 황색이다.
생태 늦봄~가을, 특히 여름 / 썩는 고목에 발생
분포 한국(백두산), 중국, 일본, 전 세계

변형균문
MYXOMYCOTA

보라먼지강
STEMONITOMYCETIDAE

보라먼지목

Stemonitiales

자주색실보라먼지

Stemonitis splendens Rost.

형태 자실체의 높이는 2.5cm 정도이다. 자낭은 원통형이며 자갈색부터 암갈색이다. 자루는 3~54mm로 흑색이며 짧다. 자낭은 가늘고 긴 원주형이며 짙은 갈색이거나 녹슨 철색으로 높이 30mm이고 곧게 서거나 굽어 있다. 자루 부분은 검은빛을 띠고 길이는 3~5mm이며 자낭관 아래의 기물에는 은백색의 기질층이 있다. 포자의 지름은 7~9㎛로 구형이고 반사광에서 자갈색으로 표면에 가는 사마귀점이 있다. 변형체는 연한 노란색이거나 흰색이다. 자실체가 직립하는 경향이 있고 표면의 그물망은 불규칙하여 지름은 50~100㎛에 달하는 것도 있다.

생태 봄~가을, 특히 여름 / 썩는 나무 위에 보통 발생

분포 한국(백두산), 중국, 일본, 전 세계

부 록

1. 버섯의 구조

1. 버섯의 구조

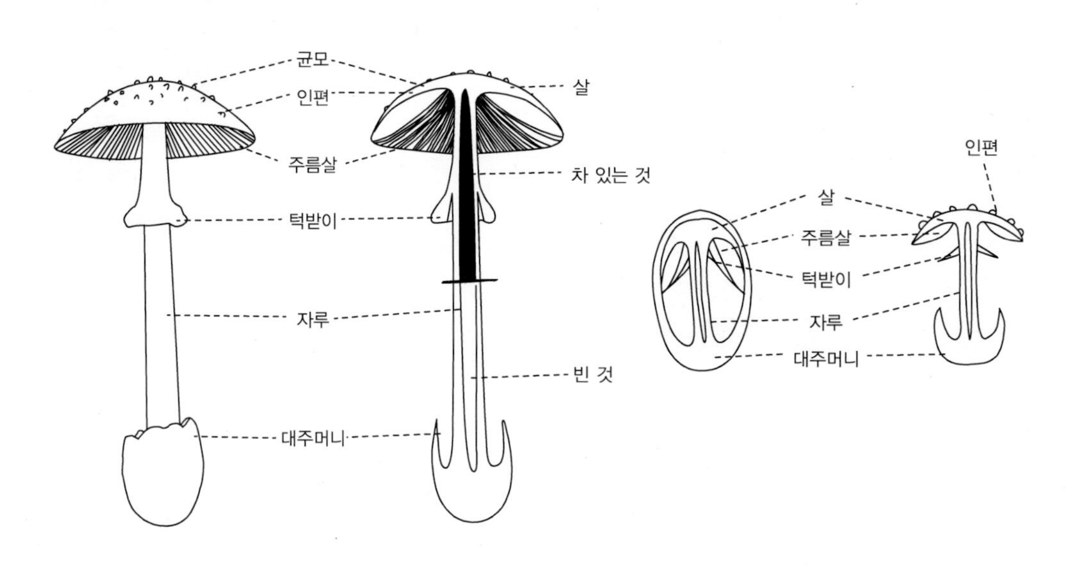

2. 균모의 모양

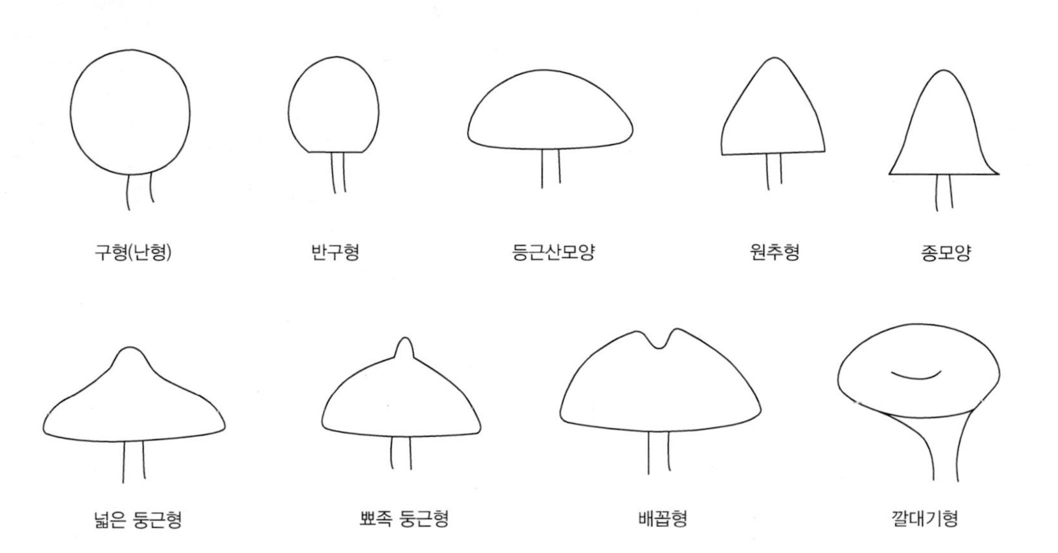

3. 균모 표면의 상태

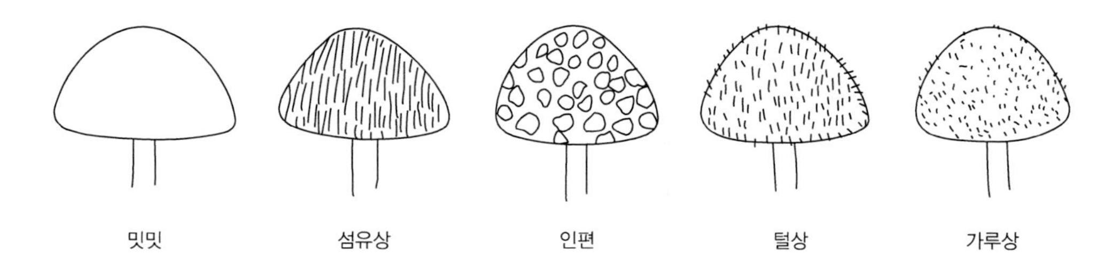

4. 균모 가장자리의 상태

5. 주름살이 자루에 붙은 상태

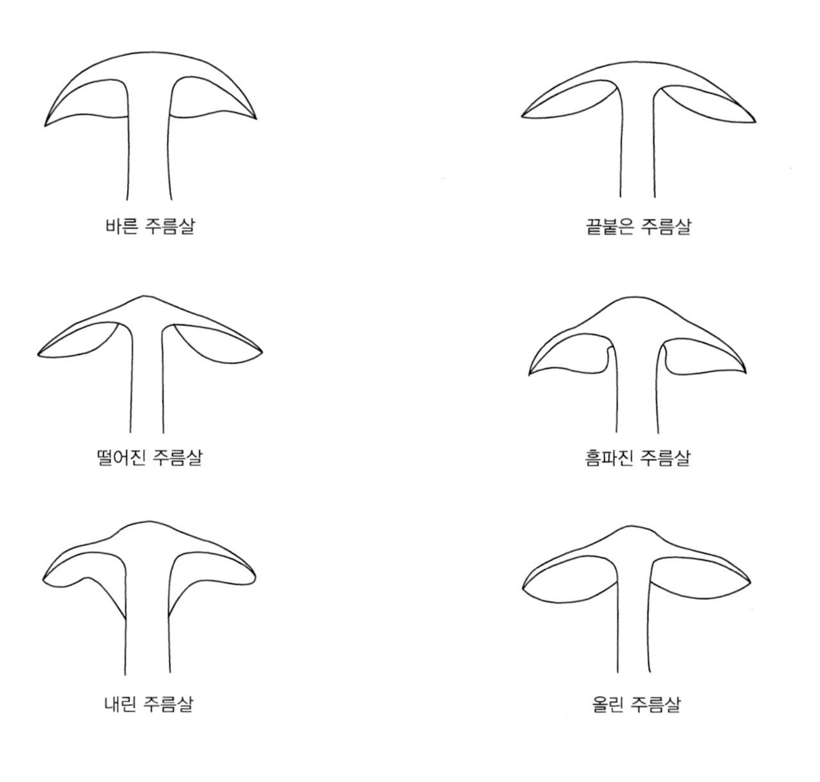

6. 주름살의 형태

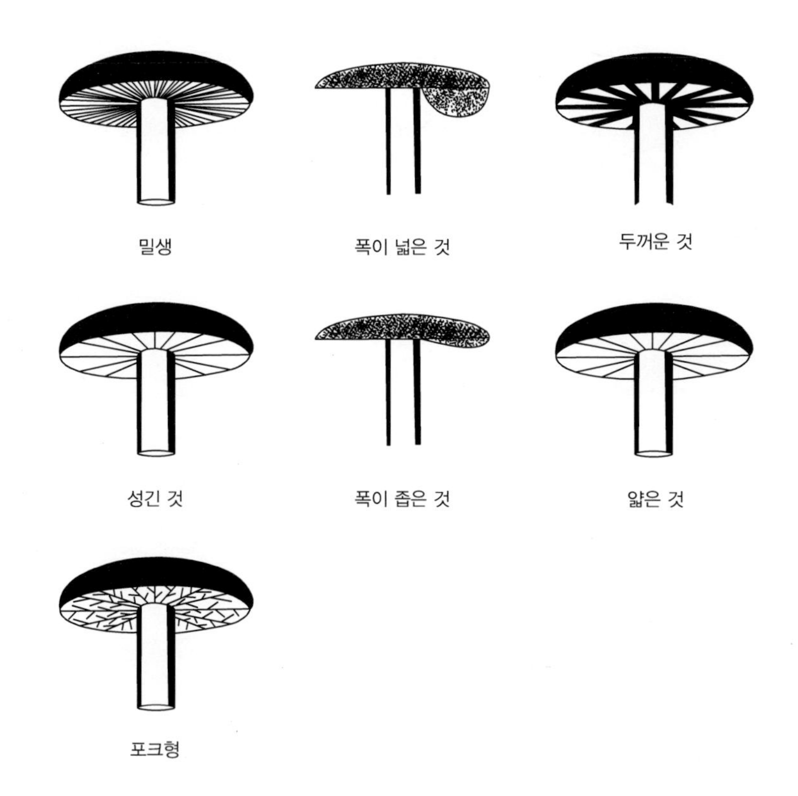

7. 자루의 형태

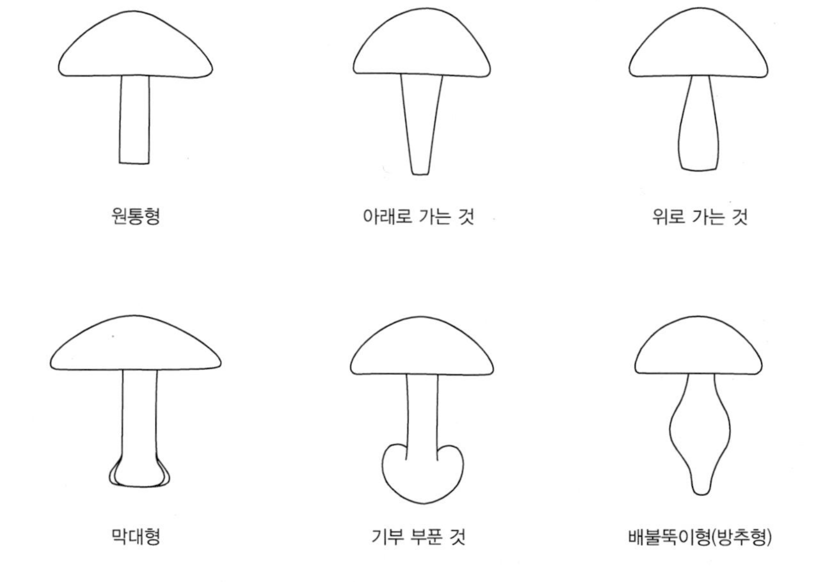

8. 자루의 발생 상태

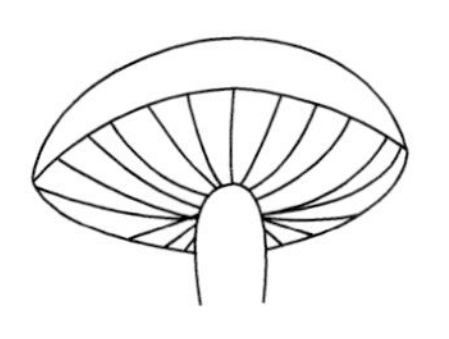

중심생

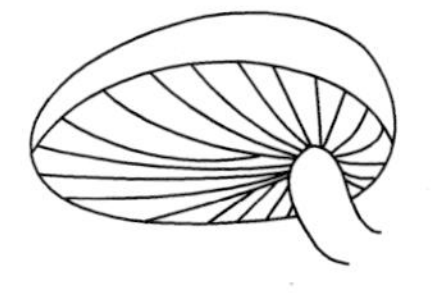

편심생

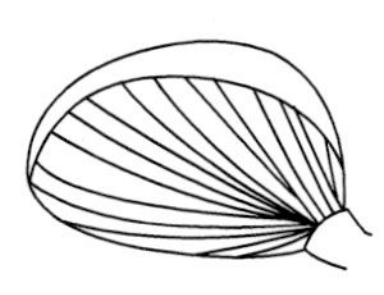

측생

9. 포자의 모양

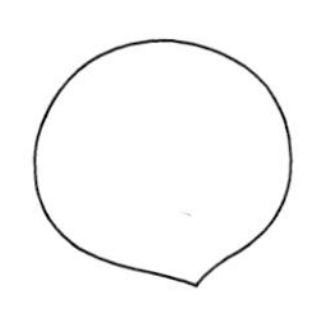

구형

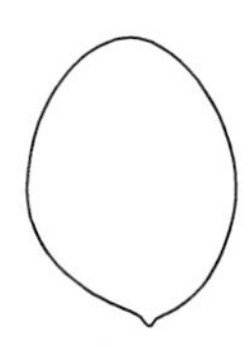

타원형

다각형

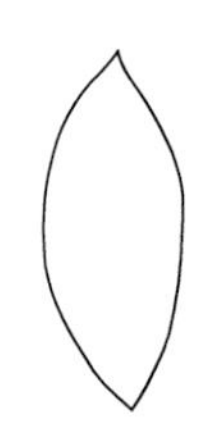

방추형

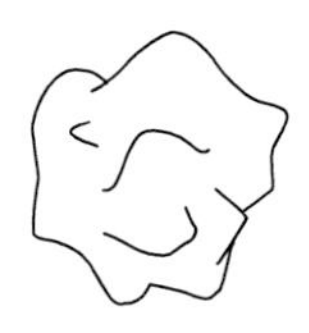

혹형

막대(원통형)

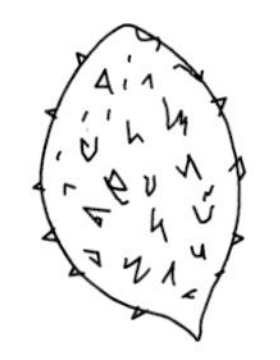

사마귀점이 있는 것

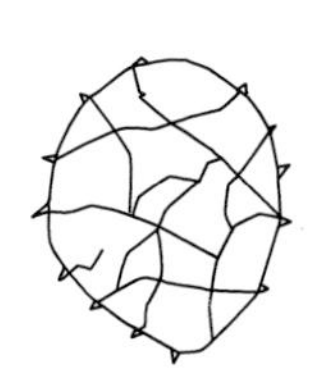

그물꼴

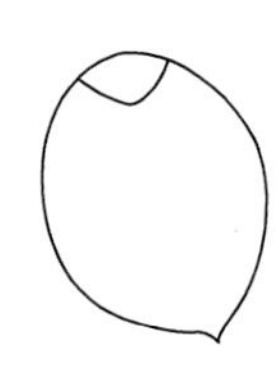

발아공

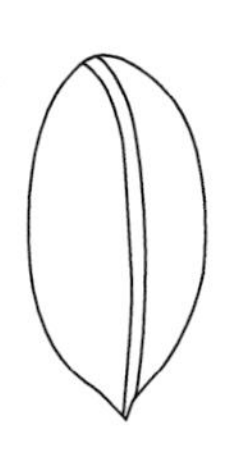

발아관

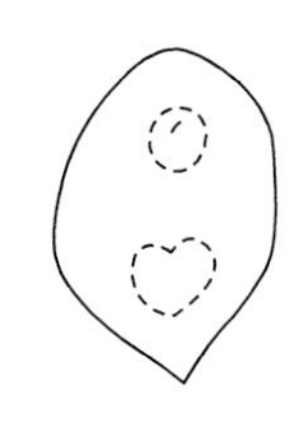

기름방울

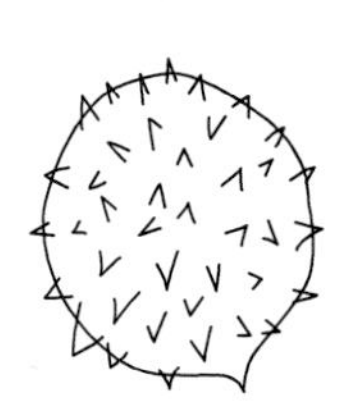

침(가시)이 있는 것

10. 담자균류의 내부구조

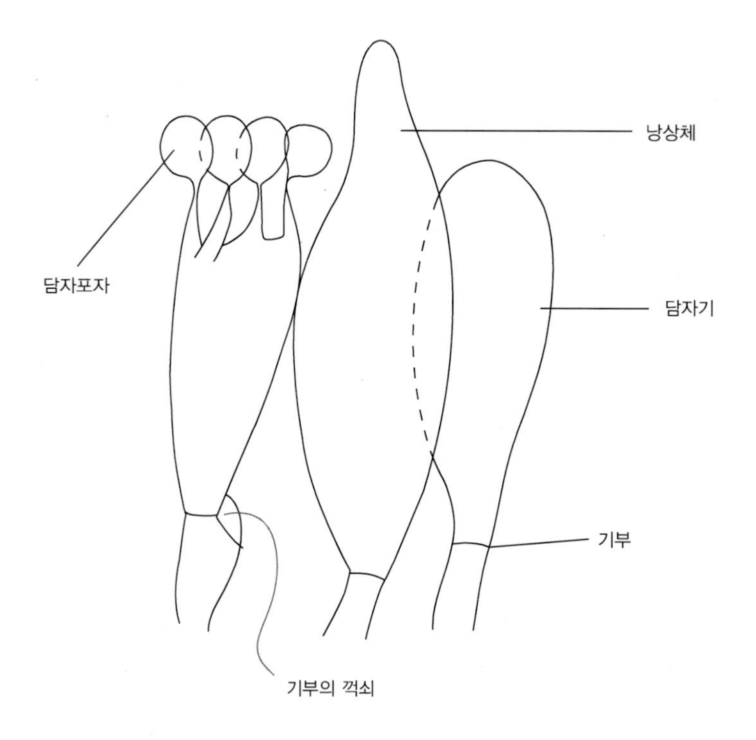

11. 자낭균류의 내부구조

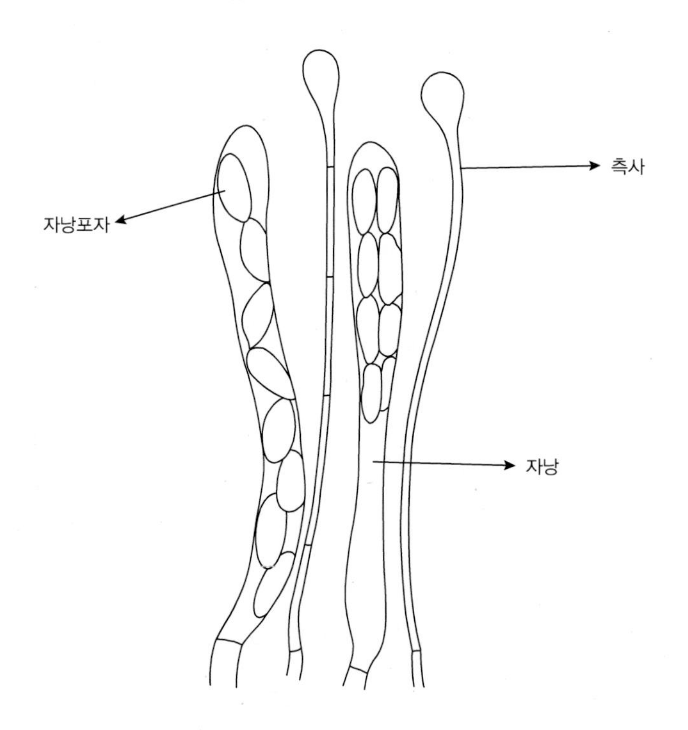

12. 주름살의 구조

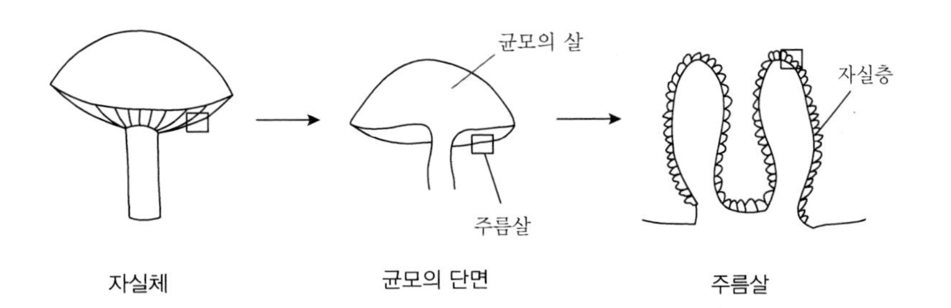

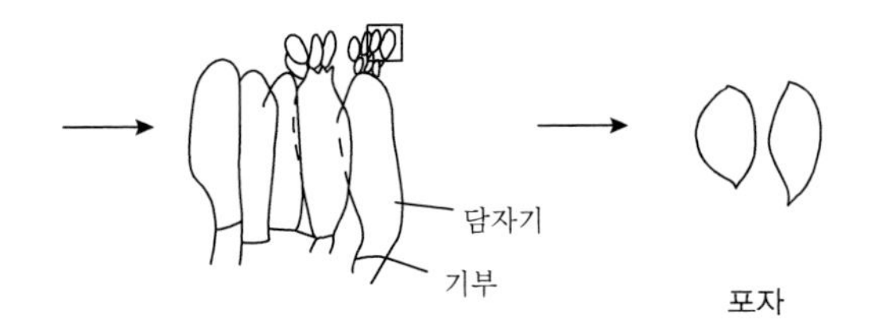

13. 관공(구멍)의 구조

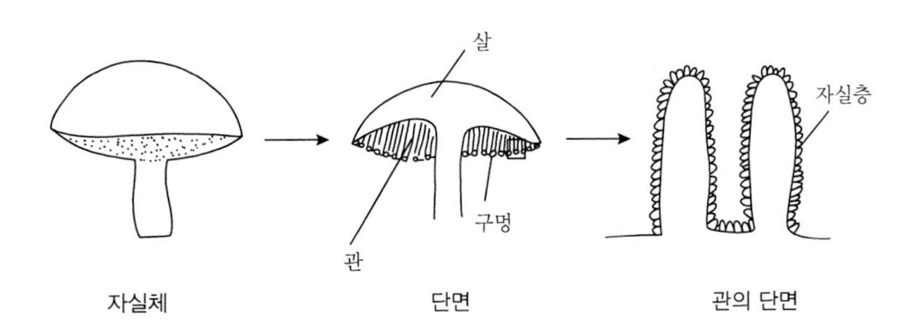

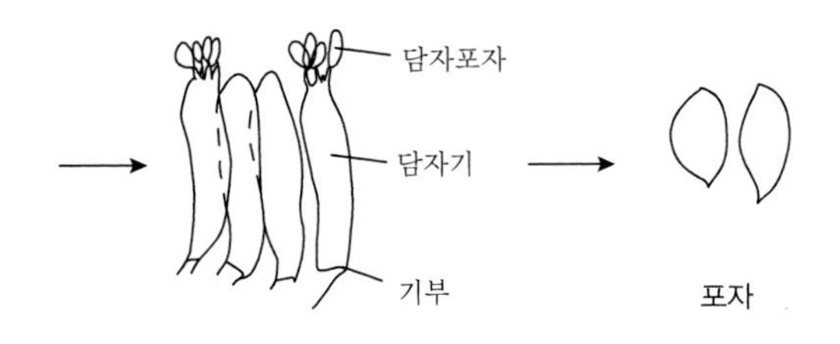

14. 버섯의 발생 상태

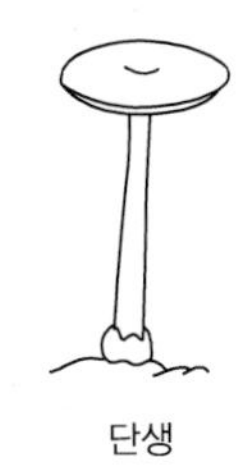
단생

군생

산생

속생

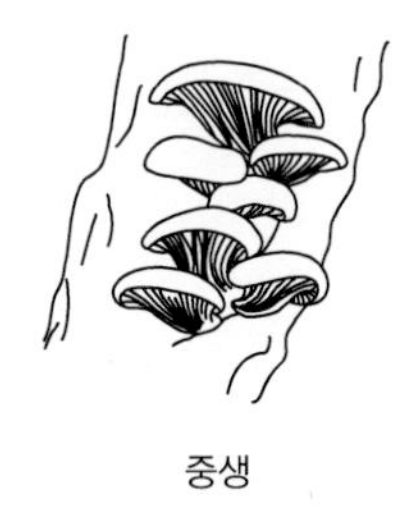
중생

균륜

참고문헌

한국

김민수, 조덕현. 2012,『한국산 변형균(점균)류의 연구』, 한국자연보존연구지 10(3-4): 221-227

윤영범, 현운형. 1989,『조선포자식물 (균류편 2)』, 과학백과사전종합출판사

이지열, 이용우, 임정한. 1959,『원색한국버섯도감』, 배문각

이태수(감수: 조덕현, 이지열). 2013,『한국기독종버섯의 총정리』(사)한국산지환경조사연구회

조덕현. 2000,『한국산 변형균류의 다양성의 출현(Ⅰ)』, 한국생태학회지 23(3): 267-272

조덕현. 2003,『한국산변형균류의 다양성(Ⅱ)』, 한자식지 16(3): 245-250

조덕현, 임웅규, 이재일. 1998,『암에 도전하는 동충하초』, 진솔

중국

鳴聲華, 周文能, 王也珍. 2002,『臺灣高等眞菌』, 國立自然科學博物館

周文能, 張東柱. 2005,『野菇圖鑑』, 遠流出版公司

張東柱, 周文能. 2005,『野菇入門』, 遠流出版公司

張東柱, 周文能, 鳴美麗, 王也珍.『福山大型眞菌』, 行政院農業委員會

祝廷成, 严仲铠, 周守标. 2005,『白頭山植物圖鑑』, 日進社, 韓國

Liu Xudong, 2004. Coloratlas of the Macrogfungi in China 2, China Forestry Publishing House

Ying J., X. Mao, Q. Ma, Y. Zong and H. Wen. 1989. Icones of Medicinal Fungi from China. Science Press

일본

伊藤誠哉. 1959,『日本菌類誌』, 第2巻 擔子菌類 第5號

清水大典. 1994,『原色冬蟲夏草圖鑑』, 誠文堂新光社

清水大典. 1997,『冬蟲夏草圖鑑』, 家の光協會

Hagiwara, H., Y. Yamam, M. Izawa. 1995. Myxomycetes of Japan, Heibon Ltd. Tokyo.

Imazeki, R. and T. Hongo, 1989. Colored Illustrations of Mushroom of Japan, vol. 2. Hoikusha Publishing Co. Ltd.

유럽 및 미국

Alessio, C. L. 1985. Boletus Dill. ex L., Libreia editrice Biella Giovanna 1-21047 Saronno

Alessio, C. L. 1991. Supplemento a Boletus, Libreia editrice Giovanna Biella 1-21047 Saronno
Bernicchia, A. 2005. Polyporaceae, Edizionioni Candusso
Bessette, A. E., W. C. Roody and A. R. Bessette, 2000. North American Boletes, Syracuse University Press
Bessette, A. E., D. B. Harris and A. R. Bessette, 2009. Milk Mushroos of North Ameica, Syracuse University Press
Brandrud, T. E., H. Lindstrom, H. Marklund, J. Melot, S. Muskos, 1990. Cortinarius, Flora Photographica, Cortinarius HB, Sweden
Breitenbach, J. and Kränzlin, F., 1984. Fungi of Switzerland. Vols. 1, Verlag Mykologia, Lucerne
Breitenbach, J. and Kränzlin, F., 1986. Fungi of Switzerland. Vols. 2, Verlag Mykologia, Lucerne
Brodie, H. J. 1975. The Birds Nest Fungi, University of Toronto Press
Brummelen, J. 1995. A World-monograph of the Genus Pseudombrophila (Pezizales, Ascomycotina), IHW-VERLAG
Carlos, L. & F. Pando, 1997. Flora Myxologica Iberica, Real Jardin Botanico, Madrid, Spain
Cetto, B. 1987. Enzyklopadie der Pilze Band 1, BLV Verlagsgesellschaft, Munchen Wein Zurich
Cetto, B. 1988. Enzyklopadie der Pilze Band 4, BLV Verlagsgesellschaft, Munchen Wein Zurich
Ciseri, A. E. 1988. Tabulae Fungorum, Locami (CH)-1988
Coker, W. C. and J. N. Couch, 1928. The Gasteromycetes of the Eastern United States and Canada, J. Cramer
Cunningham, G. H. 1979, The Gasteromycetes of Australia and New Zealand, J. Cramer
Dahncke, R. M. 1994. 200 Pilze, At Verlag Aarau. Stuttgart
Dahncke, R. M. and S. M. Dahncke, 1989. 700 Pilze in Farbfotos, At Verlag Aarau, Stuttgart
Dennis, R. W. G. 1960. British Cup Fungi and Their Allies, The Ray Society
Dennis, R. W. G. 1981. British Ascomycetes J. Cramer
Hagiwara, H., Y. Yamam and M. Izawa. 1995. Myxomycetes of Japan. Heibon Ltd. Tokyo.
Hansen, L. & H. Knudsen, 1997. Nordic Macromycetes Vol. 1. Nordsvamp-Copenhagen
Hansen, L. & H. Knudsen, 1997. Nordic Macromycetes Vol. 2. Nordsvamp-Copenhagen
Hansen, L. & H. Knudsen, 1997. Nordic Macromycetes Vol. 3. Nordsvamp-Copenhagen
Hesler, L. R. and A. H.Smith, 1979. North American Species of Lactarius, The University of Michiga Press

Holmberg P. and H. Marklund, 2002. Nya Svampboken, Prisma

Hudler, G. W. 1998. Magical Mushrooms, Mischievous Molds, Princeton University Press

Ing, B. 1999. The Myxomycetes of Britain and Ireland, The Richmond Publishing Co. Ltd.

Kibby, G. 2012. The genus Russula in Great Britain, Geofrey Kibby January 2012

Kibby, G. 2011. British Boletes with keys to species, Geofrey Kibby 2nd edition August 2011

Kränzlin, F. 2005. Fungi of Switzerland. Vols. 6. Verlag Mykologia, Lucerne

Lado, C. & F.Pando, 1997. Flora Mycologica Iberica, J. Cramer

Lannoy, G. 1995. Monographie des Leccinum Deurope, Edite par la Federation Mycologique Dauphine-Savoie

Liu, B. 1984. The Gasteromycetes of China, J. Cramer

Minnie May Johnson, 1974. The Gasteromycetes of the Eastern United States and Canada, Dover Publications, Inc. New York

Nannenga-Bremekamp, N. E. 1991. A Guide to Temperate Myxomycetes, Biopress Limited Bristol

Neubert, H., W. Nowotny and K. Bauumann, 1993. Die Myxomyceten (1), Karheinz Baumann Verlag Gomaringen

Neubert, H., W. Nowotny, K. Bauumann, u.Mitarbeit von and H. Marx, 1995. Die Myxomyceten (2), Karheinz Baumann Verlag Gomaringen

Neubert, H., W. Nowotny, K. Bauumann, u. Mitarbeit von and H. Marx, 2000. Die Myxomyceten (3), Karheinz Baumann Verlag Gomaringen

Nunez, M. & L. Ryvarden, 2000. East Asian Polypores, Fungiflora

Pegler, D. 1983. The Genus Lentinus a World Monograph, Her Majestys Statinary Office. London

Pegler D. N., T. Laesse and B. M. Spooner, 1995. British Puffballs, Earthstars and Stink-horns, Royal Botanic Gardens, Kew.

Ryvarden, L. and R. L. Gilbertson, 1994. European Polypores, Fungiflora

Smith, A. H., H. V. Smith and S. Weber, 1981. Non-Gilled Mushrooms, Wm. C. Brown Company Publishers Dubuque, Iowa

Smith, A. H. and H. D. Thiers, 1971. The Boletes of Michigan, The University of Michigan Press

Spooner, B. M. 1987. Helotiales of Australasia : Geoglossaceae, Orbiliaceae, Sclerotiniaceae, Hyaloscyphaceae, J. Cramer

Spooner, B. & P. Roberts, 2005. Fungi, Collins

Spooner, B. and Laessoe, T. 1992. Mushrooms and Other Fungi, Hamlyn

Stellan, S., 1989. Geastraceae (Basidiomycotina), Gronlands Grafiske A/S, Oslo, Norway

Stephenson, S. L. and H. Stempen, 1994. Myxomycetes : A Handbook of Slime Molds, Timber Press, Portland, Oregon

Sunhede, S. 1989. Geastraceae (Basidiomycotina), Synopsis Fungorum 1 Fungiflora, Oslo, Norway

색 인

ⓐ

ⓞ

지은이 _ 조덕현

- 경희대학교(학사)
- 고려대학교 대학원(석 · 박사)
- 영국 Reading대학 식물학과
- 일본 鹿兒島대학 농학부
- 일본 大分버섯연구소에서 연구

- 우석대학교 교수(보건복지대학장)
- 광주보건대학 교수
- 한국자원식물학회 회장
- 세계버섯축제 총괄집행위원장
- 새로마지 친선대사(인구보건협회)
- 전북도농업기술원 겸임연구관
- 경희대학교 자연사박물관 객원교수
- 현)한국자연환경보전협회 명예회장
  한국과학기술 앰배서더
  숲해설가 강사(광주전남, 대전충남, 충북)
  버섯칼럼 연재 중(월간버섯)

- **저서**

『균학개론』(공역)
『한국의 버섯』
『암에 도전하는 동충하초』(공저)
『버섯』(중앙일보가 선정한 우수도서,
어린이도서연구소, 아침 독서용 추천도서)
『원색한국버섯도감』
『푸른아이 버섯』
『제주도 버섯』(공저)
『자연을 보는 눈 "버섯"』
『나는 버섯을 겪는다』
『조덕현의 재미있는 독버섯 이야기』
『집요한 과학씨, 모든 버섯의 정체를 밝히다』
『한국의 식용, 독버섯 도감』(학술원 추천도서)
『옹기종기 가지각색 버섯』
『한국의 버섯도감 I』
『버섯과 함께한 40년』
『버섯수첩, 우듬지』 외 10권

- **논문**

「백두산의 균류상」 외 200여 편

- **방송**

마이산 1억 년의 비밀(KBS 전주총국)
과학의 미래(신년특집, YTN)
갑사(MBC)
숲속의 잔치(버섯)(KBS)
어린이 과학탐험(SBS)

- **수상**

황조근조훈장(대한민국)
자랑스러운 전북인 대상(전라북도)
전북대상 학술부문(전북일보)
교육부장관상(교육부)
제8회 과학기술 우수논문상(한국과학기술단체총연합회)
한국자원식물학회 공로패
우석대학교 공로패
자연환경보전협회 공로패

한국의 버섯(북한버섯 포함): http://mushroom.ndsl.kr
가상버섯박물관: http://biodiversity.re.kr
사이버균류도감: http://nature.go.kr